Schätzverfahren im linearen Regressionsmodell bei partiellen und unscharfen Parameterrestriktionen

Volkswirtschaftliche Analysen

Herausgegeben von Georg Hasenkamp, Wolfgang Maennig, Christian Scheer und Peter Stahlecker

Band 11

PETER LANG
Frankfurt am Main · Berlin · Bern · Bruxelles · New York · Oxford · Wien

Markus Klintworth

Schätzverfahren im linearen Regressionsmodell bei partiellen und unscharfen Parameterrestriktionen

PETER LANG
Europäischer Verlag der Wissenschaften

Bibliografische Information Der Deutschen Bibliothek
Die Deutsche Bibliothek verzeichnet diese Publikation in der Deutschen Nationalbibliografie; detaillierte bibliografische Daten sind im Internet über <http://dnb.ddb.de> abrufbar.

Zugl.: Hamburg, Univ., Diss., 2003

D 18
ISSN 1432-8739
ISBN 3-631-52313-0

www.peterlang.de

Vorwort

Die vorliegende Arbeit entstand während meiner Tätigkeit als wissenschaftlicher Mitarbeiter am Institut für Statistik und Ökonometrie der Universität Hamburg und wurde im Oktober 2003 vom Fachbereich Wirtschaftswissenschaften als Dissertation angenommen.

Für die wissenschaftliche Betreuung und die mir gewährte wissenschaftliche Freiheit möchte ich an dieser Stelle zunächst Herrn Prof. Dr. Peter Stahlecker danken, der mein Interesse an der behandelten Problemstellung geweckt und die Arbeit durch seine kritischen Anmerkungen und konstruktiven Hinweise geprägt hat.

Ebenso danke ich Herrn Prof. Dr. Bernhard F. Arnold für die Übernahme des Zweitgutachtens und einige hilfreiche Anregungen.

Meinen Kollegen Hakan Fidan, Dr. Oke Gerke, Dr. Torsten Gräbel, Dr. Nils Hauenschild, Dr. Henning Knautz, Dr. Lars Knudsen, Markus Krieger, Marc Sommer, Thorsten Stemmler, Eik Vettorazzi und Stefanie Wulf möchte ich für die freundschaftliche und produktive Arbeitsatmosphäre am Institut danken. Bei Dr. Nils Hauenschild bedanke ich mich darüber hinaus für die kritische Durchsicht einiger Teile des Manuskriptes. Eventuell verbliebene Fehler gehen selbstverständlich zu meinen Lasten.

Zu tiefem Dank bin ich meinen Eltern verpflichtet, die mir jederzeit mit Rat und Tat zur Seite standen und deren vielfältige Unterstützung mir ein zügiges Studium und den Abschluß der Promotion erst ermöglicht hat.

Schließlich möchte ich mich bei meiner Freundin Sabine Hilbich für Ihren großen Rückhalt bedanken. Sie hatte unter meinen Launen während der unvermeidbaren Durststrecken zweifelsohne am meisten zu leiden. Dennoch hat sie mir immer den Rücken freigehalten und mich in jeder Hinsicht ermutigt und unterstützt.

Deinste, im Januar 2004 Markus Klintworth

Inhaltsverzeichnis

Abbildungsverzeichnis

Notations- und Symbolverzeichnis

$\mathbb{R}$	Menge der reellen Zahlen
$\mathbb{R}_+$, $\mathbb{R}_{++}$	Menge der nichtnegativen bzw. der positiven reellen Zahlen
$\mathbb{R}^n$	Menge aller n-dimensionalen Spaltenvektoren reeller Zahlen
$\mathbb{R}^{m \times n}$	Menge aller reellen $(m \times n)$-Matrizen
$\mathbb{R}^{m \times m}_{\geq}$	Menge aller nichtnegativ definiten reellen $(m \times m)$-Matrizen
$\mathbb{R}^{m \times m}_{\mathcal{S}}$	Menge aller symmetrischen reellen $(m \times m)$-Matrizen
$\mathbb{N}$, $\mathbb{N}_0$	Menge aller natürlichen Zahlen ohne bzw. mit Null
$\emptyset$	leere Menge
$[a, b]$	abgeschlossenes Intervall
(a, b)	offenes Intervall
$[a, b)$, $(a, b]$	halboffenes Intervall
$m_{\mathcal{M}}$	Zugehörigkeitsfunktion der unscharfen Menge $\mathcal{M}$ (vgl. S. 136)
$\mathcal{M}^{\alpha}$	α-Schnitt der unscharfen Menge $\mathcal{M}$ (vgl. S. 140)
$\mathcal{A} \subset \mathcal{B}$	$\mathcal{A}$ ist Teilmenge von $\mathcal{B}$ (echte Inklusion und Gleichheit möglich)
$\mathcal{A} \times \mathcal{B}$	kartesisches Produkt der Mengen $\mathcal{A}$ und $\mathcal{B}$
$\mathcal{V}^{\perp}$	orthogonales Komplement des Vektorraumes $\mathcal{V}$
$\leq_{\mathcal{X}}$, $\leq_{\mathcal{L}}$	Halbordnung in der Menge $\mathcal{X}$, Löwner-Ordnung (vgl. S. 223 f.)
$\mathbf{x}'$, $\mathbf{A}'$	transponierter Vektor, transponierte Matrix
$\mathbf{x}'\mathbf{y}$	inneres Produkt von Vektoren ($\mathbf{x}'\mathbf{y} = \sum_{i=1}^{n} x_i y_i$)
$\parallel \mathbf{x} \parallel_{\mathbf{A}}$	Norm des Vektors $\mathbf{x}$ bzgl. $\mathbf{A}$ ($\parallel \mathbf{x} \parallel_{\mathbf{A}} = (\mathbf{x}'\mathbf{A}\mathbf{x})^{\frac{1}{2}}$)
$\parallel \mathbf{x} \parallel$	euklidische Norm des Vektors $\mathbf{x}$ ($\parallel \mathbf{x} \parallel = (\mathbf{x}'\mathbf{x})^{\frac{1}{2}}$)
$\langle \mathbf{A}, \mathbf{B} \rangle$	Skalarprodukt der Matrizen $\mathbf{A}$ und $\mathbf{B}$ ($\langle \mathbf{A}, \mathbf{B} \rangle = \mathrm{tr}\{\mathbf{A}'\mathbf{B}\}$)
$\parallel \mathbf{A} \parallel$	Frobenius-Norm der Matrix $\mathbf{A}$ ($\parallel \mathbf{A} \parallel = (\mathrm{tr}\{\mathbf{A}'\mathbf{A}\})^{\frac{1}{2}}$)
$\mathbf{A}^{-1}$	Inverse der Matrix $\mathbf{A}$

$\mathbf{A} \otimes \mathbf{B}$	Kronecker-Produkt der Matrizen **A** und **B**
$\mathbf{A}^-$	verallgemeinerte Inverse der Matrix **A** (vgl. S. 207)
$\mathbf{A}^+$	Moore-Penrose-Inverse der Matrix **A** (vgl. S. 208)
$\mathbf{A}_\mathbf{N}^-$	Minimum-**N**-Seminorm verallgemeinerte Inverse der Matrix **A** bzgl. der n.n.d. Matrix **N** (vgl. S. 210)
$\text{Rang}(\mathbf{A})$	Rang der Matrix **A**
$\det(\mathbf{A})$, $\lvert\mathbf{A}\rvert$	Determinante der Matrix **A**
$\text{tr}(\mathbf{A})$	Spur der Matrix **A**
$\lambda_{\min}(\mathbf{A}), \lambda_{\max}(\mathbf{A})$	kleinster und größter Eigenwert einer symmetrischen Matrix **A**
$\mathbf{e}_i$	i-ter Einheitsvektor im $\mathbb{R}^n$
$\mathbf{I}_n$	n-dimensionale Einheitsmatrix
$\mathbf{0}_{n \times m}$	$(n \times m)$-Nullmatrix
$\mathbf{f} \circ \mathbf{g}$	**f** verknüpft mit **g**
$\nabla\mathbf{f}[\mathbf{x}]$	Fréchet-Ableitung (kurz F-Ableitung) von **f** an der Stelle **x** (vgl. S. 213)
$\mathcal{L}(\mathcal{X},\mathcal{Y})$	Vektorraum der linearen Abbildungen von $\mathcal{X}$ in $\mathcal{Y}$
$u \sim (a, b)$	Zufallsgröße u ist verteilt mit Erwartungswert a und Varianz b
$E(u), Var(u)$	Erwartungswert bzw. Varianz der skalaren Zufallsgröße u
$\mathbf{E}(\mathbf{u}), \mathbf{Cov}(\mathbf{u})$	Erwartungswertvektor bzw. Varianz-Kovarianzmatrix des Zufallsvektors **u**
$\mathbf{Bias}(\mathbf{b}, \boldsymbol{\beta})$	$\mathbf{E}(\mathbf{b}) - \boldsymbol{\beta}$, Verzerrung von **b**
$MSE(\mathbf{b}, \boldsymbol{\beta})$	$\mathbf{E}[(\mathbf{b} - \boldsymbol{\beta})'(\mathbf{b} - \boldsymbol{\beta})]$, mittlerer quadratischer Fehler (mean squared error) von **b**
$\mathbf{MMSE}(\mathbf{b}, \boldsymbol{\beta})$	$\mathbf{E}[(\mathbf{b} - \boldsymbol{\beta})(\mathbf{b} - \boldsymbol{\beta})']$, matrizieller mittlerer quadratischer Fehler (matrix mean squared error) von **b**
max	Maximum (einer Menge oder einer Funktion)
min	Minimum
sup	Supremum (kleinste obere Schranke)
inf	Infimum (größte untere Schranke)
arg max	Menge aller Elemente des Definitionsbereiches, für die eine Funktion ihr Maximum annimmt
lim	Grenzwert
$\lim_{t \uparrow a}$, $\lim_{t \downarrow a}$	Grenzwertbildung erfolgt von unten bzw. oben
$\exp(x)$, e^x	Exponentialfunktion
$\ln(x)$	natürlicher Logarithmus

$:=$	linke Seite wird durch rechte Seite definiert
$\equiv$	identisch
$\approx$	ungefähr gleich
$\forall$	für alle
$\exists$	es gibt
$\blacksquare$	Ende eines Beweises
$\square$	Ende eines Beispiels oder einer Bemerkung
n.n.d.	nichtnegativ definit
p.d.	positiv definit
i.i.d.	independent and identically distributed, stochastisch unabhängig und identisch verteilt
LS, KQ	Least Squares, Kleinste Quadrate
GLS	Generalized Least Squares
RLS	Restricted Least Squares
RGLS	Restricted Generalized Least Squares
BLUE	Best Linear Unbiased Estimator
LQM	Lower Quasi Minimax
UQM	Upper Quasi Minimax

Kapitel 1

Einleitung

1.1 Problemstellung

Die statistisch-ökonometrische Forschung hat im Laufe der letzten Jahrzehnte eine Vielzahl von zum Teil sehr spezialisierten Modellen und Methoden zur Analyse ökonomischer Phänomene hervorgebracht. Schon eine oberflächliche Betrachtung der ökonometrischen Fachzeitschriften sowie aktueller Lehrbücher zeigt allerdings, daß das traditionelle lineare Regressionsmodell und die in seinem Kontext entwickelten Techniken in Theorie und Praxis immer noch einen zentralen Platz einnehmen. Hierfür lassen sich verschiedene Gründe angeben. Zum einen bildet das lineare Regressionsmodell ein wesentliches Kernstück zahlreicher komplexerer ökonometrischer Modelle. Ein intensives Studium der klassischen Theorie ist daher für das Verständnis moderner Verfahren der Ökonometrie unabdingbar. Andererseits existieren zahlreiche interessante Anwendungen, in denen bereits das lineare Modell selbst eine angemessene Approximation an die zu untersuchenden wirtschaftlichen Zusammenhänge ermöglicht. Und schließlich kann der Ökonometriker im Rahmen der linearen Regressionsanalyse auf einen umfangreichen Methodenapparat zurückgreifen, der einfach handhabbar, gleichzeitig aber mathematisch-statistisch weit entwickelt ist und dessen Anwendung obendrein Schätzer und Tests mit wünschenswerten stochastischen Eigenschaften liefert.[1]

Neben den Beobachtungen für die beteiligten exogenen und endogenen Variablen stehen für den Einsatz linearer Regressionsmodelle in wachsendem Maße auch Vorinformationen über die zu schätzenden Parameter zur Verfügung. Die Zusatzkenntnisse können etwa aus der zugrundeliegenden ökonomischen Theorie abgeleitet sein, aus vorhergehenden empirischen Untersuchungen stammen oder auch aus subjektiven Urteilen, Erfahrungswerten oder Meinungen von Experten resultieren.[2] Dabei

[1] Vgl. Toutenburg, Rödel (1978), S. 14.

[2] Vgl. Toutenburg, Rödel (1978), S. 39, und Stahlecker (1987), S. 17 ff. Eine Vielzahl

können die Fachleute angesichts der rasanten Weiterentwicklung der Computertechnologie und der hiermit einhergehenden Verbesserung elektronischer Speichermöglichkeiten für das Verständnis der zu beschreibenden Prozesse und Abläufe auf ein immer umfangreicheres Datenfundament zurückgreifen. Insbesondere bei schlecht konditioniertem Beobachtungsmaterial mit relativ geringem Informationsgehalt ist es daher empfehlenswert, das a priori Wissen zur Verbesserung der Schätzqualität zu nutzen.

In der ökonometrischen Praxis haben sich Verfahren zur Berücksichtigung von Vorinformation bisher allerdings noch nicht so recht durchsetzen können. Eine Ursache hierfür ist wohl auch darin zu finden, daß sich die theoretischen Forschungsaktivitäten in der Vergangenheit größtenteils auf die Bereitstellung von Methoden und Konzepten zur Modellierung und Verwertung genauer, widerspruchsfreier und vollständiger Zusatzkenntnisse konzentriert haben. Das a priori Wissen in praktischen Anwendungen ist aber nur selten exakt, eindeutig abgrenzbar und alle Parameter umfassend. Gerade im Hinblick auf die oben zuletzt genannten Quellen von Vorinformation sind vielmehr Phänomene wie Ungenauigkeit, Vagheit und Unvollständigkeit recht häufig zu beobachten.

Die vorliegende Arbeit beschäftigt sich vor dem Hintergrund der vorangegangenen Ausführungen mit der Abbildung und Verarbeitung von Zusatzkenntnissen über die Parameter des linearen Regressionsmodells und nimmt sich dabei insbesondere der Problematik ungenauer bzw. unscharf formulierter Vorinformation an. Zur Konkretisierung unserer Zielsetzungen und der sich hieraus ergebenden Vorgehensweise wollen wir im folgenden zunächst das lineare Regressionsmodell formal einführen und die unterschiedlichen Formen von Vorinformation voneinander abgrenzen.

Die gesamten Betrachtungen innerhalb dieser Arbeit stellen auf das klassische Modell

$$\mathbf{y} = \mathbf{X}\boldsymbol{\beta} + \mathbf{u} \tag{1.1.1}$$

ab, wobei $\mathbf{y}$ den $(n \times 1)$-Vektor der Beobachtungen der abhängigen Variablen, $\mathbf{X}$ die $(n \times k)$-Regressormatrix, $\boldsymbol{\beta}$ den zu schätzenden $(k \times 1)$-Parametervektor und $\mathbf{u}$ den $(n \times 1)$-Vektor der unbeobachtbaren zufälligen Störgrößen darstellt.[3] Es werden die folgenden Annahmen getroffen:

(A1) Es ist $\mathbf{E}(\mathbf{u}) = \mathbf{0}$.

(A2) Es ist $\mathbf{E}(\mathbf{uu}') = \sigma^2\boldsymbol{\Omega}$ mit $\sigma^2 > 0$ unbekannt sowie $\boldsymbol{\Omega} \in \mathbb{R}^{n \times n}$ positiv definit und bekannt.

interessanter Beispiele für wirtschaftstheoretische Vorinformationen findet sich ebenfalls in STAHLECKER (1987), S. 29-55.

[3] Vgl. JOHNSTON (1991), S. 168.

(A3) Die Regressormatrix $\mathbf{X}$ ist nichtstochastisch.

Die Annahme (A2) betreffend werden wir uns mitunter auf den Spezialfall einer skalaren Varianz-Kovarianzmatrix konzentrieren, indem wir $\mathbf{\Omega} = \mathbf{I}_n$ voraussetzen. Im Hinblick auf (A3) beachte man, daß von einer Rangannahme für die Regressormatrix abgesehen und folglich auch der Fall perfekter Multikollinearität prinzipiell zugelassen wird. Auch hiervon wird allerdings vereinzelt abgewichen.

Um die aus theoretischen oder empirischen Vorüberlegungen heraus gewonnene Zusatzinformation im Rahmen des linearen Regressionsmodells (1.1.1) verarbeiten zu können, sind die a priori Kenntnisse zunächst formal in entsprechende Restriktionen über die Parameter zu überführen. Bei klassischer Interpretation der Koeffizienten als konstante Größen können grundsätzlich die folgenden Formen von Parameterbeschränkungen unterschieden werden:[4]

1. Exakte lineare Gleichungsrestriktionen der Gestalt
$$\mathbf{R}\boldsymbol{\beta} = \mathbf{r}$$
mit $\mathbf{R} \in \mathbb{R}^{q \times k}$ und $\mathbf{r} \in \mathbb{R}^q$ bekannt.

2. Stochastische lineare Gleichungsrestriktionen der Form
$$\mathbf{r} = \mathbf{R}\boldsymbol{\beta} + \mathbf{v},$$
wobei $\mathbf{R} \in \mathbb{R}^{q \times k}$ wie unter 1. bekannt ist, $\mathbf{r}$ nun einen $(q \times 1)$-Zufallsvektor bzw. seine Realisation darstellt und $\mathbf{v}$ den stochastischen $(q \times 1)$-Fehlervektor bezeichnet.

3. Lineare Ungleichungsrestriktionen der Gestalt
$$\mathbf{R}\boldsymbol{\beta} \geq \mathbf{r}.$$

4. Allgemeine nichtlineare Restriktionen der Form
$$\boldsymbol{\beta} \in \mathcal{B}$$
mit $\mathcal{B} \subset \mathbb{R}^k$. Von besonderem Interesse ist hier der Spezialfall ellipsoidaler Restriktionen, für den
$$\mathcal{B} = \left\{ \boldsymbol{\beta} \in \mathbb{R}^k \middle| \, (\boldsymbol{\beta} - \boldsymbol{\beta}_0)'\mathbf{T}(\boldsymbol{\beta} - \boldsymbol{\beta}_0) \leq 1 \right\}$$
gesetzt wird. Das Zentrum $\boldsymbol{\beta}_0 \in \mathbb{R}^k$ und die nichtnegativ definite Gewichtungsmatrix $\mathbf{T} \in \mathbb{R}^{k \times k}$ seien dabei bekannt.

[4]Vgl. hierzu auch STAHLECKER (1987), S. 58-60.

5. Durch Fuzzy-Mengen modellierte, unscharfe Parameterrestriktionen wie z.B. ungenaue lineare Relationen der Form „$\mathbf{R}\boldsymbol{\beta} \approx \mathbf{r}$“.

In Abhängigkeit vom jeweiligen Restriktionstyp existieren unterschiedliche Ansätze, das zugrundeliegende a priori Wissen in den Schätzprozeß zu integrieren. Diesbezüglich sind zum einen die auf dem traditionellen Kleinste-Quadrate-Prinzip basierenden Schätzmethoden zu nennen. Hierzu zählen der restringierte KQ-Ansatz und die mixed-estimation-technique. Demgegenüber stehen die neueren, entscheidungstheoretisch begründeten Minimax-Verfahren. Im Rahmen dieser Arbeit werden alle soeben aufgeführten Arten von Zusatzinformation behandelt und die jeweils adäquaten Schätzmethoden bereitgestellt. Hierbei wird der Fall linearer Ungleichungsrestriktionen jedoch nur eine untergeordnete Rolle spielen und lediglich im Zuge der Erörterung restringierter KQ-Schätzer kurz diskutiert.[5] Vollkommen unberücksichtigt bleibt in dieser Arbeit dagegen das bayesianische Schätzprinzip, dem eine Interpretation der Parameter als Zufallsvariable zugrundeliegt. Ohne Zweifel ist der Bayes-Ansatz insbesondere im Hinblick auf die Erfassung und Verarbeitung unsicherer Vorinformationen von großer Bedeutung. Wegen der nicht unumstrittenen Parameterphilosophie hat sich die bayesianische Schätztechnik aber zu einer eigenständigen, recht weit ausgebildeten Forschungsrichtung entwickelt, deren Behandlung den hier gesteckten Rahmen sprengen würde und daher ausgeklammert werden muß.[6]

Die übergeordneten Anliegen dieser Arbeit sind nun darin zu sehen, einen systematisierenden Überblick über die verschiedenen nichtbayesianischen Alternativen zur Inkorporation von a priori Information im linearen Regressionsmodell zu geben und durch die Weiterentwicklung einiger Ansätze einen Beitrag zu einer größeren Verbreitung von Vorinformationsschätzern in der ökonometrischen Praxis zu erbringen. Dabei soll ein besonderes Augenmerk auf die Berücksichtigung unvollkommener Parameterkenntnisse sowie die praktische Relevanz und Eignung der erörterten Schätzmethoden gelegt werden.

Im Mittelpunkt unserer Ausführungen steht die Diskussion und Erweiterung von Minimax-Schätzverfahren. Hinsichtlich der „herkömmlichen“ Minimax-Methode wollen wir uns dabei vor allem der in der Literatur bisher nur vereinzelt diskutierten, für die Anwendungen aber sehr wichtigen Problematik der Verarbeitung nichtkompakter ellipsoidaler Vorinformationsmengen annehmen. Diesbezüglich gilt es insbesondere zu klären, inwieweit sich die für den kompakten Ellipsoidfall bekannten

[5] Knautz (2000) gibt einen umfassenden Überblick über den aktuellen Entwicklungsstand der Forschungsaktivitäten zur Inkorporation von Ungleichungsbeschränkungen im linearen Regressionsmodell.

[6] Zur bayesianischen Inferenz im linearen Regressionsmodell verweisen wir auf Zellner (1971) und Pilz (1991).

Resultate zur approximativen bzw. numerischen Berechnung der nur in Ausnahmesituationen explizit zu ermittelnden Minimax-Schätzer auf den degenerierten Kontext übertragen lassen. Darüber hinaus ist hier auf den Aspekt der Kombination von nichtkompaktem a priori Ellipsoid und linearen Gleichungsrestriktionen einzugehen.

Neben der klassischen Variante des Minimax-Schätzverfahrens soll in dieser Arbeit schließlich auch der von ARNOLD, STAHLECKER (1997a,b, 1998a,b) eingeführte verallgemeinerte Minimax-Ansatz zur Verwertung unscharf formulierter Vorinformation erörtert und in verschiedene Richtungen ausgebaut werden. Besondere Aufmerksamkeit wollen wir dabei dem bisher nicht betrachteten Fall vager bzw. unpräziser linearer Gleichungsrestriktionen schenken, dessen Praxisrelevanz durch eine Reihe von Beispielen belegt und durch Anwendungen in einem Panelmodell untermauert werden soll.

1.2 Aufbau der Arbeit

Die nachfolgenden Ausführungen gliedern sich in vier Hauptkapitel. Mit der restringierten KQ-Methode und der mixed-estimation-technique werden wir in **Kapitel 2** zunächst solche Schätzverfahren behandeln, die den klassischen Kleinste-Quadrate-Ansatz als Schätzprinzip grundsätzlich beibehalten. Die vorgestellten Schätzmethoden erschließen exakte lineare Gleichungsrestriktionen, Ungleichungsbeschränkungen und stochastische Gleichungsrestriktionen. Weil dieses Kapitel in erster Linie die wesentlichen Ergebnisse zur Kleinste-Quadrate-Schätzung unter Vorinformation zusammenfassen soll, wird zum großen Teil auf die zugehörigen Beweise verzichtet.

Nach einer allgemeinen Einführung in das Minimax-Schätzprinzip und der Darstellung einiger elementarer Eigenschaften von Minimax-Schätzfunktionen beschäftigen wir uns in **Kapitel 3** ausführlich mit der Untersuchung von affin-linearen Minimax-Schätzern im linearen Regressionsmodell bei kompakter ellipsoidaler Vorinformationsmenge. Dabei soll insbesondere auf die sog. Quasi-Minimax-Methode zur approximativen Bestimmung der optimalen Schätzfunktionen und den Aspekt der simultanen Verarbeitung von Ellipsoid- und linearen Gleichungsrestriktionen eingegangen werden.

In **Kapitel 4** widmen wir uns dann dem Problem der Minimax-Schätzung unter degenerierten Ellipsoidrestriktionen, dessen theoretische und praktische Relevanz zunächst anhand zweier interessanter Beispiele dokumentiert wird. Der Schwerpunkt liegt hier auf der Verallgemeinerung eines von STAHLECKER und LAUTERBACH für den kompakten Ellipsoidfall entwickelten Ansatzes zur Gewinnung „beliebig genauer" approximativer Minimax-Schätzer.[7] Daneben soll auch für den degenerierten Fall das Problem der Mischung verschiedener Restriktionsformen aufgegriffen werden.

Gegenstand von **Kapitel 5** ist die Modellierung und Verarbeitung unscharf formulierter Vorinformationen durch das Konzept der Fuzzy-Mengen und der hierauf basierenden verallgemeinerten Minimax-Schätzmethode von ARNOLD, STAHLECKER (1997a,b, 1998a,b). Die explizite Behandlung vager bzw. unpräziser linearer Gleichungsrestriktionen versetzt uns dabei insbesondere in die Lage, interessante Alternativen zu den klassischen Ansätzen bei der Formulierung und Analyse von Panelmodellen aufzuzeigen.

Mit einer Zusammenfassung der wichtigsten Ergebnisse und einem Ausblick auf offene Fragen und weiterführende Forschungsrichtungen beschließt **Kapitel 6** den Hauptteil dieser Arbeit.

In den Anhängen werden in kurzer Form einige mathematische Hilfsmittel bereitgestellt, die im Haupttext ohne nähere Diskussion verwendet werden. Nach einer kompakten Zusammenstellung der benötigten Definitionen und Sätze aus der Matrixalgebra in **Anhang A** wird in **Anhang B** das Differentialkalkül im Sinne von Fréchet eingeführt. Gegenstand von **Anhang C** ist die konvexe Analysis. Abschließend werden in **Anhang D** Optimalitätsbedingungen für die im Haupttext auftretenden konvexen Optimierungsaufgaben präsentiert.

[7] Die betreffende Methode geht auf STAHLECKER (1987) und STAHLECKER, LAUTERBACH (1987) zurück und wurde von den beiden Autoren in einer Reihe von Arbeiten fortentwickelt. Weitere Literaturhinweise findet man in Abschnitt 4.4.

Kapitel 2

Kleinste-Quadrate-Schätzer unter Vorinformation

Im vorliegenden Kapitel stellen wir die verschiedenen Ansätze zur Einbeziehung von a priori Wissen im linearen Regressionsmodell bei Anwendung der Kleinste-Quadrate-Schätzmethode vor. Wir unterscheiden hierbei zwischen Vorinformation in Gestalt exakter linearer Beschränkungen auf der einen sowie stochastischer Restriktionen auf der anderen Seite.

2.1 Deterministische Restriktionen: Der gleichungsrestringierte KQ-Schätzer

Wir betrachten im folgenden das lineare Regressionsmodell (1.1.1) unter den Annahmen (A1)-(A3), wobei zusätzlich Rang($\mathbf{X}$) $= k$ und vorerst auch $\mathbf{E}(\mathbf{uu}') = \sigma^2\mathbf{I}$ vorausgesetzt wird. Nach dem *Prinzip der kleinsten Quadrate* wird eine Schätzung b für den unbekannten Parametervektor $\boldsymbol{\beta}$ so bestimmt, daß die Summe der quadratischen Abweichungen zwischen geschätzten und tatsächlichen Werten der unabhängigen Variablen, also der quadrierte Abstand zwischen den Vektoren $\hat{\mathbf{y}} = \mathbf{Xb}$ und $\mathbf{y}$, möglichst klein ausfällt. Stehen außer den Beobachtungen $(\mathbf{y}, \mathbf{X})$ keine weiteren Informationen über die Parameter zur Verfügung, so führt diese Forderung unmittelbar auf das unrestringierte Minimierungsproblem

$$S(\mathbf{b}) := (\mathbf{y} - \mathbf{Xb})'(\mathbf{y} - \mathbf{Xb}) \to \min_{\mathbf{b}\in\mathbb{R}^k}!$$

Als Lösung dieser Optimierungsaufgabe erhält man die Kleinste-Quadrate- bzw. Least Squares (LS-) Schätzung

$$\mathbf{b}_{LS} := \mathbf{X}^+\mathbf{y} = (\mathbf{X}'\mathbf{X})^{-1}\mathbf{X}'\mathbf{y}.^{1} \qquad (2.1.1)$$

[1] Vgl. hierzu JOHNSTON (1991), S. 171.

Die durch (2.1.1) definierte lineare Schätz*funktion* ist erwartungstreu, d.h., für alle $\boldsymbol{\beta} \in \mathbb{R}^k$ ist

$$\mathbf{Bias}(\mathbf{b}_{LS}, \boldsymbol{\beta}) = \mathbf{0}.$$

Sie besitzt die Kovarianzmatrix $\mathbf{Cov}(\mathbf{b}_{LS}) = \sigma^2(\mathbf{X}'\mathbf{X})^{-1}$. Nach dem Gauß-Markov-Theorem ist $\mathbf{b}_{LS}$ bester linearer unverzerrter Schätzer (Best Linear Unbiased Estimator, BLUE). Für alle linearen und erwartungstreuen Schätzfunktionen $\mathbf{b} = \mathbf{Cy}$ ist die Matrizendifferenz $\mathbf{Cov}(\mathbf{b}) - \mathbf{Cov}(\mathbf{b}_{LS})$ also nichtnegativ definit (n.n.d.).[2]

Mit dem Gauß-Markov-Theorem ist unter den klassischen Annahmen eine theoretische Rechtfertigung für die Anwendung des KQ-Schätzers gegeben. In der ökonometrischen Praxis treten jedoch häufig Situationen auf, in denen diese traditionelle Schätzfunktion ungenaue Schätzungen der unbekannten Parameter liefert. Ein typisches Beispiel hierfür ist das Vorliegen von Multikollinearität bei Zeitreihendaten. Die Berücksichtigung von Vorinformation über $\boldsymbol{\beta}$ kann dann zu einer Verbesserung der Schätzgüte beitragen.

Im einfachsten Fall ist der Wertebereich des Parametervektors a priori durch exakte lineare Gleichungen der Form $\mathbf{R}\boldsymbol{\beta} = \mathbf{r}$ beschränkt, wobei die Matrix $\mathbf{R} \in \mathbb{R}^{q \times k}$ und der Vektor $\mathbf{r} \in \mathbb{R}^q$ mit $q < k$ bekannt bzw. vom Anwender festzulegen sind. Für den Rang der Restriktionsmatrix gelte $\text{Rang}(\mathbf{R}) = q$. Ein naheliegender Ansatz zur Schätzung der unbekannten Parameter besteht dann darin, das Prinzip der kleinsten Quadrate beizubehalten, die Vorinformationen aber als Nebenbedingung bei der Minimierung der Residuenquadratsumme in den Schätzprozeß einzubinden. Dieser Idee folgend erhält man die restringierte Optimierungsaufgabe

$$S(\mathbf{b}) = (\mathbf{y} - \mathbf{Xb})'(\mathbf{y} - \mathbf{Xb}) \to \min_{\mathbf{b} \in \mathbb{R}^k}! \tag{2.1.2}$$

unter der Nebenbedingung

$$\mathbf{Rb} = \mathbf{r}, \tag{2.1.3}$$

welche mit Hilfe des klassischen Lagrange-Ansatzes explizit gelöst werden kann.[3] Der resultierende gleichungsrestringierte Kleinste-Quadrate-Schätzer (Restricted Least Squares, RLS) lautet

$$\mathbf{b}_{RLS} = \mathbf{b}_{LS} + (\mathbf{X}'\mathbf{X})^{-1}\mathbf{R}'[\mathbf{R}(\mathbf{X}'\mathbf{X})^{-1}\mathbf{R}']^{-1}(\mathbf{r} - \mathbf{Rb}_{LS}), \tag{2.1.4}$$

---

[2] Vgl. etwa SCHÖNFELD (1969), S. 62 f., oder JOHNSTON (1991), S. 172 f. Der KQ-Schätzer weist eine Reihe weiterer wünschenswerter statistischer Eigenschaften auf. So stellt $\mathbf{b}_{LS}$ unter der Voraussetzung normalverteilter Störgrößen etwa eine Maximum-Likelihood-Schätzfunktion dar. Vgl. SCHÖNFELD (1969), S. 110 f., oder JOHNSTON (1991), S. 275. Ferner ist der KQ-Schätzer in einem bayesianischen Modellrahmen bei quadratischer Verlustfunktion risikominimal, sofern die Prior-Verteilung nicht-informativ, die vorliegende Vorinformation also „diffus" oder „vage" ist. Vgl. PILZ (1991), S. 103 ff.

[3] Vgl. hierzu STAHLECKER ET AL. (2002), S. 40 f.

setzt sich also additiv aus dem traditionellen unrestringierten KQ-Schätzer $\mathbf{b}_{LS}$ und einem Korrekturglied zusammen, welches die Gültigkeit der a priori formulierten linearen Parameterrestriktion für jede sich ergebende Schätzung sicherstellt. Der restringierte KQ-Schätzer reduziert sich dabei auf den traditionellen KQ-Schätzer, falls letzterer bereits mit der Zusatzinformation vereinbar ist, also $\mathbf{Rb}_{LS}= \mathbf{r}$ gilt.

Ist die Vorinformation korrekt, gilt für den „wahren" Parametervektor also tatsächlich $\mathbf{R}\boldsymbol{\beta} = \mathbf{r}$, so ist der restringierte KQ-Schätzer erwartungstreu:[4]

$$\mathrm{E}(\mathbf{b}_{RLS}) = \boldsymbol{\beta}+(\mathbf{X}'\mathbf{X})^{-1}\mathbf{R}'[\mathbf{R}(\mathbf{X}'\mathbf{X})^{-1}\mathbf{R}']^{-1}(\mathbf{r} - \mathbf{R}\boldsymbol{\beta}) = \boldsymbol{\beta}. \tag{2.1.5}$$

Unabhängig von der Gültigkeit der linearen Restriktion (2.1.3) ist die Kovarianzmatrix durch

$$\mathbf{Cov}(\mathbf{b}_{RLS}) = \sigma^2\mathbf{S}^{-1} - \sigma^2\mathbf{S}^{-1}\mathbf{R}'(\mathbf{RS}^{-1}\mathbf{R}')^{-1}\mathbf{RS}^{-1} \tag{2.1.6}$$

gegeben, wobei zur besseren Übersicht $\mathbf{S} = \mathbf{X}'\mathbf{X}$ geschrieben wurde. Hieraus folgt sofort

$$\mathbf{Cov}(\mathbf{b}_{LS}) - \mathbf{Cov}(\mathbf{b}_{RLS}) = \sigma^2\mathbf{S}^{-1}\mathbf{R}'(\mathbf{RS}^{-1}\mathbf{R}')^{-1}\mathbf{RS}^{-1}, \tag{2.1.7}$$

so daß die Differenz der Kovarianzmatrizen des traditionellen und des restringierten KQ-Schätzers nichtnegativ definit ist.[5] Der restringierte Schätzer $\mathbf{b}_{RLS}$ ist also bei korrekter Vorinformation wie der vorinformationsfreie KQ-Schätzer $\mathbf{b}_{LS}$ erwartungstreu, besitzt aber im Sinne der Löwner-Ordnung (vgl. Bemerkung C.1 in Anhang C) eine kleinere Varianz-Kovarianzmatrix als dieser. Insofern hat die Berücksichtigung exakter linearer Restriktionen durch $\mathbf{b}_{RLS}$ tatsächlich eine Verbesserung der Schätzgenauigkeit zur Folge. Es läßt sich sogar ein noch stärkeres Resultat beweisen:

Satz 2.1 *Gegeben sei das klassische lineare Regressionsmodell (1.1.1) unter den Annahmen (A1)-(A3), wobei zusätzlich Rang*$(\mathbf{X}) = k$ *und* $\mathbf{E}(\mathbf{uu}') = \sigma^2\mathbf{I}$ *gelte. Ferner genüge der unbekannte Parametervektor* $\boldsymbol{\beta}$ *der linearen Restriktion* $\mathbf{R}\boldsymbol{\beta} = \mathbf{r}$. *Dann ist der durch (2.1.4) definierte restringierte KQ-Schätzer* $\mathbf{b}_{RLS}$ *in der Klasse der in* $\mathbf{y}$ *und* $\mathbf{r}$ *linearen und unverzerrten Schätzer varianzminimal, d.h., für alle* $\mathbf{b} = \mathbf{Cy} + \mathbf{Dr}$ *mit* $\mathbf{E}(\mathbf{b}) = \boldsymbol{\beta}$ *ist* $\mathbf{Cov}(\mathbf{b}) - \mathbf{Cov}(\mathbf{b}_{RLS})$ *nichtnegativ definit.*

Beweis: Siehe THEIL (1971), S. 536, oder TOUTENBURG (1975b), S. 99 f. ■

Die bisherigen Aussagen über die statistischen Güteeigenschaften des restringierten KQ-Schätzers basieren auf der Annahme, daß die verwerteten Zusatzkenntnisse korrekt spezifiziert wurden, die Restriktion $\mathbf{R}\boldsymbol{\beta} = \mathbf{r}$ also tatsächlich erfüllt ist. Im folgenden wollen wir nun ohne Anspruch auf Vollständigkeit einige Ergebnisse zur

---

[4]Formal sauber müssten wir den RLS-Schätzer als *bedingt erwartungstreu* bezeichnen und $\mathbf{E}(\mathbf{b}_{RLS} \mid \mathbf{R}\boldsymbol{\beta} = \mathbf{r}) = \boldsymbol{\beta}$ schreiben! Wir behalten jedoch die kompaktere Darstellungsweise bei.

[5]Vgl. FOMBY ET AL. (1984), S. 83 f.

Robustheit dieses Schätzers gegenüber fehlerhafter a priori Information präsentieren.[6]

Nehmen wir also an, daß der unbekannte Parametervektor $\boldsymbol{\beta}$ der zugrundeliegenden Restriktion $\mathbf{R}\boldsymbol{\beta} = \mathbf{r}$ in Wirklichkeit nicht genügt und statt dessen eine nichtstochastische Verzerrung der Form

$$\mathbf{R}\boldsymbol{\beta} = \mathbf{r} + \boldsymbol{\delta} \text{ mit } \boldsymbol{\delta} \neq \mathbf{0} \tag{2.1.8}$$

vorliegt. Zwar geht dann die Erwartungstreue des restringierten KQ-Schätzer $\mathbf{b}_{RLS}$ verloren, es gilt nämlich

$$\mathbf{Bias}(\mathbf{b}_{RLS}, \boldsymbol{\beta}) = \mathbf{S}^{-1}\mathbf{R}'(\mathbf{R}\mathbf{S}^{-1}\mathbf{R}')^{-1}\boldsymbol{\delta} \neq \mathbf{0}. \tag{2.1.9}$$

Weil seine Kovarianzmatrix aber von der Fehlspezifikation unberührt bleibt, besitzt $\mathbf{b}_{RLS}$ Beziehung (2.1.7) zufolge unverändert eine geringere Varianz als der vorinformationsfreie KQ-Schätzer. Daher legen wir dem folgenden Vergleich der beiden Schätzfunktionen mit den für einen beliebigen Schätzer $\mathbf{b}$ des Parametervektors $\boldsymbol{\beta}$ durch

$$\mathbf{MMSE}(\mathbf{b}, \boldsymbol{\beta}) = \mathbf{E}\left[(\mathbf{b} - \boldsymbol{\beta})(\mathbf{b} - \boldsymbol{\beta})'\right] \tag{2.1.10}$$

bzw.

$$MSE(\mathbf{b}, \boldsymbol{\beta}) = E\left[(\mathbf{b} - \boldsymbol{\beta})'(\mathbf{b} - \boldsymbol{\beta})\right] \tag{2.1.11}$$

definierten matriziellen und skalaren mittleren quadratischen Fehlern MMSE und MSE Gütemaße zugrunde, welche in geeigneter Weise diesen „trade off“ bzw. Kompromiß zwischen Bias und Varianz berücksichtigen. Für die beiden Kenngrößen gelten dabei die bekannten Zerlegungen

$$\begin{aligned} \mathbf{MMSE}(\mathbf{b}, \boldsymbol{\beta}) &= \mathbf{E}\left[(\mathbf{b} - \mathbf{E}(\mathbf{b}))(\mathbf{b} - \mathbf{E}(\mathbf{b}))'\right] + (\mathbf{E}(\mathbf{b}) - \boldsymbol{\beta})(\mathbf{E}(\mathbf{b}) - \boldsymbol{\beta})' \\ &= \mathbf{Cov}(\mathbf{b}) + \mathbf{Bias}(\mathbf{b}, \boldsymbol{\beta})\mathbf{Bias}(\mathbf{b}, \boldsymbol{\beta})' \end{aligned} \tag{2.1.12}$$

und

$$\begin{aligned} MSE(\mathbf{b}, \boldsymbol{\beta}) &= \operatorname{tr}\left\{\mathbf{E}\left[(\mathbf{b} - \boldsymbol{\beta})(\mathbf{b} - \boldsymbol{\beta})'\right]\right\} \\ &= \operatorname{tr}\left\{\mathbf{Cov}(\mathbf{b})\right\} + \mathbf{Bias}(\mathbf{b}, \boldsymbol{\beta})'\mathbf{Bias}(\mathbf{b}, \boldsymbol{\beta}). \end{aligned} \tag{2.1.13}$$

Man spricht nun davon, daß ein Schätzer $\mathbf{b}_1$ einen anderen Schätzer $\mathbf{b}_2$ bzgl. des matriziellen mittleren quadratischen Fehlers dominiert, falls die Differenz

$$\mathbf{MMSE}(\mathbf{b}_2, \boldsymbol{\beta}) - \mathbf{MMSE}(\mathbf{b}_1, \boldsymbol{\beta}) \tag{2.1.14}$$

[6] Zu den folgenden Ausführungen vgl. man RAO, TOUTENBURG (1999), Abschnitt 5.4, oder FOMBY ET AL. (1984), Abschnitt 6.4.

nichtnegativ definit ist. Entsprechend bedeutet Dominanz von $\mathbf{b}_1$ über $\mathbf{b}_2$ im Sinne des skalaren mittleren quadratischen Fehlers, daß

$$MSE(\mathbf{b}_2, \boldsymbol{\beta}) \geq MSE(\mathbf{b}_1, \boldsymbol{\beta}) \tag{2.1.15}$$

gilt. Man beachte, daß die Dominanz bzgl. des MMSE die Dominanz bzgl. des MSE zur Folge hat, während die Umkehrung dieser Aussage i. allg. nicht gilt. Vor diesem Hintergrund bezeichnet man Bedingung (2.1.14) auch als starkes und Beziehung (2.1.15) als schwaches Dominanzkriterium.[7]

Der folgende Satz beantwortet auf Basis des MMSE-Kriteriums die Frage, wann der restringierte KQ-Schätzer dem vorinformationsfreien KQ-Schätzer trotz seiner Verzerrung vorzuziehen ist.

Satz 2.2 *Gegeben sei das klassische lineare Regressionsmodell (1.1.1) unter den Annahmen (A1)-(A3), wobei zusätzlich Rang*$(\mathbf{X}) = k$ *und* $\mathbf{E}(\mathbf{uu}') = \sigma^2\mathbf{I}$ *gelte. Dann dominiert der restringierte KQ-Schätzer* $\mathbf{b}_{RLS}$ *den vorinformationsfreien KQ-Schätzer* $\mathbf{b}_{LS}$ *bezüglich des matriziellen mittleren quadratischen Fehlers* **MMSE** *genau dann, wenn der Spezifikationsfehler* $\boldsymbol{\delta} = \mathbf{R}\boldsymbol{\beta} - \mathbf{r}$ *der Bedingung*

$$\lambda := \frac{1}{\sigma^2}\boldsymbol{\delta}'(\mathbf{RS}^{-1}\mathbf{R}')^{-1}\boldsymbol{\delta} \leq 1 \tag{2.1.16}$$

mit $\mathbf{S} = \mathbf{X}'\mathbf{X}$ *genügt.*

Beweis: Wie man mit Hilfe von (2.1.7) und (2.1.9) leicht überprüft, ist die Differenz der MSE-Matrizen des LS- und RLS-Schätzers für alle $\boldsymbol{\beta} \in \mathbb{R}^k$ durch

$$\begin{aligned} &\mathbf{MMSE}(\mathbf{b}_{LS}, \boldsymbol{\beta}) - \mathbf{MMSE}(\mathbf{b}_{RLS}, \boldsymbol{\beta}) \\ &= \mathbf{Cov}(\mathbf{b}_{LS}) - \mathbf{Cov}(\mathbf{b}_{RLS}) - \mathbf{Bias}(\mathbf{b}_{RLS}, \boldsymbol{\beta})\mathbf{Bias}(\mathbf{b}_{RLS}, \boldsymbol{\beta})' \\ &= \sigma^2\mathbf{S}^{-1}\mathbf{R}'(\mathbf{RS}^{-1}\mathbf{R}')^{-1}[\mathbf{RS}^{-1}\mathbf{R}' - \frac{1}{\sigma^2}\boldsymbol{\delta\delta}'](\mathbf{RS}^{-1}\mathbf{R}')^{-1}\mathbf{RS}^{-1} \end{aligned} \tag{2.1.17}$$

gegeben. Aufgrund der Zeilenregularität von $\mathbf{R}$ ist (2.1.17) genau dann nichtnegativ definit, wenn die Matrix $\mathbf{RS}^{-1}\mathbf{R}' - \sigma^{-2}\boldsymbol{\delta\delta}'$ nichtnegativ definit ist. Dies ist nach Satz A.7 aber gleichbedeutend mit (2.1.16). Vgl. auch RAO, TOUTENBURG (1999), S. 146 f. ■

[7] Ein schwaches Dominanzkriterium zweiter Art erhält man, wenn lediglich die Schätzung bzw. Prognose des Erwartungswertes des Vektors der abhängigen Variablen $\mathbf{y}$ beurteilungsrelevant ist, d.h., wenn nur noch

$$E\left[(\mathbf{Xb}_2 - \mathbf{X}\boldsymbol{\beta})'(\mathbf{Xb}_2 - \mathbf{X}\boldsymbol{\beta})\right] \geq E\left[(\mathbf{Xb}_1 - \mathbf{X}\boldsymbol{\beta})'(\mathbf{Xb}_1 - \mathbf{X}\boldsymbol{\beta})\right]$$

gefordert wird.

Zieht man zum Vergleich der beiden Schätzer das schwächere MSE-Kriterium heran, so ist zu erwarten, daß der Parameterbereich, auf dem der restringierte KQ-Schätzer der unrestringierten Variante überlegen ist, sogar noch vergrößert werden kann. Mit (2.1.7) und (2.1.9) erhält man aus der Zerlegung (2.1.13) des MSE unmittelbar die folgende notwendige und hinreichende Bedingung für die schwache Superiorität:

Satz 2.3 *Gegeben sei das klassische lineare Regressionsmodell (1.1.1) unter den Annahmen (A1)-(A3), wobei zusätzlich Rang*$(\mathbf{X}) = k$ *und* $\mathbf{E}(\mathbf{uu}') = \sigma^2\mathbf{I}$ *gelte. Dann dominiert der restringierte KQ-Schätzer* $\mathbf{b}_{RLS}$ *den vorinformationsfreien KQ-Schätzer* $\mathbf{b}_{LS}$ *bezüglich des mittleren quadratischen Fehlers MSE genau dann, wenn der Spezifikationsfehler* $\boldsymbol{\delta} = \mathbf{R}\boldsymbol{\beta} - \mathbf{r}$ *der Bedingung*

$$\frac{1}{\sigma^2}\boldsymbol{\delta}'(\mathbf{R}\mathbf{S}^{-1}\mathbf{R}')^{-1}\mathbf{R}\mathbf{S}^{-2}\mathbf{R}'(\mathbf{R}\mathbf{S}^{-1}\mathbf{R}')^{-1}\boldsymbol{\delta} \leq \operatorname{tr}\left\{\mathbf{S}^{-1}\mathbf{R}'(\mathbf{R}\mathbf{S}^{-1}\mathbf{R}')^{-1}\mathbf{R}\mathbf{S}^{-1}\right\} \tag{2.1.18}$$

mit $\mathbf{S} = \mathbf{X}'\mathbf{X}$ *genügt.*

Der folgende Satz stellt schließlich eine weitere hinreichende Bedingung für die MSE-Dominanz bereit.

Satz 2.4 *Gegeben sei das klassische lineare Regressionsmodell (1.1.1) unter den Annahmen (A1)-(A3), wobei zusätzlich Rang*$(\mathbf{X}) = k$ *und* $\mathbf{E}(\mathbf{uu}') = \sigma^2\mathbf{I}$ *gelte. Der Spezifikationsfehler* $\boldsymbol{\delta} = \mathbf{R}\boldsymbol{\beta} - \mathbf{r}$ *genüge der Bedingung*

$$\lambda = \frac{1}{\sigma^2}\boldsymbol{\delta}'(\mathbf{R}\mathbf{S}^{-1}\mathbf{R}')^{-1}\boldsymbol{\delta} \leq \lambda_{\min}[\mathbf{S}]\operatorname{tr}\left\{\mathbf{S}^{-1}\mathbf{R}'(\mathbf{R}\mathbf{S}^{-1}\mathbf{R}')^{-1}\mathbf{R}\mathbf{S}^{-1}\right\}, \tag{2.1.19}$$

wobei $\lambda_{\min}[\mathbf{S}]$ *den kleinsten Eigenwert von* $\mathbf{S} = \mathbf{X}'\mathbf{X}$ *bezeichne. Dann dominiert der restringierte KQ-Schätzer* $\mathbf{b}_{RLS}$ *den vorinformationsfreien KQ-Schätzer* $\mathbf{b}_{LS}$ *bezüglich des mittleren quadratischen Fehlers MSE.*

Beweis: Siehe RAO, TOUTENBURG (1999), S. 147. ■

Die Beziehungen (2.1.16), (2.1.18) und (2.1.19) definieren q-dimensionale kompakte Ellipsoide, deren Mittelpunkt jeweils im Ursprung des Koordinatensystems liegt. Sofern die Verzerrung $\boldsymbol{\delta}$ (im Sinne der korrespondierenden, d.h. jeweils durch die linke Seite erklärten Normen) also hinreichend klein ausfällt, dominiert der restringierte KQ-Schätzer den vorinformationsfreien KQ-Schätzer bzgl. des MMSE bzw. MSE auch bei inkorrekter Vorinformation. Die Überlegenheit von $\mathbf{b}_{RLS}$ gegenüber $\mathbf{b}_{LS}$ geht dagegen verloren, wenn der Spezifikationsfehler zu groß wird.

Ein naheliegender Ansatz zur Verbesserung der Schätzgenauigkeit besteht vor dem Hintergrund der vorangegangenen Ausführungen darin, die Verwendung der restringierten Schätzfunktion $\mathbf{b}_{RLS}$ davon abhängig zu machen, ob die a priori formulierte Restriktion mit den gegebenen Stichprobendaten (also mit der „Realität“) vereinbar ist. Der Entscheidung über den Gebrauch von $\mathbf{b}_{RLS}$ wird also bspw. ein F-Test der linearen Hypothese $H_0 : \mathbf{R}\boldsymbol{\beta} = \mathbf{r}$ gegen die Alternative $H_1 : \mathbf{R}\boldsymbol{\beta} \neq \mathbf{r}$ vorgeschaltet.[8] Kann die Nullhypothese dabei beibehalten werden, so ist die Verwendung des restringierten KQ-Schätzers angezeigt, während eine Ablehnung von H_0 den Einsatz der vorinformationsfreien KQ-Schätzfunktion nach sich ziehen würde. Der resultierende *pretest-Schätzer* besitzt damit die Form

$$\bar{\mathbf{b}} := \begin{cases} \mathbf{b}_{RLS} & \text{bei Beibehaltung von } H_0, \\ \mathbf{b}_{LS} & \text{bei Ablehnung von } H_0. \end{cases}$$

Die Abhängigkeit vom Ergebnis des vorgeschalteten Tests impliziert dabei eine relativ komplexe stochastische Struktur der Kovarianzmatrix, weshalb sich eine Untersuchung der statistischen Güteeigenschaften dieses Schätzers als relativ schwierig erweist. Es sei an dieser Stelle lediglich erwähnt, daß der pretest-Schätzer innerhalb eines gewissen Parameterbereiches (kleine Werte für λ und damit „kleiner“ Spezifikationsfehler $\boldsymbol{\delta}$) den vorinformationsfreien KQ-Schätzer dominiert, jedoch schlechter als die restringierte Variante ist, während umgekehrt wiederum ein Wertebereich (große Werte für λ und damit „starke“ Verzerrung $\boldsymbol{\delta}$) existiert, auf dem der pretest-Schätzer zwar besser als $\mathbf{b}_{RLS}$ ist, gleichzeitig aber von $\mathbf{b}_{LS}$ dominiert wird. Seine Anwendung stellt in diesem Sinne also einen Kompromiß dar zwischen der Einbeziehung der linearen Gleichung $\mathbf{R}\boldsymbol{\beta} = \mathbf{r}$ durch den restringierten KQ-Schätzer und der Ignoranz dieser Vorinformation durch die traditionelle verallgemeinerte KQ-Schätzfunktion.[9]

Die bisherigen Ausführungen basieren u.a. auf der Voraussetzung unkorrelierter und homoskedastischer Störgrößen. Wir schwächen die Modellannahmen nun ein wenig ab und lassen zu, daß der Störterm eine nichtskalare Kovarianzmatrix besitzt. Unter der Voraussetzung $\mathbf{Cov}(\mathbf{u}) = \sigma^2\boldsymbol{\Omega}$, $\boldsymbol{\Omega} \in \mathbb{R}^{n\times n}$ p.d. und bekannt, läßt sich die Regressionsgleichung $\mathbf{y} = \mathbf{X}\boldsymbol{\beta} + \mathbf{u}$ mit Hilfe der Wurzelzerlegung $\boldsymbol{\Omega} = \boldsymbol{\Omega}^{\frac{1}{2}}\boldsymbol{\Omega}^{\frac{1}{2}}$ durch Linksmultiplikation mit $\boldsymbol{\Omega}^{-\frac{1}{2}}$ zu

$$\boldsymbol{\Omega}^{-\frac{1}{2}}\mathbf{y} = \boldsymbol{\Omega}^{-\frac{1}{2}}\mathbf{X}\boldsymbol{\beta} + \boldsymbol{\Omega}^{-\frac{1}{2}}\mathbf{u} \tag{2.1.20}$$

transformieren. Setzen wir nun

$$\tilde{\mathbf{y}} = \boldsymbol{\Omega}^{-\frac{1}{2}}\mathbf{y},\ \tilde{\mathbf{X}} = \boldsymbol{\Omega}^{-\frac{1}{2}}\mathbf{X} \text{ und } \tilde{\mathbf{u}} = \boldsymbol{\Omega}^{-\frac{1}{2}}\mathbf{u}, \tag{2.1.21}$$

[8]Ein alternativer Ansatz besteht darin, statt der linearen Hypothese $\mathbf{R}\boldsymbol{\beta} = \mathbf{r}$ direkt die Gültigkeit der Beziehungen (2.1.16) und (2.1.19) zu überprüfen, welche ja gerade die Überlegenheit des restringierten über den traditionellen Schätzer sicherstellen.

[9]Eine detaillierte Untersuchung des pretest-Schätzers findet man in JUDGE, BOCK (1978) in den Abschnitten 3 und 4.

so gilt $\mathbf{E}(\tilde{\mathbf{u}}) = \mathbf{0}$ und

$$\mathbf{Cov}(\tilde{\mathbf{u}}) = \mathbf{E}(\tilde{\mathbf{u}}\tilde{\mathbf{u}}') = \mathbf{E}(\boldsymbol{\Omega}^{-\frac{1}{2}}\mathbf{u}\mathbf{u}'\boldsymbol{\Omega}^{-\frac{1}{2}}) = \sigma^2\mathbf{I}. \tag{2.1.22}$$

Das transformierte Modell $\tilde{\mathbf{y}} = \tilde{\mathbf{X}}\boldsymbol{\beta} + \tilde{\mathbf{u}}$ genügt dann also sämtlichen klassischen Annahmen. Wir wenden daher die gewöhnliche KQ-Methode an und erhalten $\tilde{\mathbf{b}} = (\tilde{\mathbf{X}}'\tilde{\mathbf{X}})^{-1}\tilde{\mathbf{X}}'\tilde{\mathbf{y}}$. Die Rücktransformation liefert den verallgemeinerten Kleinste-Quadrate- bzw. Generalized Least Squares (GLS-) Schätzer

$$\mathbf{b}_{GLS} = (\mathbf{X}'\boldsymbol{\Omega}^{-1}\mathbf{X})^{-1}\mathbf{X}'\boldsymbol{\Omega}^{-1}\mathbf{y}. \tag{2.1.23}$$

Dieser Schätzer ist erwartungstreu, und seine Kovarianzmatrix lautet

$$\mathbf{Cov}(\mathbf{b}_{GLS}) = \sigma^2(\tilde{\mathbf{X}}'\tilde{\mathbf{X}})^{-1} = \sigma^2(\mathbf{X}'\boldsymbol{\Omega}^{-1}\mathbf{X})^{-1}. \tag{2.1.24}$$

Es gilt das verallgemeinerte Gauß-Markov-Theorem, nach dem $\mathbf{b}_{GLS}$ beste lineare unverzerrte Schätzfunktion im Ausgangsmodell (1.1.1) mit nichtskalarer Kovarianzmatrix ist.[10]

In analoger Weise resultiert nun ausgehend von der Formel (2.1.4) auch der gleichungsrestringierte KQ-Schätzer im verallgemeinerten Regressionsmodell. Er besitzt die Gestalt

$$\mathbf{b}_{RGLS} = \mathbf{b}_{GLS} + (\mathbf{X}'\boldsymbol{\Omega}^{-1}\mathbf{X})^{-1}\mathbf{R}'[\mathbf{R}(\mathbf{X}'\boldsymbol{\Omega}^{-1}\mathbf{X})^{-1}\mathbf{R}']^{-1}(\mathbf{r} - \mathbf{R}\mathbf{b}_{GLS}). \tag{2.1.25}$$

Sämtliche Resultate zu den statistischen Eigenschaften des restringierten KQ-Schätzers im klassischen Modell behalten auch für die verallgemeinerte Variante $\mathbf{b}_{RGLS}$ ihre Gültigkeit, sofern die Matrix $\mathbf{X}'\mathbf{X}$ jeweils durch $\mathbf{X}'\boldsymbol{\Omega}^{-1}\mathbf{X}$ ersetzt wird. Insbesondere übertragen sich die Ergebnisse aus den Sätzen 2.2 bis 2.4 auf den Vergleich des RGLS-Schätzers mit dem vorinformationsfreien verallgemeinerten KQ-Schätzer.

Wir haben im vorliegenden Abschnitt bisher ausschließlich die Verwertung von a priori Informationen in Gestalt linearer *Gleichungen* untersucht. Viele Modelle der Praxis, gerade aus dem Bereich der Wirtschaftswissenschaften, sind jedoch auf geradezu natürliche Weise durch die Existenz unterer und/oder oberer Schranken für die beteiligten Parameter oder gewisse Linearkombinationen charakterisiert. Typische Beispiele hierfür sind die Beschränkung der marginalen Konsumquote auf das Intervall $[0, 1]$ oder die Negativität der Eigenpreiselastizität des Konsums „normaler" Güter. Wir wollen uns daher abschließend noch kurz mit jenem Fall auseinandersetzen, daß der Wertebereich des Parametervektors $\boldsymbol{\beta}$ durch lineare *Ungleichungen* der Form $\mathbf{R}\boldsymbol{\beta} \geq \mathbf{r}$ mit $\mathbf{R} \in \mathbb{R}^{q \times k}$ und $\mathbf{r} \in \mathbb{R}^q$ restringiert ist.

Dem oben für den Fall von Gleichungsrestriktionen praktizierten Prinzip zur Einbeziehung von a priori Informationen in den Schätzprozeß folgend, ergibt sich der

[10]Vgl. z.B. Rao, Toutenburg (1999), S. 104 ff.

ungleichungsrestringierte KQ-Schätzer unter der Annahme $\mathbf{Cov}(\mathbf{u}) = \sigma^2\mathbf{I}$ als Lösung des Optimierungsproblems

$$S(\mathbf{b}) = (\mathbf{y} - \mathbf{X}\mathbf{b})'(\mathbf{y} - \mathbf{X}\mathbf{b}) \to \min_{\mathbf{b}\in\mathbb{R}^k}! \tag{2.1.26}$$

unter der Nebenbedingung

$$\mathbf{R}\mathbf{b} \geq \mathbf{r}. \tag{2.1.27}$$

Es handelt sich hierbei um eine quadratische Minimierungsaufgabe, deren Lösung i. allg. nicht mehr in geschlossener Form darstellbar, sondern statt dessen unter Verwendung bekannter Iterationsverfahren numerisch zu berechnen ist.[11] Mit Hilfe des klassischen Optimierungskalküls ist über die Kuhn-Tucker-Bedingungen zumindest eine Charakterisierung der ungleichungsrestringierten KQ-Schätzung möglich:

Satz 2.5 *Der Vektor* $\mathbf{b}^* \in \mathbb{R}^k$ *ist genau dann eine Lösung des ungleichungsrestringierten Optimierungsproblems (2.1.26)-(2.1.27), wenn es ein* $\boldsymbol{\lambda} \in \mathbb{R}^q$ *mit* $\boldsymbol{\lambda} \geq \mathbf{0}$ *gibt, so daß*

$$2\mathbf{X}'\mathbf{X}\mathbf{b}^* - 2\mathbf{X}'\mathbf{y} - \mathbf{R}'\boldsymbol{\lambda} = \mathbf{0},$$

$$\boldsymbol{\lambda}'(\mathbf{r} - \mathbf{R}\mathbf{b}^*) = 0$$

sowie

$$\mathbf{R}\mathbf{b}^* \geq \mathbf{r}$$

gilt.

Beweis: Bei den aufgeführten Bedingungen handelt es sich um die sog. Kuhn-Tucker-Bedingungen, die aufgrund der Konvexität der Zielfunktion $S(\mathbf{b})$ nicht nur notwendig, sondern zugleich auch hinreichend für eine Lösung der betrachteten quadratischen Minimierungsaufgabe sind. Vgl. hierzu bspw. STAHLECKER ET AL. (2002), S. 59 f. ■

Mit Hilfe der angegebenen Optimalitätsbedingungen können unmittelbar zwei naheliegende aber doch interessante Schlußfolgerungen für den ungleichungsrestringierten KQ-Schätzer gezogen werden:[12]

- Sind im Optimum sämtliche Restriktionen bindend, gilt also $\mathbf{R}\mathbf{b}^* = \mathbf{r}$, so reduziert sich der ungleichungsbeschränkte KQ-Schätzer auf die gleichungsrestringierte Variante aus (2.1.4).

[11] Für den Fall zeilenregulärer Restriktionsmatrizen $\mathbf{R}$ liefern ESCOBAR, SKARPNESS (1984) jedoch eine weitgehend explizite Darstellung des ungleichungsrestringierten KQ-Schätzers.

[12] Vgl. STAHLECKER (1987), S. 83 f.

- Hält die ungleichungsrestringierte KQ-Schätzfunktion die Beschränkungen strikt ein, ist also $\mathbf{Rb}^* > \mathbf{r}$, so stimmt sie mit dem vorinformationsfreien KQ-Schätzer (2.1.1) überein.

Die Untersuchung der stochastischen Güteeigenschaften des ungleichungsrestringierten KQ-Schätzers gestaltet sich äußerst schwierig, weshalb generelle Aussagen zum MSE-Vergleich mit anderen Schätzern kaum möglich sind. Es läßt sich aber für gewisse Spezialfälle zeigen, daß auch der durch lineare Ungleichungen beschränkte KQ-Schätzer die vorinformationsfreie Variante dominiert (vgl. etwa JUDGE ET AL. (1985), S. 64-69). Weil für das Anliegen der vorliegenden Arbeit die Betrachtung linearer *Gleichungen* von vorrangigem Interesse ist, wollen wir auf eine vertiefende Diskussion der KQ-Schätzung unter Ungleichungsbeschränkungen verzichten und verweisen statt dessen auf die ausführliche Erörterung dieses Ansatzes in KNAUTZ (2000), Kapitel 2.

2.2 Stochastische Restriktionen: Der Mixed-Schätzer

In den seltensten Fällen liegen in der ökonometrischen Praxis exakte Vorinformationen in Gestalt deterministischer (linearer) Parameterrestriktionen vor. Statt dessen sind a priori Kenntnisse häufig durch eine gewisse Unsicherheit oder Ungenauigkeit gekennzeichnet. Der klassische Ansatz zur formalen Umsetzung unpräziser Vorinformation besteht in der Restriktion des Parameterbereiches durch stochastische Beziehungen der Form

$$\mathbf{r} = \mathbf{R}\boldsymbol{\beta} + \mathbf{v}, \tag{2.2.1}$$

wobei $\mathbf{v}$ eine $(q \times 1)$-Zufallsgröße mit Erwartungswertvektor $\mathbf{E}(\mathbf{v}) = \mathbf{0}$ und bekannter positiv definiter Kovarianzmatrix $\mathbf{Cov}(\mathbf{v}) = \mathbf{V} \in \mathbb{R}^{q \times q}$ bezeichnet. Während die deterministische Restriktionsmatrix $\mathbf{R} \in \mathbb{R}^{q \times k}$ mit Rang$(\mathbf{R}) = q < k$ wieder vom Anwender zu spezifizieren ist, hat man den $(q \times 1)$-Vektor $\mathbf{r}$ nun als Zufallsvariable mit Erwartungswert $\mathbf{E}(\mathbf{r}) = \mathbf{R}\boldsymbol{\beta}$ zu interpretieren. Hierbei wird die Realisation von $\mathbf{r}$ als gegeben vorausgesetzt.[13] Klassisches Beispiel für Zusatzkenntnisse der Gestalt (2.2.1) ist das Vorliegen einer erwartungstreuen Vorschätzung $\mathbf{b}_1$ eines Teilvektors $\boldsymbol{\beta}_1$ von $\boldsymbol{\beta}$ aus externem Beobachtungsmaterial. Bei einer Regressionsanalyse auf Basis von Zeitreihendaten könnte die alternative Schätzung etwa aus einer unabhängigen Querschnittsuntersuchung stammen. In diesem Fall wären ggf. nach Umordnung der Komponenten $\mathbf{r} = \mathbf{b}_1$ sowie $\mathbf{R} = (\ \mathbf{I} \quad \mathbf{0}\ )$ mit $\mathbf{I}$ und $\mathbf{0}$ als Einheits- bzw. Nullmatrix

[13] Wie in der ökonometrischen Literatur üblich, verzichten wir zur Vereinfachung der Notation auf unterschiedliche Bezeichnungen für eine Zufallsvariable und ihre Realisation.

geeigneter Dimension zu setzen, während $\mathbf{V}$ als die Kovarianzmatrix des alternativen Schätzers identifiziert werden kann.[14]

Die stochastischen Restriktionen (2.2.1) besitzen grundsätzlich die gleiche Struktur wie die betrachtete Regressionsgleichung $\mathbf{y} = \mathbf{X}\boldsymbol{\beta} + \mathbf{u}$, für welche im übrigen wieder die Voraussetzungen (A1)-(A3) und die Rangannahme $\text{Rang}(\mathbf{X}) = k$ gelten mögen. Es liegt daher nahe, die a priori Information mit der Stichprobeninformation zu kombinieren und simultan in den Schätzprozeß einzubringen. Dieser auf THEIL, GOLDBERGER (1961) zurückgehenden *mixed-estimation-technique* folgend, hat man zunächst das erweiterte Regressionsmodell

$$\begin{pmatrix} \mathbf{y} \\ \mathbf{r} \end{pmatrix} = \begin{pmatrix} \mathbf{X} \\ \mathbf{R} \end{pmatrix} \boldsymbol{\beta} + \begin{pmatrix} \mathbf{u} \\ \mathbf{v} \end{pmatrix} \tag{2.2.2}$$

aufzustellen. Wird hierbei sinnvollerweise vorausgesetzt, daß die theoretischen Residuen $\mathbf{u}$ und der stochastische Fehlerterm der externen Zusatzinformation $\mathbf{v}$ unkorreliert sind, so besitzt der zusammengesetzte Störterm $\mathbf{w} := \begin{pmatrix} \mathbf{u}' & \mathbf{v}' \end{pmatrix}'$ aus (2.2.2) die folgenden Eigenschaften:

$$\mathbf{E}(\mathbf{w}) = \mathbf{0} \text{ und } \mathbf{W} := \mathbf{E}(\mathbf{w}\mathbf{w}') = \begin{pmatrix} \sigma^2\boldsymbol{\Omega} & \mathbf{0} \\ \mathbf{0} & \mathbf{V} \end{pmatrix}. \tag{2.2.3}$$

Mit den Bezeichnungen

$$\mathbf{z} := \begin{pmatrix} \mathbf{y} \\ \mathbf{r} \end{pmatrix} \text{ und } \mathbf{Z} := \begin{pmatrix} \mathbf{X} \\ \mathbf{R} \end{pmatrix} \tag{2.2.4}$$

resultiert aus der Zusammenführung der Stichproben- und Vorinformation also das verallgemeinerte lineare Regressionsmodell

$$\mathbf{z} = \mathbf{Z}\boldsymbol{\beta} + \mathbf{w} \tag{2.2.5}$$

mit nichtskalarer, positiv definiter Kovarianzmatrix $\mathbf{Cov}(\mathbf{w}) = \mathbf{W}$. Zur Schätzung des Parametervektors $\boldsymbol{\beta}$ wird folglich das verallgemeinerte KQ-Prinzip herangezogen. Wir erhalten dann den sog. *Mixed-Schätzer*:

Satz 2.6 *Der beste linear unverzerrte Schätzer für $\boldsymbol{\beta}$ im Modell (2.2.2) ist unter den Annahmen (2.2.3) durch den Mixed-Schätzer*

$$\mathbf{b}_{mix} = \left(\frac{1}{\sigma^2}\mathbf{X}'\boldsymbol{\Omega}^{-1}\mathbf{X} + \mathbf{R}'\mathbf{V}^{-1}\mathbf{R}\right)^{-1} \left(\frac{1}{\sigma^2}\mathbf{X}'\boldsymbol{\Omega}^{-1}\mathbf{y} + \mathbf{R}'\mathbf{V}^{-1}\mathbf{r}\right) \tag{2.2.6}$$

gegeben. Seine Kovarianzmatrix lautet

$$\mathbf{Cov}(\mathbf{b}_{mix}) = \left(\frac{1}{\sigma^2}\mathbf{X}'\boldsymbol{\Omega}^{-1}\mathbf{X} + \mathbf{R}'\mathbf{V}^{-1}\mathbf{R}\right)^{-1}. \tag{2.2.7}$$

[14] Vgl. SCHÖNFELD (1971), S. 128.

Beweis: Die Anwendung der GLS-Schätzerformel aus (2.1.23) im Modell (2.2.5) liefert sofort die Schätzfunktion (2.2.6). Entsprechend ergibt sich die Kovarianzmatrix (2.2.7) unmittelbar aus Beziehung (2.1.24). Die BLUE-Eigenschaft folgt damit aus dem verallgemeinertem Gauß-Markov-Theorem. Siehe auch RAO, TOUTENBURG (1999), S. 164 f. ■

Als bester linearer unverzerrter Schätzer ist der Mixed-Schätzer insbesondere der vorinformationsfreien GLS-Schätzfunktion vorzuziehen. Für die Differenz der Kovarianzmatrizen erhalten wir dabei mit $\mathbf{S} := \mathbf{X}'\boldsymbol{\Omega}^{-1}\mathbf{X}$ unter Beachtung der Identität[15]

$$\left(\frac{1}{\sigma^2}\mathbf{S} + \mathbf{R}'\mathbf{V}^{-1}\mathbf{R}\right)^{-1} = \sigma^2\mathbf{S}^{-1} - \sigma^2\mathbf{S}^{-1}\mathbf{R}'\left(\mathbf{V} + \sigma^2\mathbf{R}\mathbf{S}^{-1}\mathbf{R}'\right)^{-1}\mathbf{R}\mathbf{S}^{-1} \qquad (2.2.8)$$

unabhängig von der Gültigkeit der Voraussetzung $\mathbf{E}(\mathbf{r}) = \mathbf{R}\boldsymbol{\beta}$ das Ergebnis

$$\mathbf{Cov}(\mathbf{b}_{GLS}) - \mathbf{Cov}(\mathbf{b}_{mix}) = \sigma^2\mathbf{S}^{-1}\mathbf{R}'\left(\mathbf{V} + \sigma^2\mathbf{R}\mathbf{S}^{-1}\mathbf{R}'\right)^{-1}\mathbf{R}\mathbf{S}^{-1} \text{ n.n.d.} \qquad (2.2.9)$$

Wegen (2.2.8) können wir den Mixed-Schätzer im übrigen auch in der Form

$$\mathbf{b}_{mix} = \mathbf{b}_{GLS} + \sigma^2\mathbf{S}^{-1}\mathbf{R}'(\mathbf{V} + \sigma^2\mathbf{R}\mathbf{S}^{-1}\mathbf{R}')^{-1}(\mathbf{r} - \mathbf{R}\mathbf{b}_{GLS}) \qquad (2.2.10)$$

darstellen. Hierfür ist die Regularität der Matrix $\mathbf{V}$ nicht mehr länger erforderlich Dem Anwender eröffnet sich somit die Möglichkeit, unter (2.2.1) stochastische und exakte Restriktionen zusammenzufassen.[16]

Aufgrund der Abhängigkeit von dem bisher als gegeben vorausgesetzten, i. allg. aber unbekannten Parameter σ^2 ist der Mixed-Schätzer (2.2.6) zunächst nicht operational. In der Literatur werden verschiedene Möglichkeiten zur Beseitigung dieses Problems diskutiert, von denen hier nur zwei kurz erwähnt werden sollen. THEIL (1963) schlägt vor, die unbekannte Varianz durch ihre unverzerrte Schätzung

$$s^2 = \frac{1}{n-k}(\mathbf{y} - \mathbf{X}\mathbf{b}_{GLS})'\boldsymbol{\Omega}^{-1}(\mathbf{y} - \mathbf{X}\mathbf{b}_{GLS}) \qquad (2.2.11)$$

zu ersetzen. Zwar ist der resultierende Schätzer nicht mehr erwartungstreu, jedoch läßt sich zeigen, daß er unter bestimmten Voraussetzungen (wie z.B. die Normalverteilung der Störgrößen $\mathbf{u}$) asymptotisch unverzerrt ist und seine Kovarianzmatrix

[15] Vgl. hierzu Satz A.5 in Anhang A dieser Arbeit.

[16] Die alternative Formulierung des mixed-estimators stammt von TOUTENBURG (1975a). Vgl. auch RAO, TOUTENBURG (1999), S. 165. Die Mischung der beiden Restriktionsformen kann grundsätzlich natürlich auch dadurch erfolgen, für die stochastische Vorinformation zunächst ein erweitertes Regressionsmodell der Form (2.2.2) aufzustellen und den Parameter $\boldsymbol{\beta}$ dann mit der verallgemeinerten KQ-Methode unter Beachtung der exakten linearen Gleichungsbeschränkung zu schätzen. Vgl. etwa STAHLECKER (1987), S. 88.

asymptotisch mit der von $\mathbf{b}_{mix}$ übereinstimmt. Ausführliche Untersuchungen der asymptotischen Verteilungseigenschaften dieser operationalen Variante des Mixed-Schätzers finden sich in NAGAR, KAKWANI (1964) und mit besonderem Blick auf Hypothesentests in YANCEY ET AL. (1974). Ein zweiter Ansatz zur Operationalisierung des Mixed-Schätzers besteht in der Substitution von σ^2 durch eine nichtstochastische Konstante $c \geq 0$. Dieser ebenfalls auf THEIL (1963) zurückgehende Vorschlag führt im Gegensatz zu obigem Vorgehen auf einen erwartungstreuen Schätzer für $\boldsymbol{\beta}$. Die Dominanz dieses Schätzers über den vorinformationsfreien GLS-Schätzer bzgl. des MMSE-Kriteriums ist daher genau dann sichergestellt, wenn c so gewählt werden kann, daß er im Sinne der Löwner-Ordnung eine geringere Varianz als $\mathbf{b}_{GLS}$ besitzt. Zur Behandlung dieser Problemstellung und für eine weitergehende Analyse dieser zweiten Methode zur Operationalisierung des Mixed-Schätzers konsultiere man neben THEIL (1963) auch TERÄSVIRTA, TOUTENBURG (1980) sowie TOUTENBURG (1982).

Bei Gültigkeit der Annahme $\mathbf{E}(\mathbf{r}) = \mathbf{R}\boldsymbol{\beta}$ ist der mixed-estimator nach Satz 2.6 der beste lineare unverzerrte Schätzer bzgl. der „internen" Stichprobeninformation $(\mathbf{y}, \mathbf{X})$ und der „externen" Zusatzinformation $(\mathbf{r}, \mathbf{R})$. In Analogie zum Vorgehen im vorangegangenen Abschnitt wollen wir nun die Robustheit des mixed-estimators bei fehlerbehafteter Vorinformation untersuchen.[17] Wir postulieren hierfür, daß der unbekannte Parametervektor einer verzerrten stochastischen Restriktion der Gestalt

$$\mathbf{r} = \mathbf{R}\boldsymbol{\beta} + \boldsymbol{\delta} + \mathbf{v} \tag{2.2.12}$$

genügt, wobei $\boldsymbol{\delta} \neq \mathbf{0}$ den nichtstochastischen Spezifikationsfehler bezeichne und die übrigen Variablen die eingangs formulierten Voraussetzungen erfüllen mögen, also insbesondere $\mathbf{v} \sim (\mathbf{0}, \mathbf{V})$ gelte. Unter der Annahme (2.2.12) geht zunächst einmal die Erwartungstreue des mixed-estimators verloren. Gemäß (2.2.10) gilt nämlich

$$\mathbf{E}(\mathbf{b}_{mix}) = \boldsymbol{\beta} + \sigma^2\mathbf{S}^{-1}\mathbf{R}'(\mathbf{V} + \sigma^2\mathbf{R}\mathbf{S}^{-1}\mathbf{R}')^{-1}\boldsymbol{\delta} \tag{2.2.13}$$

und folglich

$$\mathbf{Bias}(\mathbf{b}_{mix}, \boldsymbol{\beta}) = \sigma^2\mathbf{S}^{-1}\mathbf{R}'(\mathbf{V} + \sigma^2\mathbf{R}\mathbf{S}^{-1}\mathbf{R}')^{-1}\boldsymbol{\delta} \neq \mathbf{0}. \tag{2.2.14}$$

Dagegen bleibt die Kovarianzmatrix und damit insbesondere auch die Relation (2.2.9) von der Verzerrung $\boldsymbol{\delta}$ unberührt. Der Mixed-Schätzer ist also nicht mehr erwartungstreu, besitzt aber unabhängig vom Ausmaß der Fehlspezifikation eine kleinere Varianz als der vorinformationsfreie verallgemeinerte KQ-Schätzer. Für den Gütevergleich der beiden Schätzer werden daher wiederum die Dominanzkriterien bzgl. des matriziellen und skalaren mittleren quadratischen Fehlers herangezogen.

[17] Die nachfolgenden Ausführungen basieren auf RAO, TOUTENBURG (1999), Abschnitt 5.8.3, und JUDGE, BOCK (1978), S. 38 f.

Sei zur Abkürzung $\mathbf{M} = \left(\mathbf{V} + \sigma^2\mathbf{R}\mathbf{S}^{-1}\mathbf{R}'\right)$ gesetzt. Die Differenz der MSE-Matrizen

$$\begin{aligned}
&\mathbf{MMSE}(\mathbf{b}_{GLS}, \boldsymbol{\beta}) - \mathbf{MMSE}(\mathbf{b}_{mix}, \boldsymbol{\beta}) \\
&\quad = \mathbf{Cov}(\mathbf{b}_{GLS}) - \mathbf{Cov}(\mathbf{b}_{mix}) - \mathbf{Bias}(\mathbf{b}_{mix}, \boldsymbol{\beta})\mathbf{Bias}(\mathbf{b}_{mix}, \boldsymbol{\beta})' \\
&\quad = \sigma^2\mathbf{S}^{-1}\mathbf{R}'\mathbf{M}^{-1}\mathbf{R}\mathbf{S}^{-1} - \sigma^4\mathbf{S}^{-1}\mathbf{R}'\mathbf{M}^{-1}\boldsymbol{\delta}\boldsymbol{\delta}'\mathbf{M}^{-1}\mathbf{R}\mathbf{S}^{-1} \\
&\quad = \sigma^2\mathbf{S}^{-1}\mathbf{R}'\mathbf{M}^{-1}\left(\mathbf{M} + \sigma^2\boldsymbol{\delta}\boldsymbol{\delta}'\right)\mathbf{M}^{-1}\mathbf{R}\mathbf{S}^{-1}
\end{aligned}$$

wird wegen der Zeilenregularität von $\mathbf{R}$ genau dann nichtnegativ definit sein, wenn auch $(\mathbf{M} + \sigma^2\boldsymbol{\delta}\boldsymbol{\delta}')$ nichtnegativ definit ist. Die Anwendung von Satz A.7 liefert damit unmittelbar das folgende Resultat.

Satz 2.7 *Gegeben sei das verallgemeinerte lineare Regressionsmodell (1.1.1) unter den Annahmen (A1)-(A3), wobei zusätzlich Rang*$(\mathbf{X}) = k$ *gelte. Der Parametervektor* $\boldsymbol{\beta}$ *erfülle die Beziehung (2.2.12). Dann dominiert der Mixed-Schätzer* $\mathbf{b}_{mix}$ *den vorinformationsfreien verallgemeinerten KQ-Schätzer* $\mathbf{b}_{GLS}$ *bezüglich des matriziellen mittleren quadratischen Fehlers* **MMSE** *genau dann, wenn der Spezifikationsfehler* $\boldsymbol{\delta} = \mathbf{R}\boldsymbol{\beta} - \mathbf{E}(\mathbf{r})$ *der Bedingung*

$$\boldsymbol{\delta}'(\mathbf{V} + \sigma^2\mathbf{R}\mathbf{S}^{-1}\mathbf{R}')^{-1}\boldsymbol{\delta} \leq 1 \tag{2.2.15}$$

mit $\mathbf{S} = \mathbf{X}'\boldsymbol{\Omega}^{-1}\mathbf{X}$ *genügt.*

Wie die Bedingung (2.1.16) für die MMSE-Dominanz des gleichungsrestringierten KQ-Schätzers $\mathbf{b}_{RLS}$ über den traditionellen KQ-Schätzer $\mathbf{b}_{LS}$ definiert auch die Superioritätsbedingung (2.2.15) ein q-dimensionales kompaktes Ellipsoid, dessen Mittelpunkt im Ursprung des Koordinatensystems liegt. Ist der Spezifikationsfehler $\boldsymbol{\delta}$ (im Sinne von $\boldsymbol{\delta}'\mathbf{M}^{-1}\boldsymbol{\delta} \leq 1$) also nicht „zu groß“, so ist der mixed-estimator trotz der vorhandenen Verzerrung bzgl. des MMSE besser als der vorinformationsfreie GLS-Schätzer. Aufgrund der nichtnegativen Definitheit der Matrizendifferenz

$$\sigma^{-2}(\mathbf{R}\mathbf{S}^{-1}\mathbf{R}')^{-1} - (\mathbf{V} + \sigma^2\mathbf{R}\mathbf{S}^{-1}\mathbf{R}')^{-1}$$

ist Bedingung (2.2.15) dabei schwächer als die entsprechende Dominanzbedingung für den Fall exakter Gleichungsbeschränkungen. Mit der Einführung einer stochastischen Komponente in die Restriktion $\mathbf{r} = \mathbf{R}\boldsymbol{\beta}$ ist demnach eine Erweiterung des Parameterbereiches verbunden, auf dem der die Zusatzinformation berücksichtigende Schätzer dem vorinformationsfreien Schätzer vorzuziehen ist.

JUDGE, BOCK (1978) nutzen die weiter unten aufgezeigte Möglichkeit der Darstellung des mixed-estimators als restringierter KQ-Schätzer und stellen eine zu (2.1.18) analoge notwendige und hinreichende Dominanzbedingung für den Gütevergleich auf Basis des schwächeren MSE-Kriteriums bereit:

Satz 2.8 *Gegeben sei das verallgemeinerte lineare Regressionsmodell (1.1.1) unter den Annahmen (A1)-(A3), wobei zusätzlich Rang*$(\mathbf{X}) = k$ *gelte. Der Parametervektor* $\boldsymbol{\beta}$ *erfülle die Beziehung (2.2.12). Dann dominiert der Mixed-Schätzer* $\mathbf{b}_{mix}$ *den vorinformationsfreien verallgemeinerten KQ-Schätzer* $\mathbf{b}_{GLS}$ *bezüglich des skalaren mittleren quadratischen Fehlers MSE genau dann, wenn der Spezifikationsfehler* $\boldsymbol{\delta} = \mathbf{R}\boldsymbol{\beta} - \mathbf{E}(\mathbf{r})$ *der Bedingung*

$$\boldsymbol{\delta}'\mathbf{M}^{-1}\mathbf{R}\mathbf{S}^{-2}\mathbf{R}'\mathbf{M}^{-1}\boldsymbol{\delta} \le \operatorname{tr}\left\{\mathbf{S}^{-1}\mathbf{R}'\mathbf{M}^{-1}\mathbf{R}\mathbf{S}^{-1}\right\} \tag{2.2.16}$$

mit $\mathbf{M} = \left(\mathbf{V} + \sigma^2\mathbf{R}\mathbf{S}^{-1}\mathbf{R}'\right)$ *und* $\mathbf{S} = \mathbf{X}'\boldsymbol{\Omega}^{-1}\mathbf{X}$ *genügt.*

Beweis: Siehe JUDGE, BOCK (1978), S. 41 f. ■

Von (2.2.16) ausgehend kann schließlich auch die hinreichende Bedingung (2.1.19) für die MSE-Dominanz des gleichungsrestringierten KQ-Schätzers $\mathbf{b}_{RLS}$ über den herkömmlichen KQ-Schätzer $\mathbf{b}_{LS}$ auf den vorliegenden Vergleich des mixed estimators mit $\mathbf{b}_{GLS}$ übertragen werden.

Satz 2.9 *Gegeben sei das lineare Regressionsmodell (1.1.1) unter den Annahmen (A1)-(A3), wobei zusätzlich Rang*$(\mathbf{X}) = k$ *gelte. Der Parametervektor* $\boldsymbol{\beta}$ *erfülle die Beziehung (2.2.12). Ferner genüge der Spezifikationsfehler* $\boldsymbol{\delta}$ *der Bedingung*

$$\boldsymbol{\delta}'(\mathbf{V} + \sigma^2\mathbf{R}\mathbf{S}^{-1}\mathbf{R}')^{-1}\boldsymbol{\delta} \le \lambda_{\min}[\mathbf{E}] \operatorname{tr}\left\{\mathbf{S}^{-1}\mathbf{R}'(\sigma^{-2}\mathbf{V} + \mathbf{R}\mathbf{S}^{-1}\mathbf{R}')^{-1}\mathbf{R}\mathbf{S}^{-1}\right\}$$

mit $\mathbf{S} = \mathbf{X}'\boldsymbol{\Omega}^{-1}\mathbf{X}$ *und* $\mathbf{E} = \mathbf{S} + \sigma^{-2}\mathbf{S}\mathbf{R}^{+}\mathbf{V}(\mathbf{R}^{+})'\mathbf{S}$ *sowie* $\lambda_{\min}[\mathbf{E}]$ *als kleinsten Eigenwert von* $\mathbf{E}$.[18] *Dann dominiert der mixed-Schätzer* $\mathbf{b}_{mix}$ *den vorinformationsfreien verallgemeinerten KQ-Schätzer* $\mathbf{b}_{GLS}$ *bezüglich des skalaren mittleren quadratischen Fehlers MSE.*

Beweis: Siehe RAO, TOUTENBURG (1999), S. 170 f. ■

In Analogie zu der in Abschnitt 2.1 für den Fall exakter Gleichungsrestriktionen skizzierten Vorgehensweise läßt sich auch die Entscheidung über die Verwendung des mixed-estimators an einen vorherigen Test der zugrundeliegenden Restriktion knüpfen. Es stellt sich dabei zunächst die Frage, wie die stochastische lineare Hypothese $\mathbf{r} = \mathbf{R}\boldsymbol{\beta} + \mathbf{v}$, genauer die Annahme $\mathbf{E}(\mathbf{r}) = \mathbf{R}\boldsymbol{\beta}$, statistisch überprüft werden kann. Eine Antwort hierauf geben JUDGE ET AL. (1973), indem sie den mixed-estimator als gleichungsrestringierten KQ-Schätzer formulieren. Sie überführen (2.2.2) hierfür in ein Modell der Form

$$\begin{pmatrix} \mathbf{y} \\ \mathbf{r} \end{pmatrix} = \begin{pmatrix} \mathbf{X} & \mathbf{0} \\ \mathbf{0} & \mathbf{I} \end{pmatrix} \begin{pmatrix} \boldsymbol{\beta} \\ \boldsymbol{\mu} \end{pmatrix} + \begin{pmatrix} \mathbf{u} \\ \mathbf{v} \end{pmatrix} \tag{2.2.17}$$

[18] Hierbei bezeichnet $\mathbf{R}^{+} = \mathbf{R}'(\mathbf{R}\mathbf{R}')^{+}$ die Moore-Penrose-Inverse der Restriktionsmatrix $\mathbf{R}$. Vgl. diesbezüglich Definition A.3 und Satz A.13 (viii).

und beschränken den um $\boldsymbol{\mu}$ erweiterten Parameterbereich durch die exakte lineare Gleichung

$$\begin{pmatrix} \mathbf{R} & -\mathbf{I} \end{pmatrix} \begin{pmatrix} \boldsymbol{\beta} \\ \boldsymbol{\mu} \end{pmatrix} = \mathbf{R}\boldsymbol{\beta} - \boldsymbol{\mu} = \mathbf{0}. \tag{2.2.18}$$

Die Hypothese (2.2.18) kann nach evtl. Diagonalisierung der Kovarianzmatrix des Störvektors $\begin{pmatrix} \mathbf{u}' & \mathbf{v}' \end{pmatrix}'$ aus (2.2.17) nun mit Hilfe des gewöhnlichen F-Tests überprüft werden.[19] Die Entscheidung über den Einsatz des Mixed-Schätzers wird dann wieder vom Ausgang dieses Tests abhängig gemacht. Eine ausführliche Untersuchung der Eigenschaften des resultierenden pretest-Schätzers findet man in JUDGE, BOCK (1978), Chapter 6. Die Formulierung des mixed-estimators als gleichungsrestringierter KQ-Schätzer bietet eine Reihe weiterer analytischer Vorteile. So machen, wie oben bereits bemerkt, JUDGE, BOCK (1978) von der alternativen Darstellungsmöglichkeit Gebrauch und leiten aus den bekannten Bedingungen für die MSE-Dominanz des gleichungsrestringierten KQ-Schätzers über den vorinformationsfreien KQ-Schätzer die in Satz 2.8 angegebene Superioritätsbedingung für den Fall stochastischer Restriktionen ab.

Der Mixed-Schätzer besitzt eine in der ökonometrischen Praxis häufig ignorierte konzeptionelle Schwäche, mit der wir uns nun abschließend auseinandersetzen wollen. Hierfür betrachte man nochmals die zugrundeliegende stochastische Restriktion (2.2.1):

$$\mathbf{r} = \mathbf{R}\boldsymbol{\beta} + \mathbf{v}. \tag{2.2.19}$$

Wie wir einleitend bereits festgestellt haben, ist der $(q \times 1)$-Vektor $\mathbf{r}$ auf der linken Seite dieser Gleichung als eine dem Anwender bekannte Realisation einer q-dimensionalen *Zufallsvariablen* mit dem Erwartungswert $\mathbf{R}\boldsymbol{\beta}$ aufzufassen. Während die stochastische Spezifikation für die Berücksichtigung von Zusatzinformationen aus anderem empirischen Material, also z.B. zur Verwertung einer externen Vorschätzung einiger Parameter, damit geradezu prädestiniert ist, eignet sich der wahrscheinlichkeitstheoretische Rahmen für eine sachgerechte Modellierung der in der ökonometrischen Praxis häufig vorliegenden unscharf und umgangssprachlich formulierten Vorkenntnisse über die Parameter dagegen nicht.[20] Das a priori Wissen der Experten ist in praktischen Anwendungen typischerweise durch Ungenauigkeit und Unbestimmtheit *nichtstochastischer Art* geprägt. Vage Beschreibungen und unscharfe Relationen nehmen bei der Beurteilung der zu untersuchenden Zusammenhänge einen hohen Rang ein. So kann der Anwender etwa die Größenordnung bzw. den Wert gewisser Parameter zumindest „grob" angeben („der Parameter β_1 ist ungefähr gleich 0.7"), oder es ist ihm das Verhältnis bestimmter Parameter „in etwa"

[19] Die hieraus resultierende Teststatistik leitet THEIL (1963) auf direktem Wege, d.h. ohne den Weg über das transformierte Modell (2.2.17), ab.

[20] Vgl. hierzu auch die Kritik von SWAMY, METHA (1983), S. 368.

bekannt („die Koeffizienten β_2 und β_3 stimmen im wesentlichen überein"). Derartige vage Zusatzinformationen sind mit dem stochastischen Ansatz (2.2.19) aber nicht adäquat zu erfassen.[21] Zur Illustration der Problematik betrachte man die folgenden Beispiele:

Beispiel 2.1 Im Rahmen einer Zeitreihenanalyse untersuchen KLEIN, GOLDBERGER (1955) für die USA die Abhängigkeit der totalen Konsumausgaben privater Haushalte C_t vom Lohneinkommen W_t, landwirtschaftlichem Einkommen A_t und sonstigem Einkommen P_t. Sie legen hierfür das folgende lineare Regressionsmodell zugrunde:

$$C_t = \beta_0 + \beta_1 W_t + \beta_2 A_t + \beta_3 P_t + u_t \quad \text{mit } u_t \overset{iid}{\sim} (0, \sigma^2).$$

Die für Zeitreihendaten typische Multikollinearität versuchen KLEIN und GOLDBERGER durch Verwertung von a priori Informationen zu überwinden. Sie gehen diesbezüglich davon aus, daß das Lohneinkommen einen größeren Einfluß auf den Konsum besitzt als die Einkommen aus landwirtschaftlicher und sonstiger Tätigkeit und unterstellen die folgenden linearen Restriktionen:

$$\beta_2 = 0.625\,\beta_1, \quad \beta_3 = 0.75\,\beta_1. \tag{2.2.20}$$

Die Exaktheit dieser Beziehungen bringt die vorhandene Ungenauigkeit bzw. Unschärfe in der Vorinformation aber nicht zum Ausdruck. Das Verhältnis der Parameter wird allenfalls grob bekannt sein, d.h., es ist

$$\beta_2 \approx 0.625\,\beta_1, \quad \beta_3 \approx 0.75\,\beta_1. \tag{2.2.21}$$

JUDGE ET AL. (1988), S. 876 f., schwächen die Restriktionen (2.2.20) daher durch die Einführung stochastischer Komponenten v_1 und v_2 ab und postulieren

$$\beta_2 = 0.625\,\beta_1 + v_1 \quad \text{und} \quad \beta_3 = 0.75\,\beta_1 + v_2, \tag{2.2.22}$$

was mit

$$\mathbf{r} := \begin{pmatrix} 0 \\ 0 \end{pmatrix}, \ \mathbf{R} := \begin{pmatrix} 0 & 0.625 & -1 & 0 \\ 0 & 0.75 & 0 & -1 \end{pmatrix}, \ \boldsymbol{\beta} := \begin{pmatrix} \beta_0 \\ \beta_1 \\ \beta_2 \\ \beta_3 \end{pmatrix} \text{ und } \mathbf{v} := \begin{pmatrix} v_1 \\ v_2 \end{pmatrix}$$

[21] Diese Einschätzung ist im übrigen unabhängig davon, ob man den klassischen bzw. frequentistischen Zugang zur Wahrscheinlichkeitstheorie wählt und damit $\mathbf{r}$ streng genommen als das Ergebnis eines unter gleichbleibenden Bedingungen beliebig oft wiederholbaren Zufallsexperimentes aufzufassen hat oder der subjektiven Deutung der Wahrscheinlichkeit als ein Maß des Gefühls der Ungewißheit folgt. Vgl. hierzu auch BANDEMER, GOTTWALD (1993), S. 149 f.

auch in der kompakteren Matrixform

$$\mathbf{r} = \mathbf{R}\boldsymbol{\beta} + \mathbf{v} \tag{2.2.23}$$

geschrieben werden kann. Die Autoren setzen dabei für den Störterm $\mathbf{E}(\mathbf{v}) = \mathbf{0}$ sowie $\mathbf{E}(\mathbf{v}\mathbf{v}') = \mathbf{V}$ voraus und schätzen die unbekannten Parameter für verschiedene Spezifikationen der Kovarianzmatrix $\mathbf{V}$ mit Hilfe des mixed-estimators. Die für die stochastische Formulierung der Vorinformation erforderliche Interpretation des Vektors $\mathbf{r} = (\ 0 \quad 0\ )'$ auf der linken Seite von (2.2.23) als Realisation einer Zufallsvariablen mit dem Erwartungswert $\mathbf{R}\boldsymbol{\beta}$ ist dabei jedoch nur schwer nachzuvollziehen. Der Vektor $\mathbf{r}$ ist ja gerade *nicht* das Ergebnis eines Zufallsexperimentes, sondern im Rahmen der unscharfen Formulierung der a priori Kenntnisse (2.2.21) vom Anwender bewußt fest vorgegeben. □

Beispiel 2.2 Der Zusammenhang zwischen den Produktionsfaktoren Arbeit A und Kapital K auf der einen und dem gesamtwirtschaftlichen Output Y auf der anderen Seite wird in empirischen makroökonomischen Untersuchungen häufig durch eine Produktionsfunktion vom Cobb-Douglas-Typ modelliert. So basierte etwa die Schätzung des Produktionspotentials der Bundesrepublik Deutschland durch die Deutsche Bundesbank auf diesem methodischen Ansatz.[22] Unter Beachtung eines neutralen technischen Fortschritts ergibt sich die Spezifizierung

$$Y_t = \alpha A_t^{\beta_1} K_t^{\beta_2} e^{\beta_0 t + \varepsilon_t}, \quad t = 1, 2, ..., T, \tag{2.2.24}$$

mit der Störgröße ε_t. Hierbei kann die Produktion Y_t etwa durch das reale Bruttoinlandsprodukt, der Arbeitseinsatz A_t durch das Arbeitsvolumen und der Kapitalstock K_t durch das reale Bruttoanlagevermögen in der Volkswirtschaft gemessen werden. Während β_0 die autonome Wachstumsrate des technischen Fortschritts darstellt, sind β_1 und β_2 als Produktionselastizitäten der Faktoren Arbeit und Kapital zu interpretieren. Der Parameter α ist ein ökonomisch eher uninteressanter Skalenfaktor. Für eine Regressionsanalyse wird (2.2.24) durch Logarithmierung zunächst einmal linearisiert. Anschließende Differenzenbildung eliminiert den Skalenfaktor und liefert das Modell

$$\ln(\frac{Y_t}{Y_{t-1}}) = \beta_0 + \beta_1 \ln(\frac{A_t}{A_{t-1}}) + \beta_2 \ln(\frac{K_t}{K_{t-1}}) + \varepsilon_t - \varepsilon_{t-1}. \tag{2.2.25}$$

Unterstellen wir, daß der Störterm ε_t im Niveaumodell (2.2.24) einem *random walk* folgt, also

$$\varepsilon_t = \varepsilon_{t-1} + u_t \quad \text{mit } u_t \overset{iid}{\sim} (0, \sigma^2) \tag{2.2.26}$$

[22] Vgl. bspw. DEUTSCHE BUNDESBANK (1973), S. 28-34 oder DEUTSCHE BUNDESBANK (1981), S. 33-38. Weitere empirische Untersuchungen der Cobb-Douglas-Produktionsfunktion findet man in SCHRÖER, STAHLECKER (1995,1996) und STEMANN, WILLENBACHER (1997). Die folgende Modellspezifizierung orientiert sich an dem Vorgehen in SCHMIDT, STAHLECKER (1989).

gilt, so ist $\varepsilon_t - \varepsilon_{t-1} = u_t$, und im Differenzenmodell (2.2.25) sind die klassischen Annahmen erfüllt.

Die ökonomische Theorie hält nun gewisse a priori Informationen über die Parameter bereit, die in die Schätzung der Cobb-Douglas-Produktionsfunktion einfließen können. Geht man etwa davon aus, daß unter der Voraussetzung vollständiger Konkurrenz auf Faktor- und Gütermärkten die Faktoren entsprechend ihrer Grenzproduktivitäten entlohnt werden und das Volkseinkommen vollständig auf die beiden Faktoren verteilt wird, dann resultiert die a priori Restriktion[23]

$$\beta_1 + \beta_2 = 1. \tag{2.2.27}$$

Diese Gleichungsbeschränkung kann mit Hilfe des restringierten Kleinste-Quadrate-Prinzips im Schätzprozeß berücksichtigt werden.

Die der Forderung der linearen Homogenität zugrundeliegenden Annahmen wie etwa das Modell der vollständigen Konkurrenz stellen aber natürlich nur Idealisierungen der ökonomischen Realität dar. Mit jeder Modellbildung geht eine Ausblendung weniger wichtiger (gesamt)wirtschaftlicher Zusammenhänge und die starke Vereinfachung der vermeintlich relevanten Sachverhalte einher. Die ökonomische Wirklichkeit läßt sich in ihrer Breite und all ihren Einzelheiten nicht erfassen. Aus diesen Gründen stellt die der abgeleiteten Parameterrestriktion innewohnende Präzision zwar ein methodisches Hilfswerk aber sicher kein Abbild der tatsächlich vorhandenen Zusammenhänge dar. Es ist folglich auch im vorliegenden Fall angebracht, eine gewisse Unschärfe zu modellieren:

$$\beta_1 + \beta_2 \approx 1. \tag{2.2.28}$$

Die formale Umsetzung dieser Vorinformation mit Hilfe der stochastischen Restriktion

$$\beta_1 + \beta_2 + v = 1 \tag{2.2.29}$$

mit einer Zufallsvariablen $v \sim (0, \omega^2)$ ist für die hier in Rede stehende nichtstochastische Ungenauigkeit jedoch offensichtlich ungeeignet. Vor allem die erforderliche Auslegung der rechten Seite von (2.2.29) als Realisation einer Zufallsvariablen bereitet dabei wieder Probleme. □

Beispiel 2.3 In manchen ökonometrischen Anwendungen stellt sich das Problem, daß die Regressionsbeziehung

$$y_t = \mathbf{x}_t'\boldsymbol{\beta} + u_t, \quad t = 1, 2, ..., T, \tag{2.2.30}$$

nicht stabil ist und die Regressionskoeffizienten $\boldsymbol{\beta}$ im Zeitablauf variieren. Im einfachsten Fall verändern die Parameter in einer bekannten Periode t_* mehr oder weniger abrupt ihre Werte. Verantwortlich hierfür könnten z.B. plötzliche Änderungen

[23] Vgl. z.B. Stahlecker (1987), S. 33 f.

wirtschaftspolitischer Rahmenbedingungen (Einführung eines neuen Steuersystems, Wegfall bestimmter Zölle) oder des betrachteten Gebietsstandes (verursacht etwa durch die Deutsche Wiedervereinigung) sein.[24] Zur Berücksichtigung derartiger Parameterinstabilitäten fassen wir die ersten t_* Beobachtungen der Regressoren in der Matrix $\mathbf{X}_1$ und die letzten $T-t_*$ Beobachtungen in der Matrix $\mathbf{X}_2$ zusammen, d.h., wir setzen

$$\mathbf{X}_1 := \begin{bmatrix} \mathbf{x}_1 \\ \mathbf{x}_2 \\ \vdots \\ \mathbf{x}_{t_*} \end{bmatrix} \quad \text{und} \quad \mathbf{X}_2 := \begin{bmatrix} \mathbf{x}_{t_*+1} \\ \mathbf{x}_2 \\ \vdots \\ \mathbf{x}_T \end{bmatrix}, \tag{2.2.31}$$

und betrachten das abschnittsweise definierte Regressionsmodell

$$\mathbf{y} = \begin{bmatrix} \mathbf{X}_1 & \mathbf{0} \\ \mathbf{0} & \mathbf{X}_2 \end{bmatrix} \begin{bmatrix} \boldsymbol{\beta}_1 \\ \boldsymbol{\beta}_2 \end{bmatrix} + \mathbf{u} \tag{2.2.32}$$

mit $\mathbf{y} = (\, y_1 \ \cdots \ y_T \,)'$ und $\mathbf{u} = (\, u_1 \ \cdots \ u_T \,)'$ sowie den k-dimensionalen Koeffizientenvektoren $\boldsymbol{\beta}_1 = (\, \beta_{11} \ \cdots \ \beta_{1k} \,)'$ und $\boldsymbol{\beta}_2 = (\, \beta_{21} \ \cdots \ \beta_{2k} \,)'$. Mit dieser Spezifizierung wird unterstellt, daß sich zum Zeitpunkt t_* prinzipiell *alle* Parameter ändern können. In empirischen Anwendungen wird im Unterschied dazu meist nur von der Instabilität einiger Koeffizienten ausgegangen, während bestimmte andere Parameter durch Berücksichtigung entsprechender exakter linearer Gleichungsrestriktionen $\beta_{1i} = \beta_{2i}$ als konstant angenommen werden. Im Extremfall ergibt sich dabei mit der Restriktion

$$\boldsymbol{\beta}_1 = \boldsymbol{\beta}_2 \tag{2.2.33}$$

wieder das Ausgangsmodell

$$\mathbf{y} = \begin{bmatrix} \mathbf{X}_1 \\ \mathbf{X}_2 \end{bmatrix} \boldsymbol{\beta} + \mathbf{u} \tag{2.2.34}$$

ohne Strukturbruch. Es erscheint nun für viele ökonometrische Untersuchungen zweckmäßig zu sein, einen Kompromiß zwischen den beiden Modellen (2.2.32) und (2.2.34) einzugehen, indem Unterschiede in den Parametern „bis zu einem gewissen Grade“ zugelassen werden. Diese Forderung führt uns im abschnittsweise definierten Regressionsmodell (2.2.32) zur unscharfen Restriktion

$$\boldsymbol{\beta}_1 \approx \boldsymbol{\beta}_2. \tag{2.2.35}$$

Die Modellierung einer solchen Vorinformation mit Hilfe einer stochastischen Restriktion der Form

$$\boldsymbol{\beta}_1 - \boldsymbol{\beta}_2 + \mathbf{v} = \mathbf{0} \tag{2.2.36}$$

ist hierfür aus den bereits mehrfach genannten Gründen indes nicht geeignet. □

[24] Vgl. auch SCHNEEWEISS (1990), S. 76.

Beispiel 2.4 Für eine Untersuchung des Konsums von Hühnerfleisch auf Basis von Zeitreihendaten bietet sich die folgende Spezifizierung eines Regressionsmodells an:[25]

$$\ln C_t = \beta_0+\beta_1 \ln E_t+\beta_2 \ln P_t^H+\beta_3 \ln P_t^S+\beta_4 \ln P_t^R+u_t \quad \text{mit } u_t \overset{iid}{\sim} (0,\sigma^2). \qquad (2.2.37)$$

Hierbei bezeichnen C_t den Pro-Kopf-Verbrauch von Hühnerfleisch, E_t das verfügbare Pro-Kopf-Einkommen und P_t^H, P_t^S sowie P_t^R die realen Einzelhandelspreise für Hühner-, Schweine- bzw. Rindfleisch zum Zeitpunkt t. Der Parameter β_1 ist als Einkommenselastizität, der Parameter β_2 als Eigenpreiselastizität und die Koeffizienten β_3 sowie β_4 als jeweilige Kreuzpreiselastizitäten der Konsumnachfrage zu interpretieren. Es ist nun denkbar, daß den Fachleuten aus der praktischen Erfahrung heraus bekannt ist, daß der Konsum von Hühnerfleisch auf relative Änderungen der Preise von Schweine- und Rindfleisch „in etwa" gleich stark reagiert, die Kreuzpreiselastizitäten also „ungefähr" übereinstimmen. Hieraus resultiert die unscharfe Relation

$$\beta_3 \approx \beta_4. \qquad (2.2.38)$$

Auch die formale Umsetzung dieser vagen Vorinformation durch eine stochastische Restriktion der Form

$$0 = \beta_4 - \beta_3 + v \qquad (2.2.39)$$

mit einer Zufallsvariablen $v \sim (0,\omega^2)$ ist nicht angemessen. □

Die vorangegangenen Beispiele verdeutlichen: Unscharfe Vorinformationen der Form

$$\mathbf{R}\boldsymbol{\beta} \approx \mathbf{r}$$

mit festem, deterministischem Vektor $\mathbf{r}$ sind durch stochastische Restriktionen nur unzureichend und vor allem theoretisch nicht einwandfrei abzubilden.[26] Mit der von Zadeh (1965) begründeten Theorie der Fuzzy-Mengen können vage und ungenau formulierte a priori Kenntnisse dagegen einer mathematisch sauberen Behandlung zugänglich gemacht werden. Wir werden in Kapitel 5 die Grundzüge dieser relativ jungen Disziplin präsentieren und das bereitgestellte Instrumentarium im Rahmen des Minimax-Schätzkonzeptes zur Konstruktion unscharf restringierter Schätzer nutzen.

[25] Vgl. hierzu Gujarati (1995), S. 228 f.

[26] Man beachte in diesem Zusammenhang, daß der Parametervektor $\boldsymbol{\beta}$ im Rahmen der Modellformulierung als fest und nichtstochastisch angenommen wurde. Insofern ist die stochastische Restriktion auch mit der Modellierung der unsicheren Vorinformation im Rahmen der Bayesschen Theorie als subjektive a priori Wahrscheinlichkeitsverteilung für die unbekannten Parameter nicht vereinbar.

Kapitel 3

Grundzüge der Minimax-Schätztheorie

Die im vorangegangenen Kapitel erörterten Verfahren zur Verwertung von Vorinformation im linearen Regressionsmodell, die restringierte KQ-Methode sowie die mixed-estimation-Technik, basieren auf dem traditionellen Kleinste-Quadrate-Prinzip, zielen also grundsätzlich auf eine optimale Anpassung des zugrundeliegenden Modells an das beobachtete Datenmaterial $(\mathbf{y}, \mathbf{X})$ ab. Mit dem entscheidungstheoretisch fundierten Minimax-Verfahren stellen wir nun einen Schätzansatz vor, der darauf ausgerichtet ist, unter Verwendung der a priori Kenntnisse möglichst „genaue" Schätzungen zu gewinnen. Hierfür wird die Schätzfunktion so konstruiert, daß das maximale Risiko einer Fehlschätzung möglichst gering ausfällt. Während das Minimax-Prinzip in der mathematischen Statistik bereits seit der Fundierung der statistischen Entscheidungstheorie durch WALD (1945, 1950) ein anerkanntes Verfahren zur Ermittlung von Schätzern darstellt, gewann dieser Ansatz in der Ökonometrie erst durch die Arbeiten von KUKS, OLMAN (1971, 1972) an Bedeutung.

Nach einer kompakten Darstellung der elementaren Grundlagen des Minimax-Ansatzes in Abschnitt 3.1 werden wir unsere Ausführungen in Abschnitt 3.2 am klassischen Beispiel der Parameterrestriktionen in Form kompakter Ellipsoide konkretisieren. Es zeigt sich, daß die Anwendung des Minimax-Prinzips bereits bei dieser recht einfach strukturierten Vorinformationsmenge zu relativ komplexen und in der Regel nicht explizit zu lösenden Optimierungsproblemen führt. Mit der Quasi-Minimax-Methode werden wir daher in Teilabschnitt 3.2.2 einen Ansatz zur approximativen Bestimmung von Minimax-Schätzern präsentieren. Abschließend wollen wir uns dem für viele wirtschaftstheoretische Problemstellungen relevanten Fall der simultanen Verarbeitung von Ellipsoid- und linearen Gleichungsrestriktionen widmen.

3.1 Das Minimax-Schätzprinzip im Kontext der statistischen Entscheidungstheorie

Der nun folgenden Einführung des Minimax-Verfahrens sei das verallgemeinerte lineare Regressionsmodell (1.1.1) unter den Annahmen (A1)-(A3) zugrundegelegt.[1] Die Interpretation des betrachteten Schätzproblems als statistisches Entscheidungsproblem erfordert zunächst eine Spezifizierung der a priori Kenntnisse über $\boldsymbol{\beta}$ in der Form $\boldsymbol{\beta} \in \mathcal{B} \subset \mathbb{R}^k$ und eine Festlegung der Klasse $\mathcal{D}$ von zulässigen Schätzfunktionen **b**. So könnte die Vorinformation etwa durch das Ellipsoid $\mathcal{B} = \left\{ \boldsymbol{\beta} \in \mathbb{R}^k \middle| \boldsymbol{\beta}'\mathbf{T}\boldsymbol{\beta} \leq 1 \right\}$ charakterisiert sein und als Schätzerklasse die Menge der linearen Schätzer $\mathcal{D}_{lin} := \left\{ \mathbf{b} \middle| \mathbf{b} = \mathbf{C}\mathbf{y} \text{ mit } \mathbf{C} \in \mathbb{R}^{k \times n} \right\}$ in Erwägung gezogen werden. Im nächsten Schritt ist eine **Verlustfunktion** $L : \mathcal{D} \times \mathcal{B} \rightarrow \mathbb{R}$ einzuführen, welche die Konsequenzen einer (Fehl-)Schätzung ausgedrückt in Verlusteinheiten wiedergibt. Es ist also $L(\mathbf{b}, \boldsymbol{\beta})$ der Schaden oder Verlust, der bei Verwendung des Schätzers **b** entsteht, wenn $\boldsymbol{\beta}$ der „wahre" Parametervektor ist. Wir beschränken uns hier auf die Betrachtung gewichteter quadratischer Verlustfunktionen, welche für nichtnegativ definite Matrizen $\mathbf{A} \neq \mathbf{0}$ durch

$$L_{\mathbf{A}}(\mathbf{b}, \boldsymbol{\beta}) := (\mathbf{b} - \boldsymbol{\beta})'\mathbf{A}(\mathbf{b} - \boldsymbol{\beta})$$

definiert sind. Als Funktion des n-dimensionalen Zufallsvektors $\mathbf{y}$ ist der Schätzer **b** und mithin auch der Verlust $L_{\mathbf{A}}(\mathbf{b}, \boldsymbol{\beta})$ aber stochastisch. Diesem Sachverhalt Rechnung tragend geht man schließlich zum Erwartungswert des Verlustes über, betrachtet also die durch

$$R_{\mathbf{A}}(\mathbf{b}, \boldsymbol{\beta}) = E\left[L_{\mathbf{A}}(\mathbf{b}, \boldsymbol{\beta})\right]$$

gegebene **Risikofunktion** $R_{\mathbf{A}} : \mathcal{D} \times \mathcal{B} \rightarrow \mathbb{R}$.

Der Gütevergleich konkurrierender Schätzer könnte nun prinzipiell durch die Gegenüberstellung der zugehörigen Risikofunktionen erfolgen. Weil eine gleichmäßig beste Schätzfunktion im Sinne gleichmäßiger Risikominimalität i. allg. jedoch nicht zu konstruieren ist, hat man der Auswahl eines Schätzers alternative Kriterien zugrunde zu legen. Ein naheliegender Ansatz besteht diesbezüglich darin, zunächst all jene Schätzfunktionen von der weiteren Betrachtung auszuschließen, welche bzgl. des Risikos von mindestens einem konkurrierenden Schätzer gleichmäßig unterboten werden. Man gelangt damit zum Konzept der Zulässigkeit, welches im Zusammenhang mit Vorinformation in der folgenden Definition formal eingeführt wird.

---

[1] Unsere Darstellung orientiert sich an Judge et al. (1985), S. 42-48, Stahlecker (1987), Abschnitt 4.2.2, sowie Schipp (1990), Abschnitt 3.2. Eine grundlegende Darstellung der statistischen Entscheidungstheorie findet man z.B. in Bamberg (1972).

Definition 3.1 *Gegeben seien eine Klasse $\mathcal{D}$ von Schätzfunktionen, ein die a priori Kenntnisse charakterisierender Parameterbereich $\mathcal{B}$ sowie die Risikofunktion $R_{\mathbf{A}}$. Ferner seien $\mathbf{b}_1, \mathbf{b}_2 \in \mathcal{D}$ zwei zulässige Schätzer. Dann heißt $\mathbf{b}_1$ $\mathcal{B}$-besser als $\mathbf{b}_2$ bzgl. des Risikos $R_{\mathbf{A}}$, wenn für alle $\boldsymbol{\beta} \in \mathcal{B}$ die Ungleichung*

$$R_{\mathbf{A}}(\mathbf{b}_1, \boldsymbol{\beta}) \leq R_{\mathbf{A}}(\mathbf{b}_2, \boldsymbol{\beta}) \tag{3.1.1}$$

gilt und (mindestens) ein $\bar{\boldsymbol{\beta}} \in \mathcal{B}$ mit $R_{\mathbf{A}}(\mathbf{b}_1, \bar{\boldsymbol{\beta}}) < R_{\mathbf{A}}(\mathbf{b}_2, \bar{\boldsymbol{\beta}})$ existiert.

Eine Schätzfunktion $\mathbf{b}$ wird als $\mathcal{B}$-zulässig bezeichnet, sofern in $\mathcal{D}$ kein Schätzer existiert, der bzgl. des Risikos $R_{\mathbf{A}}$ $\mathcal{B}$-besser als $\mathbf{b}$ ist.

Auch nach der Beschränkung auf $\mathcal{B}$-zulässige Schätzfunktionen kommen in der Regel immer noch eine ganze Reihe konkurrierender Schätzer in Betracht, weshalb der Einsatz weiterer Auswahlkriterien erforderlich ist. Eine recht konservative Möglichkeit verkörpert nun die Übertragung der für Entscheidungen unter Ungewißheit konzipierten Minimax-Regel auf das betrachtete Schätzproblem. Diese Entscheidungsregel orientiert sich ausschließlich an der ungünstigsten Handlungskonsequenz und zeichnet diejenige Aktion als optimal aus, bei der das am geringsten bewertete Ergebnis noch am besten ausfällt.[2] Folgt man diesem Prinzip, so sollte für die endgültige Bewertung einer Schätzfunktion lediglich das Risiko maßgeblich sei, welches im ungünstigsten Fall realisiert werden kann, wenn die „Umwelt als rational handelnder Gegenspieler“ die Parameter $\boldsymbol{\beta} \in \mathcal{B}$ festlegt. Man kann sich demnach also auf die Betrachtung von $\sup_{\boldsymbol{\beta} \in \mathcal{B}} R_{\mathbf{A}}(\mathbf{b}, \boldsymbol{\beta})$ beschränken und von zwei Schätzern denjenigen mit dem geringeren supremalen Risiko einer Fehlschätzung vorziehen. Dies führt zur

Definition 3.2 *Eine Schätzfunktion $\mathbf{b}_* \in \mathcal{D}$ heißt Minimax-Schätzfunktion für $\boldsymbol{\beta}$ (in der Klasse $\mathcal{D}$) bzgl. der Risikofunktion $R_{\mathbf{A}}$, wenn $\sup\limits_{\boldsymbol{\beta} \in \mathcal{B}} R_{\mathbf{A}}(\mathbf{b}_*, \boldsymbol{\beta}) < \infty$ ist und für alle $\mathbf{b} \in \mathcal{D}$ die Ungleichung*

$$\sup_{\boldsymbol{\beta} \in \mathcal{B}} R_{\mathbf{A}}(\mathbf{b}_*, \boldsymbol{\beta}) \leq \sup_{\boldsymbol{\beta} \in \mathcal{B}} R_{\mathbf{A}}(\mathbf{b}, \boldsymbol{\beta}) \tag{3.1.2}$$

gilt.

Wird das Supremum in (3.1.2) jeweils angenommen, kann man also „sup“ durch „max“ ersetzen, so ergibt sich eine Minimax-Schätzfunktion als Lösung des Optimierungsproblems

$$\max_{\boldsymbol{\beta} \in \mathcal{B}} R_{\mathbf{A}}(\mathbf{b}, \boldsymbol{\beta}) \to \min_{\mathbf{b} \in \mathcal{D}}! \tag{3.1.3}$$

[2] Die Minimax-Entscheidungsregel wird nach A. Wald, der das Prinzip wie einleitend bereits erwähnt zur Fundierung der statistischen Entscheidungstheorie verwendete, auch als Wald-Regel bezeichnet. Zur Minimax-Regel vgl. man etwa SCHNEEWEISS (1966), S. 21-24, oder BAMBERG, COENENBERG (2002), S. 129 f.

In dieser Formulierung wird die Grundidee des Minimax-Schätzprinzips nochmals offensichtlich. Ziel ist es, durch geeignete Wahl der Schätzfunktion das maximale Risiko bei Fehlschätzungen möglichst klein zu halten. Mit anderen Worten: Gesucht ist derjenige Schätzer, der den maximal möglichen mittleren Verlust minimiert.

Die Minimax-Schätzmethode besitzt eine Reihe von theoretischen Vorzügen. Im Hinblick auf die $\mathcal{B}$-Zulässigkeit von Minimax-Schätzern ist bspw. das folgende Resultat von Interesse:[3]

Satz 3.1 *Gegeben seien eine Klasse $\mathcal{D}$ von Schätzfunktionen und ein die Vorinformation charakterisierender Parameterbereich $\mathcal{B}$. Ferner bezeichne $\mathcal{M} \subset \mathcal{D}$ die Menge der Minimax-Schätzfunktionen in $\mathcal{D}$. Dann gilt*

(i) Ist $\mathbf{b}_1 \in \mathcal{M}$ und $\mathbf{b}_2 \in \mathcal{D}$ $\mathcal{B}$-besser als $\mathbf{b}_1$, so muß auch $\mathbf{b}_2 \in \mathcal{M}$ sein.

(ii) Ist $\mathbf{b}_1$ eindeutige Minimax-Lösung, also $\mathcal{M} = \{\mathbf{b}_1\}$, so ist $\mathbf{b}_1$ $\mathcal{B}$-zulässig.

Beweis: (i) Weil $\mathbf{b}_2$ $\mathcal{B}$-besser als $\mathbf{b}_1$ ist, gilt für alle $\boldsymbol{\beta} \in \mathcal{B}$ gemäß Definition 3.1 die Ungleichung

$$R_{\mathbf{A}}(\mathbf{b}_2, \boldsymbol{\beta}) \leq R_{\mathbf{A}}(\mathbf{b}_1, \boldsymbol{\beta}).$$

Aus der Minimax-Eigenschaft von $\mathbf{b}_1$ folgt hiermit für alle Schätzer $\mathbf{b} \in \mathcal{D}$ unmittelbar

$$\sup_{\boldsymbol{\beta} \in \mathcal{B}} R_{\mathbf{A}}(\mathbf{b}_2, \boldsymbol{\beta}) \leq \sup_{\boldsymbol{\beta} \in \mathcal{B}} R_{\mathbf{A}}(\mathbf{b}_1, \boldsymbol{\beta}) < \sup_{\boldsymbol{\beta} \in \mathcal{B}} R_{\mathbf{A}}(\mathbf{b}, \boldsymbol{\beta}).$$

Also ist auch $\mathbf{b}_2$ Minimax-Schätzer, d.h. $\mathbf{b}_2 \in \mathcal{M}$.

(ii) Es sei $\mathcal{M} = \{\mathbf{b}_1\}$. Angenommen, $\mathbf{b}_1$ wäre nicht $\mathcal{B}$-zulässig. Dann würde eine $\mathcal{B}$-bessere Schätzfunktion $\mathbf{b}_2 \in \mathcal{D}$ existieren. Nach (i) müßte dann aber auch $\mathbf{b}_2 \in \mathcal{M}$ sein, was im Widerspruch zur Eindeutigkeit von $\mathbf{b}_1$ als Minimax-Lösung stehen würde. ■

Wird eine gegebene Minimax-Schätzfunktion $\mathbf{b}_1$ also von einem anderen Schätzer $\mathbf{b}_2$ aus der zugrundeliegenden Schätzerklasse bzgl. des Risikos $R_{\mathbf{A}}$ auf $\mathcal{B}$ dominiert, so muß diese $\mathcal{B}$-bessere Schätzfunktion ebenfalls dem Minimax-Prinzip genügen. Im Falle ihrer Eindeutigkeit sind Minimax-Schätzer damit zwingend $\mathcal{B}$-zulässig.

Als weiterer Vorteil des Minimax-Prinzips ist seine große Allgemeinheit hervorzuheben. So lassen sich Minmax-Schätzer prinzipiell für beliebige Vorinformationsmengen $\mathcal{B} \subset \mathbb{R}^k$ (jedoch leider nur selten in expliziter Form) entwickeln. Ferner ist es möglich, die im vorangegangenen Kapitel behandelten vorinformationsfreien und restringierten Kleinste-Quadrate-Schätzer bei geeigneter Wahl von Schätzerklasse

[3]Vgl. STAHLECKER (1987), Satz 4-1, S. 100.

und Restriktionsbereich als Spezialfall aus dem Minimax-Prinzip heraus abzuleiten (vgl. hierzu die Beispiele 4-15 und 4-16 in STAHLECKER (1987)). Schließlich können Minimax-Schätzer für beliebige kompakte Vorinformationsmengen als lineare Bayes-Schätzer bzgl. einer ungünstigsten a priori Verteilung interpretiert werden (vgl. PILZ (1991), S. 223 ff.).

Diesen ersten positiven theoretischen Eigenschaften des Minimax-Schätzprinzips stehen, wie bereits angedeutet, allerdings eine Reihe von Problemen im Hinblick auf seine praktische Anwendbarkeit entgegen:

- Die Existenz von Minimax-Lösungen kann, insbesondere bei nichtkompakten Vorinformationsmengen, nicht grundsätzlich gewährleistet werden.
- Die Berechnung der Minimax-Schätzungen gestaltet sich ausgesprochen schwierig.
- Eine Darstellung der optimalen Schätzfunktionen in expliziter Form bleibt auf wenige Einzelfälle beschränkt.

Auf einige dieser Aspekte werden wir im Zuge der nun folgenden Ausführungen über die Minimax-Schätzung bei a priori Information in Form kompakter Ellipsoide näher eingehen.

3.2 Minimax-Schätzung bei kompaktem a priori Ellipsoid

3.2.1 Herleitung des Minimax-Problems

Wir betrachten weiterhin das verallgemeinerte lineare Regressionsmodell

$$\mathbf{y} = \mathbf{X}\boldsymbol{\beta} + \mathbf{u} \qquad (3.2.1)$$

mit

$$\mathbf{E}(\mathbf{u}) = \mathbf{0} \text{ und } \mathbf{E}(\mathbf{u}\mathbf{u}') = \sigma^2\boldsymbol{\Omega} \qquad (3.2.2)$$

wobei neben $\boldsymbol{\Omega} \in \mathbb{R}^{n\times n}$ p.d. auch $\sigma^2 > 0$ als bekannt vorausgesetzt wird. Für die Regressormatrix $\mathbf{X}$ wird an dieser Stelle keine Rangannahme getroffen. Im vorliegenden Abschnitt wollen wir davon ausgehen, daß sich die Vorinformation über den unbekannten Parametervektor $\boldsymbol{\beta}$ formal durch einen *kompakten* Ellipsoiden beschreiben läßt. Es gelte also

$$\boldsymbol{\beta} \in \mathcal{E} := \{\boldsymbol{\beta} |\, (\boldsymbol{\beta}-\boldsymbol{\beta}_0)'\mathbf{T}(\boldsymbol{\beta}-\boldsymbol{\beta}_0) \leq 1\} \text{ mit } \mathbf{T} \in \mathbb{R}^{k\times k} \text{ p.d.}, \qquad (3.2.3)$$

wobei die Gewichtungsmatrix $\mathbf{T}$ und der Mittelpunkt $\boldsymbol{\beta}_0$ des Ellipsoiden bekannt bzw. vom Anwender zu spezifizieren sind.[4] Ziel ist es, den Parametervektor $\boldsymbol{\beta}$ unter Verwendung des Datenmaterials $(\mathbf{y}, \mathbf{X})$ und der a priori Kenntnisse (3.2.3) im Sinne des Minimax-Prinzips „möglichst genau“ zu schätzen. Wir betrachten hierfür die Klasse affin-linearer Schätzfunktionen

$$\mathcal{D}_{aff} := \left\{ \mathbf{b} | \, \mathbf{b} = \mathbf{C}\mathbf{y} + \mathbf{c} \text{ mit } \mathbf{C} \in \mathbb{R}^{k \times n} \text{ und } \mathbf{c} \in \mathbb{R}^k \right\} \tag{3.2.4}$$

und legen der Beurteilung eines Schätzers $\mathbf{b} \in \mathcal{D}_{aff}$ als Risikofunktion den gewichteten mittleren quadratischen Fehler

$$\begin{aligned} R_{\mathbf{A}}(\mathbf{b}, \boldsymbol{\beta}) &:= E\left[(\mathbf{b} - \boldsymbol{\beta})'\mathbf{A}(\mathbf{b} - \boldsymbol{\beta})\right] \\ &= \operatorname{tr}\left\{\mathbf{A}\mathbf{Cov}(\mathbf{b})\right\} + \mathbf{Bias}(\mathbf{b}, \boldsymbol{\beta})'\mathbf{A}\mathbf{Bias}(\mathbf{b}, \boldsymbol{\beta}) \end{aligned} \tag{3.2.5}$$

mit bekannter n.n.d. Gewichtungsmatrix $\mathbf{A}$ zugrunde. Wie man leicht nachrechnet, gilt diesbezüglich

$$\mathbf{E}(\mathbf{b}) = \mathbf{C}\mathbf{X}\boldsymbol{\beta} + \mathbf{c}, \tag{3.2.6}$$

$$\mathbf{Bias}(\mathbf{b}, \boldsymbol{\beta}) = (\mathbf{C}\mathbf{X} - \mathbf{I})\boldsymbol{\beta} + \mathbf{c} \tag{3.2.7}$$

sowie

$$\mathbf{Cov}(\mathbf{b}) = \sigma^2 \mathbf{C}\boldsymbol{\Omega}\mathbf{C}' \tag{3.2.8}$$

und damit

$$R_{\mathbf{A}}(\mathbf{b}, \boldsymbol{\beta}) = \sigma^2 \operatorname{tr}\left\{\boldsymbol{\Omega}\mathbf{C}'\mathbf{A}\mathbf{C}\right\} + \left[(\mathbf{C}\mathbf{X} - \mathbf{I})\boldsymbol{\beta} + \mathbf{c}\right]' \mathbf{A} \left[(\mathbf{C}\mathbf{X} - \mathbf{I})\boldsymbol{\beta} + \mathbf{c}\right]. \tag{3.2.9}$$

Dem in Abschnitt 3.1 vorgestellten Minimax-Schätzprinzip folgend ist nun eine Schätzfunktion $\mathbf{b}_* \in \mathcal{D}_{aff}$ so zu bestimmen, daß für alle $\mathbf{b} \in \mathcal{D}_{aff}$ die Ungleichung

$$\sup_{\boldsymbol{\beta} \in \mathcal{E}} R_{\mathbf{A}}(\mathbf{b}_*, \boldsymbol{\beta}) \leq \sup_{\boldsymbol{\beta} \in \mathcal{E}} R_{\mathbf{A}}(\mathbf{b}, \boldsymbol{\beta}) \tag{3.2.10}$$

erfüllt ist. Bevor wir uns näher mit dieser Aufgabe befassen, sind noch zwei wichtige Bemerkungen angebracht:

[4] Für den Fall, daß anstelle von (3.2.3) Intervallrestriktionen der Form $a_i \leq \beta_i \leq b_i$, $i = 1, ..., k$, vorliegen, weisen wir auf die Möglichkeit hin, den resultierenden Quader durch ein volumenminimales Ellipsoid zu umschreiben (vgl. TOUTENBURG (1982), S. 80 ff.). Entsprechend lassen sich auch allgemeine kompakte Polyeder durch ein Ellipsoid approximieren (vgl. STAHLECKER, SCHMIDT (1989)). Will man den hiermit verbundenen Informationsverlust aber vermeiden, so kann das Minimax-Prinzip auch direkt auf die polyedrische Vorinformationsmenge angewendet werden. KNAUTZ (2000), Kapitel 5, gibt einen Überblick über den aktuellen Entwicklungsstand dieser Forschungsrichtung.

Bemerkung 3.1 Die Schätzung gewisser Linearkombinationen $\gamma = \mathbf{B}\boldsymbol{\beta}$, $\mathbf{B} \in \mathbb{R}^{l \times k}$, des Parametervektors $\boldsymbol{\beta}$ durch Schätzfunktionen der Gestalt $\tilde{\gamma} = \mathbf{B}(\mathbf{C}\mathbf{y} + \mathbf{c})$ kann auf das hier betrachtete Problem der Schätzung von $\boldsymbol{\beta}$ selbst zurückgeführt werden, indem als Gewichtungsmatrix in (3.2.5) $\tilde{\mathbf{A}} = \mathbf{B}'\mathbf{A}\mathbf{B}$ gewählt wird. Vgl. hierzu STAHLECKER (1987), S. 117 f. □

Bemerkung 3.2 Die Funktion $R_{\mathbf{A}}(\mathbf{b}, \cdot)$ ist für jede Schätzfunktion $\mathbf{b} \in \mathcal{D}_{aff}$ konvex und somit auch stetig auf $\mathbb{R}^k$. Nach dem Satz von Weierstraß[5] nimmt sie folglich auf der kompakten Menge $\mathcal{E}$ ihr Maximum an, d.h., es gilt

$$\sup_{\boldsymbol{\beta} \in \mathcal{E}} R_{\mathbf{A}}(\mathbf{b}, \boldsymbol{\beta}) = \max_{\boldsymbol{\beta} \in \mathcal{E}} R_{\mathbf{A}}(\mathbf{b}, \boldsymbol{\beta}) < \infty.$$

Wir können in (3.2.10) also jeweils „Supremum“ durch „Maximum“ ersetzen. □

Wir wenden uns zunächst der Ermittlung des affinen Teils eines Minimax-Schätzers zu. Wie das folgende Resultat zeigt, ist die Symmetrie der Vorinformationsmenge $\mathcal{E}$ bzgl. $\boldsymbol{\beta}_0$ dabei von entscheidender Bedeutung.[6]

Satz 3.2 *Für alle* $\mathbf{C} \in \mathbb{R}^{k \times n}$ *und* $\mathbf{c} \in \mathbb{R}^k$ *gilt*

$$\sup_{\boldsymbol{\beta} \in \mathcal{E}} [(\mathbf{CX} - \mathbf{I})\boldsymbol{\beta} + \mathbf{c}]' \mathbf{A} [(\mathbf{CX} - \mathbf{I})\boldsymbol{\beta} + \mathbf{c}] \geq \sup_{\boldsymbol{\beta} \in \mathcal{E}} (\boldsymbol{\beta} - \boldsymbol{\beta}_0)'(\mathbf{CX} - \mathbf{I})'\mathbf{A}(\mathbf{CX} - \mathbf{I})(\boldsymbol{\beta} - \boldsymbol{\beta}_0). \tag{3.2.11}$$

Hierbei wird die untere Schranke für alle $\mathbf{c} \in \mathbb{R}^k$ *mit*

$$\mathbf{Ac} = -\mathbf{A}(\mathbf{CX} - \mathbf{I})\boldsymbol{\beta}_0 \tag{3.2.12}$$

angenommen.

Beweis: Wir setzen zur Abkürzung $\mathbf{D} = (\mathbf{CX} - \mathbf{I})$. Wegen

$$\begin{aligned}(\mathbf{D}\boldsymbol{\beta} + \mathbf{c})'\mathbf{A}(\mathbf{D}\boldsymbol{\beta} + \mathbf{c}) &= [\mathbf{D}(\boldsymbol{\beta} - \boldsymbol{\beta}_0) + \mathbf{D}\boldsymbol{\beta}_0 + \mathbf{c}]' \mathbf{A} [\mathbf{D}(\boldsymbol{\beta} - \boldsymbol{\beta}_0) + \mathbf{D}\boldsymbol{\beta}_0 + \mathbf{c}] \\ &= (\boldsymbol{\beta} - \boldsymbol{\beta}_0)'\mathbf{D}'\mathbf{A}\mathbf{D}(\boldsymbol{\beta} - \boldsymbol{\beta}_0) + 2(\boldsymbol{\beta} - \boldsymbol{\beta}_0)'\mathbf{D}'\mathbf{A}(\mathbf{D}\boldsymbol{\beta}_0 + \mathbf{c}) \\ &\quad + (\mathbf{D}\boldsymbol{\beta}_0 + \mathbf{c})'\mathbf{A}(\mathbf{D}\boldsymbol{\beta}_0 + \mathbf{c})\end{aligned}$$

und der Symmetrie von $\mathcal{E}$ bzgl. $\boldsymbol{\beta}_0$ gilt

[5] Vgl. FORSTER (1984), S. 22.

[6] Vgl. hierzu PILZ (1986), S. 300.

$$\begin{aligned}
&\sup_{\beta\in\mathcal{E}} (\mathbf{D}\beta+\mathbf{c})'\mathbf{A}(\mathbf{D}\beta+\mathbf{c}) \\
&\quad= \sup_{\beta\in\mathcal{E}} \left\{(\beta-\beta_0)'\mathbf{D}'\mathbf{A}\mathbf{D}(\beta-\beta_0)+2\left|(\beta-\beta_0)'\mathbf{D}'\mathbf{A}(\mathbf{D}\beta_0+\mathbf{c})\right|\right. \\
&\qquad\quad \left.+(\mathbf{D}\beta_0+\mathbf{c})'\mathbf{A}(\mathbf{D}\beta_0+\mathbf{c})\right\} \\
&\quad\geq \sup_{\beta\in\mathcal{E}} (\beta-\beta_0)'\mathbf{D}'\mathbf{A}\mathbf{D}(\beta-\beta_0). \qquad (3.2.13)
\end{aligned}$$

Dabei sind die letzten beiden Terme des Ausdrucks in den geschweiften Klammern für alle $\mathbf{c} \in \mathbb{R}^k$ mit (3.2.12) gerade gleich Null. ■

Gemäß obigem Resultat können wir uns bei der Suche nach affin-linearen Minimax-Schätzern auf die Betrachtung aller Schätzfunktionen $\mathbf{b} = \mathbf{C}\mathbf{y}+\mathbf{c}$ mit der Eigenschaft (3.2.12) konzentrieren. Wir wählen diesbezüglich ohne Einschränkung der Allgemeinheit den von der Risikogewichtungsmatrix $\mathbf{A}$ unabhängigen Vektor $\mathbf{c} = -(\mathbf{CX}-\mathbf{I})\beta_0$ und fassen die korrespondierenden Schätzfunktionen in der Klasse

$$\bar{\mathcal{D}}= \left\{\mathbf{b} \mid \mathbf{b} = \beta_0 + \mathbf{C}(\mathbf{y} - \mathbf{X}\beta_0) \text{ mit } \mathbf{C} \in \mathbb{R}^{k\times n}\right\}$$

zusammen. Für alle $\mathbf{b} \in\bar{\mathcal{D}}$ besitzt das Risiko die folgende Gestalt:

$$R_{\mathbf{A}}(\mathbf{b},\beta) = \sigma^2\mathrm{tr}\,\{\Omega\mathbf{C}'\mathbf{A}\mathbf{C}\} + (\beta-\beta_0)'(\mathbf{CX}-\mathbf{I})'\mathbf{A}(\mathbf{CX}-\mathbf{I})(\beta-\beta_0). \qquad (3.2.14)$$

Im nächsten Schritt ist nun das Maximum von (3.2.14) bzgl. $\beta \in\mathcal{E}$ zu bestimmen.[7] Wir setzen hierfür zunächst

$$\mathbf{t} := \mathbf{T}^{1/2}(\beta-\beta_0) \qquad (3.2.15)$$

sowie

$$\mathbf{Q}(\mathbf{C}) := \mathbf{T}^{-1/2}(\mathbf{CX}-\mathbf{I})'\mathbf{A}(\mathbf{CX}-\mathbf{I})\mathbf{T}^{-1/2} \qquad (3.2.16)$$

und schreiben abkürzend

$$R_{\mathbf{A}}(\mathbf{b},\beta) = \sigma^2\mathrm{tr}\,\{\Omega\mathbf{C}'\mathbf{A}\mathbf{C}\} + \mathbf{t}'\mathbf{Q}(\mathbf{C})\mathbf{t}. \qquad (3.2.17)$$

Aufgrund der Symmetrie der Matrix $\mathbf{Q}(\mathbf{C})$ gilt für den zweiten Summanden in (3.2.17) gemäß Satz A.3 die Ungleichung

$$\mathbf{t}'\mathbf{Q}(\mathbf{C})\mathbf{t} \leq\lambda_{\max}[\mathbf{Q}(\mathbf{C})]\mathbf{t}'\mathbf{t}, \qquad (3.2.18)$$

wobei $\lambda_{\max}[\mathbf{Q}(\mathbf{C})]$ den maximalen Eigenwert von $\mathbf{Q}(\mathbf{C})$ darstellt. Da für $\beta \in\mathcal{E}$ ferner $\mathbf{t}'\mathbf{t} \leq 1$ ist, ergibt sich hiermit die Abschätzung

$$R_{\mathbf{A}}(\mathbf{b},\beta) \leq \sigma^2\mathrm{tr}\,\{\Omega\mathbf{C}'\mathbf{A}\mathbf{C}\} + \lambda_{\max}[\mathbf{Q}(\mathbf{C})]. \qquad (3.2.19)$$

[7] Zu den folgenden Ausführungen vgl. man STAHLECKER (1987), S. 119.

Bezeichnet $\mathbf{t}_*$ einen zu $\lambda_{\max}[\mathbf{Q}(\mathbf{C})]$ gehörenden Eigenvektor mit $\mathbf{t}_*'\mathbf{t}_* = 1$, so folgt für $\boldsymbol{\beta}_* = \mathbf{T}^{-1/2}\mathbf{t}_* + \boldsymbol{\beta}_0$ aus (3.2.17) aber

$$R_{\mathbf{A}}(\mathbf{b}, \boldsymbol{\beta}_*) = \sigma^2 \text{tr}\,\{\boldsymbol{\Omega}\mathbf{C}'\mathbf{A}\mathbf{C}\} + \lambda_{\max}[\mathbf{Q}(\mathbf{C})]. \tag{3.2.20}$$

Außerdem ist

$$(\boldsymbol{\beta}_* - \boldsymbol{\beta}_0)'\mathbf{T}(\boldsymbol{\beta}_* - \boldsymbol{\beta}_0) = 1. \tag{3.2.21}$$

Das bedeutet, daß die obere Schranke in (3.2.19) für $\boldsymbol{\beta}_* \in \mathcal{E}$ gerade angenommen wird. Für alle $\mathbf{b} \in \bar{\mathcal{D}}$ gilt demnach

$$\max_{\boldsymbol{\beta} \in \mathcal{E}} R_{\mathbf{A}}(\mathbf{b}, \boldsymbol{\beta}) = \sigma^2 \text{tr}\,\{\boldsymbol{\Omega}\mathbf{C}'\mathbf{A}\mathbf{C}\} + \lambda_{\max}[\mathbf{Q}(\mathbf{C})]. \tag{3.2.22}$$

Die Anwendung des Minimax-Schätzprinzips führt somit auf das Optimierungsproblem

$$r_{\mathbf{A}}(\mathbf{C}) \rightarrow \min_{\mathbf{C} \in \mathbb{R}^{k \times n}} ! \tag{3.2.23}$$

mit der Zielfunktion

$$r_{\mathbf{A}} : \left\{ \begin{array}{lcl} \mathbb{R}^{k \times n} & \rightarrow & \mathbb{R}, \\ \mathbf{C} & \mapsto & \sigma^2 \text{tr}\,\{\boldsymbol{\Omega}\mathbf{C}'\mathbf{A}\mathbf{C}\} + \lambda_{\max}[\mathbf{Q}(\mathbf{C})]. \end{array} \right.$$

Wie wir später innerhalb eines allgemeineren Modellrahmens nachweisen werden (vgl. Satz 4.13 in Abschnitt 4.4), ist die Lösbarkeit dieser im folgenden als Minimax-Problem bezeichneten Optimierungsaufgabe grundsätzlich sichergestellt und damit die Existenz eines Minimax-Schätzers in der Klasse $\mathcal{D}_{aff}$ für Vorinformationsmengen in Gestalt *kompakter* Ellipsoide generell gewährleistet. Trotz großer Anstrengungen ist der Versuch einer expliziten Darstellung der Minimax-Lösung mit Ausnahme weniger Spezialfälle jedoch bislang gescheitert. Dies ist auf die Tatsache zurückzuführen, daß $\lambda_{\max}[\mathbf{Q}(\cdot)]$ und damit auch das maximale Risiko $r_{\mathbf{A}}$ (im Fall Rang$(\mathbf{A}) > 1$) nichtlineare und nichtdifferenzierbare Funktionen darstellen und daher die Anwendung der bekannten notwendigen und hinreichenden Optimalitätskriterien für differenzierbare Optimierungsprobleme nicht möglich ist.

Diese Problematik hat in der Literatur in den letzten drei Jahrzehnten große Beachtung gefunden. Dabei wurden zum einen Charakterisierungen der Lösungen $\mathbf{C}_*$ des Minimierungsproblems (3.2.23) entwickelt, die zumindest eine implizite Darstellung der Minimax-Schätzfunktionen erlauben. Zu unterscheiden sind hierbei die auf Zulässigkeitsuntersuchungen basierenden Ergebnisse von HOFFMANN (1979) (vgl. hierzu auch LÄUTER (1975)), die über die Verwandtschaft zum bayesianischen Schätzansatz erzielten Resultate von PILZ (1986), GAFFKE, HEILIGERS (1989) oder HOFFMANN (1996) sowie die Repräsentationen auf Grundlage der von GIRKO (1990, 1996) eingeführten Spektralgleichung von DRYGAS, LÄUTER (1994), DRYGAS (1996) oder CHRISTOPEIT, HELMES (1996).[8]

Andererseits liegen inzwischen eine Reihe von unterschiedlichen Ansätzen zur approximativen bzw. numerischen Berechnung von Minimax-Schätzern vor. Von besonderem Interesse ist in diesem Zusammenhang der auf TRENKLER, STAHLECKER (1987) und STAHLECKER (1987) zurückgehende Vorschlag, das maximale Risiko in (3.2.22) unter Verwendung der Abschätzung

$$\frac{1}{k}\,\mathrm{tr}\{\mathbf{Q}(\mathbf{C})\} \leq \lambda_{\max}[\mathbf{Q}(\mathbf{C})] \leq \mathrm{tr}\{\mathbf{Q}(\mathbf{C})\} \tag{3.2.24}$$

durch differenzierbare untere und obere Schranken zu substituieren und durch Lösung der resultierenden Ersatzprobleme zu approximativen Minimax-Schätzern, den sog. Quasi-Minimax-Schätzfunktionen, zu gelangen. Die Flexibilisierung der oberen und unteren Schranken auf Grundlage einer Verfeinerung der Abschätzung (3.2.24) und die hiermit verbundene sukzessive Einschachtelung des maximalen Risikos ermöglicht schließlich eine beliebig genaue Annäherung der gesuchten *exakten* Minimax-Lösung (vgl. etwa STAHLECKER, LAUTERBACH (1989) oder LAUTERBACH, STAHLECKER (1992)). Im Gegensatz zu diesem direkten Vorgehen nutzen PILZ (1986), GAFFKE, MATHAR (1990, 1992) und GAFFKE, HEILIGERS (1996) bei der Entwicklung ihrer Algorithmen für die numerische Bestimmung der Minimax-Schätzer die Dualität zur Bayes-Theorie bzw. zur Theorie der bayesianischen Versuchsplanung aus. An die Stelle des ursprünglichen Minimax-Problems tritt hier die Suche nach Bayes-Schätzern bzgl. einer ungünstigsten a priori Verteilung. Eine vergleichende Darstellung der beiden unterschiedlichen numerischen Ansätze findet sich in GAFFKE, HEILIGERS (2000). Schließlich wollen wir noch auf das Projektionsverfahren von STAHLECKER ET AL. (1990) hinweisen und die Idee von GAFFKE, MATHAR (1990) erwähnen, sich bei der Behandlung des Minimax-Problems der Methoden zur Lösung nichtdifferenzierbarer Optimierungsprobleme auf Basis von Subdifferentialen zu bedienen.

Bevor wir uns im kommenden Abschnitt intensiv mit dem zuerst skizzierten Ansatz zur Berechnung approximativer Minimax-Schätzer auseinandersetzen, wollen wir abschließend noch kurz jene Spezialfälle diskutieren, in denen eine explizite Darstellung *exakter* Minimax-Lösungen möglich ist.[9]

Fall 1: Es soll zunächst der erstmals von KUKS, OLMAN (1971) untersuchte Spezialfall betrachtet werden, daß die Gewichtungsmatrix der Risikofunktion in der

[8] DRYGAS, PILZ (1996) weisen den engen Zusammenhang zwischen bayesianischem und spektraltheoretischem Ansatz zur Charakterisierung der Minimax-Lösungen nach.

[9] Zur Erörterung der einzelnen Spezialfälle vgl. man auch STAHLECKER (1987), Abschnitt 4.2.2.4.

Gestalt $\mathbf{A} = \mathbf{aa}'$, $\mathbf{a} \in \mathbb{R}^k$, darstellbar ist, also Rang($\mathbf{A}$) = 1 gilt. Diese Voraussetzung ist u.a. dann erfüllt, wenn lediglich eine Linearkombination $\mathbf{a}'\boldsymbol{\beta}$ des unbekannten Parametervektors geschätzt werden soll.[10] Im Fall $\mathbf{A} = \mathbf{aa}'$ läßt sich die Matrix $\mathbf{Q}(\mathbf{C})$ aus (3.2.16) in der Form $\mathbf{Q}(\mathbf{C}) = \mathbf{q}(\mathbf{C})\mathbf{q}(\mathbf{C})'$ mit $\mathbf{q}(\mathbf{C}) := \mathbf{T}^{-1/2}(\mathbf{CX}-\mathbf{I})'\mathbf{a}$ schreiben. Damit besitzt $\mathbf{Q}(\mathbf{C})$ aber höchstens einen von Null verschiedenen Eigenwert, nämlich $\lambda_{\max}[\mathbf{Q}(\mathbf{C})] = \mathbf{q}(\mathbf{C})'\mathbf{q}(\mathbf{C})$. Für das maximale Risiko in (3.2.22) gilt folglich

$$\max_{\boldsymbol{\beta}\in\mathcal{E}} R_{\mathbf{A}}(\mathbf{b},\boldsymbol{\beta}) = \sigma^2\mathbf{a}'\mathbf{C}\boldsymbol{\Omega}\mathbf{C}'\mathbf{a} + \mathbf{a}'(\mathbf{CX}-\mathbf{I})\mathbf{T}^{-1}(\mathbf{CX}-\mathbf{I})'\mathbf{a}. \tag{3.2.25}$$

Es handelt sich hierbei um eine konvexe und differenzierbare Funktion, deren Minimalstellen über die notwendige und hinreichende Optimalitätsbedingung

$$\sigma^2\mathbf{aa}'\mathbf{C}\boldsymbol{\Omega} + \mathbf{aa}'(\mathbf{CX}-\mathbf{I})\mathbf{T}^{-1}\mathbf{X}' = \mathbf{0} \tag{3.2.26}$$

ermittelt werden können. Eine spezielle, von der Gewichtungsmatrix $\mathbf{A} = \mathbf{aa}'$ unabhängige Lösung von (3.2.26) lautet

$$\mathbf{C}_* = (\sigma^2\mathbf{T} + \mathbf{X}'\boldsymbol{\Omega}^{-1}\mathbf{X})^{-1}\mathbf{X}'\boldsymbol{\Omega}^{-1}. \tag{3.2.27}$$

Hiermit erhält man den auf KUKS, OLMAN zurückgehenden affin-linearen Minimax-Schätzer

$$\mathbf{b}_* = \boldsymbol{\beta}_0 + (\sigma^2\mathbf{T} + \mathbf{X}'\boldsymbol{\Omega}^{-1}\mathbf{X})^{-1}\mathbf{X}'\boldsymbol{\Omega}^{-1}(\mathbf{y} - \mathbf{X}\boldsymbol{\beta}_0). \tag{3.2.28}$$

Liegt das Zentrum des betrachteten a priori Ellipsoiden im Koordinatenursprung, ist also $\boldsymbol{\beta}_0 = \mathbf{0}$, und gilt $\boldsymbol{\Omega} = \mathbf{I}$, so resultiert speziell die Schätzfunktion

$$\mathbf{b}_* = (\sigma^2\mathbf{T} + \mathbf{X}'\mathbf{X})^{-1}\mathbf{X}'\mathbf{y}, \tag{3.2.29}$$

die für $\mathbf{T} = \frac{c}{\sigma^2}\mathbf{I}$, $c > 0$, die Gestalt des von HOERL, KENNARD (1970) vorgeschlagenen Ridge-Schätzers annimmt. □

Fall 2: Im Vollrangmodell (d.h. Rang($\mathbf{X}$) = k) gelte $\mathbf{A}$ p.d. und $\mathbf{T} = \mu\mathbf{A}$, $\mu > 0$. Mit Hilfe der oben angesprochenen Charakterisierungen konnte LÄUTER (1975) zeigen, daß die Lösung der Minimax-Aufgabe (3.2.23) in diesem Fall durch

$$\mathbf{C}_* = \frac{1}{1+\sigma^2\,\mathrm{tr}\{(\mathbf{X}'\boldsymbol{\Omega}^{-1}\mathbf{X})^{-1}\mathbf{T}\}}(\mathbf{X}'\boldsymbol{\Omega}^{-1}\mathbf{X})^{-1}\mathbf{X}'\boldsymbol{\Omega}^{-1}$$

gegeben ist. Gilt $\boldsymbol{\beta}_0 = \mathbf{0}$ und folglich $\mathbf{c}_* = \mathbf{0}$, so ergibt sich hiermit

$$\mathbf{b}_* = \frac{1}{1+\sigma^2\,\mathrm{tr}\{(\mathbf{X}'\boldsymbol{\Omega}^{-1}\mathbf{X})^{-1}\mathbf{T}\}}\mathbf{b}_{GLS},$$

[10] Vgl. hierzu auch Bemerkung 3.1 dieser Arbeit sowie Beispiel 4-20 in STAHLECKER (1987).

wobei $\mathbf{b}_{GLS} = (\mathbf{X}'\boldsymbol{\Omega}^{-1}\mathbf{X})^{-1}\mathbf{X}'\boldsymbol{\Omega}^{-1}\mathbf{y}$ die verallgemeinerte Kleinste-Quadrate-Schätzfunktion bezeichnet. Der Minimax-Schätzer läßt sich dann also als spezieller Stauchschätzer $\mathbf{b}^+ := \lambda \mathbf{b}_{GLS}$ mit

$$\lambda = \frac{1}{1 + \sigma^2 \operatorname{tr}\{(\mathbf{X}'\boldsymbol{\Omega}^{-1}\mathbf{X})^{-1}\mathbf{T}\}}$$

darstellen. □

Fall 3: Wiederum unter der Voraussetzung Rang($\mathbf{X}$) $= k$ gelang es HOFFMANN (1979), eine explizite Darstellung des Minimax-Schätzers für den Fall herzuleiten, daß $\mathbf{X}'\boldsymbol{\Omega}^{-1}\mathbf{X}$, $\mathbf{A}$ und $\mathbf{T}$ eine Spektralzerlegung mit identischen Eigenvektoren besitzen. Dieser Spezialfall tritt in der ökonometrischen Praxis allerdings nur selten auf und ist daher lediglich von theoretischem Interesse. □

3.2.2 Quasi-Minimax-Schätzer

Wir konnten das Problem der Ermittlung eines Minimax-Schätzers im vorangegangenen Abschnitt auf die Minimierungsaufgabe

$$r_{\mathbf{A}}(\mathbf{C}) = \sigma^2 \operatorname{tr}\{\boldsymbol{\Omega}\mathbf{C}'\mathbf{A}\mathbf{C}\} + \lambda_{\max}[\mathbf{Q}(\mathbf{C})] \rightarrow \min_{\mathbf{C}\in\mathbb{R}^{k\times n}} ! \tag{3.2.30}$$

mit $\mathbf{Q}(\mathbf{C}) = \mathbf{T}^{-1/2}(\mathbf{C}\mathbf{X}-\mathbf{I})'\mathbf{A}(\mathbf{C}\mathbf{X}-\mathbf{I})\mathbf{T}^{-1/2}$ reduzieren. Wie bereits erwähnt, ist dieses Optimierungsproblem aufgrund der Nichtdifferenzierbarkeit von $\lambda_{\max}[\mathbf{Q}(\,\cdot\,)]$ im allgemeinen Fall jedoch nicht konstruktiv zu lösen. Die auf TRENKLER, STAHLECKER (1987) und STAHLECKER (1987) zurückgehende Quasi-Minimax-Schätzung basiert daher auf der Idee, differenzierbare Ersatzprobleme für (3.2.30) zu formulieren, deren Lösungen zumindest näherungsweise zu Minimax-Schätzern führen. Die für alle n.n.d. Matrizen $\mathbf{Q} \in \mathbb{R}^{k\times k}$ gültige Ungleichungskette[11]

$$\frac{1}{k}\operatorname{tr}\{\mathbf{Q}\} \le \lambda_{\max}[\mathbf{Q}] \le \operatorname{tr}\{\mathbf{Q}\} \tag{3.2.31}$$

eröffnet dabei die Möglichkeit, das maximale Risiko $r_{\mathbf{A}}(\mathbf{C})$ durch

$$\sigma^2 \operatorname{tr}\{\boldsymbol{\Omega}\mathbf{C}'\mathbf{A}\mathbf{C}\} + \frac{1}{k}\operatorname{tr}\{\mathbf{Q}(\mathbf{C})\} \le r_{\mathbf{A}}(\mathbf{C}) \le \sigma^2 \operatorname{tr}\{\boldsymbol{\Omega}\mathbf{C}'\mathbf{A}\mathbf{C}\} + \operatorname{tr}\{\mathbf{Q}(\mathbf{C})\} \tag{3.2.32}$$

nach unten und oben abzuschätzen. Wie das folgende Resultat belegt, bereitet uns die Minimierung dieser Schranken keine grundsätzlichen Probleme.[12]

[11] Man beachte hierfür zum einen, daß die Spur einer quadratischen Matrix $\mathbf{Q} \in \mathbb{R}^{k\times k}$ der Summe ihrer Eigenwerte λ_i, $i = 1, ..., k$, entspricht, also $\operatorname{tr}\{\mathbf{Q}\} = \sum \lambda_i$ gilt. Andererseits sind die Eigenwerte einer n.n.d. Matrix stets größer oder gleich Null. Vgl. SCHOTT (1997), Theorem 3.21 und Theorem 3.5.

[12] Vgl. hierfür TRENKLER, STAHLECKER (1987), S. 221 f., und STAHLECKER (1987), S. 120 f.

Satz 3.3 *Für beliebiges* $\theta > 0$ *betrachte man die Abbildung*

$$\psi_\theta : \begin{cases} \mathbb{R}^{k\times n} & \to \mathbb{R} \\ \mathbf{C} & \mapsto \sigma^2 \operatorname{tr}\{\mathbf{\Omega C'AC}\} + \theta \operatorname{tr}\{\mathbf{Q}(\mathbf{C})\} \end{cases} \tag{3.2.33}$$

mit $\mathbf{Q}(\mathbf{C}) = \mathbf{T}^{-1/2}(\mathbf{CX}-\mathbf{I})'\mathbf{A}(\mathbf{CX}-\mathbf{I})\mathbf{T}^{-1/2}$. *Dann gilt:*

(i) Alle Lösungen $\mathbf{C}_\theta$ *der Optimierungsaufgabe*

$$\psi_\theta(\mathbf{C}) \to \min_{\mathbf{C}\in\mathbb{R}^{k\times n}} !$$

sind gegeben durch die Gleichung

$$\mathbf{AC}_\theta = \mathbf{A}(\frac{1}{\theta}\sigma^2\mathbf{T} + \mathbf{X}'\mathbf{\Omega}^{-1}\mathbf{X})^{-1}\mathbf{X}'\mathbf{\Omega}^{-1}. \tag{3.2.34}$$

(ii) Das Minimum von $\psi_\theta(\mathbf{C})$ *lautet*

$$\begin{aligned} \psi_\theta(\mathbf{C}_\theta) &= \operatorname{tr}\{\theta\mathbf{A}(\mathbf{I}-\mathbf{C}_\theta\mathbf{X})\mathbf{T}^{-1}\} \\ &= \sigma^2 \operatorname{tr}\{\mathbf{A}(\frac{1}{\theta}\sigma^2\mathbf{T} + \mathbf{X}'\mathbf{\Omega}^{-1}\mathbf{X})^{-1}\}. \end{aligned} \tag{3.2.35}$$

Beweis: (i) Die Abbildung ψ_θ ist als nichtnegative Linearkombination der F-differenzierbaren und konvexen Funktionen

$$g_1 : \begin{cases} \mathbb{R}^{k\times n} & \to \mathbb{R}, \\ \mathbf{C} & \mapsto \operatorname{tr}\{\mathbf{\Omega C'AC}\}, \end{cases} \tag{3.2.36}$$

und

$$g_2 : \begin{cases} \mathbb{R}^{k\times n} & \to \mathbb{R}, \\ \mathbf{C} & \mapsto \operatorname{tr}\{\mathbf{Q}(\mathbf{C})\}, \end{cases} \tag{3.2.37}$$

ebenfalls F-differenzierbar und konvex.[13] Gemäß Satz D.1 bzw. Bemerkung D.1 besitzt sie daher in $\mathbf{C}_\theta\in\mathbb{R}^{k\times n}$ genau dann ein Minimum, wenn

$$\mathbf{\Psi}_\theta(\mathbf{C}_\theta) = \mathbf{0} \tag{3.2.38}$$

ist. Dabei ist der F-Gradient $\mathbf{\Psi}_\theta : \mathbb{R}^{k\times n} \to \mathbb{R}^{k\times n}$ von ψ_θ wie aus Beispiel B.4 ersichtlich durch

$$\mathbf{\Psi}_\theta(\mathbf{C}) = 2\sigma^2\mathbf{AC\Omega} + 2\theta\mathbf{A}(\mathbf{CX}-\mathbf{I})\mathbf{T}^{-1}\mathbf{X}' \tag{3.2.39}$$

[13] Eine einführende Darstellung des Differentialkalküls von Fréchet findet sich in Anhang B dieser Arbeit. Zur F-Differenzierbarkeit und Konvexität der Abbildungen g_1 und g_2 vgl. man Beispiel B.4 sowie Beispiel C.1 und Satz C.2.

erklärt. Die Optimalitätsbedingung (3.2.38) ist somit äquivalent zu

$$\sigma^2 \mathbf{A}\mathbf{C}_\theta \boldsymbol{\Omega} + \theta \mathbf{A}(\mathbf{C}_\theta \mathbf{X} - \mathbf{I})\mathbf{T}^{-1}\mathbf{X}' = \mathbf{0}, \tag{3.2.40}$$

woraus sich unmittelbar

$$\mathbf{A}\mathbf{C}_\theta = \mathbf{A}\mathbf{T}^{-1}\mathbf{X}'(\frac{1}{\theta}\sigma^2\boldsymbol{\Omega} + \mathbf{X}\mathbf{T}^{-1}\mathbf{X}')^{-1} \tag{3.2.41}$$

ergibt. Die Anwendung der Inversionsformel aus Satz A.5 liefert für die Inverse des Klammerausdrucks nun aber die Darstellung

$$(\frac{1}{\theta}\sigma^2\boldsymbol{\Omega} + \mathbf{X}\mathbf{T}^{-1}\mathbf{X}')^{-1} = \frac{\theta}{\sigma^2}\left[\boldsymbol{\Omega}^{-1} - \boldsymbol{\Omega}^{-1}\mathbf{X}(\frac{1}{\theta}\sigma^2\mathbf{T} + \mathbf{X}'\boldsymbol{\Omega}^{-1}\mathbf{X})^{-1}\mathbf{X}'\boldsymbol{\Omega}^{-1}\right]. \tag{3.2.42}$$

Alle Lösungen $\mathbf{C}_\theta$ der betrachteten Minimierungsaufgabe genügen also der Gleichung

$$\begin{aligned} &\mathbf{A}\mathbf{C}_\theta \\ &= \frac{\theta}{\sigma^2}\mathbf{A}\mathbf{T}^{-1}\left[\mathbf{X}'\boldsymbol{\Omega}^{-1} - (\mathbf{X}'\boldsymbol{\Omega}^{-1}\mathbf{X} + \frac{1}{\theta}\sigma^2\mathbf{T} - \frac{1}{\theta}\sigma^2\mathbf{T})(\frac{1}{\theta}\sigma^2\mathbf{T} + \mathbf{X}'\boldsymbol{\Omega}^{-1}\mathbf{X})^{-1}\mathbf{X}'\boldsymbol{\Omega}^{-1}\right] \\ &= \mathbf{A}(\frac{1}{\theta}\sigma^2\mathbf{T} + \mathbf{X}'\boldsymbol{\Omega}^{-1}\mathbf{X})^{-1}\mathbf{X}'\boldsymbol{\Omega}^{-1}. \end{aligned} \tag{3.2.43}$$

(ii) Durch Linksmultiplikation von (3.2.40) mit $(\mathbf{C}_\theta)'$ ergibt sich

$$\sigma^2(\mathbf{C}_\theta)'\mathbf{A}\mathbf{C}_\theta\boldsymbol{\Omega} = \theta(\mathbf{C}_\theta)'\mathbf{A}(\mathbf{I} - \mathbf{C}_\theta\mathbf{X})\mathbf{T}^{-1}\mathbf{X}', \tag{3.2.44}$$

so daß wir als Minimum der Zielfunktion

$$\begin{aligned} \psi_\theta(\mathbf{C}_\theta) &= \operatorname{tr}\left\{\theta(\mathbf{C}_\theta\mathbf{X})'\mathbf{A}(\mathbf{I} - \mathbf{C}_\theta\mathbf{X})\mathbf{T}^{-1} + \theta(\mathbf{C}_\theta\mathbf{X} - \mathbf{I})'\mathbf{A}(\mathbf{C}_\theta\mathbf{X} - \mathbf{I})\mathbf{T}^{-1}\right\} \\ &= \operatorname{tr}\left\{\theta\mathbf{A}(\mathbf{I} - \mathbf{C}_\theta\mathbf{X})\mathbf{T}^{-1}\right\} \\ &= \operatorname{tr}\{\theta\mathbf{A}[\mathbf{I} - (\frac{1}{\theta}\sigma^2\mathbf{T} + \mathbf{X}'\boldsymbol{\Omega}^{-1}\mathbf{X})^{-1}\mathbf{X}'\boldsymbol{\Omega}^{-1}\mathbf{X}]\mathbf{T}^{-1}\} \\ &= \sigma^2\operatorname{tr}\{\mathbf{A}(\frac{1}{\theta}\sigma^2\mathbf{T} + \mathbf{X}'\boldsymbol{\Omega}^{-1}\mathbf{X})^{-1}\} \end{aligned} \tag{3.2.45}$$

erhalten. ■

Die für $\theta = \frac{1}{k}$ und $\theta = 1$ durch das Gleichungssystem (3.2.34) charakterisierten Minimalstellen der unteren und oberen Schranken des maximalen Risikos liefern die sog. Quasi-Minimax-Schätzer für $\boldsymbol{\beta}$. Die allgemeine Lösung von (3.2.34) kann dabei nach Satz A.17 für eine beliebige verallgemeinerte Inverse $\mathbf{A}^-$ von $\mathbf{A}$ in der Form

$$\mathbf{C}_\theta = \mathbf{A}^-\mathbf{A}(\frac{1}{\theta}\sigma^2\mathbf{T} + \mathbf{X}'\boldsymbol{\Omega}^{-1}\mathbf{X})^{-1}\mathbf{X}'\boldsymbol{\Omega}^{-1} + (\mathbf{I} - \mathbf{A}^-\mathbf{A})\mathbf{Z} \tag{3.2.46}$$

mit frei wählbarer Matrix $\mathbf{Z} \in \mathbb{R}^{k\times n}$ dargestellt werden. Man beschränkt sich aber zumeist auf die Betrachtung der von der Gewichtungsmatrix $\mathbf{A}$ unabhängigen Lösungen

$$\mathbf{C}_\theta = (\frac{1}{\theta}\sigma^2\mathbf{T} + \mathbf{X}'\boldsymbol{\Omega}^{-1}\mathbf{X})^{-1}\mathbf{X}'\boldsymbol{\Omega}^{-1},\ \theta \in \{\frac{1}{k}, 1\}, \tag{3.2.47}$$

welche zu den Schätzfunktionen[14]

$$\mathbf{b}_{LQM} = \boldsymbol{\beta}_0 + (k\sigma^2\mathbf{T} + \mathbf{X}'\boldsymbol{\Omega}^{-1}\mathbf{X})^{-1}\mathbf{X}'\boldsymbol{\Omega}^{-1}(\mathbf{y} - \mathbf{X}\boldsymbol{\beta}_0) \tag{3.2.48}$$

bzw.

$$\mathbf{b}_{UQM} = \boldsymbol{\beta}_0 + (\sigma^2\mathbf{T} + \mathbf{X}'\boldsymbol{\Omega}^{-1}\mathbf{X})^{-1}\mathbf{X}'\boldsymbol{\Omega}^{-1}(\mathbf{y} - \mathbf{X}\boldsymbol{\beta}_0) \tag{3.2.49}$$

führen.

Bemerkenswerterweise stimmt die superpessimistische Variante des Quasi-Minimax-Schätzers $\mathbf{b}_{UQM}$ mit der von KUKS, OLMAN für den Spezialfall Rang($\mathbf{A}$) = 1 ermittelten exakten Minimax-Schätzfunktion $\mathbf{b}_*$ aus (3.2.28) überein. Dies erklärt sich wie folgt: Ist die Risikogewichtungsmatrix in der Form $\mathbf{A} = \mathbf{aa}'$ mit $\mathbf{a} \in \mathbb{R}^k$ darstellbar, so gilt mit $\mathbf{q}(\mathbf{C}) = (\mathbf{CX} - \mathbf{I})'\mathbf{a}$ bekanntermaßen $\mathbf{Q}(\mathbf{C}) = \mathbf{q}(\mathbf{C})\mathbf{q}(\mathbf{C})'$. Hieraus ergibt sich

$$\lambda_{\max}\{\mathbf{Q}(\mathbf{C})\} = \mathbf{q}(\mathbf{C})'\mathbf{q}(\mathbf{C}) = \mathrm{tr}\{\mathbf{q}(\mathbf{C})'\mathbf{q}(\mathbf{C})\} = \mathrm{tr}\{\mathbf{q}(\mathbf{C})\mathbf{q}(\mathbf{C})'\} = \mathrm{tr}\{\mathbf{Q}(\mathbf{C})\}.$$

Die obere Schranke für das maximale Risiko wird bei einer Gewichtungsmatrix vom Rang Eins somit angenommen. Jede Minimalstelle $\mathbf{C}_*$ der Abbildung ψ_1 liefert in diesem Fall also bereits einen *exakten* Minimax-Schätzer.[15]

Im Fall einer allgemeinen n.n.d. Matrix $\mathbf{A}$ stellt sich aber die Frage, wie gut bzw. genau die Annäherungen an das maximale Risiko und mithin die Approximationen der exakten durch die Quasi-Minimax-Schätzer sind. In diesem Zusammenhang ist auch von Interesse, ob das Minimax-Risiko statt durch die starren unteren und oberen Schranken aus (3.2.32) auf flexible Art und Weise mit einer vom Anwender vorgegebenen Genauigkeit abgeschätzt und der Minimax-Schätzer so in kontrollierbarer Form durch andere Schätzfunktionen approximiert werden kann. Die aufgeworfenen Fragestellungen bildeten den Ausgangspunkt für die Weiterentwicklung des Quasi-Minimax-Ansatzes durch STAHLECKER und LAUTERBACH.[16] Auf der Grundlage einer Verfeinerung der Abschätzung (3.2.31) approximieren sie das Minimax-Problem (3.2.30) durch eine *Folge* geeigneter Ersatzprobleme und zeigen, daß man die gesuchte Minimax-Lösung $\mathbf{C}_*$ als Grenzwert einer Lösungsfolge dieser Ersatzaufgaben erhalten kann. Im Gegensatz zur Quasi-Minimax-Lösung sind die approximativen Lösungen allerdings nicht in geschlossener Form darstellbar, sondern vielmehr selbst numerisch zu bestimmen. STAHLECKER und LAUTERBACH

[14] Hierbei steht *LQM* für Lower Quasi Minimax und entsprechend *UQM* für Upper Quasi Minimax.

[15] Vgl. STAHLECKER (1987), S. 122.

[16] Vgl. etwa STAHLECKER (1987), STAHLECKER, LAUTERBACH (1987) oder LAUTERBACH (1989).

entwickeln daraufhin ein global konvergentes Iterationsverfahren, welches eine beliebig genaue Annäherung an den exakten Minimax-Schätzer erlaubt. Entsprechende Simulationsstudien deuten an, daß mit den sog. p-Approximationen noch erhebliche Risikoverbesserungen gegenüber den Quasi-Minimax-Schätzungen zu erzielen sind. Im Fall starker Multikollinearität erscheint der erforderliche Mehraufwand zur numerischen Berechnung der exakten Minimax-Schätzer durch die resultierende Reduktion des MSE allerdings nicht mehr gerechtfertigt.[17] Wir wollen es an dieser Stelle bei der recht knappen Skizzierung dieses Approximationsverfahrens belassen und verweisen statt dessen auf den Abschnitt 4.4, wo wir den betreffenden Ansatz von STAHLECKER und LAUTERBACH auf den allgemeineren Fall nicht notwendig kompakter a priori Ellipsoide übertragen werden.

Wir beschließen diesen Abschnitt mit zwei wichtigen Bemerkungen.

Bemerkung 3.3 Man beachte, daß die Minimax- bzw. Quasi-Minimax-Schätzungen nicht zwingend innerhalb der Vorinformationsmenge $\mathcal{E}$ liegen müssen. Es wurde daher vorgeschlagen, die Schätzwerte zusätzlich auf den Restriktionsbereich zu projizieren. Derartige Projektionsschätzer wurden z.B. von SCHMIDT (1992), Abschnitt 4.6, studiert. □

Bemerkung 3.4 Die (approximativen) Minimax-Schätzer hängen von der i. allg. nicht bekannten Größe σ^2 ab. Es ist naheliegend, die Varianz zur Operationalisierung der Schätzfunktionen durch den unverzerrten Schätzer

$$s^2 = \frac{1}{n-k}(\mathbf{y} - \mathbf{X}\mathbf{b}_{GLS})'\mathbf{\Omega}^{-1}(\mathbf{y} - \mathbf{X}\mathbf{b}_{GLS}) \tag{3.2.50}$$

zu ersetzen. Zwar verläßt man dann streng genommen die Klasse der affin-linearen Schätzfunktionen. Die Simulationsergebnisse von SCHIPP ET AL. (1988) oder LAUTERBACH, STAHLECKER (1988) lassen aber darauf schließen, daß aus der Substitution keine wesentlichen Veränderungen im stochastischen Verhalten der Schätzer resultieren.[18] Wir wollen die Annahme einer bekannten Varianz daher im weiteren Verlauf unserer Betrachtungen aufrechterhalten. □

3.2.3 Kombination von Ellipsoid- und linearen Gleichungsrestriktionen

Wie bereits an verschiedenen Stellen in dieser Arbeit bemerkt, halten die ökonomische Theorie und Praxis häufig a priori Informationen in Form linearer Gleichungen

[17] Man betrachte hierzu die Simulationsergebnisse von STAHLECKER, LAUTERBACH (1989), LAUTERBACH (1989) und SCHMIDT (1992).

[18] Die *theoretischen* Güteeigenschaften der approximativen und exakten Minimax-Schätzer werden im Rahmen der Behandlung degenerierter Ellipsoidrestriktionen in Abschnitt 4.6 dieser Arbeit untersucht.

bereit. STAHLECKER, TRENKLER (1988) zeigen auf, wie die Ellipsoidrestriktionen

$$\mathcal{E} = \left\{ \boldsymbol{\beta} \in \mathbb{R}^k \middle| \, (\boldsymbol{\beta} - \boldsymbol{\beta}_0)'\mathbf{T}(\boldsymbol{\beta} - \boldsymbol{\beta}_0) \leq 1 \right\} \tag{3.2.51}$$

im Rahmen des Minimax-Ansatzes mit linearen Gleichungsrestriktionen der Gestalt

$$\mathcal{L} = \left\{ \boldsymbol{\beta} \in \mathbb{R}^k \middle| \, \mathbf{R}\boldsymbol{\beta} = \mathbf{r} \right\}, \tag{3.2.52}$$

$\mathbf{R} \in \mathbb{R}^{q \times k}$ und $\mathbf{r} \in \mathbb{R}^q$ bekannt, kombiniert werden können.[19] Wir werden die wesentlichen Resultate im folgenden zusammenfassend darstellen.

Zur Vermeidung trivialer Fälle wird angenommen, daß die a priori Kenntnisse (3.2.51) und (3.2.52) widerspruchsfrei sind, die Menge

$$\mathcal{B} = \mathcal{E} \cap \mathcal{L}$$

also nichtleer ist. Letzteres läßt sich in praktischen Anwendungen durch notwendige und hinreichende Bedingungen einfach überprüfen. Demnach ist $\mathcal{B} \neq \emptyset$ genau dann, wenn für

$$\mathbf{Z} := \mathbf{R}\mathbf{T}^{-\frac{1}{2}} \tag{3.2.53}$$

und

$$\mathbf{z} := \mathbf{r} - \mathbf{R}\boldsymbol{\beta}_0 \tag{3.2.54}$$

die Bedingungen

$$\mathbf{Z}\mathbf{Z}^+\mathbf{z} = \mathbf{z} \tag{3.2.55}$$

und

$$\mathbf{z}'(\mathbf{Z}\mathbf{Z}')^+\mathbf{z} \leq 1 \tag{3.2.56}$$

erfüllt sind.

Der Asymmetrie der Vorinformationsmenge $\mathcal{B}$ Rechnung tragend, betrachten wir zur Schätzung des unbekannten Parametervektors an Stelle von $\bar{\mathcal{D}}$ nun die folgende Teilklasse affin-linearer Schätzfunktionen:[20]

$$\mathcal{D}(\mathbf{c}) := \left\{ \mathbf{b} \middle| \, \mathbf{b} = \mathbf{c} + \mathbf{C}(\mathbf{y} - \mathbf{X}\mathbf{c}) \text{ mit } \mathbf{C} \in \mathbb{R}^{k \times n} \right\}. \tag{3.2.57}$$

Hierbei kann $\mathbf{c} \in \mathbb{R}^k$ als eine Anfangseinschätzung für $\boldsymbol{\beta}$ aufgefaßt werden, welche vom Anwender unabhängig von $\mathbf{y}$ in geeigneter Weise zu spezifizieren ist. Als Gütemaß wird weiterhin der gewichtete mittlere quadratische Fehler herangezogen, welcher für alle $\mathbf{b} \in \mathcal{D}(\mathbf{c})$ durch

$$R_{\mathbf{A}}(\mathbf{b}, \boldsymbol{\beta}) = \sigma^2 \operatorname{tr}\{\boldsymbol{\Omega}\mathbf{C}'\mathbf{A}\mathbf{C}\} + (\boldsymbol{\beta} - \mathbf{c})'(\mathbf{C}\mathbf{X} - \mathbf{I})'\mathbf{A}(\mathbf{C}\mathbf{X} - \mathbf{I})(\boldsymbol{\beta} - \mathbf{c}) \tag{3.2.58}$$

[19] Ein Großteil dieser Ergebnisse geht auf STAHLECKER (1987) zurück.

[20] Man beachte, daß sich aus $\mathcal{D}(\mathbf{c})$ für $\mathbf{c} = \boldsymbol{\beta}_0$ gerade wieder die Klasse $\bar{\mathcal{D}}$ ergibt.

gegeben ist. Es handelt sich hierbei wieder um eine konvexe Funktion in $\boldsymbol{\beta}$, welche auf der kompakten Menge $\mathcal{B} \neq \emptyset$ demnach ihr Maximum annimmt (vgl. Bemerkung 3.2). Dem Minimax-Prinzip folgend stellt sich damit das Optimierungsproblem

$$\max_{\boldsymbol{\beta}\in\mathcal{B}} R_{\mathbf{A}}(\mathbf{b},\boldsymbol{\beta}) \to \min_{\mathbf{b}\in\mathcal{D}(\mathbf{c})} ! \tag{3.2.59}$$

Wir wollen zunächst eine hilfreiche alternative Repräsentation der Vorinformationsmenge $\mathcal{B}$ angeben. Hierfür setzen wir wie in Abschnitt 3.2.1

$$\mathbf{t} := \mathbf{T}^{\frac{1}{2}}(\boldsymbol{\beta} - \boldsymbol{\beta}_0). \tag{3.2.60}$$

Während die Ellipsoidrestriktion

$$(\boldsymbol{\beta} - \boldsymbol{\beta}_0)'\mathbf{T}(\boldsymbol{\beta} - \boldsymbol{\beta}_0) \leq 1 \tag{3.2.61}$$

damit wieder äquivalent zu der Bedingung

$$\mathbf{t}'\mathbf{t} \leq 1 \tag{3.2.62}$$

ist, ergibt sich für die lineare Restriktion $\mathbf{R}\boldsymbol{\beta} = \mathbf{r}$ unter Verwendung der Größen $\mathbf{Z}$ und $\mathbf{z}$ aus (3.2.53) und (3.2.54) der Ausdruck

$$\mathbf{Z}\mathbf{t} = \mathbf{z}. \tag{3.2.63}$$

Fassen wir nun alle Vektoren $\mathbf{t} \in \mathbb{R}^k$, die sowohl (3.2.62) als auch (3.2.63) erfüllen, in der Menge

$$\mathcal{T} := \left\{\mathbf{t} \in \mathbb{R}^k \middle|\, \mathbf{t}'\mathbf{t} \leq 1,\ \mathbf{Z}\mathbf{t} = \mathbf{z}\right\} \tag{3.2.64}$$

zusammen, so erhalten wir für $\mathcal{B}$ die Darstellung

$$\mathcal{B} = \left\{\boldsymbol{\beta} \in \mathbb{R}^k \middle|\, \boldsymbol{\beta} := \boldsymbol{\beta}_0 + \mathbf{T}^{-\frac{1}{2}}\mathbf{t},\ \mathbf{t} \in \mathcal{T}\right\}.^{21} \tag{3.2.65}$$

Nach diesen Vorbereitungen wenden wir uns nun der Bestimmung des maximalen Risikos eines Schätzers über $\mathcal{B}$ zu, wobei wir als Anfangsnäherung für $\boldsymbol{\beta}$ vorerst ohne weitere Begründung den Vektor

$$\mathbf{c}_* := \boldsymbol{\beta}_0 + \mathbf{T}^{-\frac{1}{2}}\mathbf{t}_* \tag{3.2.66}$$

mit

$$\mathbf{t}_* := \mathbf{Z}^+\mathbf{z} \tag{3.2.67}$$

[21] Mit Hilfe von Satz A.18 ergeben sich hieraus unmittelbar die notwendigen und hinreichenden Bedingungen (3.2.55) und (3.2.56) für $\mathcal{B} \neq \emptyset$.

fixieren. Unter Beachtung der Darstellung

$$\boldsymbol{\beta} = \boldsymbol{\beta}_0 + \mathbf{T}^{-\frac{1}{2}}\mathbf{t} \tag{3.2.68}$$

ergibt sich dann aus (3.2.58) für das Risiko eines Schätzers $\mathbf{b} \in \mathcal{D}(\mathbf{c}_*)$ die Gleichung

$$R_{\mathbf{A}}(\mathbf{b}, \boldsymbol{\beta}) = \sigma^2 \operatorname{tr}\{\boldsymbol{\Omega}\mathbf{C}'\mathbf{A}\mathbf{C}\} + (\mathbf{t}-\mathbf{t}_*)'\mathbf{T}^{-\frac{1}{2}}(\mathbf{C}\mathbf{X}-\mathbf{I})'\mathbf{A}(\mathbf{C}\mathbf{X}-\mathbf{I})\mathbf{T}^{-\frac{1}{2}}(\mathbf{t}-\mathbf{t}_*). \tag{3.2.69}$$

Der Vektor $\mathbf{t}_*$ genügt dabei gemäß (3.2.55) und (3.2.56) den Beziehungen

$$\mathbf{Z}\mathbf{t}_* = \mathbf{z} \tag{3.2.70}$$

und

$$\mathbf{t}_*'\mathbf{t}_* \leq 1, \tag{3.2.71}$$

d.h., es ist $\mathbf{t}_* \in \mathcal{T}$. Unter Verwendung von $\mathbf{t}_*$ können wir Satz A.18 zufolge alle weiteren Vektoren $\mathbf{t} \in \mathcal{T}$ in der Form

$$\mathbf{t} = \mathbf{t}_* + \mathbf{P}\mathbf{s} \tag{3.2.72}$$

mit der idempotenten und symmetrischen Matrix $\mathbf{P} := \mathbf{I} - \mathbf{Z}^+\mathbf{Z}$ darstellen, wobei $\mathbf{s} \in \mathbb{R}^k$ wegen der Forderung $\mathbf{t}'\mathbf{t} \leq 1$ und $\mathbf{P}\mathbf{t}_* = \mathbf{0}$ durch die Ungleichung

$$\mathbf{s}'\mathbf{P}\mathbf{s} \leq 1 - \mathbf{t}_*'\mathbf{t}_* \tag{3.2.73}$$

beschränkt ist. Es gilt also

$$\mathcal{T} := \left\{ \mathbf{t} \in \mathbb{R}^k \middle| \, \mathbf{t} = \mathbf{t}_* + \mathbf{P}\mathbf{s} \text{ mit } \mathbf{s}'\mathbf{P}\mathbf{s} \leq 1 - \mathbf{t}_*'\mathbf{t}_* \right\}. \tag{3.2.74}$$

Für das Risiko aus (3.2.69) resultiert hieraus in Verbindung mit der aus (3.2.18) bzw. Satz A.3 bekannten Ungleichung für symmetrische Matrizen unter Verwendung der Matrix

$$\begin{aligned} \bar{\mathbf{Q}}(\mathbf{C}) &:= \mathbf{P}\mathbf{Q}(\mathbf{C})\mathbf{P} \\ &= \mathbf{P}\mathbf{T}^{-1/2}(\mathbf{C}\mathbf{X}-\mathbf{I})'\mathbf{A}(\mathbf{C}\mathbf{X}-\mathbf{I})\mathbf{T}^{-1/2}\mathbf{P} \end{aligned} \tag{3.2.75}$$

die Abschätzung

$$\begin{aligned} R_{\mathbf{A}}(\mathbf{b}, \boldsymbol{\beta}) &= \sigma^2 \operatorname{tr}\{\boldsymbol{\Omega}\mathbf{C}'\mathbf{A}\mathbf{C}\} + \mathbf{s}'\mathbf{P}\bar{\mathbf{Q}}(\mathbf{C})\mathbf{P}\mathbf{s} \\ &\leq \sigma^2 \operatorname{tr}\{\boldsymbol{\Omega}\mathbf{C}'\mathbf{A}\mathbf{C}\} + \lambda_{\max}[\bar{\mathbf{Q}}(\mathbf{C})]\mathbf{s}'\mathbf{P}\mathbf{s} \\ &\leq \sigma^2 \operatorname{tr}\{\boldsymbol{\Omega}\mathbf{C}'\mathbf{A}\mathbf{C}\} + \lambda_{\max}[\bar{\mathbf{Q}}(\mathbf{C})](1 - \mathbf{t}_*'\mathbf{t}_*). \end{aligned} \tag{3.2.76}$$

Wir können dabei ohne Beschränkung der Allgemeinheit $\lambda_{\max}[\bar{\mathbf{Q}}(\mathbf{C})] > 0$ sowie $\mathbf{t}_*'\mathbf{t}_* < 1$ voraussetzen. Wäre etwa $\mathbf{t}_*'\mathbf{t}_* = 1$, so würde man wie aus (3.2.72) und (3.2.73) ersichtlich den degenerierten Fall $\mathcal{T} = \{\mathbf{t}_*\}$ bzw. $\mathcal{B} = \{\mathbf{c}_*\}$ erhalten. Sei nun ferner $\mathbf{m} \in \mathbb{R}^k$ ein zu $\lambda_{\max}[\bar{\mathbf{Q}}(\mathbf{C})]$ gehörender Eigenvektor mit $\mathbf{m}'\mathbf{m} = 1 - \mathbf{t}_*'\mathbf{t}_*$. Wegen $\mathbf{P}\bar{\mathbf{Q}}(\mathbf{C}) = \bar{\mathbf{Q}}(\mathbf{C})$ gilt dann $\mathbf{m} = \mathbf{P}\mathbf{m}$. Der Vektor $\bar{\mathbf{t}} := \mathbf{t}_* + \mathbf{m}$ erfüllt daher die Beziehungen (3.2.72) und (3.2.73), ist also Element der Menge $\mathcal{T}$. Folglich liegt $\bar{\boldsymbol{\beta}} := \boldsymbol{\beta}_0 + \mathbf{T}^{-\frac{1}{2}}\bar{\mathbf{t}}$ in der Vorinformationsmenge $\mathcal{B}$. Zum anderen ist aber

$$\begin{aligned} R_{\mathbf{A}}(\mathbf{b}, \bar{\boldsymbol{\beta}}) &= \sigma^2 \operatorname{tr}\{\boldsymbol{\Omega}\mathbf{C}'\mathbf{A}\mathbf{C}\} + \mathbf{m}'\bar{\mathbf{Q}}(\mathbf{C})\mathbf{m} \\ &= \sigma^2 \operatorname{tr}\{\boldsymbol{\Omega}\mathbf{C}'\mathbf{A}\mathbf{C}\} + \lambda_{\max}[\bar{\mathbf{Q}}(\mathbf{C})]\mathbf{m}'\mathbf{m} \\ &= \sigma^2 \operatorname{tr}\{\boldsymbol{\Omega}\mathbf{C}'\mathbf{A}\mathbf{C}\} + \lambda_{\max}[\bar{\mathbf{Q}}(\mathbf{C})](1 - \mathbf{t}_*'\mathbf{t}_*). \end{aligned} \qquad (3.2.77)$$

Die obere Schranke für das Risiko aus (3.2.76) wird demnach für $\bar{\boldsymbol{\beta}} \in \mathcal{B}$ gerade angenommen. Für alle $\mathbf{b} \in \mathcal{D}(\mathbf{c}_*)$ läßt sich damit

$$\max_{\boldsymbol{\beta} \in \mathcal{B}} R_{\mathbf{A}}(\mathbf{b}, \boldsymbol{\beta}) = \sigma^2 \operatorname{tr}\{\boldsymbol{\Omega}\mathbf{C}'\mathbf{A}\mathbf{C}\} + \lambda_{\max}[\bar{\mathbf{Q}}(\mathbf{C})](1 - \mathbf{t}_*'\mathbf{t}_*) \qquad (3.2.78)$$

schlußfolgern. Die Anwendung des Minimax-Prinzips führt uns im vorliegenden Fall einer simultanen Berücksichtigung von Ellipsoid- und linearen Gleichungsrestriktionen (bei Konzentration auf die Schätzerklasse $\mathcal{D}(\mathbf{c}_*)$) also auf das Optimierungsproblem

$$\sigma^2 \operatorname{tr}\{\boldsymbol{\Omega}\mathbf{C}'\mathbf{A}\mathbf{C}\} + \lambda_{\max}[\bar{\mathbf{Q}}(\mathbf{C})](1 - \mathbf{t}_*'\mathbf{t}_*) \rightarrow \min_{\mathbf{C} \in \mathbb{R}^{k \times n}} ! \qquad (3.2.79)$$

Bevor wir uns näher mit der Minimierungsaufgabe (3.2.79) auseinandersetzen, wollen wir noch eine Begründung für die bisher nicht näher motivierte Wahl des Vektors $\mathbf{c} = \mathbf{c}_*$ in (3.2.66) nachliefern. Hiefür ordnen wir jedem $\mathbf{c} \in \mathbb{R}^k$ den Vektor $\mathbf{t}_\mathbf{c} := \mathbf{T}^{\frac{1}{2}}(\mathbf{c} - \boldsymbol{\beta}_0)$ zu. Dann läßt sich das Risiko eines Schätzers $\mathbf{b} \in \mathcal{D}(\mathbf{c})$ aus (3.2.58) mit $\mathbf{t}$ gemäß (3.2.60) auch wie folgt schreiben:

$$R_{\mathbf{A}}(\mathbf{b}, \boldsymbol{\beta}) = \sigma^2 \operatorname{tr}\{\boldsymbol{\Omega}\mathbf{C}'\mathbf{A}\mathbf{C}\} + (\mathbf{t} - \mathbf{t}_\mathbf{c})'\mathbf{Q}(\mathbf{C})(\mathbf{t} - \mathbf{t}_\mathbf{c}). \qquad (3.2.80)$$

Wie man anhand der Darstellung (3.2.74) leicht überprüfen kann, ist die Menge $\mathcal{T}$ nun aber symmetrisch um $\mathbf{t}_* = \mathbf{Z}^+\mathbf{z}$. Für den zur Bestimmung eines geeigneten Vektors $\mathbf{c}$ maßgeblichen zweiten Summanden in (3.2.80) gilt daher

$$\begin{aligned} &\max_{\mathbf{t} \in \mathcal{T}} [(\mathbf{t} - \mathbf{t}_\mathbf{c})'\mathbf{Q}(\mathbf{C})(\mathbf{t} - \mathbf{t}_\mathbf{c})] \\ &= \max_{\mathbf{t} \in \mathcal{T}} [(\mathbf{t} - \mathbf{t}_* + \mathbf{t}_* - \mathbf{t}_\mathbf{c})'\mathbf{Q}(\mathbf{C})(\mathbf{t} - \mathbf{t}_* + \mathbf{t}_* - \mathbf{t}_\mathbf{c})] \\ &= \max_{\mathbf{t} \in \mathcal{T}} [(\mathbf{t} - \mathbf{t}_*)'\mathbf{Q}(\mathbf{C})(\mathbf{t} - \mathbf{t}_*) + (\mathbf{t}_* - \mathbf{t}_\mathbf{c})'\mathbf{Q}(\mathbf{C})(\mathbf{t}_* - \mathbf{t}_\mathbf{c}) \\ &\qquad +2\,|(\mathbf{t} - \mathbf{t}_*)'\mathbf{Q}(\mathbf{C})(\mathbf{t}_* - \mathbf{t}_\mathbf{c})|] \\ &\geq \max_{\mathbf{t} \in \mathcal{T}} [(\mathbf{t} - \mathbf{t}_*)'\mathbf{Q}(\mathbf{C})(\mathbf{t} - \mathbf{t}_*)], \end{aligned} \qquad (3.2.81)$$

wobei die untere Schranke für $\mathbf{t}_\mathbf{c} = \mathbf{t}_*$ trivialerweise angenommen wird. Dies bedeutet, daß die dem Minimax-Prinzip genügende Anfangsnäherung für $\boldsymbol{\beta}$ tatsächlich durch (3.2.66) gegeben ist.

Bei der Lösung der Minimax-Aufgabe (3.2.79) ist man wiederum mit dem Problem konfrontiert, daß $\lambda_{\max}[\bar{\mathbf{Q}}(\cdot)]$ i. allg. eine nichtlineare und nichtdifferenzierbare Funktion darstellt. Die für den Fall der reinen Ellipsoidvorinformation durchgeführten Überlegungen zur Ermittlung approximativer Minimax-Schätzfunktionen lassen sich jedoch ohne Einschränkung auf die vorliegende Situation übertragen. So können unter Zugrundelegung der bekannten Abschätzung (3.2.31) auch bei simultaner Verarbeitung von Ellipsoid- und linearen Gleichungsrestriktionen wieder Quasi-Minimax-Schätzer berechnet werden, welche eine untere oder obere Schranke für das maximale Risiko minimieren. Wir wollen die hiermit verbundenen Ergebnisse in dem folgenden Satz zusammenfassen:

Satz 3.4 *Für $\theta > 0$ seien die Abbildungen*

$$\psi_\theta : \begin{cases} \mathbb{R}^{k\times n} & \rightarrow \quad \mathbb{R} \\ \mathbf{C} & \mapsto \quad \sigma^2 \operatorname{tr}\{\boldsymbol{\Omega}\mathbf{C}'\mathbf{A}\mathbf{C}\} + \theta\eta \operatorname{tr}\{\bar{\mathbf{Q}}(\mathbf{C})\} \end{cases}$$

mit $\bar{\mathbf{Q}}(\mathbf{C})$ gemäß (3.2.75) und $\eta := 1 - \mathbf{t}_*'\mathbf{t}_*$ gegeben. Sei ferner $\mathbf{c}_*$ wie in (3.2.66) definiert. Dann gilt:

(i) Das maximale Risiko aus (3.2.78) läßt sich durch $\psi_{\frac{1}{k}}(\mathbf{C})$ und $\psi_1(\mathbf{C})$ nach unten und oben abschätzen, d.h., für alle $\mathbf{b} \in \mathcal{D}(\mathbf{c}_*)$ gilt

$$\psi_{1/k}(\mathbf{C}) \leq \max_{\boldsymbol{\beta}\in\mathcal{B}} R_{\mathbf{A}}(\mathbf{b}, \boldsymbol{\beta}) \leq \psi_1(\mathbf{C}). \tag{3.2.82}$$

(ii) Die Lösungen $\mathbf{C}_\theta$ des Optimierungsproblems

$$\psi_\theta(\mathbf{C}) \rightarrow \min_{\mathbf{C}\in\mathbb{R}^{k\times n}} ! \tag{3.2.83}$$

sind für alle $\theta > 0$ durch die Gleichung

$$\mathbf{A}\mathbf{C}_\theta = \mathbf{A}\mathbf{U}(\frac{1}{\theta\eta}\sigma^2\mathbf{I} + \mathbf{U}'\mathbf{X}'\boldsymbol{\Omega}^{-1}\mathbf{X}\mathbf{U})^{-1}\mathbf{U}'\mathbf{X}'\boldsymbol{\Omega}^{-1} \tag{3.2.84}$$

mit $\mathbf{U} := \mathbf{T}^{-\frac{1}{2}}\mathbf{P}$ gegeben. Eine spezielle, von der Gewichtungsmatrix $\mathbf{A}$ unabhängige Lösung lautet

$$\mathbf{C}_\theta = \mathbf{U}(\frac{1}{\theta\eta}\sigma^2\mathbf{I} + \mathbf{U}'\mathbf{X}'\boldsymbol{\Omega}^{-1}\mathbf{X}\mathbf{U})^{-1}\mathbf{U}'\mathbf{X}'\boldsymbol{\Omega}^{-1}. \tag{3.2.85}$$

(iii) Das Minimum von $\psi_\theta(\mathbf{C})$ ist für alle $\theta > 0$ durch

$$\psi_\theta(\mathbf{C}_\theta) = \theta\eta \operatorname{tr}\{\mathbf{A}(\mathbf{I} - \mathbf{C}_\theta\mathbf{X})\mathbf{U}\mathbf{U}'\} \tag{3.2.86}$$

gegeben.

(iv) Kann die Gewichtungsmatrix des Risikos in der Form $\mathbf{A} = \mathbf{a}\mathbf{a}'$ *mit* $\mathbf{a} \in \mathbb{R}^{k\times 1}$ *dargestellt werden, so liefert jede der Gleichung (3.2.84) für* $\theta = 1$ *genügende Matrix* $\mathbf{C}_* = \mathbf{C}_1$ *bereits einen exakten Minimax-Schätzer* $\mathbf{b}_* = \mathbf{c}_* + \mathbf{C}_*(\mathbf{y} - \mathbf{X}\mathbf{c}_*)$ *für die Vorinformationsmenge* $\mathcal{B} = \mathcal{E} \cap \mathcal{L}$ *in der Klasse* $\mathcal{D}(\mathbf{c}_*)$.

Beweis: **(i)** Die Behauptung folgt unmittelbar aus der Abschätzung (3.2.31) für den maximalen Eigenwert einer n.n.d. Matrix $\mathbf{Q}$.

(ii) Die Abbildung ψ_θ ist konvex und F-differenzierbar mit Gradient[22]

$$\boldsymbol{\Psi}_\theta : \begin{cases} \mathbb{R}^{k\times n} & \to \quad \mathbb{R}^{k\times n} \\ \mathbf{C} & \mapsto \quad 2\sigma^2\mathbf{A}\mathbf{C}\boldsymbol{\Omega} + 2\theta\eta\mathbf{A}(\mathbf{C}\mathbf{X} - \mathbf{I})\mathbf{U}\mathbf{U}'\mathbf{X}' \end{cases}.$$

Eine Lösung $\mathbf{C}_\theta$ von (3.2.83) genügt damit gemäß Satz D.1 bzw. Bemerkung D.1 der notwendigen und hinreichenden Optimalitätsbedingung $\boldsymbol{\Psi}_\theta(\mathbf{C}_\theta) = \mathbf{0}$, d.h., es ist

$$\sigma^2\mathbf{A}\mathbf{C}_\theta\boldsymbol{\Omega} + \theta\eta\mathbf{A}(\mathbf{C}_\theta\mathbf{X} - \mathbf{I})\mathbf{U}\mathbf{U}'\mathbf{X}' = \mathbf{0}. \tag{3.2.87}$$

Hieraus ergibt sich unmittelbar

$$\begin{aligned} \mathbf{A}\mathbf{C}_\theta &= \mathbf{A}\mathbf{U}\mathbf{U}'\mathbf{X}'(\frac{\sigma^2}{\theta\eta}\boldsymbol{\Omega} + \mathbf{X}\mathbf{U}\mathbf{U}'\mathbf{X}')^{-1} & (3.2.88)\\ &= \mathbf{A}\mathbf{U}\mathbf{U}'\mathbf{X}'\boldsymbol{\Omega}^{-\frac{1}{2}}(\frac{\sigma^2}{\theta\eta}\mathbf{I} + \boldsymbol{\Omega}^{-\frac{1}{2}}\mathbf{X}\mathbf{U}\mathbf{U}'\mathbf{X}'\boldsymbol{\Omega}^{-\frac{1}{2}})^{-1}\boldsymbol{\Omega}^{-\frac{1}{2}}, & (3.2.89) \end{aligned}$$

was wir unter Verwendung der Größen $\rho := \sigma^2/(\theta\eta)$ und $\mathbf{M} := \boldsymbol{\Omega}^{-\frac{1}{2}}\mathbf{X}\mathbf{U}$ abkürzend auch wie folgt schreiben können:

$$\mathbf{A}\mathbf{C}_\theta = \mathbf{A}\mathbf{U}\mathbf{M}'(\rho\mathbf{I} + \mathbf{M}\mathbf{M}')^{-1}\boldsymbol{\Omega}^{-\frac{1}{2}}.$$

Unter Berücksichtigung der Identität[23]

$$(\rho\mathbf{I} + \mathbf{M}\mathbf{M}')^{-1} = \rho^{-1}\mathbf{I} - \rho^{-1}\mathbf{M}(\rho\mathbf{I} + \mathbf{M}'\mathbf{M})^{-1}\mathbf{M}'$$

erhalten wir schließlich

$$\begin{aligned} \mathbf{A}\mathbf{C}_\theta &= \rho^{-1}\mathbf{A}\mathbf{U}\left[\mathbf{M}' - \mathbf{M}'\mathbf{M}(\rho\mathbf{I} + \mathbf{M}'\mathbf{M})^{-1}\mathbf{M}'\right]\boldsymbol{\Omega}^{-\frac{1}{2}} \\ &= \rho^{-1}\mathbf{A}\mathbf{U}\left[\mathbf{M}' - (\mathbf{M}'\mathbf{M} + \rho\mathbf{I} - \rho\mathbf{I})(\rho\mathbf{I} + \mathbf{M}'\mathbf{M})^{-1}\mathbf{M}'\right]\boldsymbol{\Omega}^{-\frac{1}{2}} \\ &= \mathbf{A}\mathbf{U}(\rho\mathbf{I} + \mathbf{M}'\mathbf{M})^{-1}\mathbf{M}'\boldsymbol{\Omega}^{-\frac{1}{2}} \\ &= \mathbf{A}\mathbf{U}(\frac{1}{\theta\eta}\sigma^2\mathbf{I} + \mathbf{U}'\mathbf{X}'\boldsymbol{\Omega}^{-1}\mathbf{X}\mathbf{U})^{-1}\mathbf{U}'\mathbf{X}'\boldsymbol{\Omega}^{-1}. \end{aligned}$$

(iii) Analog zum Beweis von Satz 3.3 (ii).

(iv) Im Fall $\mathbf{A} = \mathbf{a}\mathbf{a}'$ mit $\mathbf{a} \in \mathbb{R}^{k\times 1}$ wird die obere Schranke in (3.2.82) angenommen. Vgl. hierzu auch die Diskussion von Fall 1 in Abschnitt 3.2.1. ■

[22] Vgl. hierzu auch den Beweis von Satz 3.3.

[23] Vgl. Satz A.5.

Bemerkung 3.5 BECKER (1998), S. 43, weist darauf hin, daß der Berechnung subpessimistischer Approximationen des Minimax-Schätzers eine „bessere" als die in (3.2.82) angegebene untere Schranke zugrundegelegt werden kann. Aus Rang($\mathbf{R}$) = m ($m < k$) folgt nämlich Rang($\mathbf{P}$) = $k - m$, so daß der Rang von $\bar{\mathbf{Q}}(\mathbf{C}) = \mathbf{PQ}(\mathbf{C})\mathbf{P}$ höchstens $k - m$ betragen kann. Damit sind aber mindestens m Eigenwerte von $\bar{\mathbf{Q}}(\mathbf{C})$ gleich Null. Folglich gilt

$$\frac{1}{k}\,\mathrm{tr}\{\bar{\mathbf{Q}}(\mathbf{C})\} \leq \frac{1}{k-m}\,\mathrm{tr}\{\bar{\mathbf{Q}}(\mathbf{C})\} \leq \lambda_{\max}[\bar{\mathbf{Q}}(\mathbf{C})] \leq \mathrm{tr}\{\bar{\mathbf{Q}}(\mathbf{C})\} \tag{3.2.90}$$

und damit auch

$$\psi_{1/k}(\mathbf{C}) \leq \psi_{1/(k-m)}(\mathbf{C}) \leq \max_{\boldsymbol{\beta}\in\mathcal{B}} R_{\mathbf{A}}(\mathbf{b},\boldsymbol{\beta}) \leq \psi_1(\mathbf{C}). \tag{3.2.91}$$

Es liegt daher nahe, für die Konstruktion des unteren Quasi-Minimax-Schätzers Matrizen $\mathbf{C}_\theta$ zu verwenden, welche die Gleichung (3.2.85) für $\theta = \frac{1}{k-m}$ statt für $\theta = \frac{1}{k}$ erfüllen. □

Bemerkung 3.6 Der zum Ende des vorangegangenen Teilabschnitts skizzierten Weiterführung des Quasi-Minimax-Ansatzes folgend, kann das maximale Risiko auch im vorliegenden Kontext der kombinierten Betrachtung von Ellipsoid- und Gleichungsrestriktionen wieder in kontrollierbarer Art und Weise durch flexible untere und obere Schranken abgeschätzt und hierauf aufbauend der exakte Minimax-Schätzer mit beliebiger Genauigkeit approximiert werden. Wir verweisen diesbezüglich auf die Behandlung der sehr allgemeinen Optimierungsaufgabe (4.4.1)+(4.4.2) in Abschnitt 4.4, welche auch das vorliegende Minimax-Problem (3.2.79) als Spezialfall enthält. □

Neben dem in dieser Arbeit betrachteten Ansatz von STAHLECKER und TRENKLER existieren in der Literatur eine Reihe weiterer Vorschläge zur simultanen Verwertung von Ellipsoid- und linearen Gleichungsrestriktionen. Einige Möglichkeiten seien nun abschließend kurz genannt:

- Das eher heuristische Vorgehen von TOUTENBURG und ROEDER (vgl. ROEDER (1978), TOUTENBURG (1982), S. 129 ff.) basiert auf der Idee, die Methode der restringierten KQ-Schätzung mit dem Minimax-Ansatz für reine Ellipsoidrestriktion zu verknüpfen. Die Autoren betrachten im Vollrangmodell unter den Annahmen Rang($\mathbf{R}$) = q, $\boldsymbol{\beta}_0 = \mathbf{0}$ und $\mathbf{A} = \mathbf{aa}'$ den gleichungsrestringierten GLS-Schätzer

$$\mathbf{b}_{RGLS} = \mathbf{b}_{GLS} + \mathbf{S}^{-1}\mathbf{R}'(\mathbf{R}\mathbf{S}^{-1}\mathbf{R}')^{-1}(\mathbf{r} - \mathbf{R}\mathbf{b}_{GLS})$$

und ersetzen den verallgemeinerten KQ-Schätzer $\mathbf{b}_{GLS} = \mathbf{S}^{-1}\mathbf{X}'\boldsymbol{\Omega}^{-1}\mathbf{y}$ durch den Minimax-Schätzer $\mathbf{b}_* = (\sigma^2\mathbf{T}+\mathbf{X}'\boldsymbol{\Omega}^{-1}\mathbf{X})^{-1}\mathbf{X}'\boldsymbol{\Omega}^{-1}\mathbf{y}$ bei reiner Ellipsoidinformation (vgl. Beziehung (3.2.28)) sowie $\mathbf{S} = \mathbf{X}'\boldsymbol{\Omega}^{-1}\mathbf{X}$ durch die korrespondierende Matrix $\tilde{\mathbf{S}} := \sigma^2\mathbf{T}+\mathbf{X}'\boldsymbol{\Omega}^{-1}\mathbf{X}$. Die resultierende Schätzfunktion besitzt ein kleineres Minimax-Risiko als $\mathbf{b}_*$.

- Wie bereits von STAHLECKER, TRENKLER (1988) vorgeschlagen, integriert DRYGAS (1991) die linearen Restriktionen durch eine Erweiterung des Modells zu

$$\begin{pmatrix} \mathbf{y} \\ \mathbf{r} \end{pmatrix} = \begin{pmatrix} \mathbf{X} \\ \mathbf{R} \end{pmatrix}\boldsymbol{\beta} + \begin{pmatrix} \mathbf{v}_1 \\ \mathbf{v}_2 \end{pmatrix} \text{ mit } \mathbf{Cov}\begin{pmatrix} \mathbf{v}_1 \\ \mathbf{v}_2 \end{pmatrix} = \begin{pmatrix} \sigma^2\boldsymbol{\Omega} & \mathbf{0} \\ \mathbf{0} & \mathbf{0} \end{pmatrix}$$

auf direktem Wege. Der Minimax-Schätzung unter der verbleibenden Ellipsoidrestriktion legt der Autor dann die Schätzerklasse

$$\mathcal{D} := \left\{\mathbf{b} \,|\, \mathbf{b} = \boldsymbol{\beta}_0 + \mathbf{C}_1(\mathbf{y}-\mathbf{X}\boldsymbol{\beta}_0) + \mathbf{C}_2(\mathbf{r}-\mathbf{R}\boldsymbol{\beta}_0) \text{ mit } \mathbf{C}_1 \in \mathbb{R}^{k\times n}, \mathbf{C}_2 \in \mathbb{R}^{k\times q}\right\} \tag{3.2.92}$$

zugrunde. Bei diesem Ansatz tritt die zusätzliche Schwierigkeit auf, daß die Kovarianzmatrix in dem erweiterten Modell singulär ist. Dieses Problem wurde aber bereits von DRYGAS (1985) behandelt.

- In der oben angesprochenen Arbeit verfolgt DRYGAS (1991) auch den, wiederum von STAHLECKER, TRENKLER (1988) vorskizzierten, Ansatz der Reparametrisierung des Modells. Dabei wird die $(q \times k)$-Matrix $\mathbf{R}$ durch eine $((k-q) \times k)$-Matrix $\mathbf{R}^*$ so ergänzt, daß $\bar{\mathbf{R}} := \begin{pmatrix} \mathbf{R}' & \mathbf{R}^{*\prime} \end{pmatrix}' \in \mathbb{R}^{k\times k}$ regulär ist. Hierfür ist natürlich wieder die Annahme $\text{Rang}(\mathbf{R}) = q$ erforderlich. Mit $\mathbf{Z} := \mathbf{X}\bar{\mathbf{R}}^{-1}$, $\boldsymbol{\gamma}_1 := \mathbf{R}\boldsymbol{\beta}$, $\boldsymbol{\gamma}_2 := \mathbf{R}^*\boldsymbol{\beta}$ und $\boldsymbol{\gamma} := (\begin{matrix} \boldsymbol{\gamma}_1' & \boldsymbol{\gamma}_2' \end{matrix})'$ kann das betrachtete Regressionsmodell dann in die Gestalt

$$\mathbf{y} = \mathbf{Z}\boldsymbol{\gamma} + \mathbf{u} \tag{3.2.93}$$

überführt werden. Bei geeigneter Partitionierung der Matrix $\mathbf{Z} = \begin{pmatrix} \mathbf{Z}_1 & \mathbf{Z}_1 \end{pmatrix}$ erhält man nun

$$\mathbf{y} - \mathbf{Z}_1\boldsymbol{\gamma}_1 = \mathbf{Z}_2\boldsymbol{\gamma}_2 + \mathbf{u}, \tag{3.2.94}$$

wobei die linke Seite wegen $\boldsymbol{\gamma}_1 = \mathbf{R}\boldsymbol{\beta} = \mathbf{r}$ bekannt ist. Über eine geschickte Umformulierung der Ellipsoidrestriktionen für $\boldsymbol{\beta}$ in entsprechende Beschränkungen für $\boldsymbol{\gamma}_2$ gelangt DRYGAS wieder zu dem in Satz 3.4 aufgeführten Quasi-Minimax-Schätzer von STAHLECKER und TRENKLER.

Kapitel 4

Minimax-Schätzer unter degenerierten Ellipsoidrestriktionen

Im vorangegangenen Abschnitt haben wir uns eingehend mit dem Problem der Minimax-Schätzung bei a priori Information in Gestalt eines *kompakten* Ellipsoiden

$$\mathcal{E} := \left\{ \boldsymbol{\beta} \in \mathbb{R}^k \middle| \, (\boldsymbol{\beta} - \boldsymbol{\beta}_0)'\mathbf{T}(\boldsymbol{\beta} - \boldsymbol{\beta}_0) \leq 1, \ \mathbf{T} \in \mathbb{R}^{k \times k} \text{ p.d.} \right\}$$

auseinandergesetzt. In der ökonometrischen Praxis ist die Annahme einer positiv definiten Gewichtungsmatrix $\mathbf{T}$ jedoch nicht immer angemessen. Tatsächlich erlauben die Vorkenntnisse des Anwenders oft nur die Spezifizierung *degenerierter* Ellipsoidrestriktionen mit nichtnegativ definiter Matrix $\mathbf{T}$. Die Berücksichtigung einer nichtkompakten Vorinformationsmenge wirft im Rahmen des Minimax-Schätzprinzips allerdings grundlegende Probleme auf, da die Endlichkeit des supremalen Risikos eines affin-linearen Schätzers nicht länger gewährleistet werden kann. Es ist daher zu prüfen, unter welchen Voraussetzungen Minimax-Schätzer auch unter degenerierten Ellipsoidrestriktionen existieren, ob und wie sie auf Basis des Quasi-Minimax-Ansatzes angenähert werden können und in welcher Weise das in Abschnitt 3.2.2 skizzierte Vorgehen von LAUTERBACH und STAHLECKER zu modifizieren ist, um auch in diesem allgemeinen Fall beliebig genaue Approximationen zu ermitteln. Mit der Beantwortung der aufgeworfenen Fragestellungen werden wir in diesem Kapitel im übrigen auch den Grundstein für die Erweiterung des klassischen Minimax-Prinzips auf unscharfe lineare Gleichungsbeschränkungen in Kapitel 5 legen. Wie wir sehen werden, sind nichtkompakte Ellipsoide für die Modellierung dieses Typs vager Parameterrestriktionen von entscheidender Bedeutung.

Den zuletzt genannten Gesichtspunkt wollen wir gleich im ersten Abschnitt des vorliegenden Kapitels wieder aufgreifen, wo wir zur Motivation nichtkompakter a priori Ellipsoide neben dem klassischen Beispiel partieller Ellipsoidrestriktionen einen ersten einfachen Ansatz zur Erfassung von Unschärfe in linearen Gleichungsrestriktionen präsentieren wollen. Nach einem kurzen Literaturüberblick in Teilabschnitt 4.1.2 werden wir dann in Abschnitt 4.2 Bedingungen für die Existenz des maximalen Risikos eines affin-linearen Schätzers bei nichtkompaktem Vorinformationsellipsoid formulieren und darauf aufbauend analog zum kompakten Fall das korrespondierende Minimax-Problem herleiten. Im Anschluß daran soll der in Abschnitt 3.2.2 eingeführte Quasi-Minimax-Ansatz auf das degenerierte Ellipsoid erweitert werden. In Abschnitt 4.4 werden wir aufzeigen, wie der exakte aber unbekannte Minimax-Schätzer auch im nichtkompakten Kontext durch die sog. p-approximativen Minimax-Schätzfunktionen beliebig genau angenähert werden kann. Dem Problem der simultanen Verarbeitung von degenerierten Ellipsoid- und linearen Gleichungsrestriktionen widmet sich Abschnitt 4.5. Abschließend werden wir den Minimax-Schätzer und seine Approximationen im Hinblick auf das Risiko mit dem traditionellen Kleinste-Quadrate-Schätzer vergleichen und damit u.a. die Frage beantworten, ob die Einbringung von Vorinformationen tatsächlich zu einer Verbesserung der statistischen Güteeigenschaften beiträgt.

4.1 Einleitung

4.1.1 Beispiele

Wir wollen die Behandlung nichtkompakter, ellipsoidaler Vorinformationsmengen im folgenden anhand zweier interessanter Beispiele begründen.

Beispiel 4.1 Wir betrachten zunächst den in der ökonometrischen Praxis recht häufig auftretenden Fall partieller Ellipsoidrestriktionen.[1] Hierfür sei der unbekannte Parametervektor im verallgemeinerten Regressionsmodell $\mathbf{y} = \mathbf{X}\boldsymbol{\beta} + \mathbf{u}$ bereits in der Form

$$\boldsymbol{\beta} = \begin{pmatrix} \boldsymbol{\beta}_1 \\ \boldsymbol{\beta}_2 \end{pmatrix} \tag{4.1.1}$$

mit $\boldsymbol{\beta}_1 \in \mathbb{R}^{k_1}$, $\boldsymbol{\beta}_2 \in \mathbb{R}^{k_2}$ und $k_1 + k_2 = k$ partitioniert. Über den zweiten Teilvektor $\boldsymbol{\beta}_2$ mögen nun Vorinformationen in Gestalt eines *kompakten* Ellipsoiden vorliegen. Es sei also a priori bekannt, daß

$$\boldsymbol{\beta}_2 \in \mathcal{E}_2 := \left\{ \boldsymbol{\beta}_2 \in \mathbb{R}^{k_2} \,\middle|\, (\boldsymbol{\beta}_2 - \boldsymbol{\beta}_{02})'\mathbf{T}_2(\boldsymbol{\beta}_2 - \boldsymbol{\beta}_{02}) \leq 1,\ \mathbf{T}_2 \text{ p.d.} \right\} \tag{4.1.2}$$

[1] Wirtschaftstheoretische Beispiele hierfür finden sich in HERING ET AL. (1987), TRENKLER ET AL. (1987) und TAMASCHKE (1997).

gilt, wobei dem Anwender die Gewichtungsmatrix $\mathbf{T}_2 \in \mathbb{R}^{k_2 \times k_2}$ und der Mittelpunkt $\boldsymbol{\beta}_{02} \in \mathbb{R}^{k_2}$ gegeben sind. Setzen wir nun

$$\boldsymbol{\beta}_0 := \begin{pmatrix} \mathbf{0}_{k_1} \\ \boldsymbol{\beta}_{02} \end{pmatrix} \quad \text{sowie} \quad \mathbf{T} := \begin{pmatrix} \mathbf{0}_{k_1 \times k_1} & \mathbf{0}_{k_1 \times k_2} \\ \mathbf{0}_{k_2 \times k_1} & \mathbf{T}_2 \end{pmatrix}, \tag{4.1.3}$$

so lassen sich die a priori Restriktionen (4.1.2) gemäß

$$\boldsymbol{\beta} \in \mathcal{E} := \left\{ \boldsymbol{\beta} \in \mathbb{R}^k \,\middle|\, (\boldsymbol{\beta} - \boldsymbol{\beta}_0)'\mathbf{T}(\boldsymbol{\beta} - \boldsymbol{\beta}_0) \leq 1 \right\} \tag{4.1.4}$$

als Vorinformation für den *gesamten* Parametervektor $\boldsymbol{\beta}$ darstellen. Offensichtlich ist $\mathbf{T} \in \mathbb{R}^{k \times k}$ lediglich nichtnegativ definit und das a priori Ellipsoid $\mathcal{E}$ damit nichtkompakt. □

Beispiel 4.2 Wir haben in Abschnitt 2.2 festgestellt, daß die Exaktheit der linearen Gleichungsbeschränkung

$$\mathbf{R}\boldsymbol{\beta} = \mathbf{r} \tag{4.1.5}$$

für praktische Anwendungen oft nicht zweckmäßig ist. Im folgenden soll nun ein recht einfacher Ansatz zur Erfassung von Ungenauigkeit bzw. Unschärfe *nichtstochastischer* Art präsentiert und damit eine erste Alternative zum klassischen Konzept stochastischer linearer Restriktionen aufzeigt werden. Die Idee besteht darin, Abweichungen von der exakten Gleichheit bis zu einem gewissen Grade zu tolerieren und statt (4.1.5) lediglich

$$\| \mathbf{R}\boldsymbol{\beta} - \mathbf{r} \| \leq \gamma \tag{4.1.6}$$

zu fordern. Hierbei ist das Toleranzniveau $\gamma > 0$ in einer dem praktischen Sachverhalt angemessenen Weise vom Anwender festzulegen. Wählen wir für $\| \cdot \|$ wie üblich die euklidische Norm, so können wir (4.1.6) in der Form

$$(\mathbf{R}\boldsymbol{\beta} - \mathbf{r})'(\mathbf{R}\boldsymbol{\beta} - \mathbf{r}) \leq \gamma^2 \tag{4.1.7}$$

schreiben. Wir wollen nun davon ausgehen, daß das Gleichungssystem (4.1.5) konsistent ist, also ein $\bar{\boldsymbol{\beta}} \in \mathbb{R}^k$ mit $\mathbf{R}\bar{\boldsymbol{\beta}} = \mathbf{r}$ existiert. Dann gilt nach Satz A.18 die Beziehung $\mathbf{R}\mathbf{R}^+\mathbf{r} = \mathbf{r}$, und wir erhalten mit $\boldsymbol{\beta}_0 := \mathbf{R}^+\mathbf{r}$ die alternative Darstellung

$$(\boldsymbol{\beta} - \boldsymbol{\beta}_0)'\mathbf{R}'\mathbf{R}(\boldsymbol{\beta} - \boldsymbol{\beta}_0) \leq \gamma^2. \tag{4.1.8}$$

Unter Verwendung der Matrix $\mathbf{T} := \frac{1}{\gamma^2}\mathbf{R}'\mathbf{R}$ können wir alle der Bedingung (4.1.6) genügenden Parametervektoren $\boldsymbol{\beta}$ damit in dem Ellipsoid

$$\mathcal{E} := \left\{ \boldsymbol{\beta} \in \mathbb{R}^k \,\middle|\, (\boldsymbol{\beta} - \boldsymbol{\beta}_0)'\mathbf{T}(\boldsymbol{\beta} - \boldsymbol{\beta}_0) \leq 1 \right\} \tag{4.1.9}$$

zusammenfassen. Hierbei ist zu beachten, daß die Gewichtungsmatrix $\mathbf{T} \in \mathbb{R}^{k \times k}$ auch bei Zeilenregularität der Restriktionsmatrix $\mathbf{R} \in \mathbb{R}^{q \times k}$ in der Regel einen Rangdefekt aufweisen also nur nichtnegativ definit sein wird. Das die Vorinformation $\mathbf{R}\boldsymbol{\beta} \approx \mathbf{r}$ repräsentierende a priori Ellipsoid $\mathcal{E}$ ist also nichtkompakt.[2]

Der hier betrachtete Ansatz ist lediglich als erster Versuch der Modellierung unscharfer linearer Parameterrestriktionen anzusehen und kann uns zweifelsohne nicht vollends befriedigen. So ist die Fixierung des Toleranzniveaus γ und die hiermit verbundene scharfe Abgrenzung der als möglich erachteten $\boldsymbol{\beta}$-Vektoren ebenso unnatürlich wie willkürlich. Während alle Parametervektoren $\boldsymbol{\beta}$ mit $\| \mathbf{R}\boldsymbol{\beta} - \mathbf{r} \| = \gamma$ noch in der Vorinformationsmenge berücksichtigt werden, wird jede (noch so kleine) größere Abweichung von der exakten Gleichheit nicht mehr toleriert. Innerhalb des a priori zulässigen Bereiches werden zudem alle Vektoren unabhängig vom Ausmaß der Verletzung von (4.1.5) als gleichrangig behandelt. Mit Hilfe der unscharfen Mengen werden wir diese Mißstände in Kapitel 5 beseitigen und wünschenswerte gleitende Übergänge zwischen der (absoluten) Zugehörigkeit und der (absoluten) Nichtzugehörigkeit zur Vorinformationsmenge erfassen. □

4.1.2 Literaturüberblick

Die Inkorporation nichtkompakter Vorinformationsmengen insbesondere degenerierter Ellipsoide ist erst Mitte der Achtziger Jahre verstärkt in den Mittelpunkt der Forschungsaktivitäten gerückt. Wir geben nachfolgend einen kurzen Überblick über die wichtigsten Ansätze.

- Ausgehend von einer linearen Ungleichung der Form $\mathbf{0} < \mathbf{R}(\boldsymbol{\beta} - \boldsymbol{\beta}_0) \leq \mathbf{r}$ präsentiert KOZAK (1985) für den Fall einer Risikogewichtungsmatrix $\mathbf{A}$ vom Rang Eins einen ersten Ansatz zur Berücksichtigung nichtkompakter a priori Ellipsoide. Die vorgeschlagenen Schätzfunktionen, die als Gegenstück zu den klassischen Kuks-Olman-Schätzern aufgefaßt werden können, weisen allerdings den entscheidenden Nachteil auf, daß sie unter Umständen ein unendliches supremales Risiko besitzen.

- DRYGAS (1985) formuliert für die Schätzung einer Linearkombination $\mathbf{a}'\boldsymbol{\beta}$, $\mathbf{a} \in \mathbb{R}^k$, unter der Annahme $\mathbf{A} = \mathbf{I}$ (und damit letztlich wieder für den Fall einer Gewichtungsmatrix mit Rang Eins) Bedingungen für die Endlichkeit des supremalen Risikos bei nichtkompakter ellipsoidaler Vorinformationsmenge. Er zeigt, daß die Suche nach den korrespondierenden Minimax-Schätzern auf die Bestimmung der besten linearen unverzerrten Schätzfunktionen in einem geeignet erweiterten Regressionsmodell reduziert werden kann.

- HERING ET AL. (1987) und TRENKLER ET AL. (1987) entwickeln für partielle Ellipsoidrestriktionen ein zweistufiges Verfahren, bei dem zunächst der

[2] Fordern wir dagegen die Spaltenregularität von $\mathbf{R}$, so ist $\mathbf{T}$ positiv definit und $\mathcal{E}$ kompakt.

unrestringierte Teil von β nach dem klassischen KQ-Prinzip geschätzt wird, um das Ergebnis dieser Schätzung dann in einem zweiten Schritt nach einer geeigneten Umformulierung der Ellipsoidrestriktionen mit einer Quasi-Minimax-Schätzung des gesamten Parametervektors zu kombinieren. Ein ähnliches Vorgehen schlägt TERÄSVIRTA (1989) für den Fall eines allgemeinen degenerierten Ellipsoiden mit beliebiger n.n.d. Gewichtungsmatrix $\mathbf{T}$ vor, welchen er durch eine Reparametrisierung des Modells auf den Spezialfall der partiellen Ellipsoidrestriktionen zurückführt. Die (Quasi)-Minimax-Schätzung des restringierten Teilvektors von β wird dabei durch die KQ-Schätzung der unbeschränkten Komponenten ergänzt.

- Auf der Basis von Bedingungen für die Endlichkeit des maximalen Risikos charakterisieren GAFFKE, HEILIGERS (1989) lineare Minimax-Schätzer für allgemeine nichtkompakte Vorinformationsmengen als Bayes-Schätzer bzgl. eine ungünstigsten a priori Verteilung. Sie erweitern damit die entsprechenden Ergebnisse von PILZ (1986) für den kompakten Fall. Hierauf aufbauend zeigt HEILIGERS (1993) die Möglichkeit auf, den Minimax-Schätzer in eine beste lineare unverzerrte Schätzfunktion auf einem gewissen Teilraum des $\mathbb{R}^k$ und eine Minimax-Schätzung für einen speziellen kompakten a priori Parameterbereich zu zerlegen.

- Für den allgemeinen Fall einer beliebigen n.n.d. Matrix $\mathbf{A}$ liefert GROSS (1996) eine Begründung für die Verwendung des Kuks-Olman-Schätzers auch bei nichtkompaktem a priori Ellipsoid. Er beschränkt sich dabei auf die Betrachtung des Vollrangmodells.

In dieser Arbeit wird der von STAHLECKER, TRENKLER (1991) geebnete Weg zur Verwertung degenerierter a priori Ellipsoide beschritten. Die Autoren identifizieren analog zu DRYGAS (1985) und GAFFKE, HEILIGERS (1989) zunächst die affin-linearen Schätzer mit endlichem supremalen Risiko und entwickeln dann, die Vorgehensweise für den kompakten Fall aufgreifend, Verallgemeinerungen der „klassischen“ Minimax- bzw. Quasi-Minimax-Probleme. Wir werden bei der Behandlung dieser Probleme einige bekannte Ergebnisse von TAMASCHKE (1997) reproduzieren und zum Teil vereinfachen und diese insbesondere im Hinblick auf die algorithmische Berechnung exakter Minimax-Schätzer in Abschnitt 4.4 um eine Reihe interessanter neuer Resultate erweitern.[3]

[3] TAMASCHKE (1997) widmet sich neben der Inkorporation nichtkompakter Ellipsoide auch der Verarbeitung von Vorinformationen in Gestalt von Kegeln.

4.2 Das restringierte Minimax-Problem

Der folgenden Darstellung liege wie üblich das verallgemeinerte lineare Regressionsmodell (1.1.1) unter den Annahmen (A1)-(A3) zugrunde. Es sei also

$$\mathbf{y} = \mathbf{X}\boldsymbol{\beta} + \mathbf{u} \tag{4.2.1}$$

mit $\mathbf{E}(\mathbf{u}) = \mathbf{0}$ und $\mathbf{E}(\mathbf{uu}') = \sigma^2\boldsymbol{\Omega}$. Hierbei wollen wir die Varianz-Kovarianzmatrix wieder als vollständig bekannt voraussetzen und auf eine Rangannahme für die Regressionsmatrix $\mathbf{X}$ vorerst verzichten. Die Vorinformation über den unbekannten Parametervektor $\boldsymbol{\beta}$ sei nun also durch das nichtkompakte Ellipsoid

$$\mathcal{E} := \left\{ \boldsymbol{\beta} \in \mathbb{R}^k \middle| \, (\boldsymbol{\beta} - \boldsymbol{\beta}_0)'\mathbf{T}(\boldsymbol{\beta} - \boldsymbol{\beta}_0) \leq 1, \ \mathbf{T} \in \mathbb{R}^{k \times k} \text{ n.n.d.} \right\} \tag{4.2.2}$$

modelliert.[4] Für die nichtnegativ definite Gewichtungsmatrix $\mathbf{T}$ sei dabei die Vollrangzerlegung

$$\mathbf{T} = \mathbf{W}'\mathbf{W}, \ \mathbf{W} \in \mathbb{R}^{r \times k}, \tag{4.2.3}$$

mit $r = \text{Rang}(\mathbf{W})$ gegeben (vgl. hierzu Satz A.1).

Zur Schätzung von $\boldsymbol{\beta}$ können wir uns angesichts der Symmetrie von $\mathcal{E}$ bzgl. $\boldsymbol{\beta}_0$ wie in Abschnitt 3.2.1 auf die Betrachtung der Teilklasse

$$\bar{\mathcal{D}} = \left\{ \mathbf{b} \middle| \, \mathbf{b} = \boldsymbol{\beta}_0 + \mathbf{C}(\mathbf{y} - \mathbf{X}\boldsymbol{\beta}_0) \text{ mit } \mathbf{C} \in \mathbb{R}^{k \times n} \right\} \tag{4.2.4}$$

affin-linearer Schätzfunktionen beschränken. Als Risikofunktion wird weiterhin der gewogene mittlere quadratische Fehler $R_{\mathbf{A}}(\mathbf{b}, \boldsymbol{\beta}) = E[(\mathbf{b} - \boldsymbol{\beta})'\mathbf{A}(\mathbf{b} - \boldsymbol{\beta})]$ herangezogen. Setzen wir in leichter Abwandlung zur bisherigen Notation

$$\mathbf{Q}(\mathbf{C}) = (\mathbf{CX} - \mathbf{I})'\mathbf{A}(\mathbf{CX} - \mathbf{I}),$$

so erhalten wir diesbezüglich für alle $\mathbf{b} \in \bar{\mathcal{D}}$ die Darstellung

$$R_{\mathbf{A}}(\mathbf{b}, \boldsymbol{\beta}) = \sigma^2 \operatorname{tr}\{\mathbf{AC\Omega C}'\} + (\boldsymbol{\beta} - \boldsymbol{\beta}_0)'\mathbf{Q}(\mathbf{C})(\boldsymbol{\beta} - \boldsymbol{\beta}_0). \tag{4.2.5}$$

Wie eingangs bereits erwähnt, ist man bei der Verarbeitung degenerierter Ellipsoidrestriktionen im Rahmen des Minimax-Schätzansatzes mit der grundsätzlichen Schwierigkeit konfrontiert, daß die Endlichkeit des supremalen Risikos eines Schät-

[4] Mit der Spezifizierung der Vorinformationsmenge gemäß (4.2.2) wird natürlich auch das in Abschnitt 3.2.1 behandelte *kompakte* a priori Ellipoid erschlossen. Weil im folgenden jedoch die Berücksichtigung der nichtkompakten Variante und die hiermit verbundenen Schwierigkeiten im Mittelpunkt des Interesses stehen, werden wir $\mathcal{E}$ grundsätzlich als *degeneriertes* bzw. *nichtkompaktes* Ellipsoid bezeichnen.

zers im Gegensatz zum kompakten Fall (vgl. Bemerkung 3.2) nicht automatisch sichergestellt ist. Schätzfunktionen mit $\sup_{\boldsymbol{\beta}\in\mathcal{E}} R_{\mathbf{A}}(\mathbf{b},\boldsymbol{\beta}) = \infty$ können dabei aber von der weiteren Betrachtung ausgeschlossen werden, weil sie dem Minimax-Prinzip definitionsgemäß nicht genügen. Wir sind daher zunächst an Bedingungen für die Existenz des maximalen Risikos eines Schätzers $\mathbf{b} \in \bar{\mathcal{D}}$ interessiert.[5]

Im Hinblick auf die Endlichkeit des supremalen Risikos reicht es offensichtlich aus, sich auf die Untersuchung des zweiten Summanden in (4.2.5) zu konzentrieren. Hierfür gilt trivialerweise

$$\sup_{\boldsymbol{\beta}\in\mathcal{E}} (\boldsymbol{\beta}-\boldsymbol{\beta}_0)'\mathbf{Q}(\mathbf{C})(\boldsymbol{\beta}-\boldsymbol{\beta}_0) = \sup_{\mathbf{t}\in\mathcal{T}} \mathbf{t}'\mathbf{Q}(\mathbf{C})\mathbf{t} \tag{4.2.6}$$

mit

$$\mathcal{T} := \left\{\mathbf{t} \in\mathbb{R}^k \middle|\, \mathbf{t}'\mathbf{T}\mathbf{t} \leq 1\right\}. \tag{4.2.7}$$

In dem folgenden Satz betrachten wir daher zunächst das Supremum einer beliebigen quadratischen Form $\mathbf{t}'\mathbf{Q}\mathbf{t}$ mit n.n.d. Matrix $\mathbf{Q} \in \mathbb{R}^{k\times k}$ über der Menge $\mathcal{T}$.

Satz 4.1 *Gegeben sei das Ellipsoid $\mathcal{T}$ aus (4.2.7) mit $\mathbf{T}$ in der Darstellung (4.2.3). Ferner sei $\mathbf{Q} \in \mathbb{R}^{k\times k}$ eine beliebige nichtnegativ definite Matrix. Dann gilt*

$$\sup_{\mathbf{t}\in\mathcal{T}} \mathbf{t}'\mathbf{Q}\mathbf{t} < \infty \tag{4.2.8}$$

genau dann, wenn

$$\mathcal{N}(\mathbf{W}) \subset \mathcal{N}(\mathbf{Q}) \tag{4.2.9}$$

ist, wobei $\mathcal{N}(\mathbf{W})$ und $\mathcal{N}(\mathbf{Q})$ die Nullräume von $\mathbf{W}$ und $\mathbf{Q}$ bezeichnen.

Beweis: „$\Rightarrow$ " Es sei $\sup_{\mathbf{t}\in\mathcal{T}} \mathbf{t}'\mathbf{Q}\mathbf{t} < \infty$. Angenommen, Beziehung (4.2.9) gilt nicht, d.h., es gibt ein $\bar{\mathbf{v}} \in \mathbb{R}^k$ mit $\mathbf{W}\bar{\mathbf{v}} = \mathbf{0}$ aber $\mathbf{Q}\bar{\mathbf{v}} \neq \mathbf{0}$. Dann ist zunächst einmal auch $\mathbf{Q}^{\frac{1}{2}}\bar{\mathbf{v}} \neq \mathbf{0}$. Man betrachte nun für festes $\bar{\mathbf{t}} \in\mathcal{T}$ die Vektorenschar $\mathbf{t}_\alpha := \bar{\mathbf{t}} - \alpha\bar{\mathbf{v}}$,

[5] Im allgemeineren Kontext der simultanen Berücksichtigung degenerierter Ellipsoid- und linearer Gleichungsrestriktionen wurden entsprechende Kriterien von STAHLECKER, TRENKLER (1991), S. 171 ff., entwickelt. Im folgenden werden wir diese Ergebnisse für den uns zunächst interessierenden Fall der reinen Elipsoidrestriktionen reproduzieren. Um den Fußnotentext dabei nicht zu überladen, verzichten wir auf einen Einzelbeleg der jeweiligen Originalresultate. Bedingungen für die Existenz des maximalen Risikos bei allgemeinen konvexen Vorinformationsmengen findet man im übrigen in TAMASCHKE (1997), Abschnitt 2.4.1.

$\alpha \in \mathbb{R}$. Offensichtlich gilt $\mathbf{t}_\alpha \in \mathcal{T}$ für alle $\alpha \in \mathbb{R}$. Ferner ist bei euklidischer Norm

$$\| \mathbf{Q}^{\frac{1}{2}}\mathbf{t}_\alpha \| = \| \mathbf{Q}^{\frac{1}{2}}\bar{\mathbf{t}} - \alpha\mathbf{Q}^{\frac{1}{2}}\bar{\mathbf{v}} \| \geq \Big| \| \mathbf{Q}^{\frac{1}{2}}\bar{\mathbf{t}} \| - | \alpha | \cdot \| \mathbf{Q}^{\frac{1}{2}}\bar{\mathbf{v}} \| \Big|.^{6} \tag{4.2.10}$$

Weil annahmegemäß $\| \mathbf{Q}^{\frac{1}{2}}\mathbf{t}_\alpha \| = \sqrt{\mathbf{t}_\alpha'\mathbf{Q}\mathbf{t}_\alpha}$ für $\alpha \to \infty$ endlich bleibt, muß $\mathbf{Q}^{\frac{1}{2}}\bar{\mathbf{v}} = \mathbf{0}$ gelten. Dies ergibt aber einen Widerspruch zur Voraussetzung.

„$\Leftarrow$ " Man beachte zunächst, daß $\mathbf{t}'\mathbf{T}\mathbf{t} \leq 1$ genau dann gilt, wenn für ein $\mathbf{z} \in \mathbb{R}^k$ mit $\mathbf{z}'\mathbf{z} \leq 1$ das Gleichungssystem $\mathbf{W}\mathbf{t} = \mathbf{z}$ erfüllt ist. Mit Satz A.18 erhalten wir daher die Darstellung

$$\mathcal{T} = \left\{ \mathbf{t} \in \mathbb{R}^k \middle| \mathbf{t} = \mathbf{W}^-\mathbf{z} + \mathbf{v} \text{ mit } \mathbf{z} \in \mathcal{Z} \text{ und } \mathbf{v} \in \mathcal{N}(\mathbf{W}) \right\},$$

wobei $\mathcal{Z} := \left\{ \mathbf{z} \in \mathbb{R}^k \middle| \mathbf{z}'\mathbf{z} \leq 1 \right\}$ ist und $\mathbf{W}^-$ eine beliebige verallgemeinerte Inverse von $\mathbf{W}$ bezeichnet. Gilt nun $\mathcal{N}(\mathbf{W}) \subset \mathcal{N}(\mathbf{Q})$, so folgt

$$\sup_{\mathbf{t} \in \mathcal{T}} \mathbf{t}'\mathbf{Q}\mathbf{t} = \sup_{\mathbf{z} \in \mathcal{Z}} \mathbf{z}'(\mathbf{W}^-)'\mathbf{Q}\mathbf{W}^-\mathbf{z}. \tag{4.2.11}$$

Wegen der Kompaktheit von $\mathcal{Z}$ ergibt sich hieraus mit dem Satz von Weierstraß aber sofort die Beschränktheit der quadratischen Form $\mathbf{t}'\mathbf{Q}\mathbf{t}$ auf $\mathcal{T}$. ∎

Die etwas unhandliche Bedingung (4.2.9) läßt sich leicht in ein operationales Kriterium überführen:

Korollar 4.1 *Gegeben sei das Ellipsoid $\mathcal{T}$ aus (4.2.7) mit $\mathbf{T}$ in der Darstellung (4.2.3). Ferner sei $\mathbf{Q} \in \mathbb{R}^{k \times k}$ eine beliebige nichtnegativ definite Matrix. Dann gilt*

$$\sup_{\mathbf{t} \in \mathcal{T}} \mathbf{t}'\mathbf{Q}\mathbf{t} < \infty \Leftrightarrow \mathbf{Q}\mathbf{W}^+\mathbf{W} = \mathbf{Q}. \tag{4.2.12}$$

Beweis: Aus Satz A.2 (i) erhalten wir zum einen

$$[\mathcal{N}(\mathbf{Q})]^\perp = \mathcal{R}(\mathbf{Q}) \tag{4.2.13}$$

und wegen $\mathcal{N}(\mathbf{W}) = \mathcal{N}(\mathbf{W}^+\mathbf{W})$ und $(\mathbf{W}^+\mathbf{W})' = \mathbf{W}^+\mathbf{W}$ zum anderen

$$[\mathcal{N}(\mathbf{W})]^\perp = \mathcal{R}(\mathbf{W}^+\mathbf{W}). \tag{4.2.14}$$

---

[6] Man beachte hierbei: Für zwei Vektoren $\mathbf{a},\mathbf{b} \in \mathbb{R}^k$ gilt

$$\begin{aligned} \| \mathbf{a} - \mathbf{b} \|^2 &= \| \mathbf{a} \|^2 + \| \mathbf{b} \|^2 - 2\langle \mathbf{a}, \mathbf{b} \rangle \\ &\geq \| \mathbf{a} \|^2 + \| \mathbf{b} \|^2 - 2 \,| \langle \mathbf{a}, \mathbf{b} \rangle | \\ &\geq \| \mathbf{a} \|^2 + \| \mathbf{b} \|^2 - 2 \| \mathbf{a} \| \| \mathbf{b} \| \\ &= (\| \mathbf{a} \| - \| \mathbf{b} \|)^2. \end{aligned}$$

Hierbei bezeichnen $\mathcal{R}(\mathbf{Q})$ und $\mathcal{R}(\mathbf{W}^+\mathbf{W})$ die Bildräume von $\mathbf{Q}$ bzw. $\mathbf{W}^+\mathbf{W}$. Der Übergang zu den orthogonalen Komplementen liefert für Beziehung (4.2.9) also die Äquivalenz

$$\mathcal{N}(\mathbf{W}) \subset \mathcal{N}(\mathbf{Q}) \Leftrightarrow \mathcal{R}(\mathbf{Q}) \subset \mathcal{R}(\mathbf{W}^+\mathbf{W}). \tag{4.2.15}$$

Die rechte Seite von (4.2.15) ist gemäß Satz A.2 (iv) aber genau dann erfüllt, wenn das Gleichungssystem $\mathbf{W}^+\mathbf{W}\mathbf{Z} = \mathbf{Q}$ konsistent ist, also $\mathbf{Q}\mathbf{W}^+\mathbf{W} = \mathbf{Q}$ gilt. Die Behauptung folgt damit unmittelbar aus Satz 4.1. ■

Mit Hilfe der vorangegangenen Resultate können wir jetzt die Bedingungen für die Existenz des maximalen Risikos einer Schätzfunktion $\mathbf{b} \in \bar{\mathcal{D}}$ angeben.

Satz 4.2 *Gegeben seien das nichtkompakte a priori Ellipsoid $\mathcal{E}$ aus (4.2.2) mit der Gewichtungsmatrix $\mathbf{T}$ in der Darstellung (4.2.3) und die Risikofunktion $R_{\mathbf{A}}$ aus (4.2.5) mit $\mathbf{A} \neq \mathbf{0}$ n.n.d. Weiter bezeichne $\mathbf{G}$ die orthogonale Projektionsmatrix auf den Nullraum von $\mathbf{W}$, d.h., es sei*[7]

$$\mathbf{G} = \mathbf{I} - \mathbf{W}^+\mathbf{W}. \tag{4.2.16}$$

Man betrachte nun eine Schätzfunktion $\mathbf{b} = \boldsymbol{\beta}_0 + \mathbf{C}(\mathbf{y} - \mathbf{X}\boldsymbol{\beta}_0)$ mit $\mathbf{C} \in \mathbb{R}^{k \times n}$ beliebig. Dann ist

$$\sup_{\boldsymbol{\beta} \in \mathcal{E}} R_{\mathbf{A}}(\mathbf{b}, \boldsymbol{\beta}) < \infty$$

genau dann, wenn

$$\mathbf{ACXG} = \mathbf{AG} \tag{4.2.17}$$

gilt.

Beweis: Wir ersetzen in Korollar 4.1 $\mathbf{Q}$ durch $\mathbf{Q}(\mathbf{C})$ und erhalten als notwendige und hinreichende Bedingung für die Endlichkeit des Supremums von $R_{\mathbf{A}}(\mathbf{b}, \boldsymbol{\beta})$ über $\mathcal{E}$ unter Beachtung von (4.2.6) zunächst

$$\mathbf{Q}(\mathbf{C})\mathbf{W}^+\mathbf{W} = \mathbf{Q}(\mathbf{C})$$

bzw.

$$\mathbf{Q}(\mathbf{C})\mathbf{G} = \mathbf{0}. \tag{4.2.18}$$

Mit $\mathbf{D} := (\mathbf{CX} - \mathbf{I})$ stellen wir die Matrix $\mathbf{Q}(\mathbf{C})$ nun in der Form $\mathbf{Q}(\mathbf{C}) = \mathbf{D}'\mathbf{A}\mathbf{D}$ dar. Wegen der nichtnegativen Definitheit von $\mathbf{A} \neq \mathbf{0}$ gilt gemäß Satz A.2 (v) $\mathcal{N}(\mathbf{D}'\mathbf{A}\mathbf{D}) = \mathcal{N}(\mathbf{A}\mathbf{D})$. Aus (4.2.18) erhalten wir damit die Beziehung

$$\mathbf{A}(\mathbf{CX} - \mathbf{I})\mathbf{G} = \mathbf{0},$$

was offensichtlich äquivalent zu (4.2.17) ist. ■

[7] Vgl. hierzu Bemerkung A.3 in Anhang A.

Das Gleichungssystem (4.2.17) besitzt nach Satz A.17 genau dann eine Lösung $\mathbf{C} \in \mathbb{R}^{k \times n}$, wenn für eine beliebige verallgemeinerte Inverse $(\mathbf{XG})^-$ von $\mathbf{XG}$ die Beziehung

$$\mathbf{AG}(\mathbf{XG})^-\mathbf{XG} = \mathbf{AG} \tag{4.2.19}$$

erfüllt ist. Die Gültigkeit dieser Konsistenzbedingung ist also gleichbedeutend mit der Existenz einer Schätzfunktion $\mathbf{b} \in \bar{\mathcal{D}}$ mit endlichem supremalen Risiko über $\mathcal{E}$. Die Suche nach einem affin-linearen Minimax-Schätzer für das nichtkompakte a priori Ellipsoid $\mathcal{E}$ ist demnach vergeblich, sofern die Regressionsmatrix $\mathbf{X}$ und die Gewichtungsmatrix $\mathbf{A}$ die Restriktion (4.2.19) verletzen. Wird die Existenz eines Schätzers mit endlichem supremalen Risiko darüber hinausgehend sogar

(i) für alle $\mathbf{A} \in \mathbb{R}^{k \times k}$, $\mathbf{A}$ n.n.d.,

(ii) für alle $\mathbf{X} \in \mathbb{R}^{n \times k}$ oder

(iii) für alle $\mathbf{A} \in \mathbb{R}^{k \times k}$, $\mathbf{A}$ n.n.d, und $\mathbf{X} \in \mathbb{R}^{n \times k}$

gefordert, so verschärft sich Beziehung (4.2.19) gemäß STAHLECKER, TRENKLER (1991), Remark 4 (d), zu

(i) $\mathbf{G}(\mathbf{XG})^-\mathbf{XG} = \mathbf{G}$,

(ii) $\mathbf{AG} = \mathbf{0}$ bzw.

(iii) $\mathbf{G} = \mathbf{0}$.

Hierbei ist zu beachten, daß die letzte Bedingung gleichbedeutend mit der Kompaktheit der Vorinformationsmenge $\mathcal{E}$ ist!

Den vorangegangenen Überlegungen zufolge können wir uns bei der Ermittlung eines Minimax-Schätzers (unter der Voraussetzung (4.2.19)) auf die Betrachtung solcher Schätzfunktionen $\mathbf{b} \in \bar{\mathcal{D}}$ konzentrieren, welche der Endlichkeitsbedingung (4.2.17) genügen. Wie das folgende Resultat zeigt, führt dieses Vorgehen unmittelbar auf die Lösung eines restringierten Optimierungsproblems für $\mathbf{C} \in \mathbb{R}^{k \times n}$.

Satz 4.3 *Gegeben seien das nichtkompakte a priori Ellipsoid $\mathcal{E}$ aus (4.2.2) mit der Gewichtungsmatrix $\mathbf{T}$ in der Darstellung (4.2.3), die Risikofunktion $R_{\mathbf{A}}$ aus (4.2.5) mit $\mathbf{A} \neq \mathbf{0}$ n.n.d. und die Projektionsmatrix $\mathbf{G} = \mathbf{I} - \mathbf{W}^+\mathbf{W}$. Bezeichne ferner $\mathbf{W}^-$ eine beliebige verallgemeinerte Inverse von $\mathbf{W}$. Schließlich sei die Existenzbedingung (4.2.19) erfüllt. Dann ist*

$$\mathbf{b}_* = \boldsymbol{\beta}_0 + \mathbf{C}_*(\mathbf{y} - \mathbf{X}\boldsymbol{\beta}_0) \tag{4.2.20}$$

genau dann Minimax-Schätzer in der Klasse $\bar{\mathcal{D}}$, wenn die Matrix $\mathbf{C}_*$ das Minimierungsproblem

$$r_{\mathbf{A}}(\mathbf{C}) := \sigma^2 \operatorname{tr}\{\mathbf{AC\Omega C}'\} + \lambda_{\max}\left[(\mathbf{W}^-)'\mathbf{Q}(\mathbf{C})\mathbf{W}^-\right] \to \min_{\mathbf{C}\in\mathbb{R}^{k\times n}} ! \tag{4.2.21}$$

unter der Nebenbedingung

$$\mathbf{ACXG} = \mathbf{AG} \tag{4.2.22}$$

löst.

Beweis: Gemäß Satz 4.2 sind alle Schätzer mit endlichem supremalen Risiko durch die Nebenbedingung (4.2.22) der vorliegenden Optimierungsaufgabe charakterisiert. Wie in Satz 4.1 gezeigt wurde, ist die Gültigkeit dieser Restriktion äquivalent zur Beziehung $\mathcal{N}(\mathbf{W}) \subset \mathcal{N}(\mathbf{Q}(\mathbf{C}))$. Dem zweiten Teil des zugehörigen Beweises ist zu entnehmen, daß damit für alle $\mathbf{C} \in \mathfrak{C} := \left\{\mathbf{C} \in \mathbb{R}^{k\times n} \middle| \mathbf{ACXG} = \mathbf{AG}\right\}$ die Gleichung

$$\sup_{\boldsymbol{\beta}\in\mathcal{E}} (\boldsymbol{\beta} - \boldsymbol{\beta}_0)'\mathbf{Q}(\mathbf{C})(\boldsymbol{\beta} - \boldsymbol{\beta}_0) = \sup_{\mathbf{z}\in\mathcal{Z}} \mathbf{z}'(\mathbf{W}^-)'\mathbf{Q}(\mathbf{C})\mathbf{W}^-\mathbf{z}$$

mit $\mathcal{Z} := \left\{\mathbf{z} \in \mathbb{R}^k \middle| \mathbf{z}'\mathbf{z} \leq 1\right\}$ erfüllt ist. Der aus Abschnitt 3.2.1 bekannten Argumentation folgend (vgl. die Beziehungen (3.2.17)-(3.2.19)) erhält man nun für alle $\mathbf{z} \in \mathcal{Z}$ die Abschätzung

$$\mathbf{z}'(\mathbf{W}^-)'\mathbf{Q}(\mathbf{C})\mathbf{W}^-\mathbf{z} \leq \lambda_{\max}\left[(\mathbf{W}^-)'\mathbf{Q}(\mathbf{C})\mathbf{W}^-\right],$$

wobei die obere Schranke für einen zu $\lambda_{\max}\left[(\mathbf{W}^-)'\mathbf{Q}(\mathbf{C})\mathbf{W}^-\right]$ gehörenden Eigenvektor $\mathbf{z}_*$ mit $\mathbf{z}_*'\mathbf{z}_* = 1$ angenommen wird. Es ist also

$$\sup_{\mathbf{z}\in\mathcal{Z}} \mathbf{z}'(\mathbf{W}^-)'\mathbf{Q}(\mathbf{C})\mathbf{W}^-\mathbf{z} = \lambda_{\max}\left[(\mathbf{W}^-)'\mathbf{Q}(\mathbf{C})\mathbf{W}^-\right]. \tag{4.2.23}$$

Für alle Schätzer $\mathbf{b} = \boldsymbol{\beta}_0 + \mathbf{C}(\mathbf{y} - \mathbf{X}\boldsymbol{\beta}_0)$ mit endlichem supremalen Risiko gilt daher neben (4.2.22) auch

$$\sup_{\boldsymbol{\beta}\in\mathcal{E}} R_{\mathbf{A}}(\mathbf{b}, \boldsymbol{\beta}) = \sigma^2 \operatorname{tr}\{\mathbf{AC\Omega C}'\} + \lambda_{\max}\left[(\mathbf{W}^-)'\mathbf{Q}(\mathbf{C})\mathbf{W}^-\right] \tag{4.2.24}$$

■

Wie wir in Abschnitt 4.4 nachweisen werden, ist die Lösbarkeit der restringierten Minimierungsaufgabe (4.2.21)+(4.2.22) grundsätzlich sichergestellt. Unter den Annahmen von Satz 4.3 ist die Existenz eines affin-linearen Minimax-Schätzers für degenerierte Ellipsoidrestriktionen damit garantiert. Aufgrund der Nichtlinearität und Nichtdifferenzierbarkeit der Zielfunktion ist das Minimax-Problem jedoch auch im vorliegenden Zusammenhang in der Regel nicht konstruktiv zu lösen. Daher werden wir im folgenden Abschnitt in Analogie zur Quasi-Minimax-Methode bei kompaktem a priori Ellipsoid differenzierbare Ersatzaufgaben untersuchen und auf diese

Weise zumindest approximative Minimax-Schätzfunktionen in expliziter Form bereitstellen.

Zuvor wollen wir allerdings unter Rückgriff auf ein Resultat von HEILIGERS (1993) eine interessante Charakterisierung exakter Mimimax-Schätzer angeben, wobei wir uns auf den Spezialfall eines a priori Ellipsoiden mit dem Mittelpunkt $\boldsymbol{\beta}_0 = \mathbf{0}$ beschränken wollen.[8]

Satz 4.4 *Gegeben seien das a priori Ellipsoid*

$$\mathcal{E}_0 := \left\{ \boldsymbol{\beta} \in \mathbb{R}^k \middle| \, \boldsymbol{\beta}'\mathbf{T}\boldsymbol{\beta} \leq 1, \;\; \mathbf{T} \in \mathbb{R}^{k \times k} \; n.n.d. \right\} \tag{4.2.25}$$

mit $\mathbf{T}$ *in der Darstellung (4.2.3), die Schätzerklasse*

$$\mathcal{D}_{lin} := \left\{ \mathbf{b} \middle| \, \mathbf{b} = \mathbf{C}\mathbf{y}, \;\; \mathbf{C} \in \mathbb{R}^{k \times n} \right\}, \tag{4.2.26}$$

die Risikofunktion $R_{\mathbf{A}}$ *mit* $\mathbf{A} \neq \mathbf{0}$ *n.n.d. und die Projektionsmatrix* $\mathbf{G} = \mathbf{I} - \mathbf{W}^+\mathbf{W}$. *Die Existenzbedingung (4.2.19) sei erfüllt. Für* $\mathbf{S} = \mathbf{X}'\boldsymbol{\Omega}^{-1}\mathbf{X}$ *bezeichne* $\mathbf{W}_{\mathbf{S}}^-$ *ferner eine Minimum-*$\mathbf{S}$*-Seminorm verallgemeinerte Inverse von* $\mathbf{W}$, *d.h., es gelte neben*

$$\mathbf{W}\mathbf{W}_{\mathbf{S}}^-\mathbf{W} = \mathbf{W} \tag{4.2.27}$$

auch

$$(\mathbf{W}_{\mathbf{S}}^-\mathbf{W})'\mathbf{S} = \mathbf{S}\mathbf{W}_{\mathbf{S}}^-\mathbf{W}. \tag{4.2.28}$$

Schließlich sei $\mathbf{b}_+ = \mathbf{C}_+\mathbf{y}$ *eine lineare Minimax-Schätzfunktion für* $\boldsymbol{\beta}$ *bzgl.* $R_{\mathbf{A}}$ *und der kompakten Vorinformationsmenge*

$$\mathcal{B} := \left\{ \boldsymbol{\beta} \in \mathbb{R}^k \middle| \, \boldsymbol{\beta} = \mathbf{W}_{\mathbf{S}}^-\mathbf{z} \; mit \; \mathbf{z}'\mathbf{z} \leq 1 \right\}. \tag{4.2.29}$$

Dann sind alle Minimax-Schätzer $\mathbf{b}_* = \mathbf{C}_*\mathbf{y}$ *für* $\boldsymbol{\beta}$ *unter der a priori Information* $\mathcal{E}_0$ *durch die Gleichung*

$$\mathbf{A}\mathbf{C}_* = \mathbf{A}\mathbf{G}(\mathbf{G}\mathbf{S}\mathbf{G})^+\mathbf{G}\mathbf{X}'\boldsymbol{\Omega}^{-1} + \mathbf{A}\mathbf{C}_+ \tag{4.2.30}$$

gegeben.

Beweis: Zur Anwendung des Resultats von HEILIGERS (1993) stellen wir die Gewichtungsmatrix des Risikos in der Form $\mathbf{A} = \mathbf{B}'\mathbf{B}$ dar, wobei $\mathbf{B} \in \mathbb{R}^{m \times k}$ vollen Zeilenrang m besitze. Für alle Schätzer $\mathbf{b} \in \mathcal{D}_{lin}$ gilt dann

$$R_{\mathbf{A}}(\mathbf{b}, \boldsymbol{\beta}) = R_{\mathbf{I}}(\mathbf{B}\mathbf{b}, \mathbf{B}\boldsymbol{\beta}). \tag{4.2.31}$$

[8] Eine entsprechende Repräsentation des Minimax-Schätzers unter linearen Ungleichungsrestriktionen liefert KNAUTZ (2000).

Man kann daher zunächst den eindeutigen linearen Minimax-Schätzer $\gamma_* = \mathbf{D}_*\mathbf{y}$, $\mathbf{D}_* \in \mathbb{R}^{m\times n}$, für $\gamma := \mathbf{B}\beta$ bzgl. des Risikos $R_\mathbf{I}$ ermitteln. Die gesuchten Minimax-Schätzfunktionen $\mathbf{b}_*$ für β bzgl. $R_\mathbf{A}$ erhält man hiermit über eine entsprechende Rücktransformation durch die Gleichung

$$\mathbf{Bb}_* = \gamma_*. \tag{4.2.32}$$

Gemäß Theorem 3 in HEILIGERS (1993) ist γ_* aber durch

$$\gamma_* = \mathbf{BG}(\mathbf{GSG})^+\mathbf{GX}'\Omega^{-1}\mathbf{y} + \gamma_+ \tag{4.2.33}$$

gegeben, wobei $\gamma_+ := \mathbf{D}_+\mathbf{y}$ den eindeutigen Minimax-Schätzer für γ bzgl. $R_\mathbf{I}$ bei kompakter Vorinformationsmenge

$$\mathcal{B} := \left\{\beta \in \mathbb{R}^k \,\middle|\, \beta = \mathbf{W}_\mathbf{S}^- \mathbf{z} \text{ mit } \mathbf{z}'\mathbf{z} \le 1\right\} \tag{4.2.34}$$

darstellt. Bezeichnet nun $\mathbf{C}_+ \in \mathbb{R}^{k\times n}$ eine beliebige Lösung der (wegen $\mathbf{BB}^+ = \mathbf{I}$ konsistenten) Gleichung $\mathbf{BC}_+ = \mathbf{D}_+$, so erhalten wir für $\mathbf{b}_* := \mathbf{C}_*\mathbf{y}$ gemäß (4.2.32) hiermit wie behauptet

$$\begin{aligned} \mathbf{BC}_* &= \mathbf{BG}(\mathbf{GSG})^+\mathbf{GX}'\Omega^{-1} + \mathbf{D}_+ \\ &= \mathbf{BG}(\mathbf{GSG})^+\mathbf{GX}'\Omega^{-1} + \mathbf{BC}_+. \end{aligned} \tag{4.2.35}$$

■

Bemerkung 4.1 Für den ersten Summanden in (4.2.30) gilt Satz A.13 (viii) und (xi) zufolge

$$\begin{aligned} \mathbf{G}(\mathbf{GSG})^+\mathbf{GX}'\Omega^{-1} &= (\mathbf{GSG})^+\mathbf{GX}'\Omega^{-1} \\ &= (\Omega^{-\frac{1}{2}}\mathbf{XG})^+\Omega^{-\frac{1}{2}}. \end{aligned}$$

Wir erhalten damit die kompaktere Darstellung

$$\mathbf{AC}_* = \mathbf{A}(\Omega^{-\frac{1}{2}}\mathbf{XG})^+\Omega^{-\frac{1}{2}} + \mathbf{AC}_+.$$

□

Zur Interpretation des obigen Resultats beachte man, daß

$$\mathbf{b} := (\mathbf{GSG})^+\mathbf{GX}'\Omega^{-1}\mathbf{y} \tag{4.2.36}$$

eine verallgemeinerte Kleinste-Quadrate-Schätzfunktion in dem transformierten Regressionsmodell

$$\mathbf{y} = \mathbf{XG}\beta + \mathbf{u} \tag{4.2.37}$$

darstellt. Die von der Gewichtungsmatrix $\mathbf{A}$ unabhängige Minimax-Schätzung bei degeneriertem a priori Ellipsoid ergibt sich somit als Summe einer GLS-Schätzung auf dem Nullraum von $\mathbf{W}$ und einer Minimax-Schätzung für die spezielle kompakte Vorinformationsmenge $\mathcal{B}$ aus (4.2.29). Die Existenz der hierfür benötigten Minimum-S-Seminorm verallgemeinerten Inversen ist gemäß Satz A.15 grundsätzlich gewährleistet. Dieser Typ einer verallgemeinerten Inversen wird auch bei der nun folgenden Entwicklung approximativer Minimax-Schätzer von zentraler Bedeutung sein.

4.3 Quasi-Minimax-Schätzer

Zur Ermittlung der Minimax-Schätzer für das nichtkompakte a priori Ellipsoid aus (4.2.2) hat man nach Satz 4.3 die restringierte Optimierungsaufgabe

$$r_{\mathbf{A}}(\mathbf{C}) = \sigma^2 \mathrm{tr}\{\mathbf{\Omega}\mathbf{C}'\mathbf{A}\mathbf{C}\} + \lambda_{\max}[(\mathbf{W}^-)'\mathbf{Q}(\mathbf{C})\mathbf{W}^-] \to \min_{\mathbf{C}\in\mathbb{R}^{k\times n}} ! \tag{4.3.1}$$

unter der Nebenbedingung

$$\mathbf{ACXG} = \mathbf{AG} \tag{4.3.2}$$

mit beliebiger verallgemeinerter Inverse $\mathbf{W}^-$ von $\mathbf{W}$ zu lösen. Die Nichtdifferenzierbarkeit der Zielfunktion verhindert allerdings auch hier die Anwendung der üblichen Optimalitätsbedingungen, weshalb eine explizite Darstellung der Lösungen erneut nicht möglich ist. Im folgenden wollen wir daher den in Abschnitt 3.2.2 vorgestellten Quasi-Minimax-Ansatz von TRENKLER, STAHLECKER (1987) zur Bestimmung approximativer Minimax-Schätzfunktionen auf den vorliegenden Fall degenerierter Ellipsoidrestriktionen übertragen. Hierfür schätzen wir $r_{\mathbf{A}}(\mathbf{C})$ auf Basis der bekannten Ungleichungskette aus (3.2.31) mit Hilfe der Abbildungen

$$\psi_\theta := \begin{cases} \mathbb{R}^{k\times n} & \to \quad \mathbb{R} \\ \mathbf{C} & \mapsto \quad \sigma^2\mathrm{tr}\{\mathbf{\Omega}\mathbf{C}'\mathbf{A}\mathbf{C}\} + \theta\,\mathrm{tr}\{(\mathbf{W}^-)'\mathbf{Q}(\mathbf{C})\mathbf{W}^-\} \end{cases}, \quad \theta \in \{\frac{1}{k}, 1\}, \tag{4.3.3}$$

zunächst wie folgt nach oben und unten ab:

$$\psi_{1/k}(\mathbf{C}) \le r_{\mathbf{A}}(\mathbf{C}) \le \psi_1(\mathbf{C}). \tag{4.3.4}$$

Dabei ist folgender Sachverhalt zu beachten:

Bemerkung 4.2 Der Ausdruck $\mathrm{tr}\{(\mathbf{W}^-)'\mathbf{Q}(\mathbf{C})\mathbf{W}^-\}$ und damit auch $\psi_\theta(\mathbf{C})$ ist für alle die Endlichkeitsbedingung (4.3.2) erfüllenden Matrizen $\mathbf{C}$ invariant gegenüber der Wahl der nicht eindeutigen verallgemeinerten Inversen $\mathbf{W}^-$. Aus der zu (4.3.2) äquivalenten Darstellung

$$\mathbf{A}(\mathbf{CX} - \mathbf{I}) = \mathbf{A}(\mathbf{CX} - \mathbf{I})\mathbf{W}^+\mathbf{W}$$

erhält man nämlich für jede Festlegung von $\mathbf{W}^-$

$$\begin{aligned}\mathbf{Q}(\mathbf{C})\mathbf{W}^- &= \mathbf{Q}(\mathbf{C})\mathbf{W}^+\mathbf{W}\mathbf{W}^- \\ &= \mathbf{Q}(\mathbf{C})\mathbf{W}^+.\end{aligned}$$

□

Die durch (4.3.2) restringierten Minimalstellen der Ersatzfunktionen $\psi_{\frac{1}{k}}$ und ψ_1 liefern die unteren und oberen Quasi-Minimax-Schätzer für das nichtkompakte a priori Ellipsoid $\mathcal{E}$ aus (4.2.2). Mit Hilfe des klassischen Lagrangeschen Optimierungskalküls für restringierte Optimierungsprobleme erhalten wir diesbezüglich die folgenden Ergebnisse.[9]

Satz 4.5 *Für beliebiges $\theta \geq 0$ betrachte man die Funktion $\psi_\theta : \mathbb{R}^{k\times n} \to \mathbb{R}$, definiert durch*

$$\psi_\theta(\mathbf{C}) = \sigma^2 \operatorname{tr}\{\boldsymbol{\Omega}\mathbf{C}'\mathbf{A}\mathbf{C}\} + \theta \operatorname{tr}\{(\mathbf{W}^-)'\mathbf{Q}(\mathbf{C})\mathbf{W}^-\} \tag{4.3.5}$$

mit $\mathbf{Q}(\mathbf{C}) = (\mathbf{C}\mathbf{X}-\mathbf{I})'\mathbf{A}(\mathbf{C}\mathbf{X}-\mathbf{I})$ und beliebiger verallgemeinerter Inverse $\mathbf{W}^-$ von $\mathbf{W}$. Die Existenzbedingung (4.2.19) sei erfüllt.

Dann gilt:

(i) Alle Lösungen $\mathbf{C}_\theta$ des Minimierungsproblems

$$\psi_\theta(\mathbf{C}) \to \min_{\mathbf{C}\in\mathbb{R}^{k\times n}}! \tag{4.3.6}$$

unter der Nebenbedingung

$$\mathbf{A}\mathbf{C}\mathbf{X}\mathbf{G} = \mathbf{A}\mathbf{G} \tag{4.3.7}$$

sind gegeben durch

$$\mathbf{A}\mathbf{C}_\theta = \mathbf{A}\mathbf{G}(\mathbf{G}\mathbf{X}'\mathbf{F}_\theta^{-1}\mathbf{X}\mathbf{G})^+\mathbf{G}\mathbf{X}'\mathbf{F}_\theta^{-1} + \theta\mathbf{A}\mathbf{W}^-(\mathbf{W}^-)'\mathbf{X}'\mathbf{F}_\theta^{-\frac{1}{2}}\mathbf{P}_\theta\mathbf{F}_\theta^{-\frac{1}{2}} \tag{4.3.8}$$

mit

$$\mathbf{F}_\theta := \sigma^2\boldsymbol{\Omega} + \theta\mathbf{X}\mathbf{W}^-(\mathbf{W}^-)'\mathbf{X}' \tag{4.3.9}$$

und

$$\mathbf{P}_\theta := \mathbf{I} - \mathbf{F}_\theta^{-1/2}\mathbf{X}\mathbf{G}(\mathbf{F}_\theta^{-1/2}\mathbf{X}\mathbf{G})^+. \tag{4.3.10}$$

(ii) Das Minimum von $\psi_\theta(\mathbf{C})$ unter der Nebenbedingung (4.3.7) lautet

$$\begin{aligned}\psi_\theta(\mathbf{C}_\theta) &= \operatorname{tr}\left\{\theta\mathbf{A}(\mathbf{I}-\mathbf{C}_\theta\mathbf{X})\mathbf{W}^-(\mathbf{W}^-)' - \mathbf{A}\mathbf{L}_\theta'\mathbf{G}(\mathbf{G}\mathbf{X}'\mathbf{F}_\theta^{-1}\mathbf{X}\mathbf{G})^+\mathbf{G}\right\} \\ &= \operatorname{tr}\Big\{\sigma^2\mathbf{A}\mathbf{W}^-[\frac{\sigma^2}{\theta}\mathbf{I}+(\mathbf{W}^-)'\mathbf{X}'\boldsymbol{\Omega}^{-1}\mathbf{X}\mathbf{W}^-]^{-1}(\mathbf{W}^-)' \\ &\qquad +\mathbf{A}\mathbf{L}_\theta'\mathbf{G}(\mathbf{G}\mathbf{X}'\mathbf{F}_\theta^{-1}\mathbf{X}\mathbf{G})^+\mathbf{G}\mathbf{L}_\theta\Big\}\end{aligned} \tag{4.3.11}$$

[9]Es erweist sich für spätere Zwecke als hilfreich, die Betrachtung auf alle Parameterwerte $\theta \geq 0$ auszudehnen.

mit

$$\mathbf{L}_\theta{:=}\theta\mathbf{X}'\mathbf{F}_\theta^{-1}\mathbf{X}\mathbf{W}^-(\mathbf{W}^-)' - \mathbf{I}.$$

Beweis: (i) Als nichtnegative Linearkombination der konvexen und F-differenzierbaren Funktionen[10]

$$g_1 : \begin{cases} \mathbb{R}^{k\times n} & \to \quad \mathbb{R}, \\ \mathbf{C} & \mapsto \quad \operatorname{tr}\{\boldsymbol{\Omega}\mathbf{C}'\mathbf{A}\mathbf{C}\}, \end{cases} \tag{4.3.12}$$

und

$$g_2 : \begin{cases} \mathbb{R}^{k\times n} & \to \quad \mathbb{R}, \\ \mathbf{C} & \mapsto \quad \operatorname{tr}\{(\mathbf{W}^-)'\mathbf{Q}(\mathbf{C})\mathbf{W}^-\}, \end{cases} \tag{4.3.13}$$

ist ψ_θ ebenfalls konvex und F-differenzierbar. Zur Behandlung des restringierten Optimierungsproblems (4.3.6)+(4.3.7) können wir daher Satz D.2 anwenden. Demnach ist $\mathbf{C}_\theta \in \mathfrak{C} := \{\mathbf{C}|\,\mathbf{ACXG} = \mathbf{AG}\}$ genau dann Lösung der betrachteten Aufgabe, wenn eine Matrix $\boldsymbol{\Lambda}_\theta \in \mathbb{R}^{k\times k}$ existiert, so daß

$$\boldsymbol{\Psi}_\theta(\mathbf{C}_\theta) + \mathbf{A}\boldsymbol{\Lambda}_\theta(\mathbf{XG})' = \mathbf{0} \tag{4.3.14}$$

gilt. Dabei ist der Gradient $\boldsymbol{\Psi}_\theta : \mathbb{R}^{k\times n} \to \mathbb{R}^{k\times n}$ von ψ_θ gemäß Beispiel B.4 durch

$$\boldsymbol{\Psi}_\theta(\mathbf{C}) = 2\sigma^2\mathbf{AC}\boldsymbol{\Omega} + 2\theta\mathbf{A}(\mathbf{CX}-\mathbf{I})\mathbf{W}^-(\mathbf{W}^-)'\mathbf{X}' \tag{4.3.15}$$

gegeben. Die Optimalitätsbedingung (4.3.14) ist demnach äquivalent zu

$$\sigma^2\mathbf{AC}_\theta\boldsymbol{\Omega} + \theta\mathbf{A}(\mathbf{C}_\theta\mathbf{X}-\mathbf{I})\mathbf{W}^-(\mathbf{W}^-)'\mathbf{X}' + \frac{1}{2}\mathbf{A}\boldsymbol{\Lambda}_\theta\mathbf{GX}' = \mathbf{0}. \tag{4.3.16}$$

Schreiben wir (4.3.16) in der Gestalt

$$\mathbf{AC}_\theta[\sigma^2\boldsymbol{\Omega} + \theta\mathbf{XW}^-(\mathbf{W}^-)'\mathbf{X}'] = \mathbf{A}[\theta\mathbf{W}^-(\mathbf{W}^-)'\mathbf{X}' - \frac{1}{2}\boldsymbol{\Lambda}_\theta\mathbf{GX}'], \tag{4.3.17}$$

so ergibt sich aufgrund der Invertierbarkeit von $\mathbf{F}_\theta := \sigma^2\boldsymbol{\Omega} + \theta\mathbf{XW}^-(\mathbf{W}^-)'\mathbf{X}'$ zunächst die folgende Darstellung einer Lösung $\mathbf{C}_\theta$ in Abhängigkeit der Lagrange-Matrix $\boldsymbol{\Lambda}_\theta$:

$$\mathbf{AC}_\theta = \mathbf{A}[\theta\mathbf{W}^-(\mathbf{W}^-)'\mathbf{X}' - \frac{1}{2}\boldsymbol{\Lambda}_\theta\mathbf{GX}']\mathbf{F}_\theta^{-1}. \tag{4.3.18}$$

Zur Bestimmung von $\boldsymbol{\Lambda}_\theta$ setzen wir nun (4.3.18) in die Nebenbedingung (4.3.7) des betrachteten Optimierungsproblems ein und erhalten

$$\mathbf{A}[\theta\mathbf{W}^-(\mathbf{W}^-)'\mathbf{X}' - \frac{1}{2}\boldsymbol{\Lambda}_\theta\mathbf{GX}']\mathbf{F}_\theta^{-1}\mathbf{XG} = \mathbf{AG} \tag{4.3.19}$$

bzw.

$$\mathbf{A}\boldsymbol{\Lambda}_\theta\mathbf{GX}'\mathbf{F}_\theta^{-1}\mathbf{XG} = 2\mathbf{A}[\theta\mathbf{W}^-(\mathbf{W}^-)'\mathbf{X}'\mathbf{F}_\theta^{-1}\mathbf{XG} - \mathbf{G}]. \tag{4.3.20}$$

[10] Vgl. hierzu wieder Beispiel B.4 sowie Satz C.2.

Wir überprüfen zunächst die Konsistenz dieses matrixwertigen linearen Gleichungssystems. Hierfür beachte man, daß aus Satz A.11 (ii) zum einen

$$\mathbf{F}_\theta^{-1}\mathbf{XG}(\mathbf{GX}'\mathbf{F}_\theta^{-1}\mathbf{XG})^+\mathbf{GX}'\mathbf{F}_\theta^{-1}\mathbf{XG} = \mathbf{F}_\theta^{-1}\mathbf{XG} \tag{4.3.21}$$

und unter Beachtung der Existenzbedingung (4.2.19) auch

$$\begin{aligned} \mathbf{AG}(\mathbf{GX}'\mathbf{F}_\theta^{-1}\mathbf{XG})^+\mathbf{GX}'\mathbf{F}_\theta^{-1}\mathbf{XG} &= \mathbf{AG}(\mathbf{XG})^-\mathbf{XG}(\mathbf{GX}'\mathbf{F}_\theta^{-1}\mathbf{XG})^+\mathbf{GX}'\mathbf{F}_\theta^{-1}\mathbf{XG} \\ &= \mathbf{AG}(\mathbf{XG})^-\mathbf{XG} \\ &= \mathbf{AG} \end{aligned} \tag{4.3.22}$$

folgt. Wegen $\mathbf{AA}^+\mathbf{A} = \mathbf{A}$ ergibt sich damit

$$\mathbf{AA}^+\mathbf{AU}(\mathbf{GX}'\mathbf{F}_\theta^{-1}\mathbf{XG})^+\mathbf{GX}'\mathbf{F}_\theta^{-1}\mathbf{XG} = \mathbf{AU}, \tag{4.3.23}$$

wobei zur besseren Übersicht abkürzend

$$\mathbf{U} := \theta\mathbf{W}^-(\mathbf{W}^-)'\mathbf{X}'\mathbf{F}_\theta^{-1}\mathbf{XG} - \mathbf{G}$$

gesetzt wurde. Nach Satz A.17 ist das Gleichungssystem (4.3.20) daher konsistent mit der allgemeinen Lösung

$$\begin{aligned} \Lambda_\theta(\mathbf{M}) &= 2\mathbf{A}^+\mathbf{A}[\theta\mathbf{W}^-(\mathbf{W}^-)'\mathbf{X}'\mathbf{F}_\theta^{-1}\mathbf{X} - \mathbf{I}]\mathbf{G}(\mathbf{GX}'\mathbf{F}_\theta^{-1}\mathbf{XG})^+ \\ &\quad +\mathbf{M} - \mathbf{A}^+\mathbf{AM}(\mathbf{GX}'\mathbf{F}_\theta^{-1}\mathbf{XG})(\mathbf{GX}'\mathbf{F}_\theta^{-1}\mathbf{XG})^+, \end{aligned} \tag{4.3.24}$$

wobei $\mathbf{M} \in \mathbb{R}^{k\times k}$ frei gewählt werden kann.

Zur Ermittlung der optimalen Matrizen $\mathbf{C}_\theta$ ist $\Lambda_\theta(\mathbf{M})$ aus (4.3.24) schließlich noch in (4.3.18) einzusetzen. Hierbei beachte man, daß wegen (4.3.21) unabhängig von der konkreten Festlegung der Matrix $\mathbf{M}$

$$\mathbf{A}\Lambda_\theta(\mathbf{M})\mathbf{GX}'\mathbf{F}_\theta^{-1} = 2\mathbf{A}[\theta\mathbf{W}^-(\mathbf{W}^-)'\mathbf{X}'\mathbf{F}_\theta^{-1}\mathbf{X} - \mathbf{I}]\mathbf{G}(\mathbf{GX}'\mathbf{F}_\theta^{-1}\mathbf{XG})^+\mathbf{GX}'\mathbf{F}_\theta^{-1} \tag{4.3.25}$$

gilt. Mit

$$(\mathbf{GX}'\mathbf{F}_\theta^{-1}\mathbf{XG})^+\mathbf{GX}'\mathbf{F}_\theta^{-1/2} = (\mathbf{F}_\theta^{-\frac{1}{2}}\mathbf{XG})^+ \tag{4.3.26}$$

erhalten wir unter Verwendung der Matrix $\mathbf{P}_\theta$ aus (4.3.10) damit

$$\mathbf{AC}_\theta = \mathbf{AG}(\mathbf{GX}'\mathbf{F}_\theta^{-1}\mathbf{XG})^+\mathbf{GX}'\mathbf{F}_\theta^{-1} + \theta\mathbf{AW}^-(\mathbf{W}^-)'\mathbf{X}'\mathbf{F}_\theta^{-\frac{1}{2}}\mathbf{P}_\theta\mathbf{F}_\theta^{-\frac{1}{2}}. \tag{4.3.27}$$

Die Lösungen dieser Gleichung genügen zusammen mit den Matrizen $\Lambda_\theta(\mathbf{M})$ aus (4.3.24) der Nebenbedingung (4.3.7) und der Optimalitätsbedingung (4.3.16), stellen also wie behauptet die durch (4.3.7) restringierten Minimalstellen von $\psi_\theta(\mathbf{C})$ dar.

(ii) Man betrachte o.B.d.A. die Hauptlösung $\Lambda_\theta := \Lambda_\theta(\mathbf{0})$ aus (4.3.24). Linksmultiplikation von (4.3.16) mit $(\mathbf{C}_\theta)'$ liefert

$$\sigma^2(\mathbf{C}_\theta)'\mathbf{AC}_\theta\boldsymbol{\Omega} = \theta(\mathbf{C}_\theta)'\mathbf{A}(\mathbf{I} - \mathbf{C}_\theta\mathbf{X})\mathbf{W}^-(\mathbf{W}^-)'\mathbf{X}' - \frac{1}{2}(\mathbf{C}_\theta)'\mathbf{A}\Lambda_\theta\mathbf{GX}'. \tag{4.3.28}$$

Hiermit ergibt sich

$$\begin{aligned}\psi_\theta(\mathbf{C}_\theta) &= \operatorname{tr}\Big\{\theta(\mathbf{C}_\theta\mathbf{X})'\mathbf{A}(\mathbf{I}-\mathbf{C}_\theta\mathbf{X})\mathbf{W}^-(\mathbf{W}^-)' \\ &\quad +\theta(\mathbf{C}_\theta\mathbf{X}-\mathbf{I})'\mathbf{A}(\mathbf{C}_\theta\mathbf{X}-\mathbf{I})\mathbf{W}^-(\mathbf{W}^-)' - \frac{1}{2}(\mathbf{C}_\theta)'\mathbf{A}\mathbf{\Lambda}_\theta\mathbf{G}\mathbf{X}'\Big\} \\ &= \operatorname{tr}\Big\{\theta\mathbf{A}(\mathbf{I}-\mathbf{C}_\theta\mathbf{X})\mathbf{W}^-(\mathbf{W}^-)' - \frac{1}{2}(\mathbf{C}_\theta)'\mathbf{A}\mathbf{\Lambda}_\theta\mathbf{G}\mathbf{X}'\Big\} \\ &= \operatorname{tr}\Big\{\theta\mathbf{A}(\mathbf{I}-\mathbf{C}_\theta\mathbf{X})\mathbf{W}^-(\mathbf{W}^-)' - \frac{1}{2}\mathbf{A}\mathbf{\Lambda}_\theta\mathbf{G}\Big\}, \qquad (4.3.29)\end{aligned}$$

wobei die letzte Gleichung aus der Gültigkeit der Nebenbedingung (4.3.7) in $\mathbf{C}_\theta$ folgt. Wegen

$$\mathbf{A}\mathbf{\Lambda}_\theta\mathbf{G} = 2\mathbf{A}\left[\theta\mathbf{W}^-(\mathbf{W}^-)'\mathbf{X}'\mathbf{F}_\theta^{-1}\mathbf{X}-\mathbf{I}\right]\mathbf{G}(\mathbf{G}\mathbf{X}'\mathbf{F}_\theta^{-1}\mathbf{X}\mathbf{G})^+\mathbf{G} \qquad (4.3.30)$$

erhalten wir hieraus unter Verwendung der Matrix

$$\mathbf{L}_\theta := \theta\mathbf{X}'\mathbf{F}_\theta^{-1}\mathbf{X}\mathbf{W}^-(\mathbf{W}^-)' - \mathbf{I} \qquad (4.3.31)$$

sofort

$$\psi_\theta(\mathbf{C}_\theta) = \operatorname{tr}\left\{\theta\mathbf{A}(\mathbf{I}-\mathbf{C}_\theta\mathbf{X})\mathbf{W}^-(\mathbf{W}^-)' - \mathbf{A}\mathbf{L}_\theta'\mathbf{G}(\mathbf{G}\mathbf{X}'\mathbf{F}_\theta^{-1}\mathbf{X}\mathbf{G})^+\mathbf{G}\right\}, \qquad (4.3.32)$$

also die erste Gleichung in (4.3.11).

Mit Hilfe der Darstellung (4.3.18) für $\mathbf{AC}_\theta$ resultiert aus (4.3.29) aber auch

$$\begin{aligned}\psi_\theta(\mathbf{C}_\theta) &= \operatorname{tr}\Big\{\theta\mathbf{A}\mathbf{W}^-(\mathbf{W}^-)' - \theta^2\mathbf{A}\mathbf{W}^-(\mathbf{W}^-)'\mathbf{X}'\mathbf{F}_\theta^{-1}\mathbf{X}\mathbf{W}^-(\mathbf{W}^-)' \\ &\quad +\frac{1}{2}\theta\mathbf{A}\mathbf{\Lambda}_\theta\mathbf{G}\mathbf{X}'\mathbf{F}_\theta^{-1}\mathbf{X}\mathbf{W}^-(\mathbf{W}^-)' - \frac{1}{2}\mathbf{A}\mathbf{\Lambda}_\theta\mathbf{G}\Big\} \\ &= \operatorname{tr}\Big\{\mathbf{A}\mathbf{W}^-[\theta\mathbf{I} - \theta^2(\mathbf{W}^-)'\mathbf{X}'\mathbf{F}_\theta^{-1}\mathbf{X}\mathbf{W}^-](\mathbf{W}^-)' + \frac{1}{2}\mathbf{A}\mathbf{\Lambda}_\theta\mathbf{G}\mathbf{L}_\theta\Big\}. \\ &\qquad (4.3.33)\end{aligned}$$

Die Anwendung der Inversionsformel für Matrizensummen aus Satz A.5 liefert dabei für den Ausdruck in eckigen Klammern

$$\theta\mathbf{I} - \theta^2(\mathbf{W}^-)'\mathbf{X}'\mathbf{F}_\theta^{-1}\mathbf{X}\mathbf{W}^- = [\frac{1}{\theta}\mathbf{I} + \sigma^{-2}(\mathbf{W}^-)'\mathbf{X}'\mathbf{\Omega}^{-1}\mathbf{X}\mathbf{W}^-]^{-1}. \qquad (4.3.34)$$

Hiermit erhalten wir aus (4.3.33) unter Beachtung von (4.3.30) schließlich auch die zweite Darstellung des Minimalwertes in (4.3.11). ■

Zu den Ergebnissen aus Satz 4.5 sind insbesondere im Hinblick auf verwandte Resultate in der Literatur einige wichtige Bemerkungen angebracht.

Bemerkung 4.3 **(i)** Die Charakterisierung der Lösungsmatrizen in (4.3.8) betreffend beachte man, daß die Moore-Penrose-Inverse $(\mathbf{GX'F}_\theta^{-1}\mathbf{XG})^+$ im ersten Summanden durch eine beliebige verallgemeinerte Inverse $(\mathbf{GX'F}_\theta^{-1}\mathbf{XG})^-$ ersetzt werden kann. Mit Hilfe von Satz A.11 (i) erhalten wir unter Beachtung der Existenzbedingung (4.2.19) nämlich

$$\begin{aligned}\mathbf{AG}(\mathbf{GX'F}_\theta^{-1}\mathbf{XG})^-\mathbf{GX'F}_\theta^{-1} &= \mathbf{AG}(\mathbf{XG})^-\mathbf{XG}(\mathbf{GX'F}_\theta^{-1}\mathbf{XG})^-\mathbf{GX'F}_\theta^{-1}\\ &= \mathbf{AG}(\mathbf{XG})^-\mathbf{XG}(\mathbf{GX'F}_\theta^{-1}\mathbf{XG})^+\mathbf{GX'F}_\theta^{-1}\\ &= \mathbf{AG}(\mathbf{GX'F}_\theta^{-1}\mathbf{XG})^+\mathbf{GX'F}_\theta^{-1}. \qquad (4.3.35)\end{aligned}$$

Wegen (4.3.26) können wir den ersten Summanden andererseits auch in der kompakten Form

$$\mathbf{AG}(\mathbf{GX'F}_\theta^{-1}\mathbf{XG})^+\mathbf{GX'F}_\theta^{-1} = \mathbf{AG}(\mathbf{F}_\theta^{-1/2}\mathbf{XG})^+\mathbf{F}_\theta^{-1/2} \qquad (4.3.36)$$

darstellen, wobei aufgrund der Idempotenz von $\mathbf{G}$ und der Eindeutigkeit der Moore-Penrose Inverse sogar $\mathbf{G}(\mathbf{F}_\theta^{-1/2}\mathbf{XG})^+ = (\mathbf{F}_\theta^{-1/2}\mathbf{XG})^+$ gilt.

(ii) Das restringierte Optimierungsproblem (4.3.6)+(4.3.7) wurde für den Spezialfall $\mathbf{\Omega} = \mathbf{I}$ bereits in TAMASCHKE (1997) untersucht. Die Autorin bedient sich zur Ermittlung der Lösung allerdings nicht der von uns verwendeten Lagrange-Methode, sondern überführt das restringierte Problem durch Substitution einer allgemeinen Lösung der Nebenbedingung (4.4.20) in eine äquivalente unrestringierte Minimierungsaufgabe. Das Beschreiten dieses alternativen Lösungsweges führt zu etwas anderen Darstellungsformen der optimalen Matrizen $\mathbf{C}_\theta$, welche sich, wie im folgenden gezeigt wird, allerdings problemlos aus der von uns entwickelten Charakterisierung (4.3.8) ableiten lassen. Man beachte diesbezüglich zunächst, daß $\mathbf{P}_\theta$ aus (4.3.10) gemäß Bemerkung A.3 gerade die Projektionsmatrix auf den Nullraum von $\mathbf{GX'F}_\theta^{-1/2}$ darstellt. Wie man leicht überprüft, gilt hierfür aber $\mathcal{N}(\mathbf{GX'F}_\theta^{-1/2}) = \mathcal{R}(\mathbf{F}_\theta^{1/2}\mathbf{R'})$ mit $\mathbf{R} = \mathbf{I} - \mathbf{XG}(\mathbf{XG})^-$ und beliebiger verallgemeinerter Inverse $(\mathbf{XG})^-$ von $\mathbf{XG}$. Unter Beachtung von Bemerkung A.2 sowie Satz A.13 (viii) und Satz A.11 (i) erhalten wir damit

$$\begin{aligned}\mathbf{P}_\theta &= \mathbf{F}_\theta^{1/2}\mathbf{R'}(\mathbf{F}_\theta^{1/2}\mathbf{R'})^+\\ &= \mathbf{F}_\theta^{1/2}\mathbf{R'}(\mathbf{RF}_\theta\mathbf{R'})^-\mathbf{RF}_\theta^{1/2}, \qquad (4.3.37)\end{aligned}$$

wobei $(\mathbf{RF}_\theta\mathbf{R'})^-$ eine beliebige verallgemeinerte Inverse von $\mathbf{RF}_\theta\mathbf{R'}$ darstellt. Die Lösungen des Ersatzproblems (4.3.6)+(4.3.7) lassen sich folglich auch durch die Gleichung

$$\mathbf{AC}_\theta = \mathbf{AG}(\mathbf{GX'F}_\theta^{-1}\mathbf{XG})^-\mathbf{GX'F}_\theta^{-1} + \theta\mathbf{AW}^-(\mathbf{W}^-)'\mathbf{X'R'}(\mathbf{RF}_\theta\mathbf{R'})^-\mathbf{R} \qquad (4.3.38)$$

charakterisieren. Dies entspricht der Darstellung von TAMASCHKE (1997) in Satz 3.2.2., S. 50.

Für den ersten Summanden in (4.3.38) folgt unter Beachtung der Ergebnisse aus Teil (i) dieser Bemerkung mit (4.3.37) darüber hinaus

$$\begin{aligned}\mathbf{AG}(\mathbf{GX}'\mathbf{F}_\theta^{-1}\mathbf{XG})^-\mathbf{GX}'\mathbf{F}_\theta^{-1} &= \mathbf{AG}(\mathbf{XG})^-\mathbf{F}_\theta^{\frac{1}{2}}(\mathbf{F}_\theta^{-\frac{1}{2}}\mathbf{XG})(\mathbf{F}_\theta^{-\frac{1}{2}}\mathbf{XG})^+\mathbf{F}_\theta^{-\frac{1}{2}} \\ &= \mathbf{AG}(\mathbf{XG})^-\mathbf{F}_\theta^{\frac{1}{2}}(\mathbf{I}-\mathbf{P}_\theta)\mathbf{F}_\theta^{-\frac{1}{2}} \\ &= \mathbf{AG}(\mathbf{XG})^-(\mathbf{I}-\mathbf{F}_\theta\mathbf{R}'(\mathbf{RF}_\theta\mathbf{R}')^-\mathbf{R}).\end{aligned}$$

Hiermit erhalten wir

$$\mathbf{AC}_\theta = \mathbf{AG}(\mathbf{XG})^-(\mathbf{I}-\mathbf{F}_\theta\mathbf{R}'(\mathbf{RF}_\theta\mathbf{R}')^-\mathbf{R}) + \theta\mathbf{AW}^-(\mathbf{W}^-)'\mathbf{X}'\mathbf{R}'(\mathbf{RF}_\theta\mathbf{R}')^-\mathbf{R}, \tag{4.3.39}$$

was zu der Schreibweise von TAMASCHKE (1997) in Satz 3.2.1., S. 44, führt.[11]

(iii) Bei der Charakterisierung exakter Minimax-Schätzer für allgemeine nicht-kompakte Vorinformationsmengen gelangen GAFFKE, HEILIGERS (1989) über die Dualität zum Bayes-Ansatz auf das Optimierungsproblem

$$\sigma^2\mathbf{C}\Omega\mathbf{C}' + (\mathbf{CX}-\mathbf{K})\mathbf{W}^+\mathbf{N}(\mathbf{W}^+)'(\mathbf{CX}-\mathbf{K})' \to \min_{\mathbf{C}\in\mathbb{R}^{k\times n}} ! \tag{4.3.40}$$

unter der Nebenbedingung

$$\mathbf{CXG} = \mathbf{KG} \tag{4.3.41}$$

mit Matrizen $\mathbf{K} \in \mathbb{R}^{k\times k}$ und $\mathbf{N} \in \mathbb{R}^{r\times r}$, wobei die Minimierung hier im Sinne der Löwner-Ordnung zu verstehen ist. Die Aufgabe (4.3.40)+(4.3.41) kann im Fall $\mathbf{A} = \mathbf{I}$ für $\mathbf{K} = \mathbf{I}$ und $\mathbf{N} = \theta\mathbf{I}$ als matrixwertiges Pendant zu dem von uns behandelten Quasi-Minimax-Problem (4.3.6)+(4.3.7) aufgefaßt werden. Die von GAFFKE, HEILIGERS (1989) in Theorem 1 bereitgestellten Lösungen von (4.3.40)+(4.3.41) weisen gerade wieder die Gestalt (4.3.39) auf. □

Bemerkung 4.4 Den Ansatz von KOZAK (1985) aufgreifend behandelt TAMASCHKE (1997) neben der Optimierungsaufgabe (4.3.6)+(4.3.7) auch das Problem der unrestringierten Minimierung von ψ_θ. Die Endlichkeitsbedingung (4.3.7) wird somit zwar für die Konstruktion der Zielfunktion berücksichtigt, bei der Minimierung selbst jedoch ignoriert. Als Folge besitzen die resultierenden, sog. modifizierten Quasi-Minimax-Schätzer unter Umständen ein unendliches supremales Risiko, stellen insofern also keine sinnvolle Alternative zu den hier entwickelten „echten" Quasi-Minimax-Schätzfunktionen dar. □

[11] Die Autorin schränkt die Wahl der verallgemeinerten Inversen $(\mathbf{XG})^-$ unnötigerweise ein. Es wird hierbei der Eindruck vermittelt, daß die Festlegung von $(\mathbf{XG})^-$ den optimalen Wert der Zielfunktion ψ_θ beeinflußt. Tatsächlich ist die konkrete Wahl von $(\mathbf{XG})^-$ lediglich für die Darstellungsweise der Lösungen $\mathbf{C}_\theta$ von Belang.

Bemerkung 4.5 Für p.d. Gewichtungsmatrizen $\mathbf{T}$ reduzieren sich (4.3.8), (4.3.38) und (4.3.39) wegen $\mathbf{G} = \mathbf{0}$ und $\mathbf{P}_\theta = \mathbf{R} = \mathbf{I}$ erwartungsgemäß auf die Lösung (3.2.34) der Ersatzprobleme für die Quasi-Minimax-Schätzung im kompakten Ellipsoidfall. Entsprechendes gilt für den optimalen Wert der Zielfunktion in (4.3.11) (vgl. hierzu Beziehung (3.2.35)). □

Analog zum kompakten Ellipsoidfall zeigt man, daß bei einer Risikogewichtungsmatrix $\mathbf{A}$ mit Rang Eins für alle $\mathbf{C} \in \mathbb{R}^{k \times n}$

$$\lambda_{\max}[(\mathbf{W}^-)'\mathbf{Q}(\mathbf{C})\mathbf{W}^-] = \operatorname{tr}\{(\mathbf{W}^-)'\mathbf{Q}(\mathbf{C})\mathbf{W}^-\} \tag{4.3.42}$$

und damit

$$r_\mathbf{A}(\mathbf{C}) = \psi_1(\mathbf{C}) \tag{4.3.43}$$

gilt, die obere Schranke in (4.3.4) also angenommen wird. Jede der Gleichung (4.3.8) für $\theta = 1$ genügende Matrix $\mathbf{C}_* = \mathbf{C}_1$ definiert somit bereits einen exakten Minimax-Schätzer $\mathbf{b}_* = \boldsymbol{\beta}_0 + \mathbf{C}_*(\mathbf{y} - \mathbf{X}\boldsymbol{\beta}_0)$ für das nichtkompakte Ellipsoid $\mathcal{E}$ aus (4.2.2). Bemerkenswerterweise können wir nun noch einen weiteren Fall identifizieren, für den diese Aussage zutrifft und ein exakter Minimax-Schätzer in expliziter Form zu bestimmen ist.[12]

Satz 4.6 *Gegeben seien das nichtkompakte a priori Ellipsoid $\mathcal{E}$ aus (4.2.2) und die Risikofunktion $R_\mathbf{A}$ mit $\mathbf{A} \neq \mathbf{0}$ n.n.d. Sei nun $\mathbf{T} \neq \mathbf{0}$ in der Form $\mathbf{T} = \mathbf{t}\mathbf{t}'$ mit $\mathbf{t} \in \mathbb{R}^n$ darstellbar, d.h., gelte Rang$(\mathbf{T}) = 1$. Sei ferner $\mathbf{G} := \mathbf{I} - \frac{1}{\mathbf{t}'\mathbf{t}}\mathbf{T}$. Dann gilt:*

(i) Für alle $\mathbf{b} \in \bar{\mathcal{D}}$ mit $\mathbf{ACXG} = \mathbf{AG}$ ist

$$\max_{\boldsymbol{\beta} \in \mathcal{E}} R_\mathbf{A}(\mathbf{b}, \boldsymbol{\beta}) = \sigma^2 \operatorname{tr}\{\boldsymbol{\Omega}\mathbf{C}'\mathbf{AC}\} + \frac{1}{(\mathbf{t}'\mathbf{t})^2}\mathbf{t}'\mathbf{Q}(\mathbf{C})\mathbf{t}. \tag{4.3.44}$$

(ii) Alle Lösungen $\mathbf{C}_*$ der Gleichung

$$\mathbf{AC}_* = \mathbf{AG}(\mathbf{GX}'\mathbf{F}^{-1}\mathbf{XG})^+\mathbf{GX}'\mathbf{F}^{-1} + \frac{1}{(\mathbf{t}'\mathbf{t})^2}\mathbf{At}(\mathbf{Xt})'\mathbf{F}^{-\frac{1}{2}}\mathbf{PF}^{-\frac{1}{2}} \tag{4.3.45}$$

mit

$$\mathbf{F} := \sigma^2\boldsymbol{\Omega} + \frac{1}{(\mathbf{t}'\mathbf{t})^2}\mathbf{Xt}(\mathbf{Xt})' \tag{4.3.46}$$

und

$$\mathbf{P} := \mathbf{I} - \mathbf{F}^{-1/2}\mathbf{XG}(\mathbf{F}^{-1/2}\mathbf{XG})^+ \tag{4.3.47}$$

liefern einen exakten Minimax-Schätzer $\mathbf{b}_* = \boldsymbol{\beta}_0 + \mathbf{C}_*(\mathbf{y} - \mathbf{X}\boldsymbol{\beta}_0)$ in der Klasse $\bar{\mathcal{D}}$.

[12] Vgl. hierzu auch das Ergebnis von TAMASCHKE (1997), S. 113.

Beweis: Für die unseren Überlegungen zugrundeliegende Vollrangzerlegung aus (4.2.3) können wir $\mathbf{W} = \mathbf{t}'$ wählen. Es ist dann $\mathbf{W}^+ = \frac{1}{\mathbf{t}'\mathbf{t}}\mathbf{t}$ und damit

$$(\mathbf{W}^+)'\mathbf{Q}(\mathbf{C})\mathbf{W}^+ = \frac{1}{(\mathbf{t}'\mathbf{t})^2}\mathbf{t}'\mathbf{Q}(\mathbf{C})\mathbf{t}$$

ein Skalar. Folglich gilt trivialerweise

$$\lambda_{\max}[(\mathbf{W}^+)'\mathbf{Q}(\mathbf{C})\mathbf{W}^+] = \frac{1}{(\mathbf{t}'\mathbf{t})^2}\mathbf{t}'\mathbf{Q}(\mathbf{C})\mathbf{t} = \mathrm{tr}\{(\mathbf{W}^+)'\mathbf{Q}(\mathbf{C})\mathbf{W}^+\}$$

Wegen Satz 4.3, Bemerkung 4.2 und Satz 4.5 ist damit alles gezeigt. ■

Die Annahme $\mathrm{Rang}(\mathbf{T}) = 1$ ist etwa bei folgender Problemstellung erfüllt:

Beispiel 4.3 Ausgangspunkt der Überlegungen ist die exakte lineare Gleichungsrestriktion $\mathbf{m}'\boldsymbol{\beta} = r$ mit $\mathbf{m} \in \mathbb{R}^k$ und $r \in \mathbb{R}$. Zur Erfassung einer gewissen Ungenauigkeit bzw. Unschärfe wollen wir nun geringe Abweichungen von der exakten Gleichheit gestatten und dem in Beispiel 4.2 skizzierten Ansatz folgend die Beschränkung

$$\mid \mathbf{m}'\boldsymbol{\beta} - r \mid \leq \gamma \tag{4.3.48}$$

mit „geeignetem" $\gamma > 0$ betrachten. Es sei also

$$(\mathbf{m}'\boldsymbol{\beta} - r)^2 \leq \gamma^2. \tag{4.3.49}$$

Mit

$$\boldsymbol{\beta}_0 := r(\mathbf{m}^+)' = \frac{r}{\mathbf{m}'\mathbf{m}}\mathbf{m} \tag{4.3.50}$$

können wir (4.3.49) in der äquivalenten Form

$$(\boldsymbol{\beta} - \boldsymbol{\beta}_0)'\mathbf{m}\mathbf{m}'(\boldsymbol{\beta} - \boldsymbol{\beta}_0) \leq \gamma^2 \tag{4.3.51}$$

darstellen. Setzen wir nun $\mathbf{t} := \frac{1}{\gamma}\mathbf{m}$ und $\mathbf{T} = \mathbf{t}\mathbf{t}'$, so erhalten wir als Vorinformation das degenerierte Ellipsoid

$$\mathcal{E} := \left\{ \boldsymbol{\beta} \in \mathbb{R}^k \middle| (\boldsymbol{\beta} - \boldsymbol{\beta}_0)'\mathbf{T}(\boldsymbol{\beta} - \boldsymbol{\beta}_0) \leq 1 \right\}, \tag{4.3.52}$$

wobei $\mathbf{T}$ offensichtlich den Rang Eins besitzt. □

Wenden wir uns nun wieder dem allgemeinen Fall beliebiger n.n.d. Gewichtungsmatrizen $\mathbf{A}$ und $\mathbf{T}$ zu. Unabhängig von den bisher angegebenen Darstellungsweisen ist die Struktur der Lösungen $\mathbf{C}_\theta$ der Ersatzaufgabe (4.3.6)+(4.3.7) derart komplex, daß die resultierenden Quasi-Minimax-Schätzer $\mathbf{b}_\theta := \boldsymbol{\beta}_0 + \mathbf{C}_\theta(\mathbf{y} - \mathbf{X}\boldsymbol{\beta}_0)$, $\theta \in \{\frac{1}{k}, 1\}$, analytisch kaum handhabbar und nur schwer interpretierbar sind. Es ist jedoch zu beachten, daß in der konkreten Wahl der (nicht eindeutigen) verallgemeinerten Inversen der Matrix $\mathbf{W}$ ein weiterer „Freiheitsgrad" besteht (vgl. hierzu Bemerkung 4.2). Durch geeignete Festlegung von $\mathbf{W}^-$ gelingt es, den Aufbau der approximativen Minimax-Schätzer stark zu vereinfachen.[13]

[13] Zum folgenden Ergebnis vergleiche man auch TAMASCHKE (1997), Satz 3.2.3.

Satz 4.7 *Für beliebiges $\theta > 0$ betrachte man die in Satz 4.5 definierte Abbildung ψ_θ. Die Existenzbedingung (4.2.19) sei erfüllt. Weiter sei $\mathbf{W}_\mathbf{S}^-$ für $\mathbf{S} := \mathbf{X}'\mathbf{\Omega}^{-1}\mathbf{X}$ eine beliebige Minimum-$\mathbf{S}$-Seminorm verallgemeinerte Inverse von $\mathbf{W}$, d.h., es gelte neben*

$$\mathbf{W}\mathbf{W}_\mathbf{S}^-\mathbf{W} = \mathbf{W} \tag{4.3.53}$$

auch

$$(\mathbf{W}_\mathbf{S}^-\mathbf{W})'\mathbf{S} = \mathbf{S}\mathbf{W}_\mathbf{S}^-\mathbf{W}. \tag{4.3.54}$$

Dann gilt:

(i) Alle Lösungen $\mathbf{C}_\theta$ des restringierten Optimierungsproblems

$$\psi_\theta(\mathbf{C}) \to \min_{\mathbf{C}\in\mathbb{R}^{k\times n}} ! \tag{4.3.55}$$

unter der Nebenbedingung

$$\mathbf{ACXG} = \mathbf{AG} \tag{4.3.56}$$

sind durch die Gleichung

$$\mathbf{AC}_\theta = \mathbf{AG}(\mathbf{GSG})^+\mathbf{GX}'\mathbf{\Omega}^{-1} + \mathbf{AW}_\mathbf{S}^-[\frac{\sigma^2}{\theta}\mathbf{I} + (\mathbf{W}_\mathbf{S}^-)'\mathbf{SW}_\mathbf{S}^-]^{-1}(\mathbf{W}_\mathbf{S}^-)'\mathbf{X}'\mathbf{\Omega}^{-1} \tag{4.3.57}$$

gegeben.

(ii) Das Minimum von $\psi_\theta(\mathbf{C})$ unter der Nebenbedingung (4.3.7) lautet

$$\psi_\theta(\mathbf{C}_\theta) = \sigma^2 \operatorname{tr}\left\{\mathbf{AW}_\mathbf{S}^-[\frac{\sigma^2}{\theta}\mathbf{I} + (\mathbf{W}_\mathbf{S}^-)'\mathbf{SW}_\mathbf{S}^-]^{-1}(\mathbf{W}_\mathbf{S}^-)' + \mathbf{AG}(\mathbf{GSG})^+\mathbf{G}\right\}. \tag{4.3.58}$$

Beweis: **(i)** Nach Bemerkung 4.2 stimmt ψ_θ auf dem zulässigen Bereich $\mathfrak{C} := \{\mathbf{C} |\, \mathbf{ACXG} = \mathbf{AG}\}$ mit der durch

$$\tilde{\psi}_\theta(\mathbf{C}) := \sigma^2 \operatorname{tr}\{\mathbf{\Omega C}'\mathbf{AC}\} + \theta \operatorname{tr}\{(\mathbf{W}_\mathbf{S}^-)'\mathbf{Q}(\mathbf{C})\mathbf{W}_\mathbf{S}^-\}$$

definierten Funktion $\tilde{\psi}_\theta$ überein. Wir können an Stelle von (4.3.55)+(4.3.56) also das Problem

$$\tilde{\psi}_\theta(\mathbf{C}) \to \min_{\mathbf{C}\in\mathbb{R}^{k\times n}} !$$

unter der Nebenbedingung

$$\mathbf{ACXG} = \mathbf{AG}$$

betrachten, dessen Lösungen Satz 4.5 zu Folge durch

$$\mathbf{AC}_\theta = \mathbf{AG}(\mathbf{GX}'\bar{\mathbf{F}}_\theta^{-1}\mathbf{XG})^+\mathbf{GX}'\bar{\mathbf{F}}_\theta^{-1} + \theta\mathbf{AW}_\mathbf{S}^-(\mathbf{W}_\mathbf{S}^-)'\mathbf{X}'\bar{\mathbf{F}}_\theta^{-\frac{1}{2}}\bar{\mathbf{P}}_\theta\bar{\mathbf{F}}_\theta^{-\frac{1}{2}} \tag{4.3.59}$$

mit

$$\bar{\mathbf{F}}_\theta := \sigma^2\boldsymbol{\Omega} + \theta\mathbf{X}\mathbf{W}_{\mathbf{S}}^-(\mathbf{W}_{\mathbf{S}}^-)'\mathbf{X}' \tag{4.3.60}$$

und

$$\bar{\mathbf{P}}_\theta := \mathbf{I} - \bar{\mathbf{F}}_\theta^{-1/2}\mathbf{X}\mathbf{G}(\bar{\mathbf{F}}^{-1/2}\mathbf{X}\mathbf{G})^+ \tag{4.3.61}$$

gegeben sind.[14] Wir werden die Darstellung (4.3.59) nun unter Ausnutzung der Eigenschaften einer Minimum-S-Seminorm Inversen in die Form (4.3.57) überführen. Von wesentlicher Bedeutung ist hierbei die mit $\mathbf{W}\mathbf{W}^+ = \mathbf{I}$ und $\mathbf{G}\mathbf{W}' = \mathbf{0}$ aus (4.3.54) resultierende Beziehung

$$\begin{aligned} \mathbf{G}\mathbf{S}\mathbf{W}_{\mathbf{S}}^- &= \mathbf{G}\mathbf{S}\mathbf{W}_{\mathbf{S}}^-\mathbf{W}\mathbf{W}^+ \\ &= \mathbf{G}\mathbf{W}'(\mathbf{W}_{\mathbf{S}}^-)'\mathbf{S}\mathbf{W}^+ \\ &= \mathbf{0}. \end{aligned} \tag{4.3.62}$$

Unter Beachtung der Identität

$$\bar{\mathbf{F}}_\theta^{-1} = \sigma^{-2}\boldsymbol{\Omega}^{-1} - \sigma^{-2}\boldsymbol{\Omega}^{-1}\mathbf{X}\mathbf{W}_{\mathbf{S}}^-[\frac{\sigma^2}{\theta}\mathbf{I} + (\mathbf{W}_{\mathbf{S}}^-)'\mathbf{X}'\boldsymbol{\Omega}^{-1}\mathbf{X}\mathbf{W}_{\mathbf{S}}^-]^{-1}(\mathbf{W}_{\mathbf{S}}^-)'\mathbf{X}'\boldsymbol{\Omega}^{-1} \tag{4.3.63}$$

ergibt sich hiermit unmittelbar

$$\mathbf{G}\mathbf{X}'\bar{\mathbf{F}}_\theta^{-1} = \sigma^{-2}\mathbf{G}\mathbf{X}'\boldsymbol{\Omega}^{-1}. \tag{4.3.64}$$

Den ersten Summanden in (4.3.59) kann man folglich auch in der Form

$$\mathbf{A}\mathbf{G}(\mathbf{G}\mathbf{X}'\bar{\mathbf{F}}_\theta^{-1}\mathbf{X}\mathbf{G})^+\mathbf{G}\mathbf{X}'\bar{\mathbf{F}}_\theta^{-1} = \mathbf{A}\mathbf{G}(\mathbf{G}\mathbf{S}\mathbf{G})^+\mathbf{G}\mathbf{X}'\boldsymbol{\Omega}^{-1} \tag{4.3.65}$$

schreiben. Hinsichtlich des zweiten Summanden ergibt sich aus (4.3.64) in Verbindung mit (4.3.62) zunächst

$$\begin{aligned} (\mathbf{W}_{\mathbf{S}}^-)'\mathbf{X}'\bar{\mathbf{F}}_\theta^{-\frac{1}{2}}\bar{\mathbf{P}}_\theta\bar{\mathbf{F}}_\theta^{-\frac{1}{2}} &= (\mathbf{W}_{\mathbf{S}}^-)'\mathbf{X}'\bar{\mathbf{F}}_\theta^{-1} - (\mathbf{W}_{\mathbf{S}}^-)'\mathbf{X}'\bar{\mathbf{F}}_\theta^{-1}\mathbf{X}\mathbf{G}(\bar{\mathbf{F}}_\theta^{-\frac{1}{2}}\mathbf{X}\mathbf{G})^+\bar{\mathbf{F}}_\theta^{-\frac{1}{2}} \\ &= (\mathbf{W}_{\mathbf{S}}^-)'\mathbf{X}'\bar{\mathbf{F}}_\theta^{-1} - \sigma^{-2}(\mathbf{W}_{\mathbf{S}}^-)'\mathbf{S}\mathbf{G}(\bar{\mathbf{F}}_\theta^{-\frac{1}{2}}\mathbf{X}\mathbf{G})^+\bar{\mathbf{F}}_\theta^{-\frac{1}{2}} \\ &= (\mathbf{W}_{\mathbf{S}}^-)'\mathbf{X}'\bar{\mathbf{F}}_\theta^{-1}. \end{aligned} \tag{4.3.66}$$

Gemäß (4.3.63) gilt hierfür

$$\begin{aligned} (\mathbf{W}_{\mathbf{S}}^-)'\mathbf{X}'\bar{\mathbf{F}}_\theta^{-1} &= \sigma^{-2}\Big\{(\mathbf{W}_{\mathbf{S}}^-)'\mathbf{X}'\boldsymbol{\Omega}^{-1} - [(\mathbf{W}_{\mathbf{S}}^-)'\mathbf{S}\mathbf{W}_{\mathbf{S}}^- + \frac{\sigma^2}{\theta}\mathbf{I} - \frac{\sigma^2}{\theta}\mathbf{I}] \\ &\qquad [\frac{\sigma^2}{\theta}\mathbf{I} + (\mathbf{W}_{\mathbf{S}}^-)'\mathbf{S}\mathbf{W}_{\mathbf{S}}^-]^{-1}(\mathbf{W}_{\mathbf{S}}^-)'\mathbf{X}'\boldsymbol{\Omega}^{-1}\Big\} \\ &= \frac{1}{\theta}[\frac{\sigma^2}{\theta}\mathbf{I} + (\mathbf{W}_{\mathbf{S}}^-)'\mathbf{S}\mathbf{W}_{\mathbf{S}}^-]^{-1}(\mathbf{W}_{\mathbf{S}}^-)'\mathbf{X}'\boldsymbol{\Omega}^{-1}. \end{aligned} \tag{4.3.67}$$

[14] Man beachte, daß die Matrizen $\bar{\mathbf{F}}_\theta$ und $\mathbf{F}_\theta$ aus (4.3.60) und (4.3.9) für $\mathbf{W}^- \neq \mathbf{W}_{\mathbf{S}}^-$ i. allg. nicht identisch sind, eine unterschiedliche Bezeichnung also notwendig ist. Entsprechendes gilt auch für $\bar{\mathbf{P}}_\theta$ und $\mathbf{P}_\theta$.

Damit ist

$$\begin{aligned}
\theta \mathbf{A}\mathbf{W}_{\mathbf{S}}^{-}(\mathbf{W}_{\mathbf{S}}^{-})'\mathbf{X}'\bar{\mathbf{F}}_{\theta}^{-\frac{1}{2}}\mathbf{P}_{\theta}\bar{\mathbf{F}}_{\theta}^{-\frac{1}{2}} &= \theta \mathbf{A}\mathbf{W}_{\mathbf{S}}^{-}(\mathbf{W}_{\mathbf{S}}^{-})'\mathbf{X}'\bar{\mathbf{F}}_{\theta}^{-1} \\
&= \mathbf{A}\mathbf{W}_{\mathbf{S}}^{-}[\frac{\sigma^2}{\theta}\mathbf{I}+(\mathbf{W}_{\mathbf{S}}^{-})'\mathbf{S}\mathbf{W}_{\mathbf{S}}^{-}]^{-1}(\mathbf{W}_{\mathbf{S}}^{-})'\mathbf{X}'\mathbf{\Omega}^{-1}.
\end{aligned} \tag{4.3.68}$$

Die Verknüpfung von (4.3.65) und (4.3.68) führt schließlich zu der alternativen Charakterisierung der Lösungsmatrizen des betrachteten Optimierungsproblems in (4.3.57).

(ii) Nach Satz 4.5 gilt

$$\begin{aligned}
\psi_\theta(\mathbf{C}_\theta) &= \tilde{\psi}_\theta(\mathbf{C}_\theta) \\
&= \operatorname{tr}\left\{\sigma^2\mathbf{A}\mathbf{W}_{\mathbf{S}}^{-}[\frac{\sigma^2}{\theta}\mathbf{I}+(\mathbf{W}_{\mathbf{S}}^{-})'\mathbf{S}\mathbf{W}_{\mathbf{S}}^{-}]^{-1}(\mathbf{W}_{\mathbf{S}}^{-})' + \mathbf{A}\bar{\mathbf{L}}_\theta'\mathbf{G}(\mathbf{G}\mathbf{X}'\bar{\mathbf{F}}_\theta^{-1}\mathbf{X}\mathbf{G})^{+}\mathbf{G}\bar{\mathbf{L}}_\theta\right\}
\end{aligned}$$

mit

$$\bar{\mathbf{L}}_\theta := \theta\mathbf{X}'\bar{\mathbf{F}}_\theta^{-1}\mathbf{X}\mathbf{W}_{\mathbf{S}}^{-}(\mathbf{W}_{\mathbf{S}}^{-})' - \mathbf{I}.$$

Unter Beachtung der aus (4.3.62) und (4.3.64) resultierenden Beziehungen

$$\begin{aligned}
\mathbf{G}\bar{\mathbf{L}}_\theta &= \theta\mathbf{G}\mathbf{X}'\bar{\mathbf{F}}_\theta^{-1}\mathbf{X}\mathbf{W}_{\mathbf{S}}^{-}(\mathbf{W}_{\mathbf{S}}^{-})' - \mathbf{G} \\
&= \sigma^{-2}\theta\mathbf{G}\mathbf{S}\mathbf{W}_{\mathbf{S}}^{-}(\mathbf{W}_{\mathbf{S}}^{-})' - \mathbf{G} \\
&= -\mathbf{G}
\end{aligned}$$

und

$$\mathbf{G}\mathbf{X}'\bar{\mathbf{F}}_\theta^{-1}\mathbf{X}\mathbf{G} = \sigma^{-2}\mathbf{G}\mathbf{S}\mathbf{G}$$

ergibt sich hiermit sofort die Darstellung (4.3.58). ■

Die Beschränkung auf Minimum-S-Seminorm verallgemeinerte Inversen ermöglicht uns also eine kompaktere Darstellung der Lösungen der restringierten Ersatzprobleme (4.3.6)+(4.3.7) und vereinfacht damit auch den Aufbau der resultierenden Quasi-Minimax-Schätzer. Die Existenz der verallgemeinerten Inversen dieses Typs ist dabei gemäß Satz A.15 grundsätzlich sichergestellt. Wir können demnach etwa

$$\mathbf{W}_{\mathbf{S}}^{-} = \mathbf{W}^{+} - \mathbf{G}(\mathbf{G}\mathbf{S}\mathbf{G})^{+}\mathbf{G}\mathbf{S}\mathbf{W}^{+} \tag{4.3.69}$$

wählen.

Die Minimum-S-Seminorm verallgemeinerten Inversen von $\mathbf{W}$ sind uns bereits bei der Charakterisierung der *exakten* Minimax-Schätzer in Satz 4.4 begegnet. Bemerkenswerterweise stimmt der erste Summand der betreffenden Repräsentation

(4.2.30) dabei mit dem ersten Teil der Bestimmungsgleichung (4.3.57) für die Quasi-Minimax-Lösungen $\mathbf{C}_\theta$ überein.[15] Die Darstellung der optimalen Matrizen reduziert sich gar auf diesen ersten Summanden, sofern $\mathbf{AW}_\mathbf{S}^- = \mathbf{0}$ gilt. Die Lösungen der Quasi-Minimax-Probleme sind dann unabhängig vom Parameter θ durch die Gleichung

$$\mathbf{A\tilde{C}} = \mathbf{AG(GSG)^+GX'}\Omega^{-1} \tag{4.3.70}$$

gegeben. Weil Beziehung (4.3.62) zufolge aber $\mathbf{GSW}_\mathbf{S}^- = \mathbf{0}$ gilt, erhalten wir hierfür

$$\mathbf{A(\tilde{C}X - I)W_S^-} = \mathbf{A(G(GSG)^+GS - I)W_S^-} = \mathbf{0}, \tag{4.3.71}$$

so daß

$$\lambda_{\max}[(\mathbf{W_S^-})'\mathbf{Q}(\mathbf{\tilde{C}})\mathbf{W_S^-}] = \operatorname{tr}\{(\mathbf{W_S^-})'\mathbf{Q}(\mathbf{\tilde{C}})\mathbf{W_S^-}\} = 0 \tag{4.3.72}$$

und damit

$$r_\mathbf{A}(\mathbf{\tilde{C}}) = \psi_\theta(\mathbf{\tilde{C}}) \tag{4.3.73}$$

ist. Wählt man speziell $\theta = \frac{1}{k}$, so ergibt sich hieraus in Verbindung mit der Abschätzung (4.3.4) für alle $\mathbf{C} \in \mathfrak{C} := \{\mathbf{C} | \mathbf{ACXG} = \mathbf{AG}\}$ die Beziehung

$$r_\mathbf{A}(\mathbf{\tilde{C}}) = \psi_{1/k}(\mathbf{\tilde{C}}) \leq \psi_{1/k}(\mathbf{C}) \leq r_\mathbf{A}(\mathbf{C}).$$

Die der Gleichung (4.3.70) genügenden Matrizen $\mathbf{\tilde{C}}$ lösen unter der Annahme $\mathbf{AW}_\mathbf{S}^- = \mathbf{0}$ also bereits das exakte Minimax-Problem (4.2.21)+(4.2.22) aus Satz 4.3. Wir haben folglich einen weiteren Fall gefunden, in dem wir den exakten Minimax-Schätzer explizit angeben können. Dieses wichtige Resultat wollen wir in einem gesonderten Satz festhalten.[16]

Satz 4.8 *Gegeben seien das nichtkompakte a priori Ellipsoid $\mathcal{E}$ aus (4.2.2) mit der Gewichtungsmatrix $\mathbf{T}$ in der Darstellung (4.2.3), die Risikofunktion $R_\mathbf{A}$ mit $\mathbf{A} \neq \mathbf{0}$ n.n.d. und die Projektionsmatrix $\mathbf{G} = \mathbf{I} - \mathbf{W}^+\mathbf{W}$. Die Existenzbedingung (4.2.19) sei erfüllt. Ferner bezeichne $\mathbf{W}_\mathbf{S}^-$ eine beliebige Minimum-$\mathbf{S}$-Seminorm verallgemeinerte Inverse von $\mathbf{W}$. Gilt dann $\mathbf{AW}_\mathbf{S}^- = \mathbf{0}$, so liefert jede Lösung der Gleichung*

$$\mathbf{AC}_* = \mathbf{AG(GSG)^+GX'}\Omega^{-1}$$

einen exakten Minimax-Schätzer $\mathbf{b}_* = \boldsymbol{\beta}_0 + \mathbf{C}_*(\mathbf{y} - \mathbf{X}\boldsymbol{\beta}_0)$ in der Klasse $\bar{\mathcal{D}}$.

---

[15] Dieser Sachverhalt ist letztlich nicht überraschend, weil HEILIGERS (1993) für die Satz 4.4 zugrundeliegende Charakterisierung exakter Minimax-Schätzer auf Basis der Verwandtschaft zur Bayes-Schätzung unter Verwendung einer Minimum-$\mathbf{S}$-Seminorm verallgemeinerten Inversen von $\mathbf{W}$ eine matrixwertige Entsprechung der Quasi-Minimax-Aufgabe (4.3.55)+(4.3.56) behandelt. Die von HEILIGERS in Lemma 2 angegebene Darstellung einer Lösung führt unter Beachtung von (4.3.67) unmittelbar auf die von uns gewählte Schreibweise (4.3.57). Vgl. hierzu auch Bemerkung 4.3 (iii).

[16] Das angegebene Ergebnis läßt sich auch aus Theorem 2 und Theorem 3 in HEILIGERS (1993) gewinnen. Vgl. dazu außerdem Lemma 4 der betreffenden Arbeit.

Bemerkung 4.6 Wir können den von der Gewichtungsmatrix **A** unabhängigen Minimax-Schätzer

$$\mathbf{b}_* = \boldsymbol{\beta}_0 + \mathbf{G}(\mathbf{GSG})^+\mathbf{GX}'\boldsymbol{\Omega}^{-1}(\mathbf{y} - \mathbf{X}\boldsymbol{\beta}_0) \tag{4.3.74}$$

als einen durch die Gleichung

$$\mathbf{W}\boldsymbol{\beta} = \mathbf{W}\boldsymbol{\beta}_0 \tag{4.3.75}$$

restringierten Kleinste-Quadrate-Schätzer auffassen.[17] Hierfür bemerken wir, daß alle der Beschränkung (4.3.75) genügenden Parametervektoren $\boldsymbol{\beta} \in \mathbb{R}^k$ gemäß Satz A.18 durch

$$\boldsymbol{\beta} = \boldsymbol{\beta}_0 + \mathbf{Gz} \tag{4.3.76}$$

mit $\mathbf{z} \in \mathbb{R}^k$ gegeben sind. Einsetzen dieser Beziehung in die Regressionsgleichung $\mathbf{y} = \mathbf{X}\boldsymbol{\beta} + \mathbf{u}$ liefert

$$\tilde{\mathbf{y}} = \mathbf{XGz} + \mathbf{u} \tag{4.3.77}$$

mit $\tilde{\mathbf{y}} = \mathbf{y} - \mathbf{X}\boldsymbol{\beta}_0$. Die Hauptlösung des verallgemeinerten KQ-Schätzers in dem transformierten Modell lautet nun

$$\hat{\mathbf{z}} = (\mathbf{GSG})^+\mathbf{GX}'\boldsymbol{\Omega}^{-1}\tilde{\mathbf{y}}, \tag{4.3.78}$$

was über (4.3.76) auf die Schätzfunktion (4.3.74) führt. Man rufe sich in diesem Zusammenhang auch die Interpretation der Charakterisierung exakter Minimax-Schätzer aus Satz 4.4 in Erinnerung. □

Im Hinblick auf die unter Verwendung der Minimum-**S**-Seminorm verallgemeinerten Inversen erzielten Resultate ist die Betrachtung des Vollrangmodells besonders aufschlußreich. Wir werden im folgenden zeigen, daß man im Fall Rang($\mathbf{X}$) $= k$ ausgehend von der Darstellung (4.3.57) auch bei degeneriertem a priori Ellipsoid zu den bekannten Schätzfunktionen vom Kuks-Olman-Typ gelangt. Hierfür beachte man zunächst, daß bei vollem Spaltenrang der Regressormatrix **X** die Gültigkeit der Bedingung (4.2.19) für die Existenz eines Schätzers mit endlichem supremalen Risiko grundsätzlich sichergestellt ist.[18] Ferner ist $\mathbf{S} = \mathbf{X}'\boldsymbol{\Omega}^{-1}\mathbf{X}$ nun invertierbar und die Minimum-**S**-Norm verallgemeinerte Inverse von **W** Satz A.16 bzw. Bemerkung A.4 zufolge somit eindeutig bestimmt. Sie lautet

$$\mathbf{W}_\mathbf{S}^- = \mathbf{S}^{-1}\mathbf{W}'(\mathbf{WS}^{-1}\mathbf{W}')^{-1}. \tag{4.3.79}$$

Hiermit erhält man das folgende Ergebnis:[19]

[17] Vgl. hierzu auch Gallant, Gerig (1980).

[18] Mit $\mathbf{C} = (\mathbf{X}'\mathbf{X})^{-1}\mathbf{X}'$ läßt sich eine der Endlichkeitsbedingung $\mathbf{ACXG} = \mathbf{AG}$ genügende Matrix sofort angeben.

[19] Ein etwas allgemeineres Resultat zeigt Tamaschke (1997) in Lemma 3.3.1 bzw. Satz 3.3.1.

Satz 4.9 *Für beliebiges $\theta > 0$ betrachte man die Abbildung $\psi_\theta : \mathbb{R}^{k\times n} \to \mathbb{R}$, definiert durch*

$$\psi_\theta(\mathbf{C}) = \sigma^2 \operatorname{tr}\{\boldsymbol{\Omega}\mathbf{C}'\mathbf{A}\mathbf{C}\} + \theta \operatorname{tr}\{(\mathbf{W}^-)'\mathbf{Q}(\mathbf{C})\mathbf{W}^-\} \tag{4.3.80}$$

mit $\mathbf{Q}(\mathbf{C}) = (\mathbf{CX}-\mathbf{I})'\mathbf{A}(\mathbf{CX}-\mathbf{I})$ und beliebiger verallgemeinerter Inverse $\mathbf{W}^-$ von $\mathbf{W}$. Die Existenzbedingung (4.2.19) sei erfüllt. Ferner sei Rang$(\mathbf{X}) = k$.
Dann gilt:

(i) Alle Lösungen $\mathbf{C}_\theta$ des Optimierungsproblems

$$\psi_\theta(\mathbf{C}) \to \min_{\mathbf{C}\in\mathbb{R}^{k\times n}}! \tag{4.3.81}$$

unter der Nebenbedingung

$$\mathbf{ACXG} = \mathbf{AG} \tag{4.3.82}$$

sind gegeben durch

$$\mathbf{AC}_\theta = \mathbf{A}(\frac{1}{\theta}\sigma^2\mathbf{T} + \mathbf{X}'\boldsymbol{\Omega}^{-1}\mathbf{X})^{-1}\mathbf{X}'\boldsymbol{\Omega}^{-1}. \tag{4.3.83}$$

(ii) Das Minimum von ψ_θ unter der Nebenbedingung (4.3.82) lautet

$$\psi_\theta(\mathbf{C}_\theta) = \sigma^2 \operatorname{tr}\{\mathbf{A}(\frac{1}{\theta}\sigma^2\mathbf{T} + \mathbf{X}'\boldsymbol{\Omega}^{-1}\mathbf{X})^{-1}\}. \tag{4.3.84}$$

Beweis: **(i)** Gemäß Satz 4.7 sind die Lösungen der betrachteten Minimierungsaufgabe durch

$$\mathbf{AC}_\theta = \mathbf{AG}(\mathbf{GSG})^+\mathbf{GX}'\boldsymbol{\Omega}^{-1} + \mathbf{AW}_\mathbf{S}^-[\frac{\sigma^2}{\theta}\mathbf{I} + (\mathbf{W}_\mathbf{S}^-)'\mathbf{SW}_\mathbf{S}^-]^{-1}(\mathbf{W}_\mathbf{S}^-)'\mathbf{X}'\boldsymbol{\Omega}^{-1} \tag{4.3.85}$$

charakterisiert. Wir widmen uns zuerst dem zweiten Summanden dieser Gleichung. Aus der Darstellung (4.3.79) ergibt sich hierfür zunächst

$$\begin{aligned}(\mathbf{W}_\mathbf{S}^-)'\mathbf{SW}_\mathbf{S}^- &= (\mathbf{WS}^{-1}\mathbf{W}')^{-1}\mathbf{WS}^{-1}\mathbf{SS}^{-1}\mathbf{W}'(\mathbf{WS}^{-1}\mathbf{W}')^{-1}\\ &= (\mathbf{WS}^{-1}\mathbf{W}')^{-1}.\end{aligned} \tag{4.3.86}$$

Unter Verwendung der Inversionsformel aus Satz A.5 erhält man damit

$$\begin{aligned}&\mathbf{W}_\mathbf{S}^-[\frac{\sigma^2}{\theta}\mathbf{I} + (\mathbf{W}_\mathbf{S}^-)'\mathbf{SW}_\mathbf{S}^-]^{-1}(\mathbf{W}_\mathbf{S}^-)'\\ &= \mathbf{S}^{-1}\mathbf{W}'(\mathbf{WS}^{-1}\mathbf{W}')^{-1}[\frac{\sigma^2}{\theta}\mathbf{I} + (\mathbf{WS}^{-1}\mathbf{W}')^{-1}]^{-1}(\mathbf{WS}^{-1}\mathbf{W}')^{-1}\mathbf{WS}^{-1}\\ &= \mathbf{S}^{-1}\mathbf{W}'[(\mathbf{WS}^{-1}\mathbf{W}')^{-1} - (\mathbf{WS}^{-1}\mathbf{W}' + \frac{\theta}{\sigma^2}\mathbf{I})^{-1}]\mathbf{WS}^{-1}\\ &= \mathbf{W}_\mathbf{S}^-\mathbf{WS}^{-1} - \mathbf{S}^{-1}\mathbf{W}'(\mathbf{WS}^{-1}\mathbf{W}' + \frac{\theta}{\sigma^2}\mathbf{I})^{-1}\mathbf{WS}^{-1}\\ &= \mathbf{W}_\mathbf{S}^-\mathbf{WS}^{-1} - \mathbf{S}^{-1} + (\mathbf{S} + \frac{\sigma^2}{\theta}\mathbf{W}'\mathbf{W})^{-1}.\end{aligned} \tag{4.3.87}$$

Es ist also

$$\begin{aligned} & \mathbf{A}\mathbf{W}_{\mathbf{S}}^{-}[\frac{\sigma^2}{\theta}\mathbf{I} + (\mathbf{W}_{\mathbf{S}}^{-})'\mathbf{S}\mathbf{W}_{\mathbf{S}}^{-}]^{-1}(\mathbf{W}_{\mathbf{S}}^{-})'\mathbf{X}'\Omega^{-1} \\ &= -\mathbf{A}(\mathbf{I} - \mathbf{W}_{\mathbf{S}}^{-}\mathbf{W})\mathbf{S}^{-1}\mathbf{X}'\Omega^{-1} + \mathbf{A}(\mathbf{S} + \frac{\sigma^2}{\theta}\mathbf{T})^{-1}\mathbf{X}'\Omega^{-1}. \end{aligned} \tag{4.3.88}$$

Wir zeigen nun noch, daß

$$(\mathbf{I} - \mathbf{W}_{\mathbf{S}}^{-}\mathbf{W})\mathbf{S}^{-1} = \mathbf{G}(\mathbf{G}\mathbf{S}\mathbf{G})^{+}\mathbf{G} \tag{4.3.89}$$

gilt. Die Addition des ersten Summanden in (4.3.85) mit (4.3.88) liefert dann sofort (4.3.83). Aus

$$\mathbf{G}\mathbf{W}_{\mathbf{S}}^{-} = \mathbf{W}_{\mathbf{S}}^{-} - \mathbf{W}^{+}\mathbf{W}\mathbf{W}_{\mathbf{S}}^{-} = \mathbf{W}_{\mathbf{S}}^{-} - \mathbf{W}^{+} \tag{4.3.90}$$

folgt zunächst

$$\mathbf{I} - \mathbf{W}_{\mathbf{S}}^{-}\mathbf{W} = \mathbf{G} - \mathbf{G}\mathbf{W}_{\mathbf{S}}^{-}\mathbf{W}. \tag{4.3.91}$$

Aufgrund der positiven Definitheit von $\mathbf{S}$ ist gemäß Satz A.11 (ii) aber

$$\mathbf{G} = \mathbf{G}(\mathbf{G}\mathbf{S}\mathbf{G})^{+}\mathbf{G}\mathbf{S}\mathbf{G}, \tag{4.3.92}$$

und wegen $\mathbf{G}\mathbf{S}\mathbf{W}_{\mathbf{S}}^{-} = \mathbf{0}$ (vgl. Beziehung (4.3.62)) gilt ferner

$$\begin{aligned} \mathbf{G}\mathbf{S}\mathbf{G}\mathbf{W}_{\mathbf{S}}^{-}\mathbf{W} &= \mathbf{G}\mathbf{S}\mathbf{W}_{\mathbf{S}}^{-}\mathbf{W} - \mathbf{G}\mathbf{S}\mathbf{W}^{+}\mathbf{W} \\ &= -\mathbf{G}\mathbf{S}\mathbf{W}^{+}\mathbf{W}. \end{aligned} \tag{4.3.93}$$

Hiermit ergibt sich aus (4.3.91)

$$\begin{aligned} \mathbf{I} - \mathbf{W}_{\mathbf{S}}^{-}\mathbf{W} &= \mathbf{G} - \mathbf{G}(\mathbf{G}\mathbf{S}\mathbf{G})^{+}\mathbf{G}\mathbf{S}\mathbf{G}\mathbf{W}_{\mathbf{S}}^{-}\mathbf{W} \\ &= \mathbf{G} + \mathbf{G}(\mathbf{G}\mathbf{S}\mathbf{G})^{+}\mathbf{G}\mathbf{S}\mathbf{W}^{+}\mathbf{W} \\ &= \mathbf{G} + \mathbf{G}(\mathbf{G}\mathbf{S}\mathbf{G})^{+}\mathbf{G}\mathbf{S}(\mathbf{I} - \mathbf{G}) \\ &= \mathbf{G}(\mathbf{G}\mathbf{S}\mathbf{G})^{+}\mathbf{G}\mathbf{S}. \end{aligned} \tag{4.3.94}$$

Rechtsmultiplikation mit $\mathbf{S}^{-1}$ liefert (4.3.89), und alles ist gezeigt.

(ii) Nach Satz 4.7 (ii) ist

$$\psi_\theta(\mathbf{C}_\theta) = \sigma^2 \mathrm{tr}\left\{\mathbf{A}\mathbf{W}_{\mathbf{S}}^{-}[\frac{\sigma^2}{\theta}\mathbf{I} + (\mathbf{W}_{\mathbf{S}}^{-})'\mathbf{S}\mathbf{W}_{\mathbf{S}}^{-}]^{-1}(\mathbf{W}_{\mathbf{S}}^{-})' + \mathbf{A}\mathbf{G}(\mathbf{G}\mathbf{S}\mathbf{G})^{+}\mathbf{G}\right\}.$$

Die Behauptung ergibt sich damit sofort aus (4.3.87) und (4.3.89). ■

Liegt dem Schätzproblem also ein Vollrangmodell zugrunde, so wirft die Berücksichtigung von Vorinformation in Gestalt degenerierter Ellipsoide im Vergleich zum kompakten Fall gemäß obigem Resultat keine neuen Probleme auf. Die (von der Gewichtsmatrix **A** unabhängigen) unteren und oberen Quasi-Minimax-Schätzfunktionen

$$\mathbf{b}_{LQM} := \mathbf{b}_{1/k} = \boldsymbol{\beta}_0 + (k\sigma^2\mathbf{T} + \mathbf{X}'\boldsymbol{\Omega}^{-1}\mathbf{X})^{-1}\mathbf{X}'\boldsymbol{\Omega}^{-1}(\mathbf{y} - \mathbf{X}\boldsymbol{\beta}_0)$$

bzw.

$$\mathbf{b}_{UQM} := \mathbf{b}_1 = \boldsymbol{\beta}_0 + (\sigma^2\mathbf{T} + \mathbf{X}'\boldsymbol{\Omega}^{-1}\mathbf{X})^{-1}\mathbf{X}'\boldsymbol{\Omega}^{-1}(\mathbf{y} - \mathbf{X}\boldsymbol{\beta}_0)$$

besitzen dann wieder die bekannte Kuks-Olman-Form. Damit kann die von GROSS (1996) motivierte Verwendung dieser Schätzer auch fundamental gestützt werden.[20]

Um die Plausibilität der soeben entwickelten Schätzfunktionen in zwei wichtigen Extremsituationen überprüfen zu können, betrachten wir nun unter der Annahme $\text{Rang}(\mathbf{X}) = k$ das leicht modifizierte a priori Ellipsoid

$$\mathcal{E}_\delta := \left\{ \boldsymbol{\beta} \in \mathbb{R}^{k_2} \,\middle|\, (\boldsymbol{\beta} - \boldsymbol{\beta}_0)'\mathbf{T}(\boldsymbol{\beta} - \boldsymbol{\beta}_0) \leq \delta \right\} \tag{4.3.95}$$

mit $\mathbf{T} = \mathbf{W}'\mathbf{W}$ n.n.d und $\delta > 0$. Wie leicht nachzuvollziehen sind die Quasi-Minimax-Schätzer für $\mathcal{E}_\delta$ durch

$$\mathbf{b}_\theta^\delta = \boldsymbol{\beta}_0 + (\frac{1}{\delta}\frac{\sigma^2}{\theta}\mathbf{T} + \mathbf{X}'\boldsymbol{\Omega}^{-1}\mathbf{X})^{-1}\mathbf{X}'\boldsymbol{\Omega}^{-1}(\mathbf{y} - \mathbf{X}\boldsymbol{\beta}_0), \quad \theta \in \{\frac{1}{k}, 1\}, \tag{4.3.96}$$

gegeben. Während der Grenzübergang $\delta \to \infty$ die Situation „völliger Ungewißheit" repräsentiert, steht $\delta \searrow 0$ für den Fall der exakten Restriktion $\mathbf{W}\boldsymbol{\beta} = \mathbf{W}\boldsymbol{\beta}_0$. Für $\delta \to \infty$ folgt dabei aus (4.3.96) unmittelbar[21]

$$\mathbf{b}_\theta^\delta \to \mathbf{b}_{GLS} = (\mathbf{X}'\boldsymbol{\Omega}^{-1}\mathbf{X})^{-1}\mathbf{X}'\boldsymbol{\Omega}^{-1}\mathbf{y}, \tag{4.3.97}$$

d.h., die Quasi-Minimax-Schätzer nähern sich dem vorinformationsfreien verallgemeinerten KQ-Schätzer an. Unter Beachtung der Identität

$$(\frac{1}{\delta}\frac{\sigma^2}{\theta}\mathbf{W}'\mathbf{W} + \mathbf{S})^{-1} = \mathbf{S}^{-1} - \mathbf{S}^{-1}\mathbf{W}'(\delta\frac{\theta}{\sigma^2}\mathbf{I} + \mathbf{W}\mathbf{S}^{-1}\mathbf{W}')^{-1}\mathbf{W}\mathbf{S}^{-1} \tag{4.3.98}$$

[20] GROSS (1996) betrachtet den Fall $\boldsymbol{\beta}_0 = \mathbf{0}$ und nutzt die Tatsache aus, daß zu jedem Vektor $\boldsymbol{\beta} \in \mathcal{E}$ ein gewisses $\boldsymbol{\alpha} \in \mathbb{R}^k$ mit $\boldsymbol{\alpha}'\boldsymbol{\alpha} \leq 1$ existiert, so daß $\mathbf{W}\boldsymbol{\beta} = \boldsymbol{\alpha}$ gilt. Die allgemeine Lösung dieser Gleichung lautet $\boldsymbol{\beta} = \mathbf{W}_\mathbf{S}^-\boldsymbol{\alpha} + (\mathbf{I} - \mathbf{W}_\mathbf{S}^-\mathbf{W})\mathbf{z}$ mit $\mathbf{z} \in \mathbb{R}^k$ beliebig. Setzt man dies nun in die Regressionsgleichung ein und schätzt den unrestringierten Teil $\mathbf{z}$ durch den KQ-Schätzer sowie $\boldsymbol{\alpha}$ durch den klassischen Kuks-Olman-Schätzer für das oben definierte kompakte Ellipsoid, dann gelangt man nach entsprechender Rücktransformation zu den auch von uns gewonnenen Kuks-Olman-Schätzern für $\boldsymbol{\beta}$. Man vergleiche hierzu auch den Vergleich der verschiedenen Schätzansätze in TAMASCHKE (1997), Abschnitt 3.3.

[21] Hierbei ist zu beachten, daß die Inversion eine stetige Abbildung definiert. Das bedeutet: Ist $(\mathbf{A}_i)_{i\in\mathbb{N}}$ eine Folge regulärer Matrizen mit $\lim_{i\to\infty} \mathbf{A}_i = \bar{\mathbf{A}}$, so gilt $\lim_{i\to\infty} \mathbf{A}_i^{-1} = \bar{\mathbf{A}}^{-1}$. Vgl. hierzu SCHOTT (1997), S. 198.

erhält man für $\delta \searrow 0$ dagegen

$$\mathbf{b}_\theta^\delta \to \mathbf{b}_{RGLS} = \mathbf{b}_{GLS} + \mathbf{S}^{-1}\mathbf{W}'(\mathbf{W}\mathbf{S}^{-1}\mathbf{W}')^{-1}(\mathbf{W}\boldsymbol{\beta}_0 - \mathbf{W}\mathbf{b}_{GLS}). \qquad (4.3.99)$$

Dabei stellt $\mathbf{b}_{RGLS}$ gerade den durch die Gleichung $\mathbf{W}\boldsymbol{\beta} = \mathbf{W}\boldsymbol{\beta}_0$ restringierten Kleinste-Quadrate-Schätzer dar (vgl. hierzu Beziehung (2.1.25) in Abschnitt 2.1). In beiden Extremfällen liefert das Quasi-Minimax-Prinzip also auch bei degeneriertem a priori Ellipsoid sinnvolle Schätzfunktionen.[22]

Im Fall $\mathbf{A}\mathbf{W}_\mathbf{S}^- = \mathbf{0}$ kann der Minimax-Schätzer nach Satz 4.8 explizit angegeben werden. Im Vollrangmodell ergibt sich hierfür das folgende interessante Resultat.[23]

Satz 4.10 *Gegeben seien das nichtkompakte a priori Ellipsoid $\mathcal{E}$ aus (4.2.2) und die Risikofunktion $R_\mathbf{A}$ mit $\mathbf{A} \neq \mathbf{0}$ n.n.d. Sei ferner Rang($\mathbf{X}$) $= k$. Gilt $\mathbf{A}\mathbf{S}^{-1}\mathbf{T} = \mathbf{0}$, so ist der verallgemeinerte Kleinste-Quadrate-Schätzer*

$$\mathbf{b}_{GLS} = (\mathbf{X}'\boldsymbol{\Omega}^{-1}\mathbf{X})^{-1}\mathbf{X}'\boldsymbol{\Omega}^{-1}\mathbf{y} \qquad (4.3.100)$$

Minimax-Schätzfunktion in der Klasse $\bar{\mathcal{D}}$.

Beweis: Es sei

$$\mathbf{T} = \mathbf{W}'\mathbf{W}, \ \mathbf{W} \in \mathbb{R}^{r \times k}, \qquad (4.3.101)$$

mit r =Rang($\mathbf{W}$) wieder eine Vollrangzerlegung von $\mathbf{T}$. Aus $\mathbf{A}\mathbf{S}^{-1}\mathbf{T} = \mathbf{0}$ resultiert $\mathbf{A}\mathbf{S}^{-1}\mathbf{W}' = \mathbf{0}$, womit sich im Vollrangmodell wie aus Beziehung (4.3.79) ersichtlich $\mathbf{A}\mathbf{W}_\mathbf{S}^- = \mathbf{0}$ ergibt. Damit definiert jede Lösung der Gleichung

$$\mathbf{A}\mathbf{C}_* = \mathbf{A}\mathbf{G}(\mathbf{G}\mathbf{S}\mathbf{G})^+\mathbf{G}\mathbf{X}'\boldsymbol{\Omega}^{-1} \qquad (4.3.102)$$

mit $\mathbf{G} = \mathbf{I} - \mathbf{W}^+\mathbf{W}$ nach Satz 4.8 einen exakten Minimax-Schätzer $\mathbf{b}_* = \boldsymbol{\beta}_0 + \mathbf{C}_*(\mathbf{y} - \mathbf{X}\boldsymbol{\beta}_0)$ in der Klasse $\bar{\mathcal{D}}$. Nun gilt im Fall Rang($\mathbf{X}$) $= k$ Beziehung (4.3.89) zufolge aber

$$\mathbf{G}(\mathbf{G}\mathbf{S}\mathbf{G})^+\mathbf{G} = (\mathbf{I} - \mathbf{W}_\mathbf{S}^-\mathbf{W})\mathbf{S}^{-1}, \qquad (4.3.103)$$

so daß

$$\mathbf{A}\mathbf{C}_* = \mathbf{A}\mathbf{S}^{-1}\mathbf{X}'\boldsymbol{\Omega}^{-1} \qquad (4.3.104)$$

ist. Die von $\mathbf{A}$ unabhängige Lösung dieser Gleichung liefert gerade den GLS-Schätzer (4.3.100). □

Abschließend wollen wir uns im Rahmen eines Vollrangmodells den in Abschnitt 4.1.1 eingeführten Spezialfällen nichtkompakter ellipsoidaler Vorinformationsmengen zuwenden und hierfür die jeweiligen Quasi-Minmax-Schätzer bestimmen.

---

[22] Vgl. hierzu auch GROSS (1996), S. 83 f.

[23] Vgl. hierzu auch das über die Dualität der Bayes- und der Minimax-Schätzung erzielte Ergebnis aus Lemma 4 in HEILIGERS (1993).

Beispiel 4.4 Wir greifen zunächst den Fall der partiellen Ellipsoidrestriktionen aus Beispiel 4.1 auf. Im verallgemeinerten Regressionsmodell $\mathbf{y} = \mathbf{X}\boldsymbol{\beta} + \mathbf{u}$ mit $\text{Rang}(\mathbf{X}) = k$ sei also lediglich ein Teilvektor von $\boldsymbol{\beta}$ a priori durch ein kompaktes Ellipsoid beschränkt. Bei geeignet partitioniertem Parametervektor

$$\boldsymbol{\beta} = \begin{pmatrix} \boldsymbol{\beta}_1 \\ \boldsymbol{\beta}_2 \end{pmatrix}$$

mit $\boldsymbol{\beta}_1 \in \mathbb{R}^{k_1}$, $\boldsymbol{\beta}_2 \in \mathbb{R}^{k_2}$ und $k_1 + k_2 = k$ gelte folglich

$$\boldsymbol{\beta}_2 \in \mathcal{E}_2 := \left\{ \boldsymbol{\beta}_2 \in \mathbb{R}^{k_2} \,\middle|\, (\boldsymbol{\beta}_2 - \boldsymbol{\beta}_{02})'\mathbf{T}_2(\boldsymbol{\beta}_2 - \boldsymbol{\beta}_{02}) \leq 1, \ \mathbf{T}_2 \text{ p.d.} \right\}, \tag{4.3.105}$$

wobei die Gewichtungsmatrix $\mathbf{T}_2 \in \mathbb{R}^{k_2 \times k_2}$ und das Zentrum $\boldsymbol{\beta}_{02} \in \mathbb{R}^{k_2}$ bekannt seien. Unter Verwendung von

$$\boldsymbol{\beta}_0 := \begin{pmatrix} \mathbf{0}_{k_1} \\ \boldsymbol{\beta}_{02} \end{pmatrix} \quad \text{sowie} \quad \mathbf{T} := \begin{pmatrix} \mathbf{0}_{k_1 \times k_1} & \mathbf{0}_{k_1 \times k_2} \\ \mathbf{0}_{k_2 \times k_1} & \mathbf{T}_2 \end{pmatrix} \tag{4.3.106}$$

stellen wir (4.3.105) als degeneriertes a priori Ellipsoid für den gesamten Parametervektor $\boldsymbol{\beta}$ dar:

$$\boldsymbol{\beta} \in \mathcal{E} := \left\{ \boldsymbol{\beta} \in \mathbb{R}^{k} \,\middle|\, (\boldsymbol{\beta} - \boldsymbol{\beta}_0)'\mathbf{T}(\boldsymbol{\beta} - \boldsymbol{\beta}_0) \leq 1 \right\}. \tag{4.3.107}$$

Bevor wir nun auf der Grundlage der Ergebnisse aus Satz 4.9 Quasi-Minimax-Schätzer für die a priori Information aus (4.3.105) bzw. (4.3.107) ermitteln werden, soll zunächst das von Hering et al. (1987) sowie Trenkler et al. (1987) für den vorliegenden Spezialfall entwickelte partielle Minimax-Verfahren kurz skizziert werden. Bei dieser iterativen Schätzmethode wird die zugrundeliegende Vorinformation (4.3.105) mit Hilfe der Größen $\eta := (1 + \boldsymbol{\beta}_1'\boldsymbol{\beta}_1)^{-1}$ sowie

$$\bar{\mathbf{T}} := \begin{pmatrix} \mathbf{I} & \mathbf{0} \\ \mathbf{0} & \mathbf{T}_2 \end{pmatrix} \quad \text{und} \quad \mathbf{T}_\eta := \eta \bar{\mathbf{T}} \tag{4.3.108}$$

zuerst in die äquivalente Form

$$\boldsymbol{\beta} \in \mathcal{E}_\eta := \left\{ \boldsymbol{\beta} \in \mathbb{R}^{k_2} \,\middle|\, (\boldsymbol{\beta} - \boldsymbol{\beta}_0)'\mathbf{T}_\eta(\boldsymbol{\beta} - \boldsymbol{\beta}_0) \leq 1 \right\} \tag{4.3.109}$$

überführt. Zur Inkorporation des *kompakten* a priori Ellipsoiden $\mathcal{E}_\eta$ werden dann die bekannten Quasi-Minimax-Schätzer vom Kuks-Olman-Typ herangezogen. Man erhält auf diese Weise die sog. partiellen Quasi-Minimax-Schätzer

$$\mathbf{b}_\theta^{part} := \boldsymbol{\beta}_0 + (\sigma^2 \frac{\eta}{\theta} \bar{\mathbf{T}} + \mathbf{X}'\boldsymbol{\Omega}^{-1}\mathbf{X})^{-1}\mathbf{X}'\boldsymbol{\Omega}^{-1}(\mathbf{y} - \mathbf{X}\boldsymbol{\beta}_0). \tag{4.3.110}$$

Aufgrund der Abhängigkeit von der unbekannten Größe η sind diese allerdings zunächst nicht operational. Die Autoren schlagen daher vor, in einem ersten Schritt

$\boldsymbol{\beta}_1$ durch eine geeignete Schätzung $\tilde{\boldsymbol{\beta}}_1$ (z.B. die GLS-Schätzung $\mathbf{b}_{1,GLS}$) zu ersetzen und mit $\hat{\eta} := (1 + \tilde{\boldsymbol{\beta}}_1'\tilde{\boldsymbol{\beta}}_1)^{-1}$ für η aus (4.3.110) einen approximativen Quasi-Minimax-Schätzer für $\boldsymbol{\beta}$ zu bestimmen. Die hieraus resultierende Schätzung für den Teilvektor $\boldsymbol{\beta}_1$ kann dann im zweiten Schritt erneut zur Ermittlung einer approximativen Quasi-Minimax-Schätzfunktion verwendet werden. Beim iterativen Ansatz wird dieser Vorgang so lange wiederholt, bis eine angemessene Konvergenz erreicht ist.

Mit Hilfe der von uns in diesem Abschnitt erzielten Ergebnisse zur Verwertung nichtkompakter a priori Ellipsoide können wir nun ausgehend von der Darstellung (4.3.107) im Gegensatz zu obiger Vorgehensweise auf direktem Wege „exakte“ Quasi-Minimax-Schätzer für $\boldsymbol{\beta}$ unter der partiellen Ellipsoidrestriktion aus (4.3.105) gewinnen. Wir wollen uns hierbei auf die Ermittlung der superpessimistischen Variante beschränken, welche aufgrund der Vollrangannahme Satz 4.9 zufolge durch

$$\mathbf{b}_{UQM} = \boldsymbol{\beta}_0 + (\sigma^2\mathbf{T} + \mathbf{X}'\boldsymbol{\Omega}^{-1}\mathbf{X})^{-1}\mathbf{X}'\boldsymbol{\Omega}^{-1}(\mathbf{y} - \mathbf{X}\boldsymbol{\beta}_0) \tag{4.3.111}$$

gegeben ist. Hierfür schreiben wir die Regressionsmatrix $\mathbf{X}$ zunächst in der Form

$$\mathbf{X} = (\mathbf{X}_1\ \mathbf{X}_2),\ \mathbf{X}_1 \in \mathbb{R}^{n\times k_1},\ \mathbf{X}_2 \in \mathbb{R}^{n\times k_2} \tag{4.3.112}$$

und partitionieren $\mathbf{S} = \mathbf{X}'\boldsymbol{\Omega}^{-1}\mathbf{X}$ gemäß

$$\mathbf{S} := \begin{pmatrix} \mathbf{S}_{11} & \mathbf{S}_{12} \\ \mathbf{S}_{21} & \mathbf{S}_{22} \end{pmatrix} = \begin{pmatrix} \mathbf{X}_1'\boldsymbol{\Omega}^{-1}\mathbf{X}_1 & \mathbf{X}_1'\boldsymbol{\Omega}^{-1}\mathbf{X}_2 \\ \mathbf{X}_2'\boldsymbol{\Omega}^{-1}\mathbf{X}_1 & \mathbf{X}_2'\boldsymbol{\Omega}^{-1}\mathbf{X}_2 \end{pmatrix}. \tag{4.3.113}$$

Unter Verwendung der Matrix

$$\tilde{\mathbf{S}}_{22} := \sigma^2\mathbf{T}_2 + \mathbf{S}_{22} \tag{4.3.114}$$

ergibt sich damit für die zu invertierende Matrix in (4.3.111) die Darstellung

$$\sigma^2\mathbf{T} + \mathbf{S} = \begin{pmatrix} \mathbf{S}_{11} & \mathbf{S}_{12} \\ \mathbf{S}_{21} & \tilde{\mathbf{S}}_{22} \end{pmatrix}. \tag{4.3.115}$$

Die Anwendung der Inversionsformel für partitionierte Matrizen aus Satz A.6 liefert hierfür

$$(\sigma^2\mathbf{T} + \mathbf{S})^{-1} = \begin{pmatrix} \boldsymbol{\Sigma}_{11} & \boldsymbol{\Sigma}_{12} \\ \boldsymbol{\Sigma}_{21} & \boldsymbol{\Sigma}_{22} \end{pmatrix} \tag{4.3.116}$$

mit

$$\boldsymbol{\Sigma}_{11} = (\mathbf{S}_{11} - \mathbf{S}_{12}\tilde{\mathbf{S}}_{22}^{-1}\mathbf{S}_{21})^{-1}, \tag{4.3.117}$$

$$\boldsymbol{\Sigma}_{22} = (\tilde{\mathbf{S}}_{22} - \mathbf{S}_{21}\mathbf{S}_{11}^{-1}\mathbf{S}_{12})^{-1}, \tag{4.3.118}$$

$$\boldsymbol{\Sigma}_{12} = -\boldsymbol{\Sigma}_{11}\mathbf{S}_{12}\tilde{\mathbf{S}}_{22}^{-1} \text{ und} \tag{4.3.119}$$

$$\boldsymbol{\Sigma}_{21} = -\boldsymbol{\Sigma}_{22}\mathbf{S}_{21}\mathbf{S}_{11}^{-1}. \tag{4.3.120}$$

Als oberen Quasi-Minimax-Schätzer für den unrestringierten Teilvektor von $\boldsymbol{\beta}$ erhalten wir damit nach einigen Umformungen

$$\begin{aligned}\mathbf{b}_{1,UQM} &= (\boldsymbol{\Sigma}_{11}\mathbf{X}_1'\boldsymbol{\Omega}^{-1} + \boldsymbol{\Sigma}_{12}\mathbf{X}_2'\boldsymbol{\Omega}^{-1})(\mathbf{y} - \mathbf{X}_2\boldsymbol{\beta}_{02}) \\ &= \boldsymbol{\Sigma}_{11}(\mathbf{X}_1'\boldsymbol{\Omega}^{-1} - \mathbf{S}_{12}\tilde{\mathbf{S}}_{22}^{-1}\mathbf{X}_2'\boldsymbol{\Omega}^{-1})(\mathbf{y} - \mathbf{X}_2\boldsymbol{\beta}_{02}) \\ &= \boldsymbol{\Sigma}_{11}(\mathbf{S}_{11}\mathbf{b}_1^{GLS} - \mathbf{S}_{12}\boldsymbol{\beta}_{02}) - \boldsymbol{\Sigma}_{11}\mathbf{S}_{12}\tilde{\mathbf{S}}_{22}^{-1}\mathbf{S}_{22}(\mathbf{b}_2^{GLS} - \boldsymbol{\beta}_{02}),\end{aligned} \tag{4.3.121}$$

wobei $\mathbf{b}_1^{GLS} := \mathbf{S}_{11}^{-1}\mathbf{X}_1'\boldsymbol{\Omega}^{-1}\mathbf{y}$ und $\mathbf{b}_2^{GLS} := \mathbf{S}_{22}^{-1}\mathbf{X}_2'\boldsymbol{\Omega}^{-1}\mathbf{y}$ die verallgemeinerten KQ-Schätzer für $\boldsymbol{\beta}_1$ und $\boldsymbol{\beta}_2$ in den Teilmodellen $\mathbf{y} = \mathbf{X}_i\boldsymbol{\beta}_i + \mathbf{u}$, $i = 1, 2$, darstellen. Der durch das kompakte Ellipsoid beschränkte Teilvektor $\boldsymbol{\beta}_2$ wird dagegen durch

$$\begin{aligned}\mathbf{b}_{2,UQM} &= \boldsymbol{\beta}_{02} + (\boldsymbol{\Sigma}_{21}\mathbf{X}_1'\boldsymbol{\Omega}^{-1} + \boldsymbol{\Sigma}_{22}\mathbf{X}_2'\boldsymbol{\Omega}^{-1})(\mathbf{y} - \mathbf{X}_2\boldsymbol{\beta}_{02}) \\ &= \boldsymbol{\beta}_{02} + \boldsymbol{\Sigma}_{22}(\mathbf{X}_2'\boldsymbol{\Omega}^{-1} - \mathbf{S}_{21}\mathbf{S}_{11}^{-1}\mathbf{X}_1'\boldsymbol{\Omega}^{-1})(\mathbf{y} - \mathbf{X}_2\boldsymbol{\beta}_{02}) \\ &= \boldsymbol{\Sigma}_{22}(\mathbf{S}_{22}\mathbf{b}_2^{GLS} - \mathbf{S}_{21}\mathbf{b}_1^{GLS}) + \boldsymbol{\Sigma}_{22}(\boldsymbol{\Sigma}_{22}^{-1} - \mathbf{S}_{22} + \mathbf{S}_{21}\mathbf{S}_{11}^{-1}\mathbf{S}_{12})\boldsymbol{\beta}_{02} \\ &= \boldsymbol{\Sigma}_{22}(\mathbf{S}_{22}\mathbf{b}_2^{GLS} - \mathbf{S}_{21}\mathbf{b}_1^{GLS}) + \sigma^2\boldsymbol{\Sigma}_{22}\mathbf{T}_2\boldsymbol{\beta}_{02}\end{aligned} \tag{4.3.122}$$

geschätzt.

Betrachtet man den Fall partieller Ellipsoidrestriktionen unter der Annahme $\mathbf{S}_{12} = \mathbf{S}_{21} = \mathbf{0}$ (vgl. hierzu auch TAMASCHKE (1997), S.78 f.), so ergeben sich aus (4.3.121) und (4.3.122) wegen

$$\boldsymbol{\Sigma}_{11} = (\mathbf{S}_{11} - \mathbf{S}_{12}\tilde{\mathbf{S}}_{22}^{-1}\mathbf{S}_{21})^{-1} = \mathbf{S}_{11}^{-1} \tag{4.3.123}$$

und

$$\boldsymbol{\Sigma}_{22} = (\tilde{\mathbf{S}}_{22} - \mathbf{S}_{21}\mathbf{S}_{11}^{-1}\mathbf{S}_{12})^{-1} = \tilde{\mathbf{S}}_{22}^{-1} \tag{4.3.124}$$

sofort die oberen Quasi-Minimax-Schätzer

$$\mathbf{b}_{1,UQM} = \mathbf{b}_1^{GLS} \tag{4.3.125}$$

und

$$\begin{aligned}\mathbf{b}_{2,UQM} &= \tilde{\mathbf{S}}_{22}^{-1}\mathbf{S}_{22}\mathbf{b}_2^{GLS} + \sigma^2\tilde{\mathbf{S}}_{22}^{-1}\mathbf{T}_2\boldsymbol{\beta}_{02} \\ &= \tilde{\mathbf{S}}_{22}^{-1}\mathbf{X}_2'\boldsymbol{\Omega}^{-1}\mathbf{y} + \tilde{\mathbf{S}}_{22}^{-1}(\mathbf{S}_{22} - \mathbf{S}_{22} + \sigma^2\mathbf{T}_2)\boldsymbol{\beta}_{02} \\ &= \boldsymbol{\beta}_{02} + (\mathbf{X}_2'\boldsymbol{\Omega}^{-1}\mathbf{X}_2 + \sigma^2\mathbf{T}_2)^{-1}\mathbf{X}_2'\boldsymbol{\Omega}^{-1}(\mathbf{y} - \mathbf{X}_2\boldsymbol{\beta}_{02}).\end{aligned} \tag{4.3.126}$$

Für diesen Spezialfall erhalten wir als oberen Quasi-Minimax-Schätzer für den unbeschränkten Teilvektor $\boldsymbol{\beta}_1$ also gerade den verallgemeinerten KQ-Schätzer im Teilmodell $\mathbf{y} = \mathbf{X}_1\boldsymbol{\beta}_1 + \mathbf{u}$, während der restringierte Teilvektor durch den Quasi-Minimax-Schätzer von $\boldsymbol{\beta}_2$ für das kompakte a priori Ellipsoid $\mathcal{E}_2$ im Teilmodell $\mathbf{y} = \mathbf{X}_2\boldsymbol{\beta}_2 + \mathbf{u}$ geschätzt wird. □

Beispiel 4.5 In Beispiel 4.2 hatten wir die unscharfe lineare Restriktion $\mathbf{R}\boldsymbol{\beta} \approx \mathbf{r}$ mit $\mathbf{R} \in \mathbb{R}^{q \times k}$ und $\mathbf{r} \in \mathbb{R}^{q}$ durch die Normbeschränkung

$$\| \mathbf{R}\boldsymbol{\beta} - \mathbf{r} \| \leq \gamma \tag{4.3.127}$$

mit $\gamma > 0$ modelliert. Bei Konsistenz des zugrundeliegenden exakten Gleichungssystems $\mathbf{R}\boldsymbol{\beta} = \mathbf{r}$ ergab sich mit

$$\boldsymbol{\beta}_0 := \mathbf{R}^+\mathbf{r} \text{ und } \mathbf{T} := \frac{1}{\gamma^2}\mathbf{R}'\mathbf{R} \tag{4.3.128}$$

das nichtkompakte a priori Ellipsoid

$$\mathcal{E} := \left\{ \boldsymbol{\beta} \in \mathbb{R}^k \,|\, (\boldsymbol{\beta} - \boldsymbol{\beta}_0)'\mathbf{T}(\boldsymbol{\beta} - \boldsymbol{\beta}_0) \leq 1 \right\}. \tag{4.3.129}$$

Im verallgemeinerten linearen Regressionsmodell mit $\text{Rang}(\mathbf{X}) = k$ besitzen die Quasi-Minimax-Schätzer für $\boldsymbol{\beta}$ gemäß Satz 4.9 nun die Gestalt

$$\mathbf{b}_\theta = \boldsymbol{\beta}_0 + (\frac{\sigma^2}{\theta}\mathbf{T} + \mathbf{X}'\boldsymbol{\Omega}^{-1}\mathbf{X})^{-1}\mathbf{X}'\boldsymbol{\Omega}^{-1}(\mathbf{y} - \mathbf{X}\boldsymbol{\beta}_0), \quad \theta \in \{\frac{1}{k}, 1\}. \tag{4.3.130}$$

Über die hierzu äquivalente Darstellung

$$\mathbf{b}_\theta = (\frac{\sigma^2}{\theta}\mathbf{T} + \mathbf{X}'\boldsymbol{\Omega}^{-1}\mathbf{X})^{-1}(\mathbf{X}'\boldsymbol{\Omega}^{-1}\mathbf{y} + \frac{\sigma^2}{\theta}\mathbf{T}\boldsymbol{\beta}_0) \tag{4.3.131}$$

erhalten wir durch Einsetzen von $\boldsymbol{\beta}_0$ und $\mathbf{T}$ gemäß (4.3.128) wegen $\mathbf{R}'\mathbf{R}\mathbf{R}^+\mathbf{r} = \mathbf{R}'\mathbf{r}$ die Schätzfunktionen

$$\mathbf{b}_{LQM} := \mathbf{b}_{1/k} = (\frac{k}{\gamma^2}\mathbf{R}'\mathbf{R} + \frac{1}{\sigma^2}\mathbf{X}'\boldsymbol{\Omega}^{-1}\mathbf{X})^{-1}(\frac{1}{\sigma^2}\mathbf{X}'\boldsymbol{\Omega}^{-1}\mathbf{y} + \frac{k}{\gamma^2}\mathbf{R}'\mathbf{r}) \tag{4.3.132}$$

und

$$\mathbf{b}_{UQM} := \mathbf{b}_1 = (\frac{1}{\gamma^2}\mathbf{R}'\mathbf{R} + \frac{1}{\sigma^2}\mathbf{X}'\boldsymbol{\Omega}^{-1}\mathbf{X})^{-1}(\frac{1}{\sigma^2}\mathbf{X}'\boldsymbol{\Omega}^{-1}\mathbf{y} + \frac{1}{\gamma^2}\mathbf{R}'\mathbf{r}). \tag{4.3.133}$$

Bemerkenswerterweise entsprechen die Quasi-Minimax-Schätzer für die durch Beziehung (4.3.129) modellierte *unscharfe* lineare Parameterrestriktion $\mathbf{R}\boldsymbol{\beta} \approx \mathbf{r}$ damit formal den in Abschnitt 2.2 vorgestellten Mixed-Schätzern für die *stochastische* Gleichungsbeschränkung

$$\mathbf{R}\boldsymbol{\beta} + \mathbf{v} = \mathbf{r} \tag{4.3.134}$$

mit $\mathbf{E}(\mathbf{v}) = \mathbf{0}$ und $\mathbf{Cov}(\mathbf{v}) = k\gamma^2\mathbf{I}$ bzw. $\mathbf{Cov}(\mathbf{v}) = \gamma^2\mathbf{I}$ (vgl. hierzu Satz 2.6). □

4.4 Die p-approximative Bestimmung exakter Minimax-Schätzer

Mit der in Abschnitt 3.2.2 skizzierten Weiterentwicklung des Quasi-Minimax-Prinzips von STAHLECKER und LAUTERBACH können Minimax-Schätzer (und zugehöriges Risiko) für kompakte Vorinformationsmengen beliebig genau angenähert und hierauf aufbauend numerisch berechnet werden.[24] Wir werden diesen Ansatz im folgenden auf den Fall des degenerierten a priori Ellipsoiden übertragen, wobei allerdings numerische Aspekte weitgehend unberücksichtigt bleiben und insbesondere auf die algorithmische Umsetzung der aufgezeigten Ergebnisse verzichtet wird.

Problemformulierung

Wir betrachten an Stelle des Minimax-Problems (4.2.21)+(4.2.22) die etwas allgemeinere Optimierungsaufgabe

$$f(\mathbf{C}) := \sigma^2 \mathrm{tr}\,\{\mathbf{\Omega C' A C}\} + \tau \lambda_{\max}[\mathbf{M'Q(C)M}] \rightarrow \min_{\mathbf{C} \in \mathbb{R}^{k \times n}} ! \tag{4.4.1}$$

unter der Nebenbedingung

$$\mathbf{ACXK} = \mathbf{AK}, \tag{4.4.2}$$

wobei $\mathbf{M} \in \mathbb{R}^{k \times r}$, $\mathbf{K} \in \mathbb{R}^{k \times k}$ sowie $\tau > 0$ gelte und die übrigen Größen ihre Bedeutung aus den vorangegangenen Abschnitten beibehalten, die Abbildung $\mathbf{Q} : \mathbb{R}^{k \times n} \to \mathbb{R}^{k \times k}$ also insbesondere wieder durch

$$\mathbf{Q(C)} := (\mathbf{CX} - \mathbf{I})'\mathbf{A}(\mathbf{CX} - \mathbf{I}) \tag{4.4.3}$$

definiert sei. Die Nebenbedingung (4.4.2) sei konsistent, d.h., für eine beliebige verallgemeinerte Inverse $(\mathbf{XK})^-$ von $\mathbf{XK}$ gelte

$$\mathbf{AK(XK)^- XK} = \mathbf{AK}. \tag{4.4.4}$$

Ferner sei

$$\mathbf{A} = \mathbf{B'B}, \ \mathbf{B} \in \mathbb{R}^{m \times k}, \tag{4.4.5}$$

mit m =Rang($\mathbf{A}$) eine Vollrangzerlegung der Matrix $\mathbf{A}$.

Wie leicht zu überprüfen, enthält das Optimierungsproblem (4.4.1)+(4.4.2) alle bisher behandelten Minimax-Aufgaben als Spezialfall. So ergibt sich

[24] Das Verfahren geht auf STAHLECKER (1987) zurück und wurde in der Folge von STAHLECKER, LAUTERBACH (1987, 1989), LAUTERBACH (1989) und LAUTERBACH, STAHLECKER (1988, 1990, 1992) ausgebaut und verfeinert. Wir wollen an dieser Stelle auch auf TAMASCHKE (1997), Kapitel 4, hinweisen, die auf Basis des Spektralansatzes interessante Charakterisierungen der exakten Minimax-Schätzer liefert und damit entsprechende Ergebnisse für den kompakten Fall verallgemeinert. Hierauf werden wir allerdings nicht eingehen.

(i) für $\mathbf{M} = \mathbf{W}^-$, $\mathbf{K} = \mathbf{G} = \mathbf{I} - \mathbf{W}^+\mathbf{W}$ und $\tau = 1$ das Minimax-Problem (4.2.21)+(4.2.22) bei degenerierten Ellipsoidrestriktionen,

(ii) für $\mathbf{M} = \mathbf{T}^{-\frac{1}{2}}$, $\mathbf{K} = \mathbf{0}$ und $\tau = 1$ das Minimax-Problem (3.2.23) bei kompaktem a priori Ellipsoid sowie

(iii) für $\mathbf{M} = \mathbf{T}^{-\frac{1}{2}}\mathbf{P}$, $\mathbf{K} = \mathbf{0}$ und $\tau = 1 - \mathbf{t}_*'\mathbf{t}_*$ das Minimax-Problem (3.2.79) bei Kombination von kompaktem Ellipsoid und linearen Gleichungsbeschränkungen.

Die Minimierungsaufgabe ist schließlich so allgemein formuliert, daß sie auch für den in Abschnitt 4.5 zu untersuchenden Fall der simultanen Verarbeitung degenerierter Ellipsoid- und linearer Gleichungsrestriktionen relevant ist.

In Analogie zu LAUTERBACH, STAHLECKER (1990) definieren wir nun unter Verwendung der Vollrangzerlegung von $\mathbf{A}$ in einem ersten Schritt die Funktion

$$\tilde{f} : \begin{cases} \mathbb{R}^{m\times n} & \longrightarrow \quad \mathbb{R} \\ \mathbf{D} & \longmapsto \quad \sigma^2 \mathrm{tr}\,\{\Omega\mathbf{D}'\mathbf{D}\} + \tau\lambda_{\max}[\tilde{\mathbf{Q}}(\mathbf{D})] \end{cases} \tag{4.4.6}$$

mit

$$\tilde{\mathbf{Q}}(\mathbf{D}) := \mathbf{M}'(\mathbf{DX} - \mathbf{B})'(\mathbf{DX} - \mathbf{B})\mathbf{M} \tag{4.4.7}$$

und formulieren hierfür das Optimierungsproblem

$$\tilde{f}(\mathbf{D}) \rightarrow \min_{\mathbf{D}\in\mathbb{R}^{m\times n}} ! \tag{4.4.8}$$

unter der Nebenbedingung

$$\mathbf{DXK} = \mathbf{BK}. \tag{4.4.9}$$

Die Zielfunktion $\tilde{f}$ ist dabei als nichtnegative Linearkombination der gleichmäßig konvexen Abbildung (vgl. Beispiel C.4)

$$g_1 : \begin{cases} \mathbb{R}^{m\times n} & \longrightarrow \quad \mathbb{R}, \\ \mathbf{D} & \longmapsto \quad \mathrm{tr}\,\{\Omega\mathbf{D}'\mathbf{D}\}\,, \end{cases} \tag{4.4.10}$$

und der konvexen Funktion (vgl. Satz C.2 und Beispiel C.1)

$$g_2 : \begin{cases} \mathbb{R}^{m\times n} & \longrightarrow \quad \mathbb{R}, \\ \mathbf{D} & \longmapsto \quad \lambda_{\max}[\tilde{\mathbf{Q}}(\mathbf{D})], \end{cases} \tag{4.4.11}$$

gleichmäßig konvex und damit auch stetig. Nach Satz C.6 besitzt sie also auf der nichtleeren[25], abgeschlossenen und konvexen Menge $\mathfrak{D} := \{\mathbf{D} \in \mathbb{R}^{m\times n} \mid \mathbf{DXK} = \mathbf{BK}\}$ ein eindeutiges Minimum $\mathbf{D}_*$. Den engen Zusammenhang zwischen der Optimierungsaufgabe (4.4.8)+(4.4.9) und dem Ausgangsproblem (4.4.1)+(4.4.2) stellt der nun folgende Satz her.

[25] Man beachte hierfür, daß auch die Nebenbedingung (4.4.9) wegen (4.4.4) konsistent ist.

Satz 4.11 *Es bezeichne* $\mathbf{D}_* \in \mathbb{R}^{m\times n}$ *die eindeutige Lösung des Optimierungsproblems (4.4.8)+(4.4.9). Dann gilt:*

Die Matrix $\mathbf{C}_* \in \mathbb{R}^{k\times n}$ *ist eine Lösung der Minimierungsaufgabe (4.4.1)+(4.4.2) genau dann, wenn* $\mathbf{BC}_* = \mathbf{D}_*$ *gilt.*

Beweis: Es seien $\mathbf{C} \in \mathbb{R}^{k\times n}$ und $\mathbf{D} \in \mathbb{R}^{m\times n}$ beliebige Matrizen mit $\mathbf{BC} = \mathbf{D}$. Dann gilt zum einen

$$\begin{aligned} f(\mathbf{C}) &= \sigma^2 \mathrm{tr}\,\{\mathbf{\Omega C'B'BC}\} + \tau\lambda_{\max}[\mathbf{M}'(\mathbf{CX}-\mathbf{I})'\mathbf{B}'\mathbf{B}(\mathbf{CX}-\mathbf{I})\mathbf{M}] \\ &= \sigma^2 \mathrm{tr}\,\{\mathbf{\Omega D'D}\} + \tau\lambda_{\max}[\mathbf{M}'(\mathbf{DX}-\mathbf{B})'(\mathbf{DX}-\mathbf{B})\mathbf{M}] \\ &= \tilde{f}(\mathbf{D}). \end{aligned} \tag{4.4.12}$$

Ferner ist offensichtlich

$$\mathbf{ACXK} = \mathbf{AK} \Leftrightarrow \mathbf{DXK} = \mathbf{BK}, \tag{4.4.13}$$

d.h., die Zulässigkeit von $\mathbf{C}$ für (4.4.1)+(4.4.2) ist gleichbedeutend mit der Zulässigkeit von $\mathbf{D} = \mathbf{BC}$ für (4.4.8)+(4.4.9). Für das Folgende beachte man schließlich, daß das Gleichungssystem $\mathbf{BC} = \mathbf{D}$ wegen $\mathbf{BB}^+ = \mathbf{I}$ für alle $\mathbf{D} \in \mathbb{R}^{m\times n}$ konsistent ist.

Es bezeichne nun $\mathbf{D}_*$ die Lösung von (4.4.8)+(4.4.9). Genügt die Matrix $\mathbf{C}_* \in \mathbb{R}^{k\times n}$ der Gleichung $\mathbf{BC}_* = \mathbf{D}_*$, so ergibt sich für jedes $\mathbf{C} \in \mathbb{R}^{k\times n}$ mit $\mathbf{ACXK} = \mathbf{AK}$ die Ungleichung

$$f(\mathbf{C}) = \tilde{f}(\mathbf{BC}) \geq \tilde{f}(\mathbf{D}_*) = f(\mathbf{C}_*), \tag{4.4.14}$$

d.h., $\mathbf{C}_*$ löst (4.4.1)+(4.4.2).

Ist umgekehrt $\mathbf{C}_*$ eine Lösung des Optimierungsproblems (4.4.1)+(4.4.2), so betrachten wir zu beliebigem $\mathbf{D} \in \mathbb{R}^{m\times n}$ mit $\mathbf{DXK} = \mathbf{BK}$ eine Matrix $\mathbf{C} \in \mathbb{R}^{k\times n}$ mit $\mathbf{BC} = \mathbf{D}$ und erhalten

$$\tilde{f}(\mathbf{D}) = f(\mathbf{C}) \geq f(\mathbf{C}_*) = \tilde{f}(\mathbf{BC}_*). \tag{4.4.15}$$

Die Eindeutigkeit von $\mathbf{D}_*$ als Lösung von (4.4.8)+(4.4.9) impliziert $\mathbf{BC}_* = \mathbf{D}_*$. Damit ist die Behauptung bewiesen. ■

Unter Beachtung der Konsistenz des Gleichungssystems $\mathbf{BC}_* = \mathbf{D}_*$ erhalten wir als Folgerung von Satz 4.11 sofort das folgende Resultat.

Korollar 4.2 *Das Optimierungsproblem (4.4.1)+(4.4.2) besitzt eine Lösung.*

Gemäß obiger Resultate sind die beiden von uns eingeführten Minimierungsprobleme als gleichwertig anzusehen. Wir können uns daher im folgenden auf die Behandlung der einfacher strukturierten Aufgabe (4.4.8)+(4.4.9) konzentrieren, welche wir in Anlehnung an die Notation von LAUTERBACH (1989) im kompakten Ellipsoidfall als Originalproblem bezeichnen wollen. Die Betrachtung der transformierten Zielfunktion $\tilde{f}$ anstelle von f hat beweistechnische Vorteile und reduziert bei rangdefekter Gewichtungsmatrix $\mathbf{A}$ die Dimension des zu lösenden Optimierungsproblems.

Bemerkung 4.7 Eine wirklich nennenswerte Verringerung des benötigten Speicherplatzes erreichen STAHLECKER und LAUTERBACH im kompakten Ellipsoidfall durch die Formulierung einer weiteren zum Minimax-Problem äquivalenten Optimierungsaufgabe.[26] Während im Rahmen einer numerischen Lösung des Ausgangsproblems Matrizen mit $k \cdot n$ (bzw. für den Fall des Originalproblems mit $m \cdot n$) Elementen verarbeitet werden müssen, erfordert die Behandlung der von ihnen eingeführten Minimierungsaufgabe lediglich die Berechnung von Matrizen mit einer Dimension von höchstens k^2. Die zugrundeliegende Vorgehensweise ließe sich grundsätzlich auch auf das degenerierte Ellipsoid, d.h. das restringierte Optimierungsproblem (4.4.1)+(4.4.2), übertragen. Weil numerische Aspekte im Rahmen dieser Arbeit jedoch von nebensächlichem Interesse sind, wir hier lediglich den grundsätzlichen Weg zur algorithmischen Bestimmung exakter Minimax-Schätzer aufzeigen wollen, soll die Möglichkeit der Dimensionsreduktion zu Gunsten einer etwas einfacheren Darstellung im folgenden ungenutzt bleiben. □

Herleitung der Ersatzprobleme

Zwar besitzt das Originalproblem (4.4.8)+(4.4.9) eine eindeutige Lösung, aufgrund der Nichtdifferenzierbarkeit der Zielfunktion $\tilde{f}$ ist diese i. allg. jedoch nicht konstruktiv zu berechnen. Auf Basis einer Verfeinerung der dem Quasi-Minimax-Prinzip zugrundeliegenden Abschätzung (3.2.31) des maximalen Eigenwertes einer nichtnegativ definiten quadratischen Matrix $\mathbf{Q}$ können wir $\tilde{f}(\mathbf{D})$ analog zur Vorgehensweise von STAHLECKER und LAUTERBACH aber durch eine Folge differenzierbarer Ersatzfunktionen annähern. Ausgangspunkt sind die Ergebnisse des folgenden Satzes:

Satz 4.12 *Gegeben sei die n.n.d. Matrix* $\mathbf{Q} \in \mathbb{R}^{k\times k}$. *Dann gilt für alle* $p \in \mathbb{N}$:

(i) $[\mathrm{tr}\{\frac{1}{k}\mathbf{Q}^p\}]^{1/p} \leq \lambda_{\max}[\mathbf{Q}] \leq [\mathrm{tr}\{\mathbf{Q}^p\}]^{1/p}$.

(ii) $\lim\limits_{p\to\infty} [\mathrm{tr}\{\theta\mathbf{Q}^p\}]^{1/p} = \lambda_{\max}[\mathbf{Q}]$ *für alle* $\theta > 0$.

Speziell für $\theta \in \{\frac{1}{k}, 1\}$ *ist die Konvergenz in (ii) dabei monoton, d.h., die durch* $u_p := [\mathrm{tr}\{\frac{1}{k}\mathbf{Q}^p\}]^{1/p}$ *definierte Folge* $(u_p)_{p\in\mathbb{N}}$ *konvergiert monoton wachsend und die durch* $o_p := [\mathrm{tr}\{\mathbf{Q}^p\}]^{1/p}$ *definierte Folge* $(o_p)_{p\in\mathbb{N}}$ *monoton fallend gegen* $\lambda_{\max}[\mathbf{Q}]$.

[26] Vgl. hierzu etwa STAHLECKER, LAUTERBACH (1989), Abschnitt 3, LAUTERBACH (1989), Abschnitt 2.1, oder LAUTERBACH, STAHLECKER (1992), S. 92-94.

Beweis: Siehe STAHLECKER (1987), S. 141 ff. ■

Die Ergebnisse aus Satz 4.12 legen für $\theta > 0$ und $p \in \mathbb{N}$ die Betrachtung der Funktionen

$$\tilde{f}_{p,\theta} : \begin{cases} \mathbb{R}^{m\times n} & \rightarrow \quad \mathbb{R} \\ \mathbf{D} & \mapsto \quad \sigma^2 \mathrm{tr}\,\{\boldsymbol{\Omega}\mathbf{D}'\mathbf{D}\} + \tau[\mathrm{tr}\{\theta\tilde{\mathbf{Q}}(\mathbf{D})^p\}]^{1/p} \end{cases} \tag{4.4.16}$$

nahe. Nach Teil (ii) konvergiert die Funktionenfolge $(\tilde{f}_{p,\theta})_{p\in\mathbb{N}}$ für alle $\theta > 0$ punktweise gegen die Abbildung $\tilde{f}$, d.h., für jedes $\mathbf{D} \in \mathbb{R}^{m\times n}$ gilt

$$\lim_{p\to\infty} \tilde{f}_{p,\theta}(\mathbf{D}) = \tilde{f}(\mathbf{D}). \tag{4.4.17}$$

Wird insbesondere $\theta \in \{\frac{1}{k}, 1\}$ gewählt, so kann $\tilde{f}(\mathbf{D})$ Teil (i) zufolge vermöge

$$\tilde{f}_{p,\frac{1}{k}}(\mathbf{D}) \leq \tilde{f}(\mathbf{D}) \leq \tilde{f}_{p,1}(\mathbf{D}) \tag{4.4.18}$$

mit wachsendem $p \in \mathbb{N}$ sogar sukzessive „eingeschachtelt" werden. Diese Resultate geben Anlaß zu der Vermutung, daß die Lösung der Minimierungsaufgabe

$$\tilde{f}_{p,\theta}(\mathbf{D}) \rightarrow \min_{\mathbf{D}\in\mathbb{R}^{m\times n}}! \tag{4.4.19}$$

unter der Nebenbedingung

$$\mathbf{DXK} = \mathbf{BK} \tag{4.4.20}$$

für hinreichend großes $p \in \mathbb{N}$ geeignete Approximationen der gesuchten Lösung $\mathbf{D}_*$ des Originalproblems (4.4.8)+(4.4.9) liefert. Wie die weiteren Ausführungen belegen, stellt (4.4.19)+(4.4.20) in der Tat ein zweckmäßiges Ersatzproblem für die restringierte Minimierung von $\tilde{f}$ dar.

Bemerkung 4.8 Für $\theta \in \{\frac{1}{k}, 1\}$ und $p = 1$ reduzieren sich die Abbildungen $\tilde{f}_{p,\theta}$ aus (4.4.16) nach entsprechender Rücktransformation gerade auf die der Quasi-Minimax-Methode zugrundeliegenden Ersatzfunktionen. □

Bemerkung 4.9 LAUTERBACH (1989) und LAUTERBACH, STAHLECKER (1990) beschränken sich auf die Betrachtung der Teilfolge $(\tilde{f}_{2p,\theta})_{p\in\mathbb{N}}$. Dies läßt sich wie folgt motivieren: Nach SCHOTT (1997), S. 162, gilt für jede beliebige Matrixnorm $\|\cdot\|$ auf $\mathbb{R}^{r\times r}$ und jede beliebige Matrix $\mathbf{H} \in \mathbb{R}^{r\times r}$

$$\lim_{p\to\infty} \|\mathbf{H}^p\|^{\frac{1}{p}} = \rho[\mathbf{H}], \tag{4.4.21}$$

wobei $\rho[\mathbf{H}]$ den Spektralradius der Matrix $\mathbf{H}$ bezeichnet, d.h.

$$\rho[\mathbf{H}] := \max\{\,|\lambda|\,|\,\lambda \text{ ist Eigenwert von } \mathbf{H}\}\,. \tag{4.4.22}$$

Weil $\tilde{\mathbf{Q}}(\mathbf{D})$ n.n.d. und damit $\lambda_{\max}[\tilde{\mathbf{Q}}(\mathbf{D})] = \rho[\tilde{\mathbf{Q}}(\mathbf{D})]$ ist, folgt für alle $\mathbf{D} \in \mathbb{R}^{m\times n}$

$$\lim_{p\to\infty} \left\|\tilde{\mathbf{Q}}(\mathbf{D})^p\right\|^{\frac{1}{p}} = \lambda_{\max}[\tilde{\mathbf{Q}}(\mathbf{D})]. \qquad (4.4.23)$$

Speziell für die durch $\|\mathbf{H}\| = [\mathrm{tr}\{\mathbf{H}'\mathbf{H}\}]^{1/2}$ erklärte Frobenius-Norm erhalten wir hiermit

$$\lim_{p\to\infty} [\mathrm{tr}\{\tilde{\mathbf{Q}}(\mathbf{D})^{2p}\}]^{\frac{1}{2p}} = \lambda_{\max}[\tilde{\mathbf{Q}}(\mathbf{D})]. \qquad (4.4.24)$$

Dies führt schließlich zur Betrachtung der durch

$$\hat{f}_{p,\theta} = \sigma^2 \mathrm{tr}\,\{\Omega\mathbf{D}'\mathbf{D}\} + \tau[\mathrm{tr}\{\theta\tilde{\mathbf{Q}}(\mathbf{D})^{2p}\}]^{1/2p} \qquad (4.4.25)$$

definierten, alternativen Ersatzfunktionen $\hat{f}_{p,\theta} : \mathbb{R}^{m\times n} \to \mathbb{R}$. Offensichtlich gilt nun aber für alle $p \in \mathbb{N}$ gerade $\hat{f}_{p,\theta} = \tilde{f}_{2p,\theta}$. □

Untersuchung der Ersatzprobleme

Wir haben zunächst zu klären, ob die Ersatzprobleme (4.4.19)+(4.4.20) überhaupt eine (eindeutige) Lösung besitzen. Eine Antwort auf diese Frage liefert der nun folgende Satz.[27]

Satz 4.13 *Es seien $p \in \mathbb{N}$ und $\theta > 0$ beliebig gewählt. Dann gilt:*

(i) Die durch (4.4.16) erklärte Funktion $\tilde{f}_{p,\theta}$ ist gleichmäßig konvex.

(ii) Das Optimierungsproblem (4.4.19)+(4.4.20) ist eindeutig lösbar.

Beweis: (i) Wir können $\tilde{f}_{p,\theta}$ als nichtnegative Linearkombination der in (4.4.10) erklärten Abbildung g_1 und der durch

$$h_p(\mathbf{D}) = [\,\mathrm{tr}\{\tilde{\mathbf{Q}}(\mathbf{D})^p\}]^{1/p}. \qquad (4.4.26)$$

definierten Funktion $h_p : \mathbb{R}^{m\times n} \to \mathbb{R}$ auffassen:

$$\tilde{f}_{p,\theta} = \sigma^2 g_1 + \tau\theta^{1/p} h_p. \qquad (4.4.27)$$

Die Behauptung ergibt sich hiermit sofort aus der gleichmäßigen Konvexität von g_1 (vgl. Beispiel C.4) sowie der Konvexität von h_p (vgl. Satz C.2 und Beispiel C.1).

(ii) Nach Satz C.6 besitzt die gemäß (i) gleichmäßig konvexe und damit auch stetige Funktion $\tilde{f}_{p,\theta}$ auf der nichtleeren, abgeschlossenen und konvexen Restriktionsmenge $\mathfrak{D} := \{\mathbf{D} \in \mathbb{R}^{m\times n} \mid \mathbf{DXK} = \mathbf{BK}\}$ ein eindeutiges Minimum. ■

[27] Für den Spezialfall der unrestringierten Minimierung von $\tilde{f}_{p,\theta}$ vergleiche man STAHLECKER, LAUTERBACH (1990), S. 312 f., oder LAUTERBACH (1989), S. 46.

Die Existenz und Eindeutigkeit einer Lösung der Ersatzprobleme ist gemäß Satz 4.13 grundsätzlich sichergestellt. Gelingt es uns, die F-Differenzierbarkeit der Zielfunktionen nachzuweisen und die zugehörigen Gradienten zu berechnen, so können wir mit Hilfe des Lagrangeschen Optimierungskalküls (vgl. Satz D.2) charakteristische Bedingungen für die restringierten Minimalstellen formulieren. Mit den in Anhang B erarbeiteten Ergebnissen erhalten wir diesbezüglich zunächst das folgende Resultat.

Satz 4.14 *Die durch (4.4.16) definierte Abbildung $\tilde{f}_{p,\theta}$ ist für beliebiges $p \in \mathbb{N}$ und $\theta > 0$ F-differenzierbar. Ihr Gradient $\tilde{\mathbf{F}}_{p,\theta} : \mathbb{R}^{m\times n} \to \mathbb{R}^{m\times n}$ ist dabei durch*

$$\tilde{\mathbf{F}}_{p,\theta}(\mathbf{D}) = \begin{cases} 2\sigma^2\mathbf{D\Omega} + 2\tau s_{p,\theta}(\mathbf{D})(\mathbf{DX}-\mathbf{B})\mathbf{M}\tilde{\mathbf{Q}}(\mathbf{D})^{p-1}\mathbf{M}'\mathbf{X}', & \textit{falls } \tilde{\mathbf{Q}}(\mathbf{D}) \neq \mathbf{0}, \\ 2\sigma^2\mathbf{D\Omega}, & \textit{sonst,} \end{cases} \tag{4.4.28}$$

mit

$$s_{p,\theta}(\mathbf{D}) := \theta^{1/p}[\mathrm{tr}\{\tilde{\mathbf{Q}}(\mathbf{D})^p\}]^{\frac{1}{p}-1} \tag{4.4.29}$$

erklärt.

Beweis: Wie wir bereits im Beweis von Satz 4.13 bemerkt haben, gilt mit g_1 gemäß (4.4.10) und h_p gemäß (4.4.26)

$$\tilde{f}_{p,\theta} = \sigma^2 g_1 + \tau\theta^{1/p}h_p. \tag{4.4.30}$$

Die Abbildungen g_1 und h_p sind den Beispielen B.4 und B.7 zufolge aber F-differenzierbar und die zugehörigen Gradienten $\mathbf{G}_1 : \mathbb{R}^{m\times n} \to \mathbb{R}^{m\times n}$ und $\mathbf{H}_p : \mathbb{R}^{m\times n} \to \mathbb{R}^{m\times n}$ durch

$$\mathbf{G}_1(\mathbf{D}) = 2\mathbf{D\Omega} \tag{4.4.31}$$

und

$$\mathbf{H}_p(\mathbf{D}) = \begin{cases} 2s_p(\mathbf{D})(\mathbf{DX}-\mathbf{B})\mathbf{M}\tilde{\mathbf{Q}}(\mathbf{D})^{p-1}\mathbf{M}'\mathbf{X}', & \text{falls } \tilde{\mathbf{Q}}(\mathbf{D}) \neq \mathbf{0} \\ \mathbf{0}, & \text{sonst} \end{cases} \tag{4.4.32}$$

mit $s_p(\mathbf{D}) := [\mathrm{tr}\{\tilde{\mathbf{Q}}(\mathbf{D})^p\}]^{\frac{1}{p}-1}$ definiert. Die Anwendung der Summenregel aus Satz B.1 liefert nun sofort die angegebene Darstellung des Gradienten von $\tilde{f}_{p,\theta}$. ■

Mit obigem Resultat können wir die Lösungen der Ersatzaufgaben nun vollständig charakterisieren. Es gilt

Satz 4.15 *Für beliebiges $p \in \mathbb{N}$ und $\theta > 0$ betrachte man das Optimierungsproblem (4.4.19)+(4.4.20). Die Konsistenzbedingung (4.4.4) sei erfüllt. Ferner seien $\mathbf{S} := \mathbf{X}'\mathbf{\Omega}^{-1}\mathbf{X}$ und $\mathbf{V} := \mathbf{M} - \mathbf{K}(\mathbf{K}'\mathbf{SK})^{+}\mathbf{K}'\mathbf{SM}$. Dann gilt:*

Ist $\mathbf{BV} = \mathbf{0}$, *so ist die eindeutige Lösung* $\mathbf{D}_{p,\theta}$ *von (4.4.19)+(4.4.20) durch*

$$\mathbf{D}_{p,\theta} = \mathbf{BK}(\mathbf{K}'\mathbf{SK})^{+}\mathbf{K}'\mathbf{X}'\mathbf{\Omega}^{-1} \tag{4.4.33}$$

gegeben. Gilt dagegen $\mathbf{BV} \neq \mathbf{0}$, *so ist* $\mathbf{D}_{p,\theta}$ *implizit durch die Gleichung*

$$\sigma^2\mathbf{D}_{p,\theta}\mathbf{\Omega} + \tau s_{p,\theta}(\mathbf{D}_{p,\theta})(\mathbf{D}_{p,\theta}\mathbf{X} - \mathbf{B})\mathbf{M}\tilde{\mathbf{Q}}(\mathbf{D}_{p,\theta})^{p-1}(\mathbf{XV})' = \sigma^2\mathbf{BK}(\mathbf{K}'\mathbf{SK})^{+}\mathbf{K}'\mathbf{X}' \tag{4.4.34}$$

mit $s_{p,\theta}(\mathbf{D}_{p,\theta}) := \theta^{1/p}[\mathrm{tr}\{\tilde{\mathbf{Q}}(\mathbf{D}_{p,\theta})^p\}]^{\frac{1}{p}-1}$ *erklärt.*

Beweis: Den Sätzen 4.13 und 4.14 zufolge ist $\tilde{f}_{p,\theta}$ gleichmäßig konvex und F-differenzierbar. Zudem ist das lineare Gleichungssystem $\mathbf{DXK} = \mathbf{BK}$ annahmegemäß konsistent. Damit ist $\mathbf{D}_{p,\theta} \in \mathfrak{D} = \{\mathbf{D} \in \mathbb{R}^{k\times n} \mid \mathbf{DXK} = \mathbf{BK}\}$ nach Satz D.2 genau dann eine Lösung der betrachteten Minimierungsaufgabe (4.4.19)+(4.4.20), wenn eine Matrix $\mathbf{\Lambda}_{p,\theta} \in \mathbb{R}^{m\times k}$ existiert, so daß

$$\tilde{\mathbf{F}}_{p,\theta}(\mathbf{D}_{p,\theta}) + \mathbf{\Lambda}_{p,\theta}(\mathbf{XK})' = \mathbf{0} \tag{4.4.35}$$

gilt, wobei $\tilde{\mathbf{F}}_{p,\theta} : \mathbb{R}^{m\times n} \to \mathbb{R}^{m\times n}$ den durch (4.4.28) definierten Gradienten von $\tilde{f}_{p,\theta}$ bezeichnet.

Wir betrachten zuerst den Fall $\mathbf{BV} = \mathbf{0}$ und zeigen, daß

$$\tilde{\mathbf{D}} := \mathbf{BK}(\mathbf{K}'\mathbf{SK})^{+}\mathbf{K}'\mathbf{X}'\mathbf{\Omega}^{-1} \tag{4.4.36}$$

zulässig ist und zusammen mit

$$\tilde{\mathbf{\Lambda}} := -2\sigma^2\mathbf{BK}(\mathbf{K}'\mathbf{SK})^{+} \tag{4.4.37}$$

der notwendigen und hinreichenden Optimalitätsbedingung (4.4.35) genügt. Aus der Gültigkeit der Existenzbedingung (4.4.4) resultiert mit Hilfe von Satz A.11 (ii) zunächst

$$\begin{aligned}\tilde{\mathbf{D}}\mathbf{XK} &= \mathbf{BK}(\mathbf{K}'\mathbf{SK})^{+}\mathbf{K}'\mathbf{SK}\\ &= \mathbf{BK}(\mathbf{XK})^{-}\mathbf{XK}(\mathbf{K}'\mathbf{X}'\mathbf{\Omega}^{-1}\mathbf{XK})^{+}\mathbf{K}'\mathbf{X}'\mathbf{\Omega}^{-1}\mathbf{XK}\\ &= \mathbf{BK}(\mathbf{XK})^{-}\mathbf{XK}\\ &= \mathbf{BK},\end{aligned} \tag{4.4.38}$$

so daß $\tilde{\mathbf{D}}$ die Nebenbedingung des Problems in der Tat erfüllt. Die Gültigkeit der Optimalitätsbedingung (4.4.35) betreffend beachte man, daß

$$\begin{aligned}(\tilde{\mathbf{D}}\mathbf{X} - \mathbf{B})\mathbf{M} &= [\mathbf{BK}(\mathbf{K}'\mathbf{SK})^{+}\mathbf{K}'\mathbf{S} - \mathbf{B}]\mathbf{M}\\ &= -\mathbf{BV}\\ &= \mathbf{0}\end{aligned} \tag{4.4.39}$$

und damit $\tilde{\mathbf{Q}}(\tilde{\mathbf{D}}) = \mathbf{0}$ ist. Gemäß (4.4.28) gilt also

$$\begin{aligned}\tilde{\mathbf{F}}_{p,\theta}(\tilde{\mathbf{D}}) &= 2\sigma^2\tilde{\mathbf{D}}\boldsymbol{\Omega} \\ &= 2\sigma^2\mathbf{BK}(\mathbf{K}'\mathbf{SK})^+\mathbf{K}'\mathbf{X}' \\ &= -\tilde{\boldsymbol{\Lambda}}(\mathbf{XK})'. \end{aligned} \tag{4.4.40}$$

Folglich ist (4.4.35) für $\tilde{\mathbf{D}}$ und $\tilde{\boldsymbol{\Lambda}}$ tatsächlich erfüllt. Damit ist $\mathbf{D}_{p,\theta} := \tilde{\mathbf{D}}$ die - nach Satz 4.13 eindeutige - Lösung des betrachteten Optimierungsproblems und der erste Teil des Satzes bereits bewiesen.

Es sei nun $\mathbf{BV} \neq \mathbf{0}$. Wir führen zunächst die Annahme

$$\tilde{\mathbf{Q}}(\mathbf{D}_{p,\theta}) = \mathbf{0} \tag{4.4.41}$$

zu einem Widerspruch. Es gelte also (4.4.41). Dann folgt aus der Optimalitätsbedingung (4.4.35) in Verbindung mit (4.4.28) zunächst

$$\mathbf{D}_{p,\theta} = -\frac{1}{2\sigma^2}\boldsymbol{\Lambda}_{p,\theta}(\mathbf{XK})'\boldsymbol{\Omega}^{-1}. \tag{4.4.42}$$

Einsetzen in die Nebenbedingung (4.4.20) ergibt

$$\boldsymbol{\Lambda}_{p,\theta}\mathbf{K}'\mathbf{SK} = -2\sigma^2\mathbf{BK}. \tag{4.4.43}$$

Wie man Beziehung (4.4.38) entnehmen kann, ist dieses Gleichungssystem konsistent. Es besitzt nach Satz A.17 die allgemeine Lösung

$$\boldsymbol{\Lambda}_{p,\theta}(\mathbf{Y}) = -2\sigma^2\mathbf{BK}(\mathbf{K}'\mathbf{SK})^+ + \mathbf{Y}[\mathbf{I} - \mathbf{K}'\mathbf{SK}(\mathbf{K}'\mathbf{SK})^+] \tag{4.4.44}$$

mit $\mathbf{Y} \in \mathbb{R}^{m\times k}$ beliebig. Gemäß Satz A.11 (ii) ist nun aber

$$\begin{aligned}\mathbf{K}'\mathbf{SK}(\mathbf{K}'\mathbf{SK})^+\mathbf{K}'\mathbf{X}'\boldsymbol{\Omega}^{-1} &= \mathbf{K}'\mathbf{X}'\boldsymbol{\Omega}^{-1}\mathbf{XK}(\mathbf{K}'\mathbf{X}'\boldsymbol{\Omega}^{-1}\mathbf{XK})^+\mathbf{K}'\mathbf{X}'\boldsymbol{\Omega}^{-1} \\ &= \mathbf{K}'\mathbf{X}'\boldsymbol{\Omega}^{-1}, \end{aligned} \tag{4.4.45}$$

so daß unabhängig von der Wahl der Matrix $\mathbf{Y}$ die Beziehung

$$\boldsymbol{\Lambda}_{p,\theta}(\mathbf{Y})\mathbf{K}'\mathbf{X}'\boldsymbol{\Omega}^{-1} = -2\sigma^2\mathbf{BK}(\mathbf{K}'\mathbf{SK})^+\mathbf{K}'\mathbf{X}'\boldsymbol{\Omega}^{-1} \tag{4.4.46}$$

gilt. Einsetzen in (4.4.42) liefert

$$\mathbf{D}_{p,\theta} = \mathbf{BK}(\mathbf{K}'\mathbf{SK})^+\mathbf{K}'\mathbf{X}'\boldsymbol{\Omega}^{-1}. \tag{4.4.47}$$

Hiermit ergibt sich zum einen

$$(\mathbf{D}_{p,\theta}\mathbf{X} - \mathbf{B})\mathbf{M} = -\mathbf{BV}. \tag{4.4.48}$$

Zum anderen folgt aus (4.4.41) aber

$$(\mathbf{D}_{p,\theta}\mathbf{X} - \mathbf{B})\mathbf{M} = \mathbf{0}. \tag{4.4.49}$$

Damit erhalten wir einen Widerspruch zur Voraussetzung $\mathbf{BV} \neq \mathbf{0}$. Im vorliegenden Fall muß also $\tilde{\mathbf{Q}}(\mathbf{D}_{p,\theta}) \neq \mathbf{0}$ gelten.

Nach diesen Vorbereitungen können wir zur Beschreibung der Lösung $\mathbf{D}_{p,\theta}$ nun wieder die Optimalitätsbedingung (4.4.35) ausnutzen. Letztere besitzt gemäß (4.4.28) wegen $\tilde{\mathbf{Q}}(\mathbf{D}_{p,\theta}) \neq \mathbf{0}$ die Gestalt

$$2\sigma^2\mathbf{D}_{p,\theta}\mathbf{\Omega} + 2\tau s_{p,\theta}(\mathbf{D}_{p,\theta})(\mathbf{D}_{p,\theta}\mathbf{X} - \mathbf{B})\mathbf{M}\tilde{\mathbf{Q}}(\mathbf{D}_{p,\theta})^{p-1}\mathbf{M}'\mathbf{X}' + \mathbf{\Lambda}_{p,\theta}(\mathbf{XK})' = \mathbf{0} \tag{4.4.50}$$

mit $s_{p,\theta}(\mathbf{D}_{p,\theta}) := \theta^{1/p}[\mathrm{tr}\{\tilde{\mathbf{Q}}(\mathbf{D}_{p,\theta})^p\}]^{\frac{1}{p}-1}$. Wir isolieren $\mathbf{D}_{p,\theta}$ auf der linken Seite dieser Gleichung und erhalten

$$\mathbf{D}_{p,\theta} = -\frac{1}{2\sigma^2}\left[2\tau s_{p,\theta}(\mathbf{D}_{p,\theta})(\mathbf{D}_{p,\theta}\mathbf{X} - \mathbf{B})\mathbf{M}\tilde{\mathbf{Q}}(\mathbf{D}_{p,\theta})^{p-1}\mathbf{M}'\mathbf{X}' + \mathbf{\Lambda}_{p,\theta}(\mathbf{XK})'\right]\mathbf{\Omega}^{-1}. \tag{4.4.51}$$

Durch Einsetzen in die Nebenbedingung (4.4.20) ergibt sich nach einfachen Umformungen

$$\begin{aligned} \mathbf{\Lambda}_{p,\theta}\mathbf{K}'\mathbf{SK} &= -\left[2\tau s_{p,\theta}(\mathbf{D}_{p,\theta})(\mathbf{D}_{p,\theta}\mathbf{X} - \mathbf{B})\mathbf{M}\tilde{\mathbf{Q}}(\mathbf{D}_{p,\theta})^{p-1}\mathbf{M}'\mathbf{S} + 2\sigma^2\mathbf{B}\right]\mathbf{K} \\ &= -\mathbf{UK} \end{aligned} \tag{4.4.52}$$

mit

$$\mathbf{U} = 2\tau s_{p,\theta}(\mathbf{D}_{p,\theta})(\mathbf{D}_{p,\theta}\mathbf{X} - \mathbf{B})\mathbf{M}\tilde{\mathbf{Q}}(\mathbf{D}_{p,\theta})^{p-1}\mathbf{M}'\mathbf{S} + 2\sigma^2\mathbf{B}. \tag{4.4.53}$$

Wie man unter Beachtung von (4.4.45) und (4.4.38) leicht nachweisen kann, gilt

$$\mathbf{UK}(\mathbf{K}'\mathbf{SK})^+\mathbf{K}'\mathbf{SK} = \mathbf{UK},$$

d.h., das Gleichungssystem (4.4.52) ist konsistent. Die allgemeine Lösung lautet

$$\mathbf{\Lambda}_{p,\theta}(\mathbf{Y}) = -\mathbf{UK}(\mathbf{K}'\mathbf{SK})^- + \mathbf{Y}[\mathbf{I} - \mathbf{K}'\mathbf{SK}(\mathbf{K}'\mathbf{SK})^+] \tag{4.4.54}$$

mit $\mathbf{Y} \in \mathbb{R}^{m\times k}$, wobei wegen (4.4.45) grundsätzlich

$$\mathbf{\Lambda}_{p,\theta}(\mathbf{Y})\mathbf{K}'\mathbf{X}' = -\mathbf{UK}(\mathbf{K}'\mathbf{SK})^-\mathbf{K}'\mathbf{X}' \tag{4.4.55}$$

gilt. Setzen wir diese Beziehung in (4.4.50) ein, so resultiert zunächst

$$2\sigma^2\mathbf{D}_{p,\theta}\mathbf{\Omega} + 2\tau s_{p,\theta}(\mathbf{D}_{p,\theta})(\mathbf{D}_{p,\theta}\mathbf{X} - \mathbf{B})\mathbf{M}\tilde{\mathbf{Q}}(\mathbf{D}_{p,\theta})^{p-1}\mathbf{M}'\mathbf{X}' = \mathbf{UK}(\mathbf{K}'\mathbf{SK})^+\mathbf{K}'\mathbf{X}'. \tag{4.4.56}$$

Substitution von $\mathbf{U}$ aus (4.4.53) liefert nach wenigen Umformungen schließlich

$$\sigma^2\mathbf{D}_{p,\theta}\mathbf{\Omega} + \tau s_{p,\theta}(\mathbf{D}_{p,\theta})(\mathbf{D}_{p,\theta}\mathbf{X} - \mathbf{B})\mathbf{M}\tilde{\mathbf{Q}}(\mathbf{D}_{p,\theta})^{p-1}\mathbf{V}'\mathbf{X}' = \sigma^2\mathbf{BK}(\mathbf{K}'\mathbf{SK})^+\mathbf{K}'\mathbf{X}',$$

womit wir auch den zweiten Teil der Behauptung nachgewiesen haben. ∎

Bemerkung 4.10 Analog zu Bemerkung 4.3 (i) kann man zeigen, daß der Ausdruck $\mathbf{BK(K'SK)^-K'X'\Omega^{-1}}$ invariant gegenüber der Wahl der verallgemeinerten Inversen $\mathbf{(K'SK)^-}$ ist. Wir können die Moore-Penrose-Inverse $\mathbf{(K'SK)^+}$ in Satz 4.15 daher durch eine beliebige verallgemeinerte Inverse von $\mathbf{K'SK}$ ersetzen. □

Der Fall $\mathbf{BV} = \mathbf{0}$, für den wir mit $\mathbf{D}_{p,\theta} = \mathbf{BK(K'SK)^+K'X'\Omega^{-1}}$ die Lösung der Ersatzaufgabe (4.4.19)+(4.4.20) gemäß obigem Resultat explizit angeben können, verdient weitere Aufmerksamkeit. Man beachte diesbezüglich zunächst, daß $\tilde{\mathbf{D}} := \mathbf{D}_{p,\theta}$ weder von p noch von θ abhängt und wegen $\tilde{\mathbf{Q}}(\tilde{\mathbf{D}}) = \mathbf{0}$ auch $\tilde{f}_{p,\theta}(\tilde{\mathbf{D}}) = \tilde{f}(\tilde{\mathbf{D}})$ gilt. Weil speziell für $\theta = 1/k$ aber grundsätzlich $\tilde{f}_{p,1/k}(\mathbf{D}) \leq \tilde{f}(\mathbf{D})$ ist, erhalten wir hieraus für alle $\mathbf{D}$ mit $\mathbf{DXK} = \mathbf{BK}$ die Beziehung

$$\tilde{f}(\tilde{\mathbf{D}}) = \tilde{f}_{p,1/k}(\tilde{\mathbf{D}}) \leq \tilde{f}_{p,1/k}(\mathbf{D}) \leq \tilde{f}(\mathbf{D}).$$

Die Matrix $\tilde{\mathbf{D}}$ löst also bereits das uns eigentlich interessierende Originalproblem (4.4.1)+(4.4.2). Wir halten dieses Ergebnis in einem gesonderten Satz fest:

Satz 4.16 *Es seien* $\mathbf{S} := \mathbf{X'\Omega^{-1}X}$ *und* $\mathbf{V} := \mathbf{M} - \mathbf{K(K'SK)^+K'SM}$. *Gilt* $\mathbf{BV} = \mathbf{0}$, *so ist die eindeutige Lösung des Originalproblems (4.4.1)+(4.4.2) durch*

$$\mathbf{D}_* := \mathbf{BK(K'SK)^+K'X'\Omega^{-1}} \tag{4.4.57}$$

gegeben.

Bevor wir uns nun mit den Konvergenzeigenschaften der Lösungsfolgen $(\mathbf{D}_{p,\theta})_{p\in\mathbb{N}}$ befassen, wollen wir die Ergebnisse aus den Sätzen 4.15 und 4.16 noch mit Blick auf die zu Beginn dieses Abschnitts formulierten Spezialfälle betrachten.

Beispiel 4.6 Wie eingangs festgestellt, ergibt sich aus (4.4.1)+(4.4.2) für $\tau = 1$, $\mathbf{M} = \mathbf{W}^-$ und $\mathbf{K} = \mathbf{G} = \mathbf{I} - \mathbf{W^+W}$ das in Abschnitt 4.2 hergeleitete Minimax-Problem für das degenerierte a priori Ellipsoid (vgl. Satz 4.3). In diesem Fall gilt $\mathbf{V} = \mathbf{W}^- - \mathbf{G(GSG)^+GSW^-}$ und damit

$$\mathbf{BV} = \mathbf{BW}^- - \mathbf{BG(GSG)^+GSW^-}.$$

Wird der Darstellung der Zielfunktion dabei speziell eine Minimum-S-Seminorm verallgemeinerte Inverse $\mathbf{W}_\mathbf{S}^-$ zugrunde gelegt (vgl. hierzu Bemerkung 4.2), dann ist gemäß Beziehung (4.3.62) aus Satz 4.7 $\mathbf{GSW}_\mathbf{S}^- = \mathbf{0}$ und wir erhalten $\mathbf{BV} = \mathbf{BW}_\mathbf{S}^-$.

Im Fall $\mathbf{BW}_\mathbf{S}^- = \mathbf{0}$ können wir Satz 4.16 zufolge die eindeutige Lösung des entsprechenden Originalproblems mit $\mathbf{D}_* := \mathbf{BG(GSG)^+GX'\Omega^{-1}}$ explizit angeben. Die Lösungen des zugrundliegenden Minimax-Problems sind demnach durch die Gleichung $\mathbf{BC}_* = \mathbf{BG(GSG)^+GX'\Omega^{-1}}$ gegeben. Dies bestätigt die Ergebnisse aus den Sätzen 4.8 und 4.10. Gilt dagegen $\mathbf{BW}_\mathbf{S}^- \neq \mathbf{0}$, so haben wir uns mit der eindeutigen Lösung der mit den obigen Festlegungen verbundenen Ersatzaufgabe (4.4.19)+(4.4.20) zu begnügen. Diese ist gemäß (4.4.34) durch die Beziehung

$$\sigma^2\mathbf{D}_{p,\theta}\mathbf{\Omega} + s_{p,\theta}(\mathbf{D}_{p,\theta})(\mathbf{D}_{p,\theta}\mathbf{X} - \mathbf{B})\mathbf{W}_{\mathbf{S}}^-\tilde{\mathbf{Q}}(\mathbf{D}_{p,\theta})^{p-1}(\mathbf{W}_{\mathbf{S}}^-)'\mathbf{X}' = \sigma^2\mathbf{BG}(\mathbf{GSG})^+\mathbf{GX}' \tag{4.4.58}$$

charakterisiert.

Wir sind darüber hinaus in der Lage, mit Hilfe von Satz 4.15 die Ergebnisse zur Quasi-Minimax-Schätzung aus Abschnitt 4.3 zu reproduzieren. Setzen wir $p = 1$ und betrachten damit das mit dem Quasi-Minimax-Ansatz korrespondierende Ersatzproblem, so gilt zunächst einmal $s_{p,\theta}(\mathbf{D}) = s_{1,\theta}(\mathbf{D}) = \theta$ und $\tilde{\mathbf{Q}}(\mathbf{D})^{p-1} = \tilde{\mathbf{Q}}(\mathbf{D})^0 = \mathbf{I}$. Eine Fallunterscheidung ist nun nicht mehr erforderlich und die gesuchte Lösung gemäß (4.4.58) grundsätzlich durch das Gleichungssystem

$$\sigma^2\mathbf{D}_{1,\theta}\mathbf{\Omega} + \theta(\mathbf{D}_{1,\theta}\mathbf{X} - \mathbf{B})\mathbf{W}_{\mathbf{S}}^-(\mathbf{W}_{\mathbf{S}}^-)'\mathbf{X}' = \sigma^2\mathbf{BG}(\mathbf{GSG})^+\mathbf{GX}' \tag{4.4.59}$$

gegeben. Unter Verwendung der Matrix

$$\mathbf{F}_\theta = \sigma^2\mathbf{\Omega} + \theta\mathbf{XW}_{\mathbf{S}}^-(\mathbf{W}_{\mathbf{S}}^-)'\mathbf{X}' \tag{4.4.60}$$

läßt sich (4.4.59) auch in der Form

$$\mathbf{D}_{1,\theta}\mathbf{F}_\theta = \sigma^2\mathbf{BG}(\mathbf{GSG})^+\mathbf{GX}' + \theta\mathbf{BW}_{\mathbf{S}}^-(\mathbf{W}_{\mathbf{S}}^-)'\mathbf{X}' \tag{4.4.61}$$

schreiben. Wie wir bereits im Beweis von Satz 4.7 zeigen konnten (vgl. die Beziehungen (4.3.64) und (4.3.67)), gilt nun aber $\mathbf{GX}'\mathbf{F}_\theta^{-1} = \sigma^{-2}\mathbf{GX}'\mathbf{\Omega}^{-1}$ und

$$(\mathbf{W}_{\mathbf{S}}^-)'\mathbf{X}'\mathbf{F}_\theta^{-1} = \frac{1}{\theta}[\frac{\sigma^2}{\theta}\mathbf{I} + (\mathbf{W}_{\mathbf{S}}^-)'\mathbf{SW}_{\mathbf{S}}^-]^{-1}(\mathbf{W}_{\mathbf{S}}^-)'\mathbf{X}'\mathbf{\Omega}^{-1}. \tag{4.4.62}$$

Wir erhalten hiermit sofort

$$\mathbf{D}_{1,\theta} = \mathbf{BG}(\mathbf{GSG})^+\mathbf{GX}'\mathbf{\Omega}^{-1} + \mathbf{BW}_{\mathbf{S}}^-[\frac{\sigma^2}{\theta}\mathbf{I} + (\mathbf{W}_{\mathbf{S}}^-)'\mathbf{SW}_{\mathbf{S}}^-]^{-1}(\mathbf{W}_{\mathbf{S}}^-)'\mathbf{X}'\mathbf{\Omega}^{-1}. \tag{4.4.63}$$

Die Rücktransformation $\mathbf{BC}_{1,\theta} = \mathbf{D}_{1,\theta}$ liefert die Darstellung der Quasi-Minimax-Lösungen aus Satz 4.7. □

Beispiel 4.7 Die Minimax-Schätzung bei kompaktem a priori Ellipsoid wird durch die Wahl $\tau = 1$, $\mathbf{M} = \mathbf{T}^{-\frac{1}{2}}$ und $\mathbf{K} = \mathbf{0}$ repräsentiert. Hierfür gilt $\mathbf{V} = \mathbf{T}^{-\frac{1}{2}}$ und $\mathbf{BV} = \mathbf{BT}^{-\frac{1}{2}}$. Sieht man also vom trivialen Fall $\mathbf{B} = \mathbf{0}$ ab, so ist die Lösung des resultierenden Ersatzproblems grundsätzlich durch

$$\sigma^2\mathbf{D}_{p,\theta}\mathbf{\Omega} + s_{p,\theta}(\mathbf{D}_{p,\theta})(\mathbf{D}_{p,\theta}\mathbf{X} - \mathbf{B})\mathbf{T}^{-\frac{1}{2}}\tilde{\mathbf{Q}}(\mathbf{D}_{p,\theta})^{p-1}\mathbf{T}^{-\frac{1}{2}}\mathbf{X}' = \mathbf{0} \tag{4.4.64}$$

beschrieben. Dies führt unter Beachtung der Transformationsgleichung $\mathbf{BC}_{p,\theta} = \mathbf{D}_{p,\theta}$ unmittelbar zu der Charakterisierung approximativer Minimax-Lösungen durch STAHLECKER und LAUTERBACH. Vgl. hierzu etwa STAHLECKER (1987), Satz 5-18, oder STAHLECKER, LAUTERBACH (1987), Theorem 1. □

Beispiel 4.8 Zur Betrachtung des Minimax-Problems bei simultaner Verarbeitung eines kompakten a priori Ellipsoiden und linearer Gleichungsrestriktionen ist $\tau = 1 - \mathbf{t}_*'\mathbf{t}_*$, $\mathbf{M} = \mathbf{T}^{-\frac{1}{2}}\mathbf{P}$ und $\mathbf{K} = \mathbf{0}$ zu setzen. Es ergibt sich dann $\mathbf{V} = \mathbf{T}^{-\frac{1}{2}}\mathbf{P}$ und folglich $\mathbf{BV} = \mathbf{BT}^{-\frac{1}{2}}\mathbf{P}$. Mit Satz 4.16 erhalten wir für $\mathbf{BT}^{-\frac{1}{2}}\mathbf{P} = \mathbf{0}$ als eindeutige Lösung des entsprechenden Originalproblems $\mathbf{D}_* = \mathbf{0}$, woraus durch Rücktransformation als (eine) exakte Minimax-Lösung $\mathbf{C}_* = \mathbf{0}$ resultiert. Ist $\mathbf{BT}^{-\frac{1}{2}}\mathbf{P} \neq \mathbf{0}$, so sind die Lösungen der zugehörigen Ersatzaufgabe durch

$$\sigma^2\mathbf{D}_{p,\theta}\mathbf{\Omega} + (1 - \mathbf{t}_*'\mathbf{t}_*)s_{p,\theta}(\mathbf{D}_{p,\theta})(\mathbf{D}_{p,\theta}\mathbf{X} - \mathbf{B})\mathbf{T}^{-\frac{1}{2}}\mathbf{P}\tilde{\mathbf{Q}}(\mathbf{D}_{p,\theta})^{p-1}\mathbf{P}'\mathbf{T}^{-\frac{1}{2}}\mathbf{X}' = \mathbf{0} \quad (4.4.65)$$

charakterisiert. Für $p = 1$ ergibt sich hiermit erneut die Darstellung der entsprechenden Quasi-Minimax-Lösungen (vgl. Satz 3.4). □

Konvergenzeigenschaften

Wir haben in Satz 4.13 gezeigt, daß das Ersatzproblem (4.4.19)+(4.4.20) für beliebiges $p \in \mathbb{N}$ und $\theta > 0$ eine eindeutige Lösung $\mathbf{D}_{p,\theta}$ besitzt und diese durch die notwendigen und hinreichenden Bedingungen aus Satz 4.15 charakterisiert. Wir wollen nun das Verhalten der Lösungen $\mathbf{D}_{p,\theta}$ und der zugehörigen Minimalwerte $\tilde{f}_{p,\theta}(\mathbf{D}_{p,\theta})$ für $p \to \infty$ untersuchen, wobei wir die Parameterwahl durch die Forderung $\theta \in [\frac{1}{k}, 1]$ ein wenig einschränken werden.

Zunächst wird eine von STAHLECKER, LAUTERBACH (1989) im Kontext des kompakten a priori Ellipsoiden hergeleitete Fehlerabschätzung in leicht modifizierter Form auf die hier betrachtete allgemeinere Optimierungsaufgabe übertragen.

Satz 4.17 *Es seien $\theta \in [\frac{1}{k}, 1]$ und $p \in \mathbb{N}$ beliebig. Ferner bezeichne $\mathbf{D}_{p,\theta}$ die Lösung der Ersatzaufgabe (4.4.19)+(4.4.20) und $\mathbf{D}_*$ die Lösung des Originalproblems (4.4.8)+(4.4.9). Dann gilt für alle $\mathbf{D} \in \mathbb{R}^{m\times n}$ mit $\mathbf{DXK} = \mathbf{BK}$ die Ungleichungskette*

$$\lambda_{p,\theta}\tilde{f}(\mathbf{D}) \leq \tilde{f}_{p,\theta}(\mathbf{D}_{p,\theta}) - \tilde{f}(\mathbf{D}_*) \leq \mu_{p,\theta}\tilde{f}(\mathbf{D}), \quad (4.4.66)$$

wobei

$$\lambda_{p,\theta} := (\theta^{\frac{1}{p}} - 1)k^{\frac{1}{p}} \quad (4.4.67)$$

und

$$\mu_{p,\theta} := (\theta k)^{\frac{1}{p}} - 1. \quad (4.4.68)$$

Beweis:[28] Für die Differenz der restringierten Minimalwerte erhalten wir unter Beachtung der Abschätzung aus Satz 4.12 (i) zunächst einmal

[28] Der von STAHLECKER, LAUTERBACH (1989), S. 2761, für den Spezialfall des kompakten Ellipsoiden geführte Beweis der Abschätzungen bleibt gültig, wenn die entsprechenden Überlegungen auf die Restriktionsmenge $\mathfrak{D}$ eingeschränkt werden.

$$\begin{aligned}\tilde{f}_{p,\theta}(\mathbf{D}_{p,\theta}) - \tilde{f}(\mathbf{D}_*) &\leq \tilde{f}_{p,\theta}(\mathbf{D}_*) - \tilde{f}(\mathbf{D}_*) \\ &= \tau\theta^{\frac{1}{p}}[\mathrm{tr}\{\tilde{\mathbf{Q}}(\mathbf{D}_*)^p\}]^{1/p} - \tau\lambda_{\max}[\tilde{\mathbf{Q}}(\mathbf{D}_*)] \\ &\leq \tau\theta^{\frac{1}{p}}k^{\frac{1}{p}}\lambda_{\max}[\tilde{\mathbf{Q}}(\mathbf{D}_*)] - \tau\lambda_{\max}[\tilde{\mathbf{Q}}(\mathbf{D}_*)] \\ &\leq [(\theta k)^{\frac{1}{p}} - 1]\tilde{f}(\mathbf{D}_*). \end{aligned} \tag{4.4.69}$$

Weil $\mathbf{D}_*$ die Abbildung $\tilde{f}$ auf der Menge $\mathfrak{D} := \{\mathbf{D} \in \mathbb{R}^{m\times n} \mid \mathbf{DXK} = \mathbf{BK}\}$ minimiert, ergibt sich hieraus sofort die rechte Seite von (4.4.66). Andererseits gilt

$$\begin{aligned}\tilde{f}(\mathbf{D}_*) - \tilde{f}_{p,\theta}(\mathbf{D}_{p,\theta}) &\leq \tilde{f}(\mathbf{D}_{p,\theta}) - \tilde{f}_{p,\theta}(\mathbf{D}_{p,\theta}) \\ &= \tau\lambda_{\max}[\tilde{\mathbf{Q}}(\mathbf{D}_{p,\theta})] - \tau\theta^{\frac{1}{p}}[\mathrm{tr}\{\tilde{\mathbf{Q}}(\mathbf{D}_{p,\theta})^p\}]^{1/p} \\ &\leq \tau[\mathrm{tr}\{\tilde{\mathbf{Q}}(\mathbf{D}_{p,\theta})^p\}]^{1/p} - \tau\theta^{\frac{1}{p}}[\mathrm{tr}\{\tilde{\mathbf{Q}}(\mathbf{D}_{p,\theta})^p\}]^{1/p} \\ &\leq (\theta^{-\frac{1}{p}} - 1)\tilde{f}_{p,\theta}(\mathbf{D}_{p,\theta}), \end{aligned} \tag{4.4.70}$$

wobei die letzte Zeile aus $(1 - \theta^{\frac{1}{p}}) \leq (\theta^{-\frac{1}{p}} - 1)$ folgt. Weil $\mathbf{D}_{p,\theta}$ Minimalstelle von $\tilde{f}_{p,\theta}$ auf $\mathfrak{D}$ ist, erhalten wir hiermit für alle $\mathbf{D} \in \mathfrak{D}$ die Ungleichung

$$\tilde{f}(\mathbf{D}_*) - \tilde{f}_{p,\theta}(\mathbf{D}_{p,\theta}) \leq (\theta^{-\frac{1}{p}} - 1)\tilde{f}_{p,\theta}(\mathbf{D}), \tag{4.4.71}$$

was wegen $\tilde{f}_{p,\theta}(\mathbf{D}) \leq (\theta k)^{\frac{1}{p}}\tilde{f}(\mathbf{D})$ schließlich zur linken Seite von (4.4.66) führt. ■

Als Konsequenz aus Satz 4.17 erhalten wir die folgenden Resultate:[29]

Korollar 4.3 *Es sei $\theta \in [\frac{1}{k}, 1]$. Ferner bezeichne $\mathbf{D}_{p,\theta}$ für beliebiges $p \in \mathbb{N}$ die Lösung der zugehörigen Ersatzaufgabe (4.4.19)+(4.4.20) und $\mathbf{D}_*$ die Lösung des Originalproblems (4.4.8)+(4.4.9). Dann gilt*

(i) $(1 + \mu_{p,\theta})^{-1}\tilde{f}_{p,\theta}(\mathbf{D}_{p,\theta}) \leq \tilde{f}(\mathbf{D}_*) \leq (1 + \lambda_{p,\theta})^{-1}\tilde{f}_{p,\theta}(\mathbf{D}_{p,\theta})$ *für alle* $p > \frac{\ln(k)}{\ln(2)}$,

(ii) $\lim\limits_{p\to\infty} \tilde{f}_{p,\theta}(\mathbf{D}_{p,\theta}) = \tilde{f}(\mathbf{D}_*)$ *und*

(iii) $\lim\limits_{p\to\infty} \tilde{f}(\mathbf{D}_{p,\theta}) = \tilde{f}(\mathbf{D}_*)$.

Beweis: (i) Für $\mathbf{D} = \mathbf{D}_*$ folgt aus (4.4.66)

$$(1 + \lambda_{p,\theta})\tilde{f}(\mathbf{D}_*) \leq \tilde{f}_{p,\theta}(\mathbf{D}_{p,\theta}) \leq (1 + \mu_{p,\theta})\tilde{f}(\mathbf{D}_*). \tag{4.4.72}$$

Nun gilt aber $(1 + \lambda_{p,\theta}) \geq 2 - k^{\frac{1}{p}}$, so daß $(1 + \lambda_{p,\theta}) > 0$ ist (mindestens) für $p > \ln(k)/\ln(2)$. Da $(1 + \mu_{p,\theta}) > 0$ sogar für alle $p \in \mathbb{N}$ gilt, ist (i) gezeigt.

(ii) Die Behauptung ergibt sich wegen $\lim\limits_{p\to\infty} \lambda_{p,\theta} = \lim\limits_{p\to\infty} \mu_{p,\theta} = 0$ unmittelbar aus der Ungleichung (4.4.66).

[29] Vgl. hierzu auch LAUTERBACH (1989), Korollar 2.1.

(iii) Wie aus dem Beweis von Satz 4.17 ersichtlich, gilt für alle $\mathbf{D}$ mit $\mathbf{DXK} = \mathbf{BK}$ die Abschätzung

$$\begin{aligned} \tilde{f}(\mathbf{D}_{p,\theta}) - \tilde{f}(\mathbf{D}_*) &= \tilde{f}(\mathbf{D}_{p,\theta}) - \tilde{f}_{p,\theta}(\mathbf{D}_{p,\theta}) + \tilde{f}_{p,\theta}(\mathbf{D}_{p,\theta}) - \tilde{f}(\mathbf{D}_*) \\ &\leq -\lambda_{p,\theta}\tilde{f}(\mathbf{D}) + \mu_{p,\theta}\tilde{f}(\mathbf{D}) \\ &= (k^{\frac{1}{p}} - 1)\tilde{f}(\mathbf{D}), \end{aligned} \tag{4.4.73}$$

womit wir wegen $\lim_{p\to\infty} k^{\frac{1}{p}} = 1$ auch das zweite Resultat erhalten. ■

Bemerkung 4.11 In den Fällen $\theta = \frac{1}{k}$ und $\theta = 1$ ergeben sich mit den Ergebnissen aus Satz 4.12 für $p, q \in \mathbb{N}$ mit $p \leq q$ die Ungleichungen

$$\tilde{f}_{p,\frac{1}{k}}(\mathbf{D}_{p,\frac{1}{k}}) \leq \tilde{f}_{p,\frac{1}{k}}(\mathbf{D}_{q,\frac{1}{k}}) \leq \tilde{f}_{q,\frac{1}{k}}(\mathbf{D}_{q,\frac{1}{k}}) \tag{4.4.74}$$

sowie

$$\tilde{f}_{p,1}(\mathbf{D}_{p,1}) \geq \tilde{f}_{q,1}(\mathbf{D}_{p,1}) \geq \tilde{f}_{q,1}(\mathbf{D}_{q,1}). \tag{4.4.75}$$

Nach Teil (ii) aus Korollar 4.3 bedeutet dies: Die Folge $(\tilde{f}_{p,\frac{1}{k}}(\mathbf{D}_{p,\frac{1}{k}}))_{p\in\mathbb{N}}$ konvergiert monoton steigend und die Folge $(\tilde{f}_{p,1}(\mathbf{D}_{p,1}))_{p\in\mathbb{N}}$ monoton fallend gegen $\tilde{f}(\mathbf{D}_*)$. □

Nachdem wir die Konvergenz der Minimalwerte $\tilde{f}_{p,\theta}(\mathbf{D}_{p,\theta})$ der Ersatzaufgaben gegen das gesuchte Optimum $\tilde{f}(\mathbf{D}_*)$ gezeigt haben, wenden wir uns nun dem Verhalten der Lösungsfolgen $(\mathbf{D}_{p,\theta})_{p\in\mathbb{N}}$ selbst zu. Hierfür betrachten wir auf dem $\mathbb{R}^{m\times n}$ wie üblich die durch $\| \mathbf{H} \| = [\mathrm{tr}\{\mathbf{H}'\mathbf{H}\}]^{1/2}$ definierte Frobenius-Norm $\| \cdot \|$ und das durch $\langle \mathbf{H}, \mathbf{L}\rangle = \mathrm{tr}\{\mathbf{H}'\mathbf{L}\}$ erklärte, induzierende Skalarprodukt $\langle \cdot, \cdot \rangle$. Es gilt dann das folgende hilfreiche Resultat.

Satz 4.18 *Es seien $\theta \in [\frac{1}{k}, 1]$ und $p \in \mathbb{N}$ beliebig. Ferner bezeichne $\mathbf{D}_{p,\theta}$ die Lösung der Ersatzaufgabe (4.4.19)+(4.4.20) sowie $\tilde{\mathbf{F}}_{p,\theta}$ den durch (4.4.28) gegebenen F-Gradienten von $\tilde{f}_{p,\theta}$. Dann gilt für alle $\mathbf{D} \in \mathbb{R}^{m\times n}$ mit $\mathbf{DXK} = \mathbf{BK}$ die Gleichung*

$$\langle \tilde{\mathbf{F}}_{p,\theta}(\mathbf{D}_{p,\theta}), \mathbf{D} - \mathbf{D}_{p,\theta}\rangle = 0.$$

Beweis: Aus dem Beweis von Satz 4.15 ist bekannt, daß $\mathbf{D}_{p,\theta} \in \mathfrak{D}$ die Ersatzaufgabe (4.4.19)+(4.4.20) genau dann löst, wenn eine Matrix $\mathbf{\Lambda}_{p,\theta} \in \mathbb{R}^{m\times k}$ existiert, so daß

$$\tilde{\mathbf{F}}_{p,\theta}(\mathbf{D}_{p,\theta}) + \mathbf{\Lambda}_{p,\theta}(\mathbf{XK})' = \mathbf{0} \tag{4.4.76}$$

gilt. Hiermit erhalten wir für alle $\mathbf{D} \in \mathfrak{D}$ die Gleichungskette

$$\begin{aligned}\langle \tilde{\mathbf{F}}_{p,\theta}(\mathbf{D}_{p,\theta}), \mathbf{D} - \mathbf{D}_{p,\theta}\rangle &= -\langle \mathbf{\Lambda}_{p,\theta}(\mathbf{XK})', \mathbf{D} - \mathbf{D}_{p,\theta}\rangle \\ &= -\operatorname{tr}\{\mathbf{XK\Lambda}'_{p,\theta}(\mathbf{D} - \mathbf{D}_{p,\theta})\} \\ &= -\operatorname{tr}\{(\mathbf{D} - \mathbf{D}_{p,\theta})\mathbf{XK\Lambda}'_{p,\theta}\} \\ &= -\operatorname{tr}\{(\mathbf{DXK} - \mathbf{D}_{p,\theta}\mathbf{XK})\mathbf{\Lambda}'_{p,\theta}\} \\ &= -\operatorname{tr}\{(\mathbf{BK} - \mathbf{BK})\mathbf{\Lambda}'_{p,\theta}\} \\ &= 0, \end{aligned} \tag{4.4.77}$$

womit die Behauptung bewiesen ist. ■

Mit diesem Ergebnis gelangen wir zu der zentralen Konvergenzaussage dieses Abschnitts.

Satz 4.19 *Es sei $\theta \in [\frac{1}{k}, 1]$. Ferner bezeichne $\mathbf{D}_{p,\theta}$ für beliebiges $p \in \mathbb{N}$ die Lösung der zugehörigen Ersatzaufgabe (4.4.19)+(4.4.20) und $\mathbf{D}_*$ die Lösung des Originalproblems (4.4.8)+(4.4.9). Dann gilt*

$$\lim_{p\to\infty} \mathbf{D}_{p,\theta} = \mathbf{D}_*.$$

Beweis: Die Abbildung $\tilde{f}_{p,\theta}$ ist gleichmäßig konvex (vgl. Satz 4.13). Nach Satz C.3 existiert daher ein Skalar $m > 0$, so daß

$$m\,\|\mathbf{D}_* - \mathbf{D}_{p,\theta}\|^2 \le \tilde{f}_{p,\theta}(\mathbf{D}_*) - \tilde{f}_{p,\theta}(\mathbf{D}_{p,\theta}) - \langle \tilde{\mathbf{F}}_{p,\theta}(\mathbf{D}_{p,\theta}), \mathbf{D}_* - \mathbf{D}_{p,\theta}\rangle \tag{4.4.78}$$

gilt, wobei $\tilde{\mathbf{F}}_{p,\theta}$ wieder den F-Gradienten von $\tilde{f}_{p,\theta}$ bezeichne. Unter Beachtung von Satz 4.18 erhalten wir hiermit

$$\begin{aligned} m\,\|\mathbf{D}_* - \mathbf{D}_{p,\theta}\|^2 &\le \tilde{f}_{p,\theta}(\mathbf{D}_*) - \tilde{f}_{p,\theta}(\mathbf{D}_{p,\theta}) \\ &= \tilde{f}_{p,\theta}(\mathbf{D}_*) - \tilde{f}(\mathbf{D}_*) - (\tilde{f}_{p,\theta}(\mathbf{D}_{p,\theta}) - \tilde{f}(\mathbf{D}_*)). \end{aligned} \tag{4.4.79}$$

Für alle $\mathbf{D} \in \mathfrak{D}$ liefert der erste Teil des Beweises von Satz 4.17 (vgl. Beziehung (4.4.69)) nun aber

$$\tilde{f}_{p,\theta}(\mathbf{D}_*) - \tilde{f}(\mathbf{D}_*) \le \mu_{p,\theta}\tilde{f}(\mathbf{D}), \tag{4.4.80}$$

während der Abschätzung (4.4.66) zufolge

$$\tilde{f}_{p,\theta}(\mathbf{D}_{p,\theta}) - \tilde{f}(\mathbf{D}_*) \ge \lambda_{p,\theta}\tilde{f}(\mathbf{D}) \tag{4.4.81}$$

gilt. Hiermit erhalten wir aus (4.4.79) sofort

$$\begin{aligned} \|\mathbf{D}_* - \mathbf{D}_{p,\theta}\|^2 &\le \frac{1}{m}\mu_{p,\theta}\tilde{f}(\mathbf{D}) - \frac{1}{m}\lambda_{p,\theta}\tilde{f}(\mathbf{D}) \\ &= \frac{1}{m}(k^{\frac{1}{p}} - 1)\tilde{f}(\mathbf{D}), \end{aligned} \tag{4.4.82}$$

was wegen $\lim_{p\to\infty} k^{\frac{1}{p}} = 1$ schließlich $\lim_{p\to\infty} \mathbf{D}_{p,\theta} = \mathbf{D}_*$ impliziert. ■

Bemerkung 4.12 Mit $m = \sigma^2\lambda_{\min}(\mathbf{\Omega})$ können wir eine Konstante, für welche die Ungleichung (4.4.78) und damit auch Beziehung (4.4.82) erfüllt ist, direkt angeben. Hierfür beachte man, daß die Abbildung $\tilde{f}_{p,\theta}$ mit Hilfe der in (4.4.10) und (4.4.26) erklärten Funktionen g_1 und h_p in der Form $\tilde{f}_{p,\theta} = \sigma^2 g_1 + \tau\theta^{1/p}h_p$ darstellbar ist. Bezeichnen daher $\mathbf{G}_1 : \mathbb{R}^{m\times n} \to \mathbb{R}^{m\times n}$ und $\mathbf{H}_p : \mathbb{R}^{m\times n} \to \mathbb{R}^{m\times n}$ die jeweiligen Gradienten, so folgt mit der Summenregel aus Satz B.1 wegen der Konvexität von h_p zunächst

$$\begin{aligned}
&\tilde{f}_{p,\theta}(\mathbf{D}_*) - \tilde{f}_{p,\theta}(\mathbf{D}_{p,\theta}) - \langle \tilde{\mathbf{F}}_{p,\theta}(\mathbf{D}_{p,\theta}), \mathbf{D}_* - \mathbf{D}_{p,\theta}\rangle \\
&\quad = \sigma^2[g_1(\mathbf{D}_*) - g_1(\mathbf{D}_{p,\theta}) - \langle \mathbf{G}_1(\mathbf{D}_{p,\theta}), \mathbf{D}_* - \mathbf{D}_{p,\theta}\rangle] \\
&\quad\qquad + \tau\theta^{1/p}[h_p(\mathbf{D}_*) - h_p(\mathbf{D}_{p,\theta}) - \langle \mathbf{H}_p(\mathbf{D}_{p,\theta}), \mathbf{D}_* - \mathbf{D}_{p,\theta}\rangle] \\
&\quad \geq \sigma^2[g_1(\mathbf{D}_*) - g_1(\mathbf{D}_{p,\theta}) - \langle \mathbf{G}_1(\mathbf{D}_{p,\theta}), \mathbf{D}_* - \mathbf{D}_{p,\theta}\rangle]
\end{aligned}$$

Nach Beispiel C.4 ist g_1 aber gleichmäßig konvex mit

$$g_1(\mathbf{D}_*) - g_1(\mathbf{D}_{p,\theta}) - \langle \mathbf{G}_1(\mathbf{D}_{p,\theta}), \mathbf{D}_* - \mathbf{D}_{p,\theta}\rangle \geq \lambda_{\min}(\mathbf{\Omega}) \parallel \mathbf{D}_* - \mathbf{D}_{p,\theta}^2 \parallel,$$

womit obige Behauptung bewiesen ist. □

Bemerkung 4.13 Man beachte, daß die Ungleichungen (4.4.71) und (4.4.82) als a priori Fehlerschranken verwendet werden können. Insbesondere erhalten wir aus (4.4.71) für $\mathbf{D} = \mathbf{D}_*$ mit

$$\frac{\tilde{f}(\mathbf{D}_*) - \tilde{f}_{p,\theta}(\mathbf{D}_{p,\theta})}{\tilde{f}_{p,\theta}(\mathbf{D}_*)} \leq (\theta^{-\frac{1}{p}} - 1), \tag{4.4.83}$$

eine interessante Abschätzung des relativen Fehlers für den Optimalwert $\tilde{f}(\mathbf{D}_*)$. Die Fehlerschranken sind natürlich nur dann von praktischem Nutzen, wenn die Ersatzprobleme exakt lösbar sind. In der Regel wird man sich jedoch mit einer numerischen Lösung begnügen und damit einen weiteren Fehler in Kauf nehmen müssen. □

Korollar 4.3 und Satz 4.19 zeigen, daß wir sowohl den Optimalwert $\tilde{f}(\mathbf{D}_*)$ als auch die Lösung $\mathbf{D}_*$ des Originalproblems (4.4.8)+(4.4.9) mit Hilfe der Ersatzaufgaben (4.4.19)+(4.4.20) grundsätzlich mit beliebiger Genauigkeit approximieren können. Mit Blick auf die eingangs betrachteten Spezialfälle bedeutet dies, daß das Minimax-Risiko und die Minmax-Schätzer für alle von uns betrachteten Vorinformationsmengen, insbesondere also auch bei degeneriertem a priori Ellipsoid, in kontrollierbarer Art und Weise angenähert werden können. Hiermit können die von STAHLECKER und LAUTERBACH erzielten Ergebnisse entscheidend erweitert werden.

Zur algorithmischen Bestimmung der Lösung $\mathbf{D}_*$ sind nun grundsätzlich zwei verschiedene Vorgehensweisen denkbar. Zum einen könnte man bspw. auf Basis der

Fehlerabschätzung (4.4.82) ein hinreichend großes $p \in \mathbb{N}$ bestimmen, das Ersatzproblem (4.4.19)+(4.4.20) hierfür numerisch lösen und die resultierende Matrix $\hat{\mathbf{D}}_{p,\theta}$ als Annäherung der gesuchten Lösung $\mathbf{D}_*$ des Originalproblems verwenden. Hierbei steht zur Behandlung der Ersatzprobleme das gesamte Arsenal an iterativen Lösungsalgorithmen für restringierte Optimierungsaufgaben zur Verfügung.[30]

Für die unrestringierte Variante des Originalproblems hat sich allerdings eine alternative Strategie zur approximativen Bestimmung von $\mathbf{D}_*$ bewährt, welche auch im allgemeinen Fall praktikabel erscheint. Hierbei wird das Ersatzproblem sukzessive für eine Folge $(p_j)_{j \in \mathbb{N}}$ von Indizes numerisch gelöst. Man erhält auf diese Weise eine Matrizenfolge $(\hat{\mathbf{D}}_{p_j,\theta})_{j \in \mathbb{N}}$ und beendet die Iteration auf Basis eines geeigneten Konvergenzkriteriums. Auf der Stufe p_j bietet sich dabei als Startwert für den zur Lösung der Ersatzaufgabe verwendeten Algorithmus gerade die numerische Lösung $\hat{\mathbf{D}}_{p_{j-1},\theta}$ aus dem vorangegangenen Schritt an.

Auf eine vertiefende Diskussion der Ansätze, insbesondere auf die konkrete algorithmische Umsetzung der skizzierten Vorgehensweisen wollen wir an dieser Stelle verzichten. Durch Simulationsstudien ist diesbezüglich zu prüfen, ob der numerische Mehraufwand bei der Bestimmung exakter Minimax-Schätzer mit den hierbei zu erzielenden Risikoverbesserungen gegenüber den vergleichsweise leicht zu ermittelnden Quasi-Minimax-Schätzern überhaupt zu rechtfertigen ist. Entsprechende Analysen für den Fall kompakter a priori Ellipsoide lassen dies zumindest bei Vorliegen von starker Multikollinearität zweifelhaft erscheinen. Eine endgültige Beantwortung dieser Frage soll aber späteren Arbeiten vorbehalten bleiben.[31]

4.5 Kombination von degenerierten Ellipsoid- und linearen Gleichungsrestriktionen

In diesem Abschnitt wollen wir uns mit der simultanen Berücksichtigung eines nichtkompakten a priori Ellipsoiden und linearer Gleichungsbeschränkungen befassen. Weil dieser von Stahlecker, Trenkler (1991) problematisierte Fall für den weiteren Verlauf jedoch von untergeordneter Bedeutung ist, beschränken wir uns hierbei auf die Angabe der wesentlichen Resultate und verzichten insbesondere auf die Reproduktion der z.T. recht aufwendigen Beweise.

[30] Wir verweisen diesbezüglich auf das aktuelle Lehrbuch von Geiger, Kanzow (2002).

[31] Eine ausführliche Diskussion und Evaluation der verschiedenen numerischen Methoden für die den kompakten Ellipsoidfall repräsentierende unrestringierte Minimerung von $\tilde{f}_{p,\alpha}$ findet man in Lauterbach (1989) und Lauterbach, Stahlecker (1992). Man vergleiche hierzu auch die Arbeiten von Stahlecker, Lauterbach (1989) und Schmidt (1992).

Nehmen wir also an, daß neben der nichtkompakten ellipsoidalen Vorinformationsmenge

$$\mathcal{E} := \left\{ \boldsymbol{\beta} \in \mathbb{R}^k \middle| (\boldsymbol{\beta} - \boldsymbol{\beta}_0)'\mathbf{T}(\boldsymbol{\beta} - \boldsymbol{\beta}_0) \leq 1, \ \mathbf{T} \in \mathbb{R}^{k \times k} \text{ n.n.d.} \right\}$$

auch eine lineare Restriktion der Form

$$\mathbf{R}\boldsymbol{\beta} = \mathbf{r} \tag{4.5.1}$$

vorliegt, wobei $\mathbf{R} \in \mathbb{R}^{q \times k}$ und $\mathbf{r} \in \mathbb{R}^q$ bekannt seien. Wir fassen die a priori Kenntnisse über den unbekannten Parametervektor in der Menge

$$\mathcal{B} = \left\{ \boldsymbol{\beta} \in \mathbb{R}^k \middle| (\boldsymbol{\beta} - \boldsymbol{\beta}_0)'\mathbf{T}(\boldsymbol{\beta} - \boldsymbol{\beta}_0) \leq 1, \ \mathbf{R}\boldsymbol{\beta} = \mathbf{r}, \ \mathbf{T} \text{ n.n.d.} \right\} \tag{4.5.2}$$

zusammen. Zur Schätzung von $\boldsymbol{\beta}$ werden wie in Abschnitt 3.2.3 affin-lineare Schätzer aus der Klasse

$$\mathcal{D}(\mathbf{c}) := \left\{ \mathbf{b} \middle| \mathbf{b} = \mathbf{c} + \mathbf{C}(\mathbf{y} - \mathbf{X}\mathbf{c}) \text{ mit } \mathbf{C} \in \mathbb{R}^{k \times n} \right\} \tag{4.5.3}$$

herangezogen, wobei der Vektor $\mathbf{c} \in \mathbb{R}^k$ erneut gewisse a priori Vorstellungen des Anwenders über die Lage von $\boldsymbol{\beta}$ repräsentieren soll und zunächst nicht näher spezifiziert wird. Für beliebiges $\mathbf{b} \in \mathcal{D}(\mathbf{c})$ besitzt das Risiko bekanntermaßen die Gestalt

$$R_{\mathbf{A}}(\mathbf{b}, \boldsymbol{\beta}) = \sigma^2 \text{tr}\left\{ \boldsymbol{\Omega}\mathbf{C}'\mathbf{A}\mathbf{C} \right\} + (\boldsymbol{\beta} - \mathbf{c})'\mathbf{Q}(\mathbf{C})(\boldsymbol{\beta} - \mathbf{c}) \tag{4.5.4}$$

mit

$$\mathbf{Q}(\mathbf{C}) = (\mathbf{C}\mathbf{X} - \mathbf{I})'\mathbf{A}(\mathbf{C}\mathbf{X} - \mathbf{I}). \tag{4.5.5}$$

Wir wollen zunächst wieder Bedingungen dafür angeben, daß die Restriktionen widerspruchsfrei sind, die Menge $\mathcal{B}$ also nichtleer ist. Hierfür setzen wir

$$\mathbf{z} := \mathbf{r} - \mathbf{R}\boldsymbol{\beta}_0 \tag{4.5.6}$$

sowie

$$\mathbf{t} := \boldsymbol{\beta} - \boldsymbol{\beta}_0 \tag{4.5.7}$$

und führen unter Verwendung der Vollrangzerlegung $\mathbf{T} = \mathbf{W}'\mathbf{W}$, $\mathbf{W} \in \mathbb{R}^{r \times k}$, die Menge

$$\begin{aligned} \mathcal{T} &:= \left\{ \mathbf{t} \in \mathbb{R}^k \middle| \mathbf{R}\mathbf{t} = \mathbf{z}, \ \mathbf{t}'\mathbf{W}'\mathbf{W}\mathbf{t} \leq 1 \right\} \\ &= \left\{ \mathbf{t} \in \mathbb{R}^k \middle| \ \mathbf{R}\mathbf{t} = \mathbf{z}, \mathbf{W}\mathbf{t} = \mathbf{v} \text{ für ein } \mathbf{v} \in \mathcal{V} \right\} \end{aligned} \tag{4.5.8}$$

mit

$$\mathcal{V} := \left\{ \mathbf{v} \in \mathbb{R}^k \middle| \mathbf{v}'\mathbf{v} \leq 1 \right\} \tag{4.5.9}$$

ein. Dann läßt sich $\mathcal{B}$ offensichtlich in der Form

$$\mathcal{B} = \left\{ \boldsymbol{\beta} \in \mathbb{R}^k \middle| \boldsymbol{\beta} = \boldsymbol{\beta}_0 + \mathbf{t},\ \mathbf{t} \in \mathcal{T} \right\}$$

darstellen, so daß $\mathcal{B} \neq \emptyset$ genau dann gilt, wenn auch $\mathcal{T} \neq \emptyset$ ist. Unter Verwendung der Matrizen

$$\mathbf{Z} := \mathbf{R}^+\mathbf{R} + \mathbf{W}^+\mathbf{W}, \tag{4.5.10}$$

und

$$\mathbf{P} := \mathbf{W}^+\mathbf{W}\mathbf{Z}^+\mathbf{R}^+\mathbf{R} \tag{4.5.11}$$

kann man diesbezüglich das folgende Resultat formulieren:

Satz 4.20 *Die Menge $\mathcal{T}$ aus (4.5.8) ist genau dann nichtleer, wenn die Bedingungen*

$$\mathbf{R}\mathbf{R}^+ = \mathbf{z} \tag{4.5.12}$$

und

$$\mathbf{z}'(\mathbf{R}^+)'[\mathbf{P}(\mathbf{W}'\mathbf{W})^+\mathbf{P}]^+\mathbf{R}^+\mathbf{z} \leq 4 \tag{4.5.13}$$

erfüllt sind. In diesem Fall gilt $\mathbf{t} \in \mathcal{T}$ genau dann, wenn sich $\mathbf{t}$ für eine beliebige verallgemeinerte Inverse $\mathbf{Z}^-$ von $\mathbf{Z}$ in der Form

$$\mathbf{t} = \mathbf{Z}^-(\mathbf{R}^+\mathbf{z} + \mathbf{W}^+\mathbf{v}) + \mathbf{s} \tag{4.5.14}$$

mit $\mathbf{s} \in \mathcal{N}(\mathbf{R}) \cap \mathcal{N}(\mathbf{W})$ sowie $\mathbf{v} \in \mathcal{V}$ und $\mathbf{P}\mathbf{W}^+\mathbf{v} = \mathbf{P}\mathbf{R}^+\mathbf{z}$ darstellen läßt.

Beweis: Siehe STAHLECKER, TRENKLER (1991), S. 165 ff. ■

Der folgende Satz liefert eine Antwort auf die Frage, wann die Vorinformationsmenge $\mathcal{B}$ trotz der Degeneriertheit des zugrundeliegenden Ellipsoiden kompakt ist.

Satz 4.21 *Die Vorinformationsmenge $\mathcal{B}$ aus (4.5.2) sei nichtleer. Dann ist $\mathcal{B}$ genau dann kompakt, wenn eine der folgenden Bedingungen erfüllt ist:*

(i) Die $((q+r) \times k)$-Matrix $\begin{pmatrix} \mathbf{R} \\ \mathbf{W} \end{pmatrix}$ besitzt vollen Spaltenrang k.

(ii) Die Matrix $(\mathbf{R}'\mathbf{R} + \mathbf{W}'\mathbf{W})$ ist regulär.

(iii) Die Matrix $\mathbf{Z} = (\mathbf{R}^+\mathbf{R} + \mathbf{W}^+\mathbf{W})$ ist regulär.

Beweis: Siehe STAHLECKER, TRENKLER (1991), S. 168 f. ■

Bei kompakter Vorinformationsmenge wirft die Verknüpfung von Ellipsoidrestriktionen und linearen Gleichungsbeschränkungen keine grundsätzlichen Schwierigkeiten auf, da die Existenz des maximalen Risikos nach dem Satz von Weierstraß gesichert ist. Die Überlegungen für die entsprechende Problemstellung im kompakten

Ellipsoidfall (vgl. hierzu Abschnitt 3.2.3) lassen sich dann nahezu unverändert auf die vorliegende Situation übertragen. Wir wollen das Vorgehen im folgenden kurz skizzieren.[32]

In einem ersten Schritt bestimmt man die dem Minimax-Prinzip genügende a priori Einschätzung für $\boldsymbol{\beta}$. Ausgangspunkt ist die Darstellung des maximalen Risikos eines Schätzers $\mathbf{b} = \mathbf{c} + \mathbf{C}(\mathbf{y} - \mathbf{X}\mathbf{c})$ in der Form

$$\max_{\boldsymbol{\beta} \in \mathcal{B}} R_{\mathbf{A}}(\mathbf{b}, \boldsymbol{\beta}) = \sigma^2 \mathrm{tr}\,\{\boldsymbol{\Omega}\mathbf{C}'\mathbf{A}\mathbf{C}\} + \max_{\mathbf{t} \in \mathcal{T}} (\mathbf{t} - \mathbf{t}_c)'\mathbf{Q}(\mathbf{C})(\mathbf{t} - \mathbf{t}_c), \tag{4.5.15}$$

mit $\mathbf{t} = \boldsymbol{\beta} - \boldsymbol{\beta}_0$ und $\mathbf{t}_c = \mathbf{c} - \boldsymbol{\beta}_0$. Für den zweiten Summanden läßt sich mit Hilfe eines Symmetrieargumentes die Ungleichung

$$\max_{\mathbf{t} \in \mathcal{T}} (\mathbf{t} - \mathbf{t}_c)'\mathbf{Q}(\mathbf{C})(\mathbf{t} - \mathbf{t}_c) \geq \max_{\mathbf{t} \in \mathcal{T}} (\mathbf{t} - \mathbf{t}_*)'\mathbf{Q}(\mathbf{C})(\mathbf{t} - \mathbf{t}_*) \tag{4.5.16}$$

nachweisen, wobei für eine beliebige verallgemeinerte Inverse $\mathbf{Z}^-$ von $\mathbf{Z}$

$$\mathbf{t}_* := \mathbf{Z}^-(\mathbf{R}^+\mathbf{z} + \mathbf{W}^+\mathbf{v}_*) \tag{4.5.17}$$

mit

$$\mathbf{v}_* := (\mathbf{P}\mathbf{W}^+)^+\mathbf{P}\mathbf{R}^+\mathbf{z} \tag{4.5.18}$$

gesetzt wurde. Als Anfangsnäherung für $\boldsymbol{\beta}$ ist daher $\mathbf{c}_* := \boldsymbol{\beta}_0 + \mathbf{t}_*$ zu wählen.

Im Hinblick auf die Ableitung des maximalen Risikos in der hiermit verbundenen Schätzerklasse $\mathcal{D}(\mathbf{c}_*)$ bemerken wir zunächst, daß für den Vektor $\mathbf{v}_*$ aus (4.5.18) zum einen $\mathbf{P}\mathbf{W}^+\mathbf{v}_* = \mathbf{P}\mathbf{R}^+\mathbf{z}$ und nach Beziehung (4.5.13) auch $\mathbf{v}_*'\mathbf{v}_* \leq 1$ gilt. Aus Satz 4.20 folgt damit $\mathbf{t}_* \in \mathcal{T}$. Weil im Fall der Kompaktheit von $\mathcal{T}$ wie aus Satz 4.21 (i) ersichtlich $\mathcal{N}(\mathbf{R}) \cap \mathcal{N}(\mathbf{W}) = \{\mathbf{0}\}$ sein muß, erhält man für jeden beliebigen Vektor $\mathbf{t} \in \mathcal{T}$ auf Basis seiner allgemeinen Darstellung (4.5.14) außerdem

$$(\mathbf{t} - \mathbf{t}_*)'\mathbf{Q}(\mathbf{C})(\mathbf{t} - \mathbf{t}_*) = (\mathbf{v} - \mathbf{v}_*)'(\mathbf{Z}^-\mathbf{W}^+)'\mathbf{Q}(\mathbf{C})\mathbf{Z}^-\mathbf{W}^+(\mathbf{v} - \mathbf{v}_*). \tag{4.5.19}$$

In völliger Analogie zur Vorgehensweise im kompakten Ellipsoidfall kann nun gezeigt werden, daß das Maximum der rechten Seite von (4.5.19) bzgl. aller $\mathbf{v} \in \mathbb{R}^k$ mit $\mathbf{P}\mathbf{W}^+\mathbf{v} = \mathbf{P}\mathbf{R}^+\mathbf{z}$ und $\mathbf{v}'\mathbf{v} \leq 1$ durch $(1 - \mathbf{v}_*'\mathbf{v}_*)\lambda_{\max}[\mathbf{M}'\mathbf{Q}(\mathbf{C})\mathbf{M}]$ mit

$$\mathbf{M} = \mathbf{Z}^-\mathbf{W}^+[\mathbf{I} - (\mathbf{P}\mathbf{W}^+)^+\mathbf{P}\mathbf{W}^+] \tag{4.5.20}$$

gegeben ist, wobei o.B.d.A. $\lambda_{\max}[\mathbf{M}'\mathbf{Q}(\mathbf{C})\mathbf{M}] > 0$ und $\eta := (1 - \mathbf{v}_*'\mathbf{v}_*) > 0$ vorausgesetzt werden kann.[33]

Zusammenfassend erhalten wir das folgende Resultat:

---

[32] Vgl. hierzu Stahlecker, Trenkler (1991), S. 169 f.

[33] Für $\eta = 0$, d.h. $\mathbf{v}_*'\mathbf{v}_* = 1$, ergibt sich der triviale Fall $\mathcal{T} = \{\mathbf{t}_*\}$.

Satz 4.22 *Die Vorinformationsmenge $\mathcal{B}$ aus (4.5.2) sei nichtleer und kompakt. Dann gilt für alle $\mathbf{b} \in \mathcal{D}(\mathbf{c}_*)$*

$$\max_{\beta \in \mathcal{B}} R_{\mathbf{A}}(\mathbf{b}, \beta) = \sigma^2 \operatorname{tr}\{\mathbf{\Omega C' A C}\} + \eta \lambda_{\max}[\mathbf{M' Q(C) M}] \tag{4.5.21}$$

mit $\mathbf{M}$ gemäß (4.5.20) und $\eta := (1 - \mathbf{v}_*' \mathbf{v}_*)$.

Beweis: Siehe STAHLECKER, TRENKLER (1991), S. 169 f. ∎

Als Minimax-Problem ergibt sich im Fall einer kompakten Vorinformationsmenge $\mathcal{B}$ also die *unrestringierte* Minimierungsaufgabe

$$r(\mathbf{C}) := \sigma^2 \operatorname{tr}\{\mathbf{\Omega C' A C}\} + \eta \lambda_{\max}[\mathbf{M' Q(C) M}] \to \min_{\mathbf{C} \in \mathbb{R}^{k \times n}} ! \tag{4.5.22}$$

Wie üblich ist die explizite analytische Lösung des Problems wegen der Nichtdifferenzierbarkeit von $\lambda_{\max}[\mathbf{Q}(\cdot)]$ in der Regel nicht möglich. Auf Basis geeigneter Ersatzprobleme können wir aber in gewohnter Weise Approximationen für den Minimax-Schätzer ermitteln. Beachtet man, daß das Problem (4.5.22) formal identisch mit der Minimax-Aufgabe (3.2.79) bei simultaner Verarbeitung eines *kompakten* Ellipsoiden und linearer Restriktionen ist, so erhält man den Quasi-Minimax-Ansatz betreffend mit Satz 3.4 zunächst das folgende Resultat:

Satz 4.23 *Die Vorinformationsmenge $\mathcal{B}$ aus (4.5.2) sei nichtleer und kompakt. Ferner seien für $\theta > 0$ die Abbildungen*

$$\psi_\theta(\mathbf{C}) := \begin{cases} \mathbb{R}^{k \times n} & \to \quad \mathbb{R} \\ \mathbf{C} & \mapsto \quad \sigma^2 \operatorname{tr}\{\mathbf{\Omega C' A C}\} + \theta \eta \operatorname{tr}\{\mathbf{M' Q(C) M}\} \end{cases} \tag{4.5.23}$$

mit $\mathbf{Q(C)} = (\mathbf{CX} - \mathbf{I})'\mathbf{A}(\mathbf{CX} - \mathbf{I})$ und $\eta := 1 - \mathbf{v}_*' \mathbf{v}_*$ gegeben. Dann gilt:

(i) Für alle $\mathbf{C} \in \mathbb{R}^{k \times n}$ ist

$$\psi_{1/k}(\mathbf{C}) \leq r(\mathbf{C}) \leq \psi_1(\mathbf{C}). \tag{4.5.24}$$

Das maximale Risiko $r(\mathbf{C})$ aus (4.5.22) läßt sich also durch $\psi_{\frac{1}{k}}(\mathbf{C})$ und $\psi_1(\mathbf{C})$ nach unten und oben abschätzen.

(ii) Die Lösungen $\mathbf{C}_\theta$ des Optimierungsproblems

$$\psi_\theta(\mathbf{C}) \to \min_{\mathbf{C} \in \mathbb{R}^{k \times n}} ! \tag{4.5.25}$$

sind für alle $\theta > 0$ durch die Gleichung

$$\mathbf{A C}_\theta = \mathbf{A M}(\frac{1}{\theta \eta}\sigma^2 \mathbf{I} + \mathbf{M' X' \Omega^{-1} X M})^{-1} \mathbf{M' X' \Omega^{-1}} \tag{4.5.26}$$

gegeben. Eine spezielle von der Gewichtungsmatrix $\mathbf{A}$ unabhängige Lösung lautet

$$\mathbf{C}_\theta = \mathbf{M}(\frac{1}{\theta \eta}\sigma^2 \mathbf{I} + \mathbf{M' X' \Omega^{-1} X M})^{-1} \mathbf{M' X' \Omega^{-1}}. \tag{4.5.27}$$

(iii) Das Minimum von ψ_θ ist für alle $\theta > 0$ durch

$$\psi_\theta(\mathbf{C}_\theta) = \theta\eta \operatorname{tr}\left\{\mathbf{A}(\mathbf{I} - \mathbf{C}_\theta\mathbf{X})\mathbf{M}\mathbf{M}'\right\} \tag{4.5.28}$$

gegeben.

(iv) Kann die Gewichtungsmatrix des Risikos in der Form $\mathbf{A} = \mathbf{a}\mathbf{a}'$ mit $\mathbf{a} \in \mathbb{R}^{k\times 1}$ dargestellt werden, so liefert jede der Gleichung (4.5.26) für $\theta = 1$ genügende Matrix $\mathbf{C}_* = \mathbf{C}_1$ einen exakten Minimax-Schätzer $\mathbf{b}_* = \mathbf{c}_* + \mathbf{C}_*(\mathbf{y} - \mathbf{X}\mathbf{c}_*)$ für die Vorinformationsmenge $\mathcal{B}$ aus (4.5.2) in der Klasse $\mathcal{D}(\mathbf{c}_*)$.

Beweis: Alle Behauptungen ergeben sich nach Ersetzen der Matrix **U** durch **M** sofort aus Satz 3.4. ■

Wie leicht zu überprüfen, ist das Minimax-Problem (4.5.22) ein Spezialfall der in Abschnitt 4.4 behandelten allgemeinen Optimierungsaufgabe (4.4.1)+(4.4.2). Die hierfür gewonnenen Ergebnisse stellen sicher, daß die exakte Minimax-Lösung existiert und durch die entsprechenden p-Approximationen beliebig genau angenähert werden kann. Wir können den Fall einer kompakten Vorinformationsmenge damit als „erledigt" betrachten.

Wenden wir uns nun dem Fall zu, daß durch die Einbringung der Zusatzinformationen vom linearen Gleichungstyp keine Kompaktheit der Vorinformationsmenge $\mathcal{B}$ erreicht und damit die Existenz des maximalen Risikos nicht mehr garantiert werden kann. Da die Ungleichung (4.5.16) auch für „sup" an Stelle von „max" gültig bleibt, dürfen wir uns weiterhin auf die Betrachtung der Schätzerklasse $\mathcal{D}(\mathbf{c}_*)$ beschränken.

Mit Hilfe der im folgenden Satz angegebenen Bedingungen können zunächst alle Schätzfunktionen $\mathbf{b} \in \mathcal{D}(\mathbf{c}_*)$ mit endlichem supremalen Risiko identifiziert werden.

Satz 4.24 *Die Vorinformationsmenge $\mathcal{B}$ aus (4.5.2) sei nichtleer. Man betrachte eine Schätzfunktion $\mathbf{b} = \mathbf{c}_* + \mathbf{C}(\mathbf{y} - \mathbf{X}\mathbf{c}_*)$ mit $\mathbf{C} \in \mathbb{R}^{k\times n}$ beliebig. Dann ist*

$$\sup_{\beta\in\mathcal{B}} R_{\mathbf{A}}(\mathbf{b},\beta) < \infty \tag{4.5.29}$$

genau dann, wenn

$$\mathbf{ACXG} = \mathbf{AG} \tag{4.5.30}$$

mit $\mathbf{G} = \mathbf{I} - \mathbf{Z}^+\mathbf{Z}$ gilt.

Beweis: Siehe Stahlecker, Trenkler (1991), S. 173. Man rufe sich hierzu auch die Herleitung des entsprechenden Resultats für den Fall der isolierten Betrachtung nichtkompakter Ellipsoide aus Satz 4.2 in Erinnerung. ■

Bemerkung 4.14 Gleichung (4.5.30) besitzt wie wir wissen genau dann eine Lösung, wenn die Konsistenzbedingung

$$\mathbf{AG}(\mathbf{XG})^{-}\mathbf{XG} = \mathbf{AG} \tag{4.5.31}$$

erfüllt ist. □

STAHLECKER, TRENKLER (1991) zeigen nun auf die aus dem Beweis von Satz 4.3 bekannte Weise, daß das maximale Risiko eines Schätzers $\mathbf{b} \in \mathcal{D}(\mathbf{c}_*)$ im Falle der Existenz wiederum durch

$$r(\mathbf{C}) = \sigma^2 \mathrm{tr}\,\{\mathbf{\Omega C' A C}\} + \eta\lambda_{\max}[\mathbf{M'Q(C)M}] \tag{4.5.32}$$

gegeben ist. Die Beschränkung auf Schätzfunktionen mit endlichem supremalen Risiko führt uns damit auf die nichtdifferenzierbare restringierte Optimierungsaufgabe

$$r(\mathbf{C}) \to \min_{\mathbf{C}\in\mathbb{R}^{k\times n}} ! \tag{4.5.33}$$

unter der Nebenbedingung

$$\mathbf{ACXG} = \mathbf{AG}. \tag{4.5.34}$$

Dieses Problem ist nur wenig komplexer als das Minimax-Problem bei isolierter Betrachtung degenerierter a priori Ellipsoide. Die i. allg. nicht analytisch zu bestimmenden Lösungen lassen sich mit Hilfe des Quasi-Minimax-Ansatzes auf Basis der Abschätzung (4.5.24) aus Satz 4.23 (i) zunächst einmal wieder in inflexibler Form approximieren. Unter Verwendung der Ergebnisse aus Satz 4.5 erhalten wir diesbezüglich das folgende Resultat:

Satz 4.25 *Für beliebiges $\theta > 0$ betrachte man die Abbildungen ψ_θ aus (4.5.23). Die Konsistenzbedingung (4.5.31) sei erfüllt. Dann gilt:*

(i) Die Lösungen $\mathbf{C}_\theta$ des Minimierungsproblems

$$\psi_\theta(\mathbf{C}) \to \min_{\mathbf{C}\in\mathbb{R}^{k\times n}} ! \tag{4.5.35}$$

unter der Nebenbedingung

$$\mathbf{ACXG} = \mathbf{AG} \tag{4.5.36}$$

sind gegeben durch

$$\mathbf{AC}_\theta = \mathbf{AG}(\mathbf{GX'F}_\theta^{-1}\mathbf{XG})^{+}\mathbf{GX'F}_\theta^{-1} + \theta\eta\mathbf{AMM'X'F}_\theta^{-\frac{1}{2}}\mathbf{P}_\theta\mathbf{F}_\theta^{-\frac{1}{2}} \tag{4.5.37}$$

mit

$$\mathbf{F}_\theta := \sigma^2\mathbf{\Omega} + \theta\eta\mathbf{XMM'X'} \tag{4.5.38}$$

und

$$\mathbf{P}_\theta := \mathbf{I} - \mathbf{F}_\theta^{-1/2}\mathbf{XG}(\mathbf{F}_\theta^{-1/2}\mathbf{XG})^{+}. \tag{4.5.39}$$

(ii) Das Minimum von $\psi_\theta(\mathbf{C})$ unter der Nebenbedingung (4.5.36) lautet

$$\begin{aligned}\psi_\theta(\mathbf{C}_\theta) &= \operatorname{tr}\left\{\theta\eta\mathbf{A}(\mathbf{I}-\mathbf{C}_\theta\mathbf{X})\mathbf{M}\mathbf{M}' - \mathbf{A}\mathbf{L}_\theta'\mathbf{G}(\mathbf{G}\mathbf{X}'\mathbf{F}_\theta^{-1}\mathbf{X}\mathbf{G})^+\mathbf{G}\right\} \\ &= \operatorname{tr}\left\{\sigma^2\mathbf{A}\mathbf{M}[\frac{\sigma^2}{\theta\eta}\mathbf{I}+\mathbf{M}'\mathbf{X}'\mathbf{\Omega}^{-1}\mathbf{X}\mathbf{M}]^{-1}\mathbf{M}'\right. \\ &\qquad \left. +\mathbf{A}\mathbf{L}_\theta'\mathbf{G}(\mathbf{G}\mathbf{X}'\mathbf{F}_\theta^{-1}\mathbf{X}\mathbf{G})^+\mathbf{G}\mathbf{L}_\theta\right\} \qquad (4.5.40)\end{aligned}$$

mit

$$\mathbf{L}_\theta := \theta\eta\mathbf{X}'\mathbf{F}_\theta^{-1}\mathbf{X}\mathbf{M}\mathbf{M}' - \mathbf{I}. \qquad (4.5.41)$$

(iii) Kann die Gewichtungsmatrix des Risikos in der Form $\mathbf{A} = \mathbf{a}\mathbf{a}'$ mit $\mathbf{a} \in \mathbb{R}^{k\times 1}$ dargestellt werden, so liefert jede der Gleichung (4.5.37) für $\theta = 1$ genügende Matrix $\mathbf{C}_*$ einen exakten Minimax-Schätzer $\mathbf{b}_* = \mathbf{c}_* + \mathbf{C}_*(\mathbf{y} - \mathbf{X}\mathbf{c}_*)$ für die Vorinformationsmenge $\mathcal{B}$ aus (4.5.2) in der Klasse $\mathcal{D}(\mathbf{c}_*)$.

Beweis: Mit $\mathbf{M}$ für $\mathbf{W}^-$ (und $\theta\eta$ an Stelle von θ) ergeben sich die Behauptungen (i) und (ii) sofort aus Satz 4.5. Man beachte hierbei, daß die Eigenschaften von $\mathbf{W}^-$ als verallgemeinerte Inverse zum Nachweis von Satz 4.5 nicht relevant sind. Für Aussage (iii) zeigt man auf bekannte Weise, daß die obere Schranke für das maximale Risiko im Fall Rang($\mathbf{A}$) = 1 angenommen wird. ■

Auch das Minimax-Problem (4.5.33)+(4.5.34) fällt nun schließlich wieder unter die in Abschnitt 4.4 behandelte allgemeine Problemklasse (4.4.1)+(4.4.2). Wie in allen anderen von uns betrachteten Fällen ist damit ist zum einen die Existenz eines Minimax-Schätzers gesichert und zum anderen die Möglichkeit seiner numerischen Ermittlung gegeben. Das Minimax-Schätzproblem bei simultaner Betrachtung von degenerierten Ellipsoidrestriktionen und linearen Gleichungsbeschränkungen ist damit grundsätzlich gelöst.

4.6 Gütevergleiche mit dem GLS-Schätzer

Im folgenden wollen wir die statistischen Güteeigenschaften des Minimax-Schätzers und seiner Approximationen studieren und damit insbesondere die Frage klären, ob die Einbringung von a priori Wissen tatsächlich zu einer Verbesserung der Schätzgenauigkeit führt. Wir beschränken uns hierbei auf den Fall der reinen Ellipsoidvorinformation

$$\boldsymbol{\beta} \in \mathcal{E} = \left\{\boldsymbol{\beta} | (\boldsymbol{\beta}-\boldsymbol{\beta}_0)'\mathbf{T}(\boldsymbol{\beta}-\boldsymbol{\beta}_0) \leq 1,\ \mathbf{T} \in \mathbb{R}^{k\times k} \text{ n.n.d.}\right\} \qquad (4.6.1)$$

und ziehen zum Vergleich den traditionellen unrestringierten KQ-Schätzer heran.[34] Es sollen zunächst die von STAHLECKER (1987) im Rahmen des Vollrangmodells

[34] Die Konzentration auf die Gegenüberstellung des Minimax- und des unrestringierten KQ-Schätzers stellt keine wesentliche Einschränkung der Allgemeinheit dar. Würden zusätzlich zum

für das kompakte a priori Ellipsoid erzielten Ergebnisse auf den vorliegenden degenerierten Fall erweitert werden. Anschließend befassen wir uns dann noch kurz mit den theoretischen Güteeigenschaften der Minimax-Schätzer unter der Voraussetzung perfekter Multikollinearität.

Bevor wir nun das erste Resultat für den exakten Minimax-Schätzer präsentieren, führen wir noch die für alle $\boldsymbol{\beta} \in \mathbb{R}^k$ durch

$$\Delta R_{\mathbf{A}}(\mathbf{b}_1, \mathbf{b}_2, \boldsymbol{\beta}) := R_{\mathbf{A}}(\mathbf{b}_1, \boldsymbol{\beta}) - R_{\mathbf{A}}(\mathbf{b}_2, \boldsymbol{\beta}) \tag{4.6.2}$$

erklärte Risikodifferenz zweier Schätzfunktionen $\mathbf{b}_1, \mathbf{b}_2$ ein. Hiermit gilt[35]

Satz 4.26 *Man betrachte das allgemeine lineare Regressionsmodell (1.1.1) unter den Annahmen (A1)-(A3), wobei zusätzlich Rang*$(\mathbf{X}) = k$ *gelte. Die Vorinformation für* $\boldsymbol{\beta}$ *sei beschrieben durch das Ellipsoid* $\mathcal{E}$ *aus (4.6.1). Gegeben sei weiter die Risikofunktion* $R_{\mathbf{A}}$ *mit* $\mathbf{A} \neq \mathbf{0}$ *n.n.d. Seien schließlich* $\mathbf{b}_* = \boldsymbol{\beta}_0 + \mathbf{C}_*(\mathbf{y} - \mathbf{X}\boldsymbol{\beta}_0)$ *ein Minimax-Schätzer für* $\boldsymbol{\beta}$ *in der Klasse* $\bar{\mathcal{D}}$ *und* $\mathbf{b}_{GLS} = (\mathbf{X}'\boldsymbol{\Omega}^{-1}\mathbf{X})^{-1}\mathbf{X}'\boldsymbol{\Omega}^{-1}\mathbf{y}$ *die verallgemeinerte KQ-Schätzfunktion. Dann gilt:*

(i) $\Delta R_{\mathbf{A}}(\mathbf{b}_{GLS}, \mathbf{b}_*, \boldsymbol{\beta}) \geq 0$ *für alle* $\boldsymbol{\beta} \in \mathcal{E}$

(ii) $\inf_{\boldsymbol{\beta}\in\mathcal{E}} \Delta R_{\mathbf{A}}(\mathbf{b}_{GLS}, \mathbf{b}_*, \boldsymbol{\beta}) \geq \inf_{\boldsymbol{\beta}\in\mathcal{E}} \Delta R_{\mathbf{A}}(\mathbf{b}_{GLS}, \mathbf{b}, \boldsymbol{\beta})$ *für alle* $\mathbf{b} \in \bar{\mathcal{D}}$.

Beweis: **(i)** Die Matrix $\mathbf{C}_*$ löst nach Satz 4.3 das restringierte Optimierungsproblem

$$r(\mathbf{C}) := \sigma^2 \operatorname{tr}\{\mathbf{AC\Omega C}'\} + \lambda_{\max}\left[(\mathbf{W}^-)'\mathbf{Q}(\mathbf{C})\mathbf{W}^-\right] \to \min_{\mathbf{C}\in\mathbb{R}^{k\times n}}! \tag{4.6.3}$$

unter der Nebenbedingung

$$\mathbf{ACXG} = \mathbf{AG}, \tag{4.6.4}$$

wobei $\mathbf{Q}(\mathbf{C}) = (\mathbf{CX} - \mathbf{I})'\mathbf{A}(\mathbf{CX} - \mathbf{I})$. Weil $\hat{\mathbf{C}} := (\mathbf{X}'\boldsymbol{\Omega}^{-1}\mathbf{X})^{-1}\mathbf{X}'\boldsymbol{\Omega}^{-1}$ der Nebenbedingung dieser Aufgabe genügt, ist insbesondere $r(\mathbf{C}_*) \leq r(\hat{\mathbf{C}})$. Wegen

$$r(\mathbf{C}_*) = \sup_{\boldsymbol{\beta}\in\mathcal{E}} R_{\mathbf{A}}(\mathbf{b}_*, \boldsymbol{\beta}) \tag{4.6.5}$$

a priori Ellipsoid lineare Gleichungsrestriktionen vorliegen, so könnten diese prinzipiell zum Entfernen gewisser Parameter genutzt werden. Im resultierenden reduzierten Modell verbliebe dann ausschließlich die ellipsoidale Vorinformation zu berücksichtigen. Vgl. hierzu auch STAHLECKER (1987), S. 175. Einen Gütevergleich des Minimax-Schätzers mit dem restringierten KQ-Schätzer, allerdings für den kompakten Ellipsoidfall, findet man ebenfalls in STAHLECKER (1987), Abschnitt 5.1.3.

[35]Für ein entsprechendes Ergebnis im kompakten Ellipsoidfall vgl. man STAHLECKER (1987), S. 176 f.

und

$$r(\hat{\mathbf{C}}) = \sigma^2 \operatorname{tr}\{\mathbf{A}\hat{\mathbf{C}}\boldsymbol{\Omega}\hat{\mathbf{C}}'\} = R_{\mathbf{A}}(\mathbf{b}_{GLS}, \boldsymbol{\beta}) \quad \forall \boldsymbol{\beta} \in \mathbb{R}^k \tag{4.6.6}$$

erhalten wir hiermit für alle $\boldsymbol{\beta} \in \mathcal{E}$ die Ungleichungskette

$$R_{\mathbf{A}}(\mathbf{b}_*, \boldsymbol{\beta}) \leq \sup_{\boldsymbol{\beta} \in \mathcal{E}} R_{\mathbf{A}}(\mathbf{b}_*, \boldsymbol{\beta}) \leq R_{\mathbf{A}}(\mathbf{b}_{GLS}, \boldsymbol{\beta}). \tag{4.6.7}$$

Auf der Vorinformationsmenge $\mathcal{E}$ gilt also $\Delta R_{\mathbf{A}}(\mathbf{b}_{GLS}, \mathbf{b}_*, \boldsymbol{\beta}) \geq 0$.

(ii) Weil $R_{\mathbf{A}}(\mathbf{b}_{GLS}, \boldsymbol{\beta})$ gar nicht von $\boldsymbol{\beta}$ abhängt, gilt für alle $\mathbf{b} \in \bar{\mathcal{D}}$

$$\begin{aligned} \inf_{\boldsymbol{\beta} \in \mathcal{E}} \Delta R_{\mathbf{A}}(\mathbf{b}_{GLS}, \mathbf{b}, \boldsymbol{\beta}) &= R_{\mathbf{A}}(\mathbf{b}_{GLS}, \boldsymbol{\beta}) - \sup_{\boldsymbol{\beta} \in \mathcal{E}} R_{\mathbf{A}}(\mathbf{b}, \boldsymbol{\beta}) \\ &\leq R_{\mathbf{A}}(\mathbf{b}_{GLS}, \boldsymbol{\beta}) - \inf_{\mathbf{b} \in \bar{\mathcal{D}}} \sup_{\boldsymbol{\beta} \in \mathcal{E}} R_{\mathbf{A}}(\mathbf{b}, \boldsymbol{\beta}) \\ &= R_{\mathbf{A}}(\mathbf{b}_{GLS}, \boldsymbol{\beta}) - \sup_{\boldsymbol{\beta} \in \mathcal{E}} R_{\mathbf{A}}(\mathbf{b}_*, \boldsymbol{\beta}) \\ &= \inf_{\boldsymbol{\beta} \in \mathcal{E}} \Delta R_{\mathbf{A}}(\mathbf{b}_{GLS}, \mathbf{b}_*, \boldsymbol{\beta}). \end{aligned} \tag{4.6.8}$$

■

Teil (i) des vorangegangenen Satzes besagt, daß der Minimax-Schätzer $\mathbf{b}_*$ auf der Vorinformationsmenge $\mathcal{E}$ bzgl. $R_{\mathbf{A}}$ zumindest nicht schlechter als die verallgemeinerte KQ-Schätzfunktion ist. Gemäß (ii) maximiert er dabei die jeweils kleinste Risikodifferenz zwischen dem GLS-Schätzer und $\mathbf{b} \in \bar{\mathcal{D}}$. In diesem Sinne stellt der Minimax-Schätzer also die „beste Verbesserung" des verallgemeinerten KQ-Schätzers dar.

Wir wollen dem verallgemeinerten Kleinste-Quadrate-Schätzer nun (weiterhin im Rahmen des Vollrangmodells) die p-Approximationen des Minimax-Schätzers gegenüberstellen, wobei wir uns in Anbetracht von Satz 4.10 und Beispiel 4.6 auf den Fall $\mathbf{AS}^{-1}\mathbf{T} \neq \mathbf{0}$, $\mathbf{S} = \mathbf{X}'\boldsymbol{\Omega}^{-1}\mathbf{X}$, beschränken können.[36] Für $p \in \mathbb{N}$ und $\theta > 0$ betrachten wir im folgenden also die Schätzfunktionen

$$\mathbf{b}_{p,\theta} = \boldsymbol{\beta}_0 + \mathbf{C}_{p,\theta}(\mathbf{y} - \mathbf{X}\boldsymbol{\beta}_0) \tag{4.6.9}$$

mit $\mathbf{BC}_{p,\theta} = \mathbf{D}_{p,\theta}$, wobei $\mathbf{D}_{p,\theta}$ jeweils die eindeutige Lösung der Ersatzaufgabe

$$\sigma^2 \operatorname{tr}\{\boldsymbol{\Omega}\mathbf{D}'\mathbf{D}\} + [\operatorname{tr}\{\theta\tilde{\mathbf{Q}}(\mathbf{D})^p\}]^{1/p} \to \min_{\mathbf{D} \in \mathbb{R}^{m \times n}} ! \tag{4.6.10}$$

unter der Nebenbedingung

$$\mathbf{DXG} = \mathbf{BG} \tag{4.6.11}$$

[36]Zur Erinnerung: Gilt $\mathbf{AS}^{-1}\mathbf{T} = \mathbf{0}$, so ist der GLS-Schätzer selbst sowohl approximative als auch exakte Minimax-Schätzfunktion. Die entsprechenden Risikodifferenzen sind daher gleich Null.

mit

$$\tilde{\mathbf{Q}}(\mathbf{D}) := (\mathbf{W}_{\mathbf{S}}^{-})'(\mathbf{DX}-\mathbf{B})'(\mathbf{DX}-\mathbf{B})\mathbf{W}_{\mathbf{S}}^{-} \tag{4.6.12}$$

und $\mathbf{W}_{\mathbf{S}}^{-} := \mathbf{S}^{-1}\mathbf{W}'(\mathbf{WS}^{-1}\mathbf{W}')^{-1}$ bezeichne. Wie in Abschnitt 4.4 liege dieser Darstellung eine Vollrangzerlegung $\mathbf{A} = \mathbf{B}'\mathbf{B}$ mit $\mathbf{B} \in \mathbb{R}^{m\times k}$, $m :=$Rang$(\mathbf{A})$, zugrunde. Es gilt dann das folgende Resultat:[37]

Satz 4.27 *Man betrachte das allgemeine lineare Regressionsmodell (1.1.1) unter den Annahmen (A1)-(A3), wobei zusätzlich Rang*$(\mathbf{X}) = k$ *gelte. Die Vorinformation für* $\boldsymbol{\beta}$ *sei beschrieben durch das Ellipsoid* $\mathcal{E}$ *aus (4.6.1). Gegeben sei weiter die Risikofunktion* $R_{\mathbf{A}}$ *mit* $\mathbf{A} \neq \mathbf{0}$ *n.n.d. Dabei gelte* $\mathbf{AS}^{-1}\mathbf{T} \neq \mathbf{0}$. *Seien schließlich* $\mathbf{b}_{GLS} = (\mathbf{X}'\boldsymbol{\Omega}^{-1}\mathbf{X})^{-1}\mathbf{X}'\boldsymbol{\Omega}^{-1}\mathbf{y}$ *die verallgemeinerte KQ-Schätzfunktion und* $\mathbf{b}_{p,\theta} = \boldsymbol{\beta}_0 + \mathbf{C}_{p,\theta}(\mathbf{y} - \mathbf{X}\boldsymbol{\beta}_0)$, $p \in \mathbb{N}$, $\theta > 0$, *ein approximativer Minimax-Schätzer für* $\boldsymbol{\beta}$. *Dann gilt:*

(i) Ist $\theta > (\frac{1}{2})^p$, *dann ist* $\mathbf{b}_{p,\theta}$ *bzgl.* $R_{\mathbf{A}}$ *strikt* $\mathcal{E}$*-besser als* $\mathbf{b}_{GLS}$, *d.h., für alle* $\boldsymbol{\beta} \in \mathcal{E}$ *gilt*

$$\Delta R_{\mathbf{A}}(\mathbf{b}_{GLS}, \mathbf{b}_{p,\theta}, \boldsymbol{\beta}) > 0. \tag{4.6.13}$$

(ii) Für alle $\boldsymbol{\beta} \in \mathcal{E}$ *gilt die Abschätzung*

$$\Delta R_{\mathbf{A}}(\mathbf{b}_{GLS}, \mathbf{b}_{p,\theta}, \boldsymbol{\beta}) \geq [2\theta^{1/p} - (\boldsymbol{\beta}-\boldsymbol{\beta}_0)'\mathbf{T}(\boldsymbol{\beta}-\boldsymbol{\beta}_0)]\lambda_{\max}[(\mathbf{W}_{\mathbf{S}}^{-})'\mathbf{Q}(\mathbf{C}_{p,\theta})\mathbf{W}_{\mathbf{S}}^{-}]. \tag{4.6.14}$$

Beweis: Wie dem Beweis von Satz 4.15 zu entnehmen ist, gilt unter der Voraussetzung $\mathbf{AS}^{-1}\mathbf{T} \neq \mathbf{0}$ die Beziehung

$$(\mathbf{W}_{\mathbf{S}}^{-})'\mathbf{Q}(\mathbf{C}_{p,\theta})\mathbf{W}_{\mathbf{S}}^{-} = \tilde{\mathbf{Q}}(\mathbf{D}_{p,\theta}) \neq \mathbf{0}. \tag{4.6.15}$$

Aussage (i) ergibt sich damit unmittelbar, wenn (ii) gezeigt ist.

Hierfür beachte man zunächst, daß die eindeutige Lösung $\mathbf{D}_{p,\theta}$ des Ersatzproblems (4.6.10)+(4.6.11) in der vorliegenden Situation gemäß Satz 4.15 (vgl. auch Beziehung 4.4.58) durch die Gleichung

$$\sigma^2\mathbf{D}_{p,\theta}\boldsymbol{\Omega} + (\mathbf{D}_{p,\theta}\mathbf{X}-\mathbf{B})\mathbf{W}_{\mathbf{S}}^{-}\mathbf{R}_{p,\theta}(\mathbf{D}_{p,\theta})(\mathbf{W}_{\mathbf{S}}^{-})'\mathbf{X}' = \sigma^2\mathbf{BG}(\mathbf{GSG})^{+}\mathbf{GX}' \tag{4.6.16}$$

charakterisiert ist, wobei abkürzend

$$\mathbf{R}_{p,\theta}(\mathbf{D}_{p,\theta}) = s_{p,\theta}(\mathbf{D}_{p,\theta})\tilde{\mathbf{Q}}(\mathbf{D}_{p,\theta})^{p-1} \tag{4.6.17}$$

mit

$$s_{p,\theta}(\mathbf{D}_{p,\theta}) = \theta^{1/p}[\mathrm{tr}\{\tilde{\mathbf{Q}}(\mathbf{D}_{p,\theta})^p\}]^{\frac{1}{p}-1} \tag{4.6.18}$$

[37]Ein entsprechendes Ergebnis für die superpessimistische Variante der approximativen Minimax-Schätzer bei kompaktem a priori Ellipsoid liefert STAHLECKER (1987), S. 178 f.

gesetzt wurde. Aus (4.6.16) folgt

$$\mathbf{D}_{p,\theta} = \mathbf{BG}(\mathbf{GSG})^{+}\mathbf{GX}'\mathbf{\Omega}^{-1} - \sigma^{-2}(\mathbf{D}_{p,\theta}\mathbf{X} - \mathbf{B})\mathbf{W}_{\mathbf{S}}^{-}\mathbf{R}_{p,\theta}(\mathbf{D}_{p,\theta})(\mathbf{W}_{\mathbf{S}}^{-})'\mathbf{X}'\mathbf{\Omega}^{-1} \tag{4.6.19}$$

sowie

$$\mathbf{D}_{p,\theta}\mathbf{X} - \mathbf{B} = \sigma^2\mathbf{B}[\mathbf{G}(\mathbf{GSG})^{+}\mathbf{GS} - \mathbf{I}]\mathbf{S}^{-1}[\sigma^2\mathbf{S}^{-1} + \mathbf{W}_{\mathbf{S}}^{-}\mathbf{R}_{p,\theta}(\mathbf{D}_{p,\theta})(\mathbf{W}_{\mathbf{S}}^{-})']^{-1}. \tag{4.6.20}$$

Mit Hilfe der aus den Beweisen zu den Sätzen 4.7 und 4.9 bekannten Beziehungen

$$\mathbf{GSW}_{\mathbf{S}}^{-} = \mathbf{0} \tag{4.6.21}$$

und

$$\mathbf{G}(\mathbf{GSG})^{+}\mathbf{G} = (\mathbf{I} - \mathbf{W}_{\mathbf{S}}^{-}\mathbf{W})\mathbf{S}^{-1} \tag{4.6.22}$$

ergibt sich aus (4.6.19)

$$\begin{aligned}
&\sigma^2 \operatorname{tr}\{\mathbf{D}_{p,\theta}\mathbf{\Omega}\mathbf{D}_{p,\theta}'\} \\
&= \sigma^2 \operatorname{tr}\{\mathbf{BG}(\mathbf{GSG})^{+}\mathbf{GSG}(\mathbf{GSG})^{+}\mathbf{GB}'\} + \sigma^{-2} \operatorname{tr}\{(\mathbf{D}_{p,\theta}\mathbf{X} - \mathbf{B})\mathbf{W}_{\mathbf{S}}^{-}\mathbf{R}_{p,\theta}(\mathbf{D}_{p,\theta}) \\
&\quad (\mathbf{W}_{\mathbf{S}}^{-})'\mathbf{SW}_{\mathbf{S}}^{-}\mathbf{R}_{p,\theta}(\mathbf{D}_{p,\theta})(\mathbf{W}_{\mathbf{S}}^{-})'(\mathbf{D}_{p,\theta}\mathbf{X} - \mathbf{B})'\} \\
&= \sigma^2 \operatorname{tr}\{\mathbf{B}(\mathbf{I} - \mathbf{W}_{\mathbf{S}}^{-}\mathbf{W})\mathbf{S}^{-1}\mathbf{B}'\} \\
&\quad + \sigma^{-2} \operatorname{tr}\{\mathbf{R}_{p,\theta}(\mathbf{D}_{p,\theta})(\mathbf{W}_{\mathbf{S}}^{-})'\mathbf{SW}_{\mathbf{S}}^{-}\mathbf{R}_{p,\theta}(\mathbf{D}_{p,\theta})\tilde{\mathbf{Q}}(\mathbf{D}_{p,\theta})\}.
\end{aligned} \tag{4.6.23}$$

Gleichung (4.6.20) können wir unter Verwendung der Matrix

$$\mathbf{Z} := \sigma^2\mathbf{S}^{-1} + \mathbf{W}_{\mathbf{S}}^{-}\mathbf{R}_{p,\theta}(\mathbf{D}_{p,\theta})(\mathbf{W}_{\mathbf{S}}^{-})' \tag{4.6.24}$$

wegen (4.6.22) in der kompakten Form

$$\mathbf{D}_{p,\theta}\mathbf{X} - \mathbf{B} = -\sigma^2\mathbf{BW}_{\mathbf{S}}^{-}\mathbf{WS}^{-1}\mathbf{Z}^{-1} \tag{4.6.25}$$

darstellen. Weil $\mathbf{D}_{p,\theta}$ als Lösung der Ersatzaufgabe (4.6.10)+(4.6.11) insbesondere die Nebenbedingung $\mathbf{DXG} = \mathbf{BG}$ erfüllt, gilt darüber hinaus

$$\begin{aligned}
\mathbf{D}_{p,\theta}\mathbf{X} - \mathbf{B} &= (\mathbf{D}_{p,\theta}\mathbf{X} - \mathbf{B})\mathbf{W}^{+}\mathbf{W} \\
&= (\mathbf{D}_{p,\theta}\mathbf{X} - \mathbf{B})\mathbf{W}^{+}\mathbf{WW}_{\mathbf{S}}^{-}\mathbf{W} \\
&= (\mathbf{D}_{p,\theta}\mathbf{X} - \mathbf{B})\mathbf{W}_{\mathbf{S}}^{-}\mathbf{W}.
\end{aligned} \tag{4.6.26}$$

Unter Beachtung der Gleichung

$$\mathbf{W}_{\mathbf{S}}^{-}\mathbf{WS}^{-1} = \mathbf{W}_{\mathbf{S}}^{-}\mathbf{WS}^{-1}(\mathbf{W}_{\mathbf{S}}^{-}\mathbf{W})' \tag{4.6.27}$$

erhalten wir für den ersten Summanden in (4.6.23) mit (4.6.25) und (4.6.26) nun

$$\begin{aligned}
&\sigma^2 \operatorname{tr}\{\mathbf{B}(\mathbf{I}-\mathbf{W}_\mathbf{S}^-\mathbf{W})\mathbf{S}^{-1}\mathbf{B}'\}\\
&= \sigma^2 \operatorname{tr}\{\mathbf{A}\mathbf{S}^{-1}\} - \sigma^2 \operatorname{tr}\{\mathbf{B}\mathbf{W}_\mathbf{S}^-\mathbf{W}\mathbf{S}^{-1}(\mathbf{W}_\mathbf{S}^-\mathbf{W})'\mathbf{B}'\}\\
&= \sigma^2 \operatorname{tr}\{\mathbf{A}\mathbf{S}^{-1}\} - \sigma^2 \operatorname{tr}\{\sigma^{-4}(\mathbf{D}_{p,\theta}\mathbf{X}-\mathbf{B})\mathbf{Z}\mathbf{S}\mathbf{Z}(\mathbf{D}_{p,\theta}\mathbf{X}-\mathbf{B})'\}\\
&= \sigma^2 \operatorname{tr}\{\mathbf{A}\mathbf{S}^{-1}\} - \sigma^{-2} \operatorname{tr}\{(\mathbf{D}_{p,\theta}\mathbf{X}-\mathbf{B})\mathbf{W}_\mathbf{S}^-\mathbf{W}\mathbf{Z}\mathbf{S}\mathbf{Z}\mathbf{W}'(\mathbf{W}_\mathbf{S}^-)'(\mathbf{D}_{p,\theta}\mathbf{X}-\mathbf{B})'\}\\
&= \sigma^2 \operatorname{tr}\{\mathbf{A}\mathbf{S}^{-1}\} - \sigma^{-2} \operatorname{tr}\{\mathbf{W}\mathbf{Z}\mathbf{S}\mathbf{Z}\mathbf{W}'\tilde{\mathbf{Q}}(\mathbf{D}_{p,\theta})\}. \qquad (4.6.28)
\end{aligned}$$

Damit gilt

$$\begin{aligned}
&\sigma^2 \operatorname{tr}\{\mathbf{A}\mathbf{S}^{-1}\} - \sigma^2 \operatorname{tr}\{\mathbf{D}_{p,\theta}\mathbf{\Omega}\mathbf{D}_{p,\theta}'\}\\
&\quad= \sigma^{-2} \operatorname{tr}\{\mathbf{W}\mathbf{Z}\mathbf{S}\mathbf{Z}\mathbf{W}'\tilde{\mathbf{Q}}(\mathbf{D}_{p,\theta})\}\\
&\quad\quad -\sigma^{-2} \operatorname{tr}\{\mathbf{R}_{p,\theta}(\mathbf{D}_{p,\theta})(\mathbf{W}_\mathbf{S}^-)'\mathbf{S}\mathbf{W}_\mathbf{S}^-\mathbf{R}_{p,\theta}(\mathbf{D}_{p,\theta})\tilde{\mathbf{Q}}(\mathbf{D}_{p,\theta})\}, \qquad (4.6.29)
\end{aligned}$$

was sich wegen

$$\mathbf{W}\mathbf{Z}\mathbf{S}\mathbf{Z}\mathbf{W}' = \sigma^4\mathbf{W}\mathbf{S}^{-1}\mathbf{W}' + 2\sigma^2\mathbf{R}_{p,\theta}(\mathbf{D}_{p,\theta}) + \mathbf{R}_{p,\theta}(\mathbf{D}_{p,\theta})(\mathbf{W}_\mathbf{S}^-)'\mathbf{S}\mathbf{W}_\mathbf{S}^-\mathbf{R}_{p,\theta}(\mathbf{D}_{p,\theta}) \qquad (4.6.30)$$

zu

$$\begin{aligned}
&\sigma^2 \operatorname{tr}\{\mathbf{A}\mathbf{S}^{-1}\} - \sigma^2 \operatorname{tr}\{\mathbf{D}_{p,\theta}\mathbf{\Omega}\mathbf{D}_{p,\theta}'\}\\
&\quad= \sigma^2 \operatorname{tr}\{\mathbf{W}\mathbf{S}^{-1}\mathbf{W}'\tilde{\mathbf{Q}}(\mathbf{D}_{p,\theta})\} + 2\operatorname{tr}\{\mathbf{R}_{p,\theta}(\mathbf{D}_{p,\theta})\tilde{\mathbf{Q}}(\mathbf{D}_{p,\theta})\}\\
&\quad= \sigma^2 \operatorname{tr}\{\mathbf{W}\mathbf{S}^{-1}\mathbf{W}'\tilde{\mathbf{Q}}(\mathbf{D}_{p,\theta})\} + 2\theta^{1/p}[\operatorname{tr}\{\tilde{\mathbf{Q}}(\mathbf{D}_{p,\theta})^p\}]^{\frac{1}{p}} \qquad (4.6.31)
\end{aligned}$$

vereinfacht. Mit Hilfe der Ungleichungen

$$(\boldsymbol{\beta}-\boldsymbol{\beta}_0)'\mathbf{W}'\tilde{\mathbf{Q}}(\mathbf{D}_{p,\theta})\mathbf{W}(\boldsymbol{\beta}-\boldsymbol{\beta}_0) \le \lambda_{\max}[\tilde{\mathbf{Q}}(\mathbf{D}_{p,\theta})](\boldsymbol{\beta}-\boldsymbol{\beta}_0)'\mathbf{T}(\boldsymbol{\beta}-\boldsymbol{\beta}_0) \qquad (4.6.32)$$

und

$$\lambda_{\max}[\tilde{\mathbf{Q}}(\mathbf{D}_{p,\theta})] \le [\operatorname{tr}\{\tilde{\mathbf{Q}}(\mathbf{D}_{p,\theta})^p\}]^{\frac{1}{p}} \qquad (4.6.33)$$

ergibt sich unter Beachtung von (4.6.26) schließlich die folgende Abschätzung:

$$\begin{aligned}
\Delta R_\mathbf{A}(\mathbf{b}_{GLS}, \mathbf{b}_{p,\theta}, \boldsymbol{\beta}) &= \operatorname{tr}\{\mathbf{A}\mathbf{Cov}(\mathbf{b}_{GLS})\} - \sigma^2 \operatorname{tr}\{\mathbf{A}\mathbf{C}_{p,\theta}\mathbf{\Omega}\mathbf{C}_{p,\theta}'\}\\
&\quad -(\boldsymbol{\beta}-\boldsymbol{\beta}_0)'(\mathbf{C}_{p,\theta}\mathbf{X}-\mathbf{I})'\mathbf{A}(\mathbf{C}_{p,\theta}\mathbf{X}-\mathbf{I})(\boldsymbol{\beta}-\boldsymbol{\beta}_0)\\
&= \sigma^2 \operatorname{tr}\{\mathbf{A}\mathbf{S}^{-1}\} - \sigma^2 \operatorname{tr}\{\mathbf{D}_{p,\theta}\mathbf{\Omega}\mathbf{D}_{p,\theta}'\}\\
&\quad -(\boldsymbol{\beta}-\boldsymbol{\beta}_0)'(\mathbf{D}_{p,\theta}\mathbf{X}-\mathbf{B})'(\mathbf{D}_{p,\theta}\mathbf{X}-\mathbf{B})(\boldsymbol{\beta}-\boldsymbol{\beta}_0)\\
&= \sigma^2 \operatorname{tr}\{\mathbf{W}\mathbf{S}^{-1}\mathbf{W}'\tilde{\mathbf{Q}}(\mathbf{D}_{p,\theta})\} + 2\theta^{1/p}[\operatorname{tr}\{\tilde{\mathbf{Q}}(\mathbf{D}_{p,\theta})^p\}]^{\frac{1}{p}}\\
&\quad -(\boldsymbol{\beta}-\boldsymbol{\beta}_0)'\mathbf{W}'\tilde{\mathbf{Q}}(\mathbf{D}_{p,\theta})\mathbf{W}(\boldsymbol{\beta}-\boldsymbol{\beta}_0)\\
&\ge \sigma^2 \operatorname{tr}\{\mathbf{W}\mathbf{S}^{-1}\mathbf{W}'\tilde{\mathbf{Q}}(\mathbf{D}_{p,\theta})\} + 2\theta^{1/p}\lambda_{\max}[\tilde{\mathbf{Q}}(\mathbf{D}_{p,\theta})]\\
&\quad -\lambda_{\max}[\tilde{\mathbf{Q}}(\mathbf{D}_{p,\theta})](\boldsymbol{\beta}-\boldsymbol{\beta}_0)'\mathbf{T}(\boldsymbol{\beta}-\boldsymbol{\beta}_0)\\
&\ge [2\theta^{1/p} - (\boldsymbol{\beta}-\boldsymbol{\beta}_0)'\mathbf{T}(\boldsymbol{\beta}-\boldsymbol{\beta}_0)]\lambda_{\max}[\tilde{\mathbf{Q}}(\mathbf{D}_{p,\theta})]. \qquad (4.6.34)
\end{aligned}$$

Mit $\tilde{\mathbf{Q}}(\mathbf{D}_{p,\theta}) = (\mathbf{W}_\mathbf{S}^-)'\mathbf{Q}(\mathbf{C}_{p,\theta})\mathbf{W}_\mathbf{S}^-$ resultiert hieraus die Behauptung (ii). ■

Gemäß Satz 4.27 dominieren die p-approximativen Minimax-Schätzer den verallgemeinerten KQ-Schätzer bzgl. $R_\mathbf{A}$ im Fall $\mathbf{AS}^{-1}\mathbf{T} \neq \mathbf{0}$ unter der Voraussetzung $\theta > (\frac{1}{2})^p$ auf der Vorinformationsmenge $\mathcal{E}$ strikt. Dabei kann nach Teil (ii) sogar eine konstruktive untere Schranke für das Ausmaß der Risikoreduktion angegeben werden. Man beachte, daß die Bedingung $\theta > (\frac{1}{2})^p$ im Fall $\theta > \frac{1}{2}$ für *alle* $p \in \mathbb{N}$ erfüllt ist. Insbesondere die superpessimistische Variante der approximativen Minimax-Schätzer ($\theta = 1$) ist dem KQ-Schätzer also grundsätzlich überlegen.[38] Aufgrund der Konvergenz der p-Approximationen erhalten wir mit obigem Resultat in Erweiterung der Ergebnisse aus Satz 4.26 (für $\mathbf{AS}^{-1}\mathbf{T} \neq \mathbf{0}$) im übrigen auch die *strenge* Dominanz der exakten Minmax-Schätzer selbst.

Bemerkenswerterweise liefert Satz 4.27 darüber hinaus auch wichtige Erkenntnisse im Hinblick auf die Robustheit approximativer Minimax-Schätzer gegenüber fehlerbehafteter Vorinformation.[39] Man betrachte diesbezüglich das folgende System möglicher a priori Ellipsoide:

$$\mathcal{E}_\delta := \left\{\boldsymbol{\beta}|\,(\boldsymbol{\beta}-\boldsymbol{\beta}_0)'\mathbf{T}(\boldsymbol{\beta}-\boldsymbol{\beta}_0) \leq \delta,\ \mathbf{T} \in \mathbb{R}^{k\times k} \text{ n.n.d.}\right\}, \quad \delta > 0. \tag{4.6.35}$$

Angenommen, der Anwender legt seiner Untersuchung irrtümlicherweise die Vorinformationsmenge $\mathcal{E}_1$ zu Grunde, während aus theoretischen Gründen nur die a priori Restriktion $\mathcal{E}_\delta$, $\delta \neq 1$, gerechtfertigt ist. Dann ist der für $\boldsymbol{\beta} \in \mathcal{E}_1$ konstruierte approximative Minimax-Schätzer $\mathbf{b}_{p,\theta}$ gemäß Teil (ii) von Satz 4.27 (im Fall $\mathbf{AS}^{-1}\mathbf{T} \neq \mathbf{0}$) bzgl. $R_\mathbf{A}$ trotzdem strikt $\mathcal{E}_\delta$-besser als die KQ-Schätzfunktion $\mathbf{b}_{GLS}$, solange nur $\delta \in (0, 2\theta^{1/p})$ ist. Wir können den relevanten Bereich sogar noch erweitern, denn wegen (vgl. Korollar A.1)

$$\sigma^2\,\mathrm{tr}[\mathbf{WS}^{-1}\mathbf{W}'\tilde{\mathbf{Q}}(\mathbf{D}_{p,\theta})] \geq \sigma^2\lambda_{\min}[\mathbf{WS}^{-1}\mathbf{W}']\lambda_{\max}[\tilde{\mathbf{Q}}(\mathbf{D}_{p,\theta})] > 0 \tag{4.6.36}$$

existiert ein $\hat{\delta} > 2\theta^{1/p}$, so daß der approximative Minimax-Schätzer für $\boldsymbol{\beta} \in \mathcal{E}_1$ den KQ-Schätzer auf der Vorinformationsmenge $\mathcal{E}_\delta$ für alle $\delta \in (0, \hat{\delta})$ strikt dominiert.[40]

Zum Abschluß dieses Abschnittes wollen wir uns wie eingangs angekündigt noch kurz dem Fall exakter Multikollinearität zuwenden, also Rang$(\mathbf{X}) < k$ zulassen. Weist die Regressionsmatrix einen Rangdefekt auf, so ist der Parametervektor $\boldsymbol{\beta}$

[38] Zu diesem Ergebnis kommt auch TAMASCHKE (1997), S.67 f.

[39] Für das Folgende vgl. man auch STAHLECKER (1987), S. 179 f.

[40] Untersuchungen zur Robustheit des Minimax-Schätzers für verschiedene andere Ausprägungen von Fehlspezifikation, bspw. Verschiebungen des Mittelpunktes oder Rotationen, findet man in TOUTENBURG (1982, 1984). Die Überlegungen beschränken sich allerdings auf den kompakten Ellipsoidfall.

mit dem Kleinste-Quadrate-Prinzip nicht mehr eindeutig schätzbar. Das Normalgleichungssystem

$$\mathbf{X}'\Omega^{-1}\mathbf{X}\mathbf{b} = \mathbf{X}'\Omega^{-1}\mathbf{y} \tag{4.6.37}$$

besitzt dann unendlich viele Lösungen der Form

$$\begin{aligned} \mathbf{b_z} &:= (\mathbf{X}'\Omega^{-1}\mathbf{X})^+\mathbf{X}'\Omega^{-1}\mathbf{y} + (\mathbf{I} - (\mathbf{X}'\Omega^{-1}\mathbf{X})^+(\mathbf{X}'\Omega^{-1}\mathbf{X}))\mathbf{z} \\ &= \mathbf{S}^+\mathbf{X}'\Omega^{-1}\mathbf{y} + (\mathbf{I} - \mathbf{S}^+\mathbf{S})\mathbf{z} \end{aligned} \tag{4.6.38}$$

mit $\mathbf{z} \in \mathbb{R}^k$ beliebig. Allerdings liefern alle Schätzer $\mathbf{b_z}$ wegen $\mathbf{XS^+S} = \mathbf{X}$ (vgl. Satz A.11 (ii)) dieselbe ex-post-Prognose

$$\hat{\mathbf{y}} := \mathbf{X}\mathbf{b_z} = \mathbf{XS}^+\mathbf{X}'\Omega^{-1}\mathbf{y}. \tag{4.6.39}$$

Während die Schätzfunktionen $\mathbf{b_z}$ dabei wegen

$$\mathbf{E}[\mathbf{b_z}] = \mathbf{S}^+\mathbf{S}\boldsymbol{\beta} + (\mathbf{I} - \mathbf{S}^+\mathbf{S})\mathbf{z} \tag{4.6.40}$$

in der Regel verzerrt sind, gilt

$$\begin{aligned} \mathbf{E}[\hat{\mathbf{y}}] &= \mathbf{E}[\mathbf{XS}^+\mathbf{X}'\Omega^{-1}\mathbf{y}] \\ &= \mathbf{E}[\mathbf{XS}^+\mathbf{S}\boldsymbol{\beta}] \\ &= \mathbf{X}\boldsymbol{\beta} = \mathbf{E}[\mathbf{y}]. \end{aligned} \tag{4.6.41}$$

Das bedeutet, daß $\hat{\mathbf{y}} = \mathbf{X}\mathbf{b_z}$ (unabhängig von der konkreten Festlegung des Vektors $\mathbf{z}$) eine erwartungstreue Schätzfunktion für $\mathbf{E}[\mathbf{y}]$ ist. Diese Überlegungen veranlassen uns dazu, dem Gütevergleich von Minmax- und KQ-Schätzern das für die Beurteilung der Prognosefähigkeit relevante, schwache MSE-Dominanzkriterium zweiter Art (vgl. hierzu Fußnote 7 auf Seite 25) zugrunde zu legen. Als Gewichtungsmatrix der Risikofunktion ist hierfür $\mathbf{A} := \mathbf{X}'\mathbf{X}$ zu wählen. Wie das folgende Resultat zeigt, behalten die Ergebnisse aus Satz 4.26 dann auch im Fall Rang($\mathbf{X}$) $< k$ ihre Gültigkeit:

Satz 4.28 *Man betrachte das allgemeine lineare Regressionsmodell (1.1.1) unter den Annahmen (A1)-(A3). Die Vorinformation für $\boldsymbol{\beta}$ sei beschrieben durch das Ellipsoid $\mathcal{E}$ aus (4.6.1). Gegeben sei ferner die Risikofunktion $R_{\mathbf{A}}$ mit $\mathbf{A} := \mathbf{X}'\mathbf{X}$. Seien schließlich $\mathbf{b}_* = \boldsymbol{\beta}_0 + \mathbf{C}_*(\mathbf{y} - \mathbf{X}\boldsymbol{\beta}_0)$ ein Minimax-Schätzer für $\boldsymbol{\beta}$ in der Klasse $\bar{\mathcal{D}}$ und $\mathbf{b_z} := \mathbf{S}^+\mathbf{X}'\Omega^{-1}\mathbf{y} + (\mathbf{I} - \mathbf{S}^+\mathbf{S})\mathbf{z}$ mit $\mathbf{z} \in \mathbb{R}^k$ eine verallgemeinerte KQ-Schätzfunktion. Dann gilt:*

(i) $\Delta R_{\mathbf{A}}(\mathbf{b_z}, \mathbf{b}_*, \boldsymbol{\beta}) \geq 0$ *für alle* $\boldsymbol{\beta} \in \mathcal{E}$

(ii) $\inf_{\boldsymbol{\beta} \in \mathcal{E}} \Delta R_{\mathbf{A}}(\mathbf{b_z}, \mathbf{b}_*, \boldsymbol{\beta}) \geq \inf_{\boldsymbol{\beta} \in \mathcal{E}} R_{\mathbf{A}}(\mathbf{b_z}, \mathbf{b}, \boldsymbol{\beta})$ *für alle* $\mathbf{b} \in \bar{\mathcal{D}}$.

Beweis: (i) Im Fall $\mathbf{A} = \mathbf{X}'\mathbf{X}$ gilt für die Matrix $\hat{\mathbf{C}} := \mathbf{S}^+\mathbf{X}'\boldsymbol{\Omega}^{-1}$

$$\mathbf{A}\hat{\mathbf{C}}\mathbf{X} = \mathbf{X}'\mathbf{X}\mathbf{S}^+\mathbf{S} = \mathbf{X}'\mathbf{X} = \mathbf{A} \tag{4.6.42}$$

und damit $\mathbf{Q}(\hat{\mathbf{C}}) = \mathbf{0}$ sowie $\mathbf{A}\hat{\mathbf{C}}\mathbf{X}\mathbf{G} = \mathbf{A}\mathbf{G}$. Ferner ist $\mathbf{Cov}(\mathbf{b_z}) = \sigma^2 \operatorname{tr}(\mathbf{A}\hat{\mathbf{C}}\boldsymbol{\Omega}\hat{\mathbf{C}}')$, und für alle $\boldsymbol{\beta} \in \mathbb{R}^k$ gilt

$$\mathbf{A}\mathbf{Bias}(\mathbf{b_z}, \boldsymbol{\beta}) = \mathbf{X}'\mathbf{X}\mathbf{Bias}(\mathbf{b_z}, \boldsymbol{\beta}) = \mathbf{X}'\mathbf{X}(\mathbf{I} - \mathbf{S}^+\mathbf{S})(\mathbf{z} - \boldsymbol{\beta}) = \mathbf{0}. \tag{4.6.43}$$

Mit diesen Informationen kann die Behauptung vollkommen analog zu Teil (i) von Satz 4.26 gezeigt werden.

(ii) Weil $R_{\mathbf{A}}(\mathbf{b_z}, \boldsymbol{\beta})$ für $\mathbf{A} := \mathbf{X}'\mathbf{X}$ gemäß (4.6.43) unabhängig von $\boldsymbol{\beta}$ ist, kann auch der Beweis von Satz 4.26 (ii) unverändert übernommen werden. ■

Im Falle der Risikogewichtungsmatrix $\mathbf{A} = \mathbf{X}'\mathbf{X}$ stellen die exakten Minimax-Schätzer also auch bei Vorliegen eines Rangdefektes der Regressionsmatrix die beste Verbesserung der KQ-Schätzer dar. Dagegen erweist sich eine Übertragung der in Satz 4.27 dargelegten Eigenschaften der p-approximativen Minimax-Schätzer als schwierig. Für die superpessimistische Variante erhalten wir immerhin noch das folgende Ergebnis, mit dem wir diesen Abschnitt beschließen wollen:

Satz 4.29 *Man betrachte das allgemeine lineare Regressionsmodell (1.1.1) unter den Annahmen (A1)-(A3). Die Vorinformation für $\boldsymbol{\beta}$ sei beschrieben durch das Ellipsoid $\mathcal{E}$ aus (4.6.1). Gegeben sei ferner die Risikofunktion $R_{\mathbf{A}}$ mit $\mathbf{A} := \mathbf{X}'\mathbf{X}$. Seien schließlich $\mathbf{b_z} := \mathbf{S}^+\mathbf{X}'\boldsymbol{\Omega}^{-1}\mathbf{y} + (\mathbf{I} - \mathbf{S}^+\mathbf{S})\mathbf{z}$ mit $\mathbf{z} \in \mathbb{R}^k$ eine verallgemeinerte KQ-Schätzfunktion und $\mathbf{b}_{p,1} = \boldsymbol{\beta}_0 + \mathbf{C}_{p,1}(\mathbf{y} - \mathbf{X}\boldsymbol{\beta}_0)$, $p \in \mathbb{N}$, ein approximativer Minimax-Schätzer für $\boldsymbol{\beta}$. Dann gilt $\Delta R_{\mathbf{A}}(\mathbf{b_z}, \mathbf{b}_{p,1}, \boldsymbol{\beta}) \geq 0$ für alle $\boldsymbol{\beta} \in \mathcal{E}$.*

Beweis: Die Matrix $\mathbf{C}_{p,1}$ löst für $\mathbf{A} = \mathbf{X}'\mathbf{X}$ die Ersatzaufgabe

$$\psi_{p,1}(\mathbf{C}) := \sigma^2 \operatorname{tr}\{\mathbf{A}\mathbf{C}\boldsymbol{\Omega}\mathbf{C}'\} + \operatorname{tr}\left\{\left[(\mathbf{W}_\mathbf{S}^-)'\mathbf{Q}(\mathbf{C})\mathbf{W}_\mathbf{S}^-\right]^p\right\}^{1/p} \to \min_{\mathbf{C}\in\mathbb{R}^{k\times n}}! \tag{4.6.44}$$

unter der Nebenbedingung

$$\mathbf{A}\mathbf{C}\mathbf{X}\mathbf{G} = \mathbf{A}\mathbf{G}. \tag{4.6.45}$$

Nun gilt für alle $\mathbf{C} \in \mathbb{R}^{k\times n}$ bekanntermaßen

$$\operatorname{tr}\left\{\left[(\mathbf{W}_\mathbf{S}^-)'\mathbf{Q}(\mathbf{C})\mathbf{W}_\mathbf{S}^-\right]^p\right\}^{1/p} \geq \lambda_{\max}\left[(\mathbf{W}_\mathbf{S}^-)'\mathbf{Q}(\mathbf{C})\mathbf{W}_\mathbf{S}^-\right] \tag{4.6.46}$$

und damit

$$\psi_{p,1}(\mathbf{C}) \geq r(\mathbf{C}). \tag{4.6.47}$$

In Verbindung mit den Zwischenergebnissen aus dem Beweis zu Satz 4.28 (i) erhalten wir damit für alle $\boldsymbol{\beta} \in \mathcal{E}$ die folgende Ungleichungskette:

$$R_{\mathbf{A}}(\mathbf{b_z}, \boldsymbol{\beta}) = \psi_{p,1}(\hat{\mathbf{C}}) \geq \psi_{p,1}(\mathbf{C}_{p,1}) \geq r(\mathbf{C}_{p,1}) = \sup_{\boldsymbol{\beta}\in\mathcal{E}} R_{\mathbf{A}}(\mathbf{b}_{p,1}, \boldsymbol{\beta}) \geq R_{\mathbf{A}}(\mathbf{b}_{p,1}, \boldsymbol{\beta}). \tag{4.6.48}$$

Damit ist die Behauptung bewiesen. ■

Kapitel 5

Verallgemeinerte Minimax-Schätzer unter unscharfer Vorinformation

In Abschnitt 2.2 haben wir mit der mixed-estimation-technique einen ersten Ansatz zur Schätzung des Parametervektors im linearen Regressionsmodell bei Vorliegen von ungenauen bzw. unsicheren a priori Informationen kennengelernt. In der ökonometrischen Praxis sieht man sich jedoch häufig mit Zusatzkenntnissen über die Koeffizienten konfrontiert, welche durch Unschärfe und Vagheit nichtstochastischer Art geprägt und daher im wahrscheinlichkeitstheoretischen Kontext dieser klassischen Methode zumindest theoretisch korrekt nicht zu verwerten sind. Im vorliegenden Kapitel wollen wir daher das auf der Theorie unscharfer Mengen basierende verallgemeinerte Minimax-Prinzip von ARNOLD und STAHLECKER präsentieren. Dieser vielseitige Ansatz ist gerade auf die Erfassung und Verarbeitung vager bzw. unscharf formulierter Vorinformation ausgerichtet.

In Abschnitt 5.1 werden wir im Rahmen einer grundlegenden Einführung in die Fuzzy-Theorie zunächst die formale Abbildung ungenauer Parameterinformationen durch unscharfe Mengen erläutern und motivieren. Anschließend erfolgt die allgemeine Formulierung des generalisierten Minimax-Prinzips. Zur Konkretisierung unserer Ausführungen werden wir uns dann in Abschnitt 5.3 auf die Verarbeitung spezieller unscharfer Vorinformationsmengen konzentrieren. Die hierbei unterstellte Struktur ist aber immer noch so allgemein, daß insbesondere die uns vornehmlich interessierenden Fälle vager Ellipsoid- und Gleichungsrestriktionen berücksichtigt werden. Zum Abschluß wollen wir dann noch die praktischen Einsatzmöglichkeiten unscharfer Parameterbeschränkungen und verallgemeinerter Minimax-Schätzer im Zusammenhang mit Paneldaten demonstrieren.

5.1 Modellierung vager Vorinformation durch unscharfe Mengen

Der klassische Mengenbegriff ist zweiwertig: Entweder ein gewisses Objekt ist in einer Menge enthalten, oder es liegt außerhalb. Demzufolge sind die gewöhnlichen Mengen, die wir in Abgrenzung zu den im folgenden einzuführenden unscharfen Mengen hier auch als scharf bezeichnen wollen, durch und als die Gesamtheit ihrer Elemente definiert. Sie können damit etwa durch Aufzählung ihrer Mitglieder oder mittels Angabe einer sie charakterisierenden Eigenschaft dargestellt werden. Sind die Elemente einer scharfen Menge $\mathcal{M}$ jedoch Objekte einer umfassenderen Grundgesamtheit $\mathcal{X}$, so ist es oft zweckmäßig, $\mathcal{M}$ mit Hilfe der durch

$$m_{\mathcal{M}}(x) := \begin{cases} 1, & \text{falls } x \in \mathcal{M}, \\ 0, & \text{sonst}, \end{cases} \tag{5.1.1}$$

definierten charakteristischen Funktion $m_{\mathcal{M}} := \mathcal{X} \to \{0,1\}$ zu beschreiben. Ein Funktionswert von Eins zeigt hierbei die Zugehörigkeit, ein Funktionswert von Null die Nichtzugehörigkeit des betrachteten Elementes $x \in \mathcal{X}$ zur Menge $\mathcal{M}$ an.[1]

Im Gegensatz zum klassischen Konzept erlaubt die von ZADEH (1965) begründete unscharfe Mengenlehre, graduelle Abstufungen der Zugehörigkeit zu beschreiben.[2] Sie ermöglicht damit die Erfassung eines für viele Anwendungen typischen „allmählichen Übergangs" von der absoluten Nichtzugehörigkeit zur vollen Zugehörigkeit zu einer Menge. Hierfür wird der Wertebereich der charakteristischen Funktion, die zweielementige Menge $\{0,1\}$, auf das *Intervall* $[0,1]$ erweitert. Die *partielle Zugehörigkeit* eines Elementes x der Grundgesamtheit $\mathcal{X}$ zur Menge $\mathcal{M}$ kann dann durch die Zuordnung eines angemessenen Wertes $m_{\mathcal{M}}(x)$ *zwischen* Null (keine Zugehörigkeit) und Eins (volle Zugehörigkeit) ausgedrückt werden. Die so konstruierte verallgemeinerte charakteristische Funktion $m_{\mathcal{M}} : \mathcal{X} \to [0,1]$ reflektiert den Grad, zu dem ein Element $x \in \mathcal{X}$ in der Menge $\mathcal{M}$ enthalten ist. Sie wird dementsprechend als **Zugehörigkeitsfunktion** (engl. membership function) bezeichnet. Eine **unscharfe Menge** $\mathcal{M}$ über einem Grundbereich $\mathcal{X}$ ist vollständig durch ihre Zugehörigkeitsfunktion festgelegt und kann formal als Menge der Paare von Elementen $x \in \mathcal{X}$ und Zugehörigkeitswerten $m_{\mathcal{M}}(x)$ aufgefaßt werden:

$$\mathcal{M} := \{(x, m_{\mathcal{M}}(x)) \mid x \in \mathcal{X}\}. \tag{5.1.2}$$

Zur Darstellung der unscharfen Menge $\mathcal{M}$ reicht somit die Angabe ihrer Zugehörigkeitsfunktion $m_{\mathcal{M}}$ aus. Dies kann in Form eines expliziten Funktionsausdruckes,

[1]Vgl. BANDEMER, GOTTWALD (1993), S. 10 f.

[2]Die folgende Einführung der hier benötigten Grundbegriffe aus der Theorie unscharfer Mengen basiert auf BANDEMER, GOTTWALD (1993), Abschnitt 2.1, und BANDEMER (1997), Abschnitt 3.2.

durch die Abbildung ihres Graphen oder - speziell im Falle eines endlichen Grundbereiches $\mathcal{X}$- mittels Darlegung einer Wertetabelle erfolgen.

Bemerkung 5.1 Man beachte, daß jede gewöhnliche, d.h. scharfe Menge $\mathcal{M}$ auch als unscharfe Menge mit der entsprechenden Indikatorfunktion (5.1.1) als Zugehörigkeitsfunktion interpretiert werden kann. □

Zur Veranschaulichung der bisherigen Begriffsbildungen betrachte man die folgenden Beispiele:

Beispiel 5.1 Es soll die ungenaue Beziehung „x ist ungefähr gleich Fünf" beschrieben werden, wofür als Grundbereich $\mathcal{X} = \mathbb{R}_+$ gewählt wird. Das Problem hierbei ist, daß die Relation „ungefähr gleich" mathematisch nicht eindeutig definiert sondern kontextbezogen zu interpretieren ist. Abbildung 5.1 zeigt eine mögliche Modellierung auf Basis der klassischen Mengenlehre. Die zugehörige Indikatorfunktion ist durch

$$m_{\mathcal{M}_1}(x) := \begin{cases} 1, & \text{falls } 4 \leq x \leq 6, \\ 0, & \text{sonst,} \end{cases} \tag{5.1.3}$$

gegeben.

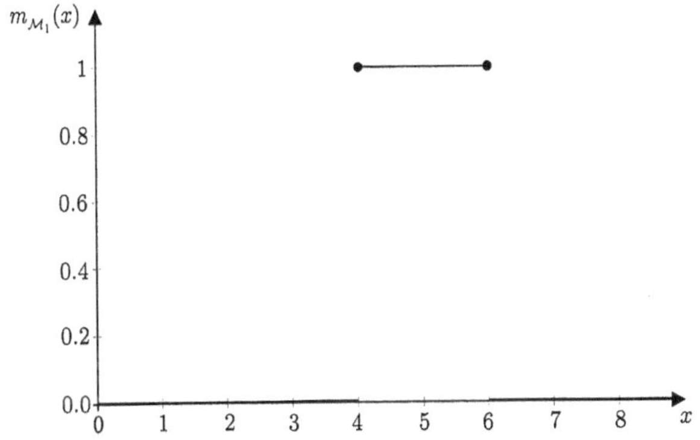

Abbildung 5.1: Charakteristische Funktion der Menge $\mathcal{M}_1$

Der abrupte Wechsel der Mengenzugehörigkeit in den Sprungstellen $x = 4$ und $x = 6$ widerspricht allerdings dem gesunden Menschenverstand. Während etwa $x = 6$ noch vollwertiges Element der betrachteten scharfen Menge ist, liegt $x = 6.1$ bereits außerhalb. Die klassische Mengenlehre eignet sich zur Erfassung der vorliegenden Ungenauigkeiten offensichtlich nicht. Abhilfe schafft hier die Fuzzy-Set-Theorie mit dem Konzept der graduellen Zugehörigkeiten. So könnte die unscharfe Menge $\mathcal{M}_2$

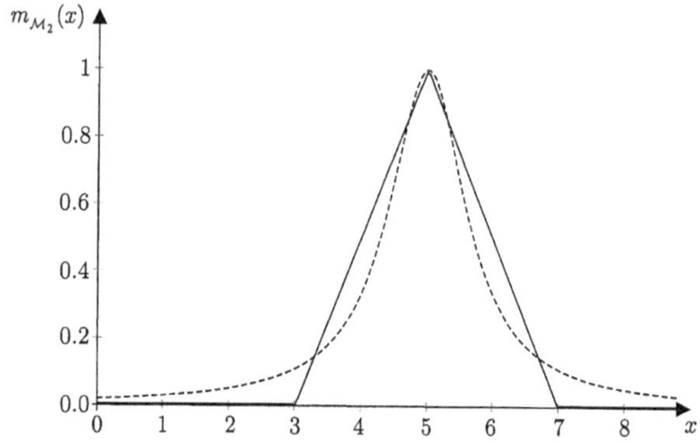

Abbildung 5.2: Zugehörigkeitsfunktionen der unscharfen Menge $\mathcal{M}_2$

aller reellen Zahlen, die ungefähr gleich Fünf sind, bspw. durch die wie folgt definierte Zugehörigkeitsfunktion festgelegt sein:

$$m_{\mathcal{M}_2}(x) := \max\left\{0, 1 - \frac{|\,5-x\,|}{2}\right\} = \begin{cases} 0, & \text{falls } x \leq 3 \text{ oder } x \geq 7, \\ (x-3)/2, & \text{falls } 3 < x \leq 5, \\ (7-x)/2, & \text{falls } 5 < x < 7. \end{cases} \tag{5.1.4}$$

Der Graph dieser Funktion ist in Abbildung 5.2 als durchgezogene Linie dargestellt. Denkbar wäre aber auch der hyperbolische Ansatz

$$m_{\mathcal{M}_2}(x) := \frac{1}{1+(5-x)^2}, \tag{5.1.5}$$

der in Abbildung 5.2 durch die gestrichelte Linie repräsentiert wird. □

Beispiel 5.2 Laut Straßenverkehrsordnung ist das Führen eines Fahrzeuges in Deutschland strafbar, wenn beim Fahrzeuglenker eine Blutalkoholkonzentration von mehr als 0.5 Promille nachgewiesen wird. Die (scharfe) Menge $\mathcal{M}_1$ der „unzulässig hohen“ Promillewerte wird in Abbildung 5.3 durch die Indikatorfunktion mit der Sprungstelle $x = 0.5$ in natürlicher Weise beschrieben. Nach den Erkenntnissen der medizinischen Wissenschaft treten jedoch schon bei Blutalkoholwerten von 0.3 bis 0.4 Promille nachweisbare Ausfallerscheinungen auf, so daß bereits bei dieser Alkoholisierung in vielen Verkehrssituationen eine Gefährdung des Straßenverkehrs angenommen werden kann. Für die Beschreibung der Menge $\mathcal{M}_2$ aller Promillewerte, die zu einer Beeinträchtigung der Fahrtüchtigkeit führen, ist die Festlegung eines Sprungpunktes der charakteristischen Funktion aber unzweckmäßig und willkürlich. Vielmehr ist die Modellierung eines gleitenden Übergangs von der vollen

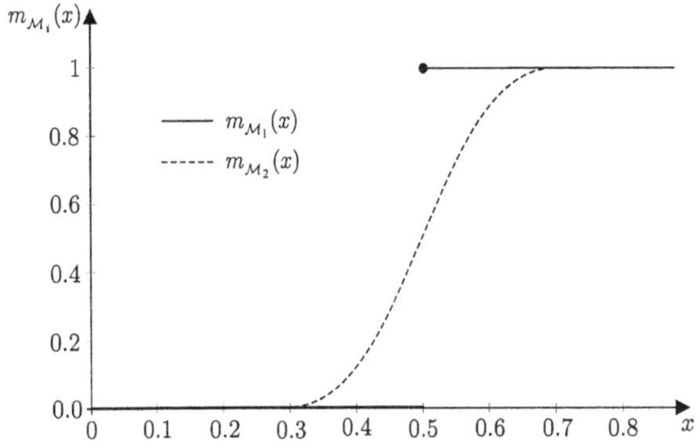

Abbildung 5.3: Zugehörigkeitsfunktionen der Mengen $\mathcal{M}_1$ und $\mathcal{M}_2$ aus Beispiel 5.2

Fahrtüchtigkeit bis zur absoluten Fahrunfähigkeit angezeigt.[3] Dieser Anforderung wird etwa die Zugehörigkeitsfunktion $m_{\mathcal{M}_2}$ gerecht, deren Graph in Abbildung 5.3 als gestrichelte Kennlinie dargestellt ist. □

Beispiel 5.3 Die Bestimmungen des Stabilitäts- und Wachstumspaktes der Europäischen Wirtschafts- und Währungsunion aus dem Jahre 1997 sollen der Vorbeugung finanzpolitischer Fehlentwicklungen in den Mitgliedsländern dienen. So darf etwa die jährliche Neuverschuldung eines Staates 3.0 Prozent des Bruttoinlandsproduktes (BIP) nicht überschreiten. Bei Verletzung dieses Kriteriums wird ein sog. Haushaltsüberwachungsverfahren eingeleitet und das betreffende Land sanktioniert, sofern es nicht binnen vier Monaten ausreichende Gegenmaßnahmen getroffen hat. Die scharfe Menge $\mathcal{M}_1$ der nach dem Stabilitätspakt unzulässig hohen und damit zu verfolgenden Defizitquoten ist durch die in Abbildung 5.4 visualisierte Indikatorfunktion mit der Sprungstelle $x = 3.0$ adäquat charakterisiert.

Die Festlegung einer scharfen, d.h. exakten Defizit-Schwelle ist jedoch recht willkürlich und daher in der wirtschaftspolitischen Diskussion nicht unumstritten. Während eine Neuverschuldung von 3.0 Prozent des BIP noch ohne Folgen bleibt, zieht bereits ein Defizit von 3.1 Prozent möglicherweise erhebliche Konsequenzen für das betroffene Land nach sich. Finanzpolitische Instabilität ist aber kein scharf abzugrenzendes Phänomen. Es ist dagegen ein allmählicher Übergang von „vorbildlicher Haushaltsdisziplin“ hin zu „finanziellen Ausschweifungen“ zu beobachten. Diese Überlegungen motivieren die Einführung der unscharfen Menge $\mathcal{M}_2$ aller Defizitquoten, die eine destabile Haushaltspolitik kennzeichnen. Der Graph ei-

[3] Natürlich gibt es dabei individuelle Unterschiede, die hier jedoch unbeachtet bleiben sollen.

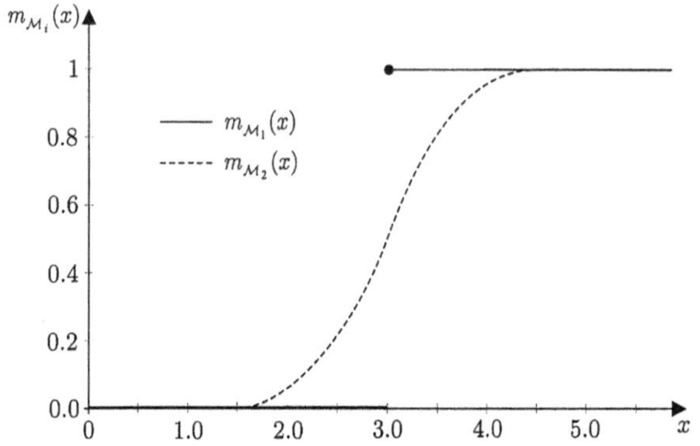

Abbildung 5.4: Zugehörigkeitsfunktionen der Mengen $\mathcal{M}_1$ und $\mathcal{M}_2$ aus Beispiel 5.3

ner möglichen Zugehörigkeitsfunktion ist in Abbildung 5.4 als gestrichelte Linie dargestellt. □

Die vorangegangenen Beispiele offenbaren den subjektiven Charakter unscharfer Mengen. Es gibt keine allgemein verbindlichen Regeln, nach denen den Elementen der Grundgesamtheit ihr Zugehörigkeitsgrad zuzuordnen ist. Vielmehr sind die jeweiligen inhaltlichen Vorstellungen über den betrachteten Sachverhalt und oft auch Aspekte der rechnerischen Handhabung ausschlaggebend für die Festlegung der Zugehörigkeitsfunktion.

Wichtige Kenngrößen einer unscharfen Menge $\mathcal{M}$ sind ihr **Träger**

$$\operatorname{supp}(\mathcal{M}) := \{x \in \mathcal{X} \mid m_{\mathcal{M}}(x) > 0\} \tag{5.1.6}$$

und ihr **Kern**

$$\operatorname{core}(\mathcal{M}) := \{x \in \mathcal{X} \mid m_{\mathcal{M}}(x) = 1\}, \tag{5.1.7}$$

d.h. die Mengen aller Elemente der Grundgesamtheit mit einem Zugehörigkeitsgrad größer Null bzw. gleich Eins. Ist der Kern einer unscharfen Menge nichtleer, existiert also ein $x \in \mathcal{X}$ mit $m_{\mathcal{M}}(x) = 1$, so wird sie als **normalisiert** oder **normal** bezeichnet.

Neben Träger und Kern lassen sich einer unscharfen Menge weitere scharfen Mengen zuordnen. Von besonderer Bedeutung sind dabei die für alle $\alpha \in (0, 1]$ durch

$$\mathcal{M}^{\alpha} := \{x \in \mathcal{X} \mid m_{\mathcal{M}}(x) \geq \alpha\} \tag{5.1.8}$$

erklärten **α-Schnitte**. Offensichtlich ergibt sich hieraus für $\alpha = 1$ gerade der Kern core($\mathcal{M}$) der zugrundeliegenden Fuzzy-Menge. In Erweiterung zu obiger Festlegung wollen wir den Träger supp($\mathcal{M}$) im folgenden mit $\mathcal{M}^0$ bezeichnen.

Die α-Schnitte einer unscharfen Menge sind eindeutig bestimmt. Weil für alle $x \in \mathcal{X}$ ferner

$$m_{\mathcal{M}}(x) = \sup_{\alpha \in (0,1]} \alpha \cdot m_{\mathcal{M}^\alpha}(x) \tag{5.1.9}$$

gilt, kann umgekehrt jede unscharfe Menge vollständig durch die Familie ihre α-Schnitte charakterisiert werden. Diese Möglichkeit der Zerlegung einer unscharfen Menge in eine Familie gewöhnlicher scharfer Mengen werden wir uns in den folgenden Abschnitten bei der Konstruktion verallgemeinerter Minimax-Schätzer zunutze machen.

Mit den Fuzzy-Mengen haben wir das geeignete methodische Instrument gefunden, um Vagheit, Ungenauigkeit und Unschärfe der Zusatzinformationen im linearen Regressionsmodell in einer dem jeweiligen Kontext angemessenen graduellen Differenzierung abzubilden und zu operationalisieren. Wir wollen das grundsätzliche Vorgehen zunächst am Beispiel ellipsoidaler Vorinformationsmengen verdeutlichen.

Beispiel 5.4 Im Rahmen der klassischen Minimax-Schätzung in den Kapiteln 3 und 4 haben wir den Parametervektor $\boldsymbol{\beta} \in \mathbb{R}^k$ des verallgemeinerten linearen Regressionsmodells durch ein a priori Ellipsoid der Form

$$\mathcal{E} := \left\{ \boldsymbol{\beta} \in \mathbb{R}^k \middle| \, (\boldsymbol{\beta} - \boldsymbol{\beta}_0)'\mathbf{T}(\boldsymbol{\beta} - \boldsymbol{\beta}_0) \leq 1, \ \mathbf{T} \in \mathbb{R}^{k \times k} \right\} \tag{5.1.10}$$

eingeschränkt. Eine solch scharfe Abgrenzung möglicher Parameterwerte ist in der Praxis jedoch in vielen Fällen nicht zweckmäßig. Die unterstellte Präzision ist oft mehr ein notwendiges methodisches Hilfsmittel denn ein reelles Abbild der tatsächlich vorhandenen Vorinformationen. Zur Berücksichtigung gewisser Ungenauigkeiten liegt es daher nahe, das scharfe Ellipsoid $\mathcal{E}$ mit einem „unscharfen Übergangsring" zu versehen. Hierbei sollten die Zugehörigkeitsgrade in einer der jeweiligen Problemstellung angemessenen Weise von $\mathcal{E}$ als Kern ausgehend in alle Raumrichtungen monoton bis auf Null abnehmen. Unter dieser Vorgabe könnte die Zugehörigkeitsfunktion $m_{\mathcal{B}} : \mathbb{R}^k \longrightarrow [0, 1]$ eines unscharfen a priori Ellipsoiden $\mathcal{B}$ etwa durch

$$m_{\mathcal{B}}(\boldsymbol{\beta}) := \begin{cases} 1, & \text{falls } (\boldsymbol{\beta} - \boldsymbol{\beta}_0)'\mathbf{T}(\boldsymbol{\beta} - \boldsymbol{\beta}_0) \leq 1, \\ 2 - (\boldsymbol{\beta} - \boldsymbol{\beta}_0)'\mathbf{T}(\boldsymbol{\beta} - \boldsymbol{\beta}_0), & \text{falls } 1 < (\boldsymbol{\beta} - \boldsymbol{\beta}_0)'\mathbf{T}(\boldsymbol{\beta} - \boldsymbol{\beta}_0) \leq 2, \\ 0, & \text{sonst,} \end{cases} \tag{5.1.11}$$

definiert sein. Eine alternative Spezifikation ist durch

$$m_{\mathcal{B}}(\boldsymbol{\beta}) := \begin{cases} 1, & \text{falls } (\boldsymbol{\beta} - \boldsymbol{\beta}_0)'\mathbf{T}(\boldsymbol{\beta} - \boldsymbol{\beta}_0) \leq 1, \\ \frac{2}{1 + (\boldsymbol{\beta} - \boldsymbol{\beta}_0)'\mathbf{T}(\boldsymbol{\beta} - \boldsymbol{\beta}_0)}, & \text{falls } (\boldsymbol{\beta} - \boldsymbol{\beta}_0)'\mathbf{T}(\boldsymbol{\beta} - \boldsymbol{\beta}_0) > 1, \end{cases} \tag{5.1.12}$$

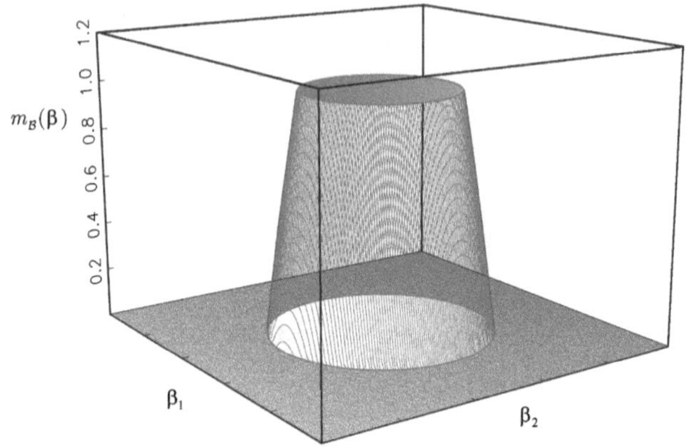

Abbildung 5.5: Zugehörigkeitsfunktion des unscharfen Ellipsoiden (quadratischer Ansatz)

gegeben. Wie leicht zu überprüfen erhalten wir als α-Schnitte des unscharfen a priori Ellipsoiden $\mathcal{B}$ für diese Spezifikationen die gewöhnlichen Ellipsoide

$$\mathcal{B}^\alpha = \left\{\boldsymbol{\beta} \in \mathbb{R}^k \mid (\boldsymbol{\beta} - \boldsymbol{\beta}_0)'\mathbf{T}(\boldsymbol{\beta} - \boldsymbol{\beta}_0) \leq 2 - \alpha\right\}, \ \alpha \in (0,1], \tag{5.1.13}$$

bzw.

$$\mathcal{B}^\alpha = \left\{\boldsymbol{\beta} \in \mathbb{R}^k \mid (\boldsymbol{\beta} - \boldsymbol{\beta}_0)'\mathbf{T}(\boldsymbol{\beta} - \boldsymbol{\beta}_0) \leq \frac{2}{\alpha} - 1\right\}, \ \alpha \in (0,1]. \tag{5.1.14}$$

Während der Träger von $\mathcal{B}$ für die Zugehörigkeitsfunktion aus (5.1.11) durch

$$\mathcal{B}^0 = \left\{\boldsymbol{\beta} \in \mathbb{R}^k \mid (\boldsymbol{\beta} - \boldsymbol{\beta}_0)'\mathbf{T}(\boldsymbol{\beta} - \boldsymbol{\beta}_0) < 2\right\} \tag{5.1.15}$$

gegeben und damit unter der Annahme einer positiv definiten Gewichtungsmatrix $\mathbf{T}$ beschränkt ist, gilt im zweiten Fall bemerkenswerterweise $\mathcal{B}^0 = \mathbb{R}^k$.

Für den Spezialfall $k = 2$ und $\mathbf{T} = \mathbf{I}_2$ werden die mit obigen Festlegungen verbundenen unscharfen Ellipsoide in den Abbildungen 5.5 und 5.6 abschließend graphisch veranschaulicht. □

Neben den unscharfen a priori Ellipsoiden wollen wir uns im folgenden vor allem der unpräzisen Version linearer Parameterrestriktionen widmen. Zur Modellierung dieses Typs einer Fuzzy-Vorinformationsmenge betrachte man

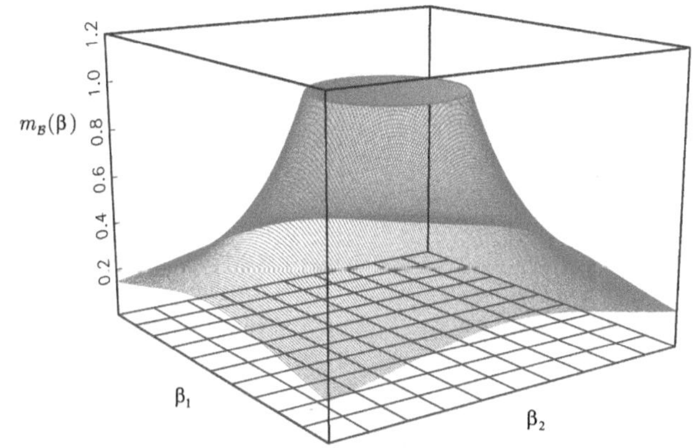

Abbildung 5.6: Zugehörigkeitsfunktion des unscharfen Ellipsoiden (hyperbolischer Ansatz)

Beispiel 5.5 An verschiedenen Stellen dieser Arbeit wurden lineare Gleichungsrestriktionen der Form

$$\mathbf{R}\boldsymbol{\beta} = \mathbf{r} \tag{5.1.16}$$

mit $\mathbf{R} \in \mathbb{R}^{q \times k}$ und $\mathbf{r} \in \mathbb{R}^q$ behandelt. Dabei wurde insbesondere in den Beispielen 2.1 bis 2.4 aus Abschnitt 2.2 deutlich, daß die Annahme der exakten Gleichheit für eine adäquate Beschreibung der zur Verfügung stehenden Vorinformationen gelegentlich zu stark ist. Häufig können a priori nur unscharfe bzw. vage Beziehungen der Form „$\mathbf{R}\boldsymbol{\beta}$ ist ungefähr gleich $\mathbf{r}$" formuliert werden. Wir haben in Abschnitt 4.2 einen ersten Versuch zur Erfassung der in Rede stehenden Ungenauigkeiten nichtstochastischer Art unternommen, indem wir Abweichungen von der exakten Gleichheit bis zu einem gewissen Grade zugelassen und lediglich $\|\mathbf{R}\boldsymbol{\beta} - \mathbf{r}\| \leq \gamma$ mit geeignetem $\gamma > 0$ postuliert haben. Das Problem dieses Ansatzes besteht darin, daß die im absoluten Sinne möglichen und die im absoluten Sinne unmöglichen Parametervektoren scharf voneinander abgegrenzt und folglich infinitesimal benachbart sind. Mit Hilfe der Fuzzy-Theorie können wir diese Schwäche nun beseitigen. Hierfür berücksichtigen wir durch die Zuweisung abgestufter Zugehörigkeitsgrade *innerhalb* des zulässigen Bereiches auch das *Ausmaß* der Verletzung von (5.1.16) und modellieren so einen gleitenden Übergang von der vollen Zugehörigkeit zur vollen Nichtzugehörigkeit zur Vorinformationsmenge. Dabei kann zur Messung der Abweichung von der exakten Restriktion die verallgemeinerte euklidische Norm

$$\|\mathbf{R}\boldsymbol{\beta} - \mathbf{r}\|_{\mathbf{H}} := \sqrt{(\mathbf{R}\boldsymbol{\beta} - \mathbf{r})'\mathbf{H}(\mathbf{R}\boldsymbol{\beta} - \mathbf{r})} \tag{5.1.17}$$

mit $\mathbf{H} \in \mathbb{R}^{q \times q}$ p.d. herangezogen werden.

Die konkrete Festlegung der Zugehörigkeitsfunktion $m_{\mathcal{R}}$ der unscharfen linearen Parameterrestriktion $\mathcal{R}$ hat sich wieder an den Notwendigkeiten und Vorstellungen der zugrundeliegenden praktischen Problemstellung zu orientieren. Dabei ist zu klären, was als Verletzung der exakten Gleichungsbeschränkung noch tolerabel ist und wie das Übergangsverhalten von der vollen Zugehörigkeit zur Nichtzugehörigkeit zur Vorinformationsmenge aussehen soll. Während etwa die durch

$$m_{\mathcal{R}}(\boldsymbol{\beta}) := \max\{0, 1 - \sqrt{(\mathbf{R}\boldsymbol{\beta} - \mathbf{r})'\mathbf{H}(\mathbf{R}\boldsymbol{\beta} - \mathbf{r})}\} \tag{5.1.18}$$

definierte Zugehörigkeitsfunktion vom scharfen Kern $\mathcal{R}^0 = \{\boldsymbol{\beta} \in \mathbb{R}^k | \, \mathbf{R}\boldsymbol{\beta} = \mathbf{r}\}$ ausgehend linear abnimmt, ist mit der Spezifizierung

$$m_{\mathcal{R}}(\boldsymbol{\beta}) := \max\{0, 1 - (\mathbf{R}\boldsymbol{\beta} - \mathbf{r})'\mathbf{T}(\mathbf{R}\boldsymbol{\beta} - \mathbf{r})\} \tag{5.1.19}$$

ein quadratisches Abklingen verbunden. In Frage kommt aber auch hier wieder ein hyperbolischer Ansatz der Gestalt

$$m_{\mathcal{R}}(\boldsymbol{\beta}) := \frac{1}{1 + (\mathbf{R}\boldsymbol{\beta} - \mathbf{r})'\mathbf{H}(\mathbf{R}\boldsymbol{\beta} - \mathbf{r})}. \tag{5.1.20}$$

Die α-Schnitte der korrespondierenden unscharfen Mengen sind durch

$$\mathcal{R}^\alpha = \{\boldsymbol{\beta} \in \mathbb{R}^k | \, (\mathbf{R}\boldsymbol{\beta} - \mathbf{r})'\mathbf{H}(\mathbf{R}\boldsymbol{\beta} - \mathbf{r}) \leq (1 - \alpha)^2\}, \; \alpha \in (0, 1], \tag{5.1.21}$$

$$\mathcal{R}^\alpha = \{\boldsymbol{\beta} \in \mathbb{R}^k | \, (\mathbf{R}\boldsymbol{\beta} - \mathbf{r})'\mathbf{H}(\mathbf{R}\boldsymbol{\beta} - \mathbf{r}) \leq 1 - \alpha\}, \; \alpha \in (0, 1], \tag{5.1.22}$$

bzw.

$$\mathcal{R}^\alpha = \{\boldsymbol{\beta} \in \mathbb{R}^k | \, (\mathbf{R}\boldsymbol{\beta} - \mathbf{r})'\mathbf{H}(\mathbf{R}\boldsymbol{\beta} - \mathbf{r}) \leq 1/\alpha - 1\}, \; \alpha \in (0, 1], \tag{5.1.23}$$

gegeben. Ist das Gleichungssystem $\mathbf{R}\boldsymbol{\beta} = \mathbf{r}$ konsistent, dann gilt nach Satz A.17 die Beziehung $\mathbf{R}\mathbf{R}^+\mathbf{r} = \mathbf{r}$, und wir erhalten unter Verwendung der Größen $\boldsymbol{\beta}_0 := \mathbf{R}^+\mathbf{r}$ und $\mathbf{T} := \mathbf{R}'\mathbf{H}\mathbf{R}$ die alternativen Darstellungen

$$\mathcal{R}^\alpha = \{\boldsymbol{\beta} \in \mathbb{R}^k | \, (\boldsymbol{\beta} - \boldsymbol{\beta}_0)'\mathbf{T}(\boldsymbol{\beta} - \boldsymbol{\beta}_0) \leq (1 - \alpha)^2\}, \; \alpha \in (0, 1], \tag{5.1.24}$$

$$\mathcal{R}^\alpha = \{\boldsymbol{\beta} \in \mathbb{R}^k | \, (\boldsymbol{\beta} - \boldsymbol{\beta}_0)'\mathbf{T}(\boldsymbol{\beta} - \boldsymbol{\beta}_0) \leq 1 - \alpha\}, \; \alpha \in (0, 1], \tag{5.1.25}$$

und

$$\mathcal{R}^\alpha = \{\boldsymbol{\beta} \in \mathbb{R}^k | \, (\boldsymbol{\beta} - \boldsymbol{\beta}_0)'\mathbf{T}(\boldsymbol{\beta} - \boldsymbol{\beta}_0) \leq 1/\alpha - 1\}, \; \alpha \in (0, 1]. \tag{5.1.26}$$

Bei den α-Schnitten handelt es sich demnach um k-dimensionale Ellipsoide mit dem Mittelpunkt $\boldsymbol{\beta}_0 = \mathbf{R}^+\mathbf{r}$. Weil die Gewichtungsmatrix $\mathbf{T}$ allerdings auch bei Zeilenregularität von $\mathbf{R}$ i. allg. einen Rangdefekt aufweisen wird, sind die $\mathcal{R}^\alpha$ in der Regel nichtkompakt.

Als Träger der unscharfen Vorinformationsmenge $\mathcal{R}$ erhalten wir bei linearem und quadratischem Ansatz im übrigen das degenerierte Ellipsoid

$$\mathcal{R}^0 = \{\boldsymbol{\beta} \in \mathbb{R}^k | \, (\boldsymbol{\beta} - \boldsymbol{\beta}_0)'\mathbf{T}(\boldsymbol{\beta} - \boldsymbol{\beta}_0) \leq 1\} \tag{5.1.27}$$

und für die Zugehörigkeitsfunktion aus (5.1.20) wieder den gesamten $\mathbb{R}^k$.

Zum Abschluß dieses Beispiels wollen wir die vorangegangenen Überlegungen für den Spezialfall

$$k = 2, \ \mathbf{R} = (\ 1 \quad -1\ ) \text{ und } r = 0 \tag{5.1.28}$$

graphisch veranschaulichen. Im zweidimensionalen Regressionsmodell sei also a priori bekannt, daß die beiden Regressionsparameter „im wesentlichen übereinstimmen". Für obige Spezifikationen der Zugehörigkeitsfunktionen ergeben sich dann (im Fall $\mathbf{H} = 1$) die in den Abbildungen 5.7 bis 5.9 visualisierten unscharfen Mengen. □

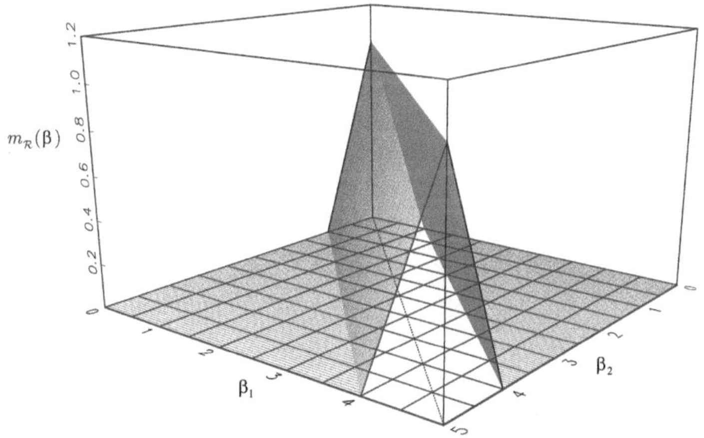

Abbildung 5.7: Zugehörigkeitsfunktion für die unscharfe Relation „$\beta_1 \approx \beta_2$" (linearer Ansatz)

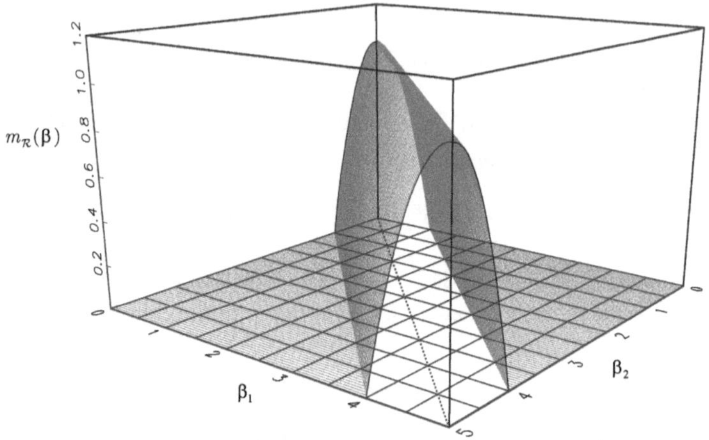

Abbildung 5.8: Zugehörigkeitsfunktion für die unscharfe Relation „$\beta_1 \approx \beta_2$" (quadratischer Ansatz)

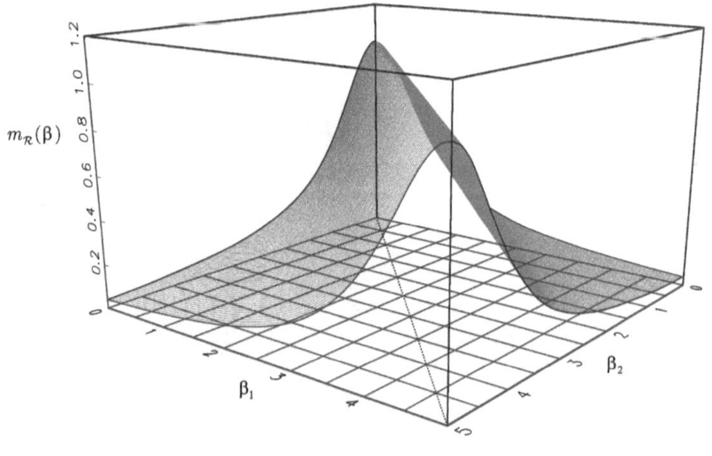

Abbildung 5.9: Zugehörigkeitsfunktion für die unscharfe Relation „$\beta_1 \approx \beta_2$" (hyperbolischer Ansatz)

Die vorangegangenen Ausführungen bestätigen eindrucksvoll, daß die Theorie der unscharfen Mengen den geeigneten methodischen Rahmen zur Erfassung der dem a priori Wissen innewohnenden Unschärfe und Vagheit nichtstochastischer Art bietet. Die uns interessierenden Fälle unscharfer Ellipsoid- und linearer Gleichungsrestriktionen betreffend ist beachtenswert, daß die α-Schnitte trotz der unterschiedlichen scharfen Ausgangsmengen von der gleichen ellipsoidalen Form

$$\mathcal{R}^\alpha = \left\{\boldsymbol{\beta} \in \mathbb{R}^k \middle| \, (\boldsymbol{\beta} - \boldsymbol{\beta}_0)'\mathbf{T}(\boldsymbol{\beta} - \boldsymbol{\beta}_0) \leq s(\alpha)\right\}, \ \alpha \in (0,1], \tag{5.1.29}$$

mit stetiger, monoton fallender Funktion $s : (0,1] \to \mathbb{R}_+$ und n.n.d. Matrix $\mathbf{T}$ sind. Wie leicht zu überprüfen, können wir mit den Festlegungen

$$s(\alpha) := t + 1 - \alpha, \tag{5.1.30}$$

$$s(\alpha) := \frac{t+1}{\alpha} - 1 \tag{5.1.31}$$

und

$$s(\alpha) := (t + 1 - \alpha)^2 \tag{5.1.32}$$

für $t = 1$ bzw. $t = 0$ alle eingeführten Fuzzy-Mengen wiedergewinnen. Nach der nun folgenden allgemeinen Einführung des verallgemeinerten Minimax-Schätzprinzips wollen wir uns daher in Abschnitt 5.3 auf die Betrachtung unscharfer Vorinformationsmengen mit ellipsoidalen α-Schnitten konzentrieren.

5.2 Das generalisierte Minimax-Schätzprinzip

Im verallgemeinerten Regressionsmodell

$$\mathbf{y} = \mathbf{X}\boldsymbol{\beta} + \mathbf{u} \tag{5.2.1}$$

mit $\mathbf{E}(\mathbf{u}) = \mathbf{0}$ und $\mathbf{Cov}(\mathbf{u}) = \sigma^2\boldsymbol{\Omega}$, $\sigma^2 > 0$ und $\boldsymbol{\Omega}$ p.d. gegeben, sei die Vorinformation über den unbekannten Parametervektor $\boldsymbol{\beta}$ nun also durch eine unscharfe Menge $\mathcal{B}$ mit Zugehörigkeitsfunktion $m_{\mathcal{B}} : \mathbb{R}^k \to [0,1]$ charakterisiert. Wie in den beiden Kapiteln zuvor ziehen wir zur Schätzung von $\boldsymbol{\beta}$ die Klasse affin-linearer Schätzer

$$\mathcal{D}_{aff} := \left\{\mathbf{b} \middle| \, \mathbf{b} = \mathbf{C}\mathbf{y} + \mathbf{c} \text{ mit } \mathbf{C} \in \mathbb{R}^{k\times n} \text{ und } \mathbf{c} \in \mathbb{R}^k\right\} \tag{5.2.2}$$

in Erwägung und wählen als Risikofunktion für eine Schätzfunktion $\mathbf{b} \in \mathcal{D}_{aff}$ den gewichteten MSE

$$\begin{aligned} R_{\mathbf{A}}(\mathbf{b},\boldsymbol{\beta}) &:= E\left[(\mathbf{b}-\boldsymbol{\beta})'\mathbf{A}(\mathbf{b}-\boldsymbol{\beta})\right] \\ &= \sigma^2 \mathrm{tr}\left\{\boldsymbol{\Omega}\mathbf{C}'\mathbf{A}\mathbf{C}\right\} + \left[(\mathbf{C}\mathbf{X}-\mathbf{I})\boldsymbol{\beta}+\mathbf{c}\right]'\mathbf{A}\left[(\mathbf{C}\mathbf{X}-\mathbf{I})\boldsymbol{\beta}+\mathbf{c}\right] \end{aligned} \tag{5.2.3}$$

mit n.n.d. Gewichtungsmatrix $\mathbf{A} \in \mathbb{R}^{k\times k}$.

Das in Abschnitt 3.1 eingeführte klassische Minimax-Schätzprinzip ist grundsätzlich nur für gewöhnliche, d.h. scharf abzugrenzende Vorinformationsmengen konzipiert. Es stellt dabei auf die ungünstigste aller denkbaren Parameterkonstellationen ab. Demzufolge ist diejenige Schätzfunktion optimal, bei der das maximal mögliche Risiko einer Fehlschätzung am geringsten ausfällt. Der Verallgemeinerung des klassischen Ansatzes auf die vorliegende Situation unscharf formulierter a priori Kenntnisse durch ARNOLD, STAHLECKER (1997a,b, 1998a,b) liegt die Interpretation des Zugehörigkeitswertes $m_{\mathcal{B}}(\bar{\boldsymbol{\beta}})$ als Grad der Möglichkeit zugrunde, daß der unbekannte Parametervektor $\boldsymbol{\beta}$ mit $\bar{\boldsymbol{\beta}} \in \mathbb{R}^k$ übereinstimmt. Während gewisse Parameterkonstellationen absolut ausgeschlossen ($m_{\mathcal{B}}(\bar{\boldsymbol{\beta}}) = 0$) andere dagegen uneingeschränkt möglich ($m_{\mathcal{B}}(\bar{\boldsymbol{\beta}}) = 1$) sind, bringen zwischen Null und Eins liegende Werte $m_{\mathcal{B}}(\bar{\boldsymbol{\beta}})$ zum Ausdruck, daß der Parametervektor $\bar{\boldsymbol{\beta}}$ begrenzt vorstellbar bzw. plausibel ist. Vor diesem Hintergrund ist es einleuchtend, in einem ersten Schritt die supremalen Risiken eines jeden Schätzers $\mathbf{b} \in \mathcal{D}_{aff}$ für alle Möglichkeitsniveaus $\alpha \in [0,1]$ zu bestimmen, diese dann in geeigneter Weise zu aggregieren und die resultierende Zielgröße bzgl. $\mathbf{b}$ zu minimieren. Diese Überlegungen werden im folgenden konkretisiert.

Wir betrachten zunächst die α-Schnitte

$$\mathcal{B}^\alpha := \{\boldsymbol{\beta} \in \mathbb{R}^k \mid m_{\mathcal{B}}(\boldsymbol{\beta}) \geq \alpha\}, \quad \alpha \in (0,1], \tag{5.2.4}$$

und den Träger

$$\mathcal{B}^0 := \{\boldsymbol{\beta} \in \mathbb{R}^k \mid m_{\mathcal{B}}(\boldsymbol{\beta}) > 0\} \tag{5.2.5}$$

der unscharfen Vorinformationsmenge $\mathcal{B}$ und definieren für alle $\alpha \in [0,1]$ durch

$$r_{\mathbf{A}}(\mathbf{b},\alpha) = \sup_{\boldsymbol{\beta} \in \mathcal{B}^\alpha} R_{\mathbf{A}}(\mathbf{b},\boldsymbol{\beta}) \tag{5.2.6}$$

das supremale Risiko eines Schätzers $\mathbf{b} \in \mathcal{D}_{aff}$ über $\mathcal{B}^\alpha$. Hierbei wollen wir für den Fall, daß $\mathcal{B}$ nicht normalisiert ist, also kein $\boldsymbol{\beta} \in \mathbb{R}^k$ mit $m_{\mathcal{B}}(\boldsymbol{\beta}) = 1$ existiert, die Konvention „$\sup\{\} = 0$" treffen. Man beachte, daß die Endlichkeit des supremalen Risikos $r_{\mathbf{A}}(\mathbf{b},\alpha)$ bei Nichtkompaktheit des zugrundeliegenden α-Schnittes nicht sichergestellt ist.

Zur Gewinnung eines geeigneten Vergleichsmaßstabes sind die einzelnen supremalen α-Risiken einer Schätzfunktion $\mathbf{b} \in \mathcal{D}_{aff}$ nun in angemessener Weise zusammenzufassen. ARNOLD, STAHLECKER (1998a) formulieren relativ schwache Anforderungen an mögliche Aggregationsformen bzw. die resultierenden Gütefunktionen. In Frage kommen demnach alle Abbildungen $F : \mathcal{D}_{aff} \to [0,1]$, die für beliebige $\mathbf{b}, \mathbf{b}_1, \mathbf{b}_2 \in \mathcal{D}_{aff}$ den Bedingungen

(i) $r_{\mathbf{A}}(\mathbf{b},\alpha) = \infty \quad \forall \alpha \in [0,1] \quad \Rightarrow \quad F(\mathbf{b}) = \infty$

(ii) $r_{\mathbf{A}}(\mathbf{b}_1, \alpha) \leq r_{\mathbf{A}}(\mathbf{b}_2, \alpha) \quad \forall \alpha \in [0,1] \quad \Rightarrow \quad F(\mathbf{b}_1) \leq F(\mathbf{b}_2)$

genügen. Wir werden uns im weiteren Verlauf auf die in der folgenden Definition eingeführten Ausprägungen konzentrieren. Für das Rechnen mit „∞" benutzen wir dabei die Konvention „$0 \cdot \infty = 0$".

Definition 5.1 *Gegeben seien die unscharfe Vorinformationsmenge $\mathcal{B}$ mit Zugehörigkeitsfunktion $m_{\mathcal{B}} : \mathbb{R}^k \to [0,1]$ und ein Schätzer $\mathbf{b} \in \mathcal{D}_{aff}$. Für $\alpha \in [0,1]$ sei $r_{\mathbf{A}}(\mathbf{b}, \alpha)$ das in (5.2.6) definierte supremale Risiko von $\mathbf{b}$ auf $\mathcal{B}^\alpha$. Ferner seien $w_1 : [0,1] \to \mathbb{R}_+$ und $w_2 : [0,1] \to \mathbb{R}_+$ stetige Gewichtungsfunktionen mit*

$$w_i(0) = 0, \qquad i = 1, 2, \tag{5.2.7}$$

sowie

$$\max_{\alpha \in [0,1]} w_1(\alpha) = 1 \tag{5.2.8}$$

und

$$\int_0^1 w_2(\alpha) d\alpha = 1. \tag{5.2.9}$$

Dann wird

$$F_1(\mathbf{b}) := \sup_{\alpha \in [0,1]} \{w_1(\alpha) r_{\mathbf{A}}(\mathbf{b}, \alpha)\} \tag{5.2.10}$$

als das verallgemeinerte Minimax-Risiko erster und

$$F_2(\mathbf{b}) := \int_0^1 w_2(\alpha) r_{\mathbf{A}}(\mathbf{b}, \alpha) d\alpha \tag{5.2.11}$$

als das verallgemeinerte Minimax-Risiko zweiter Art des Schätzers $\mathbf{b}$ bezeichnet.[4]

Bemerkung 5.2 Wegen $w_i(0) = 0$, $i = 1, 2$, und der Konvention „$0 \cdot \infty = 0$" hat das supremale Risiko über dem Träger $\mathcal{B}^0$ keinen Einfluß auf die verallgemeinerten Minimax-Risiken eines Schätzers $\mathbf{b} \in \mathcal{D}_{aff}$. Insbesondere ist also

$$F_1(\mathbf{b}) := \sup_{\alpha \in [0,1]} \{w_1(\alpha) r_{\mathbf{A}}(\mathbf{b}, \alpha)\} = \sup_{\alpha \in (0,1]} \{w_1(\alpha) r_{\mathbf{A}}(\mathbf{b}, \alpha)\}. \tag{5.2.12}$$

□

[4]Dem Vorgehen von KNAUTZ (2000) folgend betrachten wir damit leichte Modifikationen der von ARNOLD, STAHLECKER (1997a), S. 380 f., eingeführten verallgemeinerten Minimax-Risiken erster und zweiter Art. Es handelt sich hierbei zugleich um Spezialfälle der von ARNOLD, STAHLECKER (1998a), S. 4, vorgeschlagenen Aggregationsformen.

Bemerkung 5.3 Das verallgemeinerte Minimax-Risiko erster Art läßt sich für die Gewichtungsfunktion $w_1(\alpha) = \alpha$, $\alpha \in [0,1]$, gemäß ARNOLD, STAHLECKER (1997a), S. 380, in der äquivalenten Form

$$F_1(\mathbf{b}) = \sup_{\boldsymbol{\beta} \in \mathbb{R}^k} \{m_{\mathcal{B}}(\boldsymbol{\beta}) R_{\mathbf{A}}(\mathbf{b}, \boldsymbol{\beta})\} \tag{5.2.13}$$

darstellen. □

Man überprüft leicht, daß die verallgemeinerten Minimax-Risiken F_1 und F_2 die oben angegebenen Eigenschaften (i) und (ii) zulässiger Gütefunktionen besitzen. Zwar soll die Frage nach der konkreten Festlegung der jeweiligen Gewichtungsfunktion zunächst offengelassen werden. Folgt man allerdings der plausiblen Forderung, daß der Einfluß der supremalen Risiken mit dem zugrundeliegenden α-Niveau wachsen sollte, so sind für w_1 und w_2 monoton steigende Funktionen zu wählen.

Die Minimierung der Gütefunktionen F_1 und F_2 auf $\mathcal{D}_{aff}$ liefert nun die verallgemeinerten Minimax-Schätzer erster und zweiter Art.[5]

Definition 5.2 *Gegeben seien die unscharfe Vorinformationsmenge $\mathcal{B}$ über $\mathbb{R}^k$ mit Zugehörigkeitsfunktion $m_{\mathcal{B}} : \mathbb{R}^k \longrightarrow [0,1]$ und die verallgemeinerten Minimax-Risiken F_1 und F_2 aus Definition 5.1. Eine Schätzfunktion $\mathbf{b}_* \in \mathcal{D}_{aff}$ heißt verallgemeinerte (affin-lineare) Minimax-Schätzfunktion erster Art für $\boldsymbol{\beta}$, wenn $F_1(\mathbf{b}_*) < \infty$ ist und für alle $\mathbf{b} \in \mathcal{D}_{aff}$*

$$F_1(\mathbf{b}_*) \leq F_1(\mathbf{b}) \tag{5.2.14}$$

gilt. Analog nennen wir $\mathbf{b}_* \in \mathcal{D}_{aff}$ verallgemeinerte (affin-lineare) Minimax-Schätzfunktion zweiter Art für $\boldsymbol{\beta}$, wenn $F_2(\mathbf{b}_*) < \infty$ ist und für alle $\mathbf{b} \in \mathcal{D}_{aff}$

$$F_2(\mathbf{b}_*) \leq F_2(\mathbf{b}) \tag{5.2.15}$$

gilt.

Während das verallgemeinerte Minimax-Prinzip erster Art durch die Konzentration auf das Supremum der gewichteten supremalen Risiken eine extrem pessimistische Einstellung zum Ausdruck bringt, besitzt die Minimierung des gewogenen Durchschnitts aller supremalen α-Risiken einen eher neutralen bzw. glättenden Charakter. Im Spezialfall einer gewöhnlichen scharfen Menge $\mathcal{B}$ gilt für jeden Schätzer $\mathbf{b} \in \mathcal{D}_{aff}$ im übrigen

$$r_{\mathbf{A}}(\mathbf{b}, \alpha) = r_{\mathbf{A}}(\mathbf{b}, 1) = \sup_{\boldsymbol{\beta} \in \mathcal{B}} R_{\mathbf{A}}(\mathbf{b}, \boldsymbol{\beta}) \quad \forall \alpha \in [0,1]. \tag{5.2.16}$$

[5]Vgl. ARNOLD, STAHLECKER (1997a), S. 381, oder ARNOLD, STAHLECKER (1998a), S. 4.

Unter Beachtung der Normierungsbedingungen (5.2.8) und (5.2.9) erhalten wir hieraus für die verallgemeinerten Minimax-Risiken

$$F_1(\mathbf{b}) = F_2(\mathbf{b}) = \sup_{\boldsymbol{\beta} \in \mathcal{B}} R_{\mathbf{A}}(\mathbf{b}, \boldsymbol{\beta}). \tag{5.2.17}$$

Beide Varianten des verallgemeinerten Minimax-Prinzips reduzieren sich bei scharfer Vorinformationsmenge also tatsächlich wieder auf den klassischen Ansatz.

5.3 Unscharfe Vorinformationsmengen mit ellipsoidalen α-Schnitten

Wir wollen unsere Ausführungen in diesem Abschnitt weiter konkretisieren und das verallgemeinerte Minimax-Prinzip wie bereits angekündigt im Hinblick auf die Verarbeitung unscharfer Vorinformationsmengen $\mathcal{B}$ mit nicht notwendig kompakten ellipsoidalen α-Schnitten der Form

$$\mathcal{B}^{\alpha} = \left\{ \boldsymbol{\beta} \in \mathbb{R}^k \middle| \, (\boldsymbol{\beta} - \boldsymbol{\beta}_0)'\mathbf{T}(\boldsymbol{\beta} - \boldsymbol{\beta}_0) \leq s(\alpha), \ \mathbf{T} \in \mathbb{R}^{k \times k} \text{ n.n.d.} \right\}, \ \alpha \in (0, 1], \tag{5.3.1}$$

untersuchen. Hierbei bezeichne $s : (0, 1] \rightarrow \mathbb{R}_+$ eine stetige, monoton fallende Funktion, die wie die Gewichtungsmatrix $\mathbf{T} \in \mathbb{R}^{k \times k}$ und das Zentrum $\boldsymbol{\beta}_0 \in \mathbb{R}^k$ gegeben sei. Bei geeigneter Spezifizierung von s sowie $\mathbf{T}$ und $\boldsymbol{\beta}_0$ erhalten wir mit (5.3.1) die verschiedenen Varianten des unscharfen a priori Ellipsoiden und der unscharfen linearen Parameterrestriktionen aus den Beispielen 5.4 und 5.5.[6]

5.3.1 Herleitung der verallgemeinerten Minimax-Probleme

Die Bestimmung verallgemeinerter affin-linearer Minimax-Schätzer kann bei Fuzzy-Mengen mit ellipsoidalen α-Schnitten wieder auf ein restringiertes Optimierungsproblem für $\mathbf{C} \in \mathbb{R}^{k \times n}$ zurückgeführt werden. In Analogie zur Vorgehensweise beim klassischen Minimax-Ansatz nutzen wir hierfür zunächst die Symmetrie der unscharfen Vorinformationsmenge $\mathcal{B}$, genauer die Symmetrie ihrer α-Schnitte $\mathcal{B}^{\alpha}$, bzgl. $\boldsymbol{\beta}_0$ aus, um die Klasse der konkurrierenden Schätzfunktionen hinsichtlich der Wahl des affinen Teils $\mathbf{c}$ entscheidend einzuschränken.[7]

Satz 5.1 *Gegeben seien die unscharfe Vorinformationsmenge $\mathcal{B}$ mit α-Schnitten $\mathcal{B}^{\alpha}$ gemäß (5.3.1) und die verallgemeinerten Minimax-Risiken F_1 und F_2 aus Definition*

[6] Insofern stellt die Konzentration auf unscharfe Vorinformationsmengen mit ellipsoidalen α-Schnitten zwar eine gewisse Einschränkung dar. Die Modellierung ist aber immer noch so allgemein, daß sämtliche uns interessierenden Fälle vagen a priori Wissens berücksichtigt werden.

[7] Vgl. hierzu auch ARNOLD, STAHLECKER (1998a), S. 5 f.

5.1. Ferner sei $\mathbf{b} = \mathbf{C}\mathbf{y} + \mathbf{c}$ *mit* $\mathbf{C} \in \mathbb{R}^{k \times n}$ *und* $\mathbf{c} \in \mathbb{R}^k$ *ein beliebiger affin-linearer Schätzer von* $\boldsymbol{\beta}$. *Sei schließlich* $\bar{\mathbf{b}} := \mathbf{C}\mathbf{y} - (\mathbf{C}\mathbf{X} - \mathbf{I})\boldsymbol{\beta}_0$. *Dann gilt für* $i = 1, 2$ *die Ungleichung*

$$F_i(\mathbf{b}) \geq F_i(\bar{\mathbf{b}}). \tag{5.3.2}$$

Beweis: Es sei $\alpha \in (0, 1]$ beliebig gewählt. Wie man analog zum Beweis von Satz 3.2 zeigt, gilt aufgrund der Symmetrie von $\mathcal{B}^\alpha$ bzgl. $\boldsymbol{\beta}_0$ die Ungleichung

$$\sup_{\boldsymbol{\beta} \in \mathcal{B}^\alpha} [(\mathbf{C}\mathbf{X} - \mathbf{I})\boldsymbol{\beta} + \mathbf{c}]' \mathbf{A} [(\mathbf{C}\mathbf{X} - \mathbf{I})\boldsymbol{\beta} + \mathbf{c}] \geq \sup_{\boldsymbol{\beta} \in \mathcal{B}^\alpha} [(\mathbf{C}\mathbf{X} - \mathbf{I})(\boldsymbol{\beta} - \boldsymbol{\beta}_0)]' \mathbf{A} [(\mathbf{C}\mathbf{X} - \mathbf{I})(\boldsymbol{\beta} - \boldsymbol{\beta}_0)]. \tag{5.3.3}$$

Wir erhalten hiermit unter Beachtung von (5.2.3) sofort

$$r_{\mathbf{A}}(\mathbf{b}, \alpha) \geq r_{\mathbf{A}}(\bar{\mathbf{b}}, \alpha) \tag{5.3.4}$$

und wegen $w_i(\alpha) \geq 0$ auch

$$w_i(\alpha) \cdot r_{\mathbf{A}}(\mathbf{b}, \alpha) \geq w_i(\alpha) \cdot r_{\mathbf{A}}(\bar{\mathbf{b}}, \alpha). \tag{5.3.5}$$

Bildung des Supremums bzw. Integration über alle $\alpha \in (0, 1]$ liefert schließlich (5.3.2). ■

Bemerkung 5.4 Es ist unmittelbar einsichtig, daß das Ergebnis von Satz 5.1 für beliebige unscharfe Vorinformationsmengen mit symmetrischen α-Schnitten und beliebige den Anforderungen (i) und (ii) auf Seite 148 genügenden Gütefunktionen F gilt. □

Bei der Suche nach verallgemeinerten affin-linearen Minimax-Schätzern können wir uns also wie im klassischen Fall auf die Betrachtung der Teilklasse

$$\bar{\mathcal{D}} = \{\mathbf{b} | \, \mathbf{b} = \boldsymbol{\beta}_0 + \mathbf{C}(\mathbf{y} - \mathbf{X}\boldsymbol{\beta}_0) \text{ mit } \mathbf{C} \in \mathbb{R}^{k \times n}\} \tag{5.3.6}$$

konzentrieren. Dabei gilt für alle $\mathbf{b} \in \bar{\mathcal{D}}$ bekanntermaßen

$$R_{\mathbf{A}}(\mathbf{b}, \boldsymbol{\beta}) = \sigma^2 \operatorname{tr} \{\boldsymbol{\Omega}\mathbf{C}'\mathbf{A}\mathbf{C}\} + (\boldsymbol{\beta} - \boldsymbol{\beta}_0)'\mathbf{Q}(\mathbf{C})(\boldsymbol{\beta} - \boldsymbol{\beta}_0) \tag{5.3.7}$$

mit $\mathbf{Q}(\mathbf{C}) = (\mathbf{C}\mathbf{X} - \mathbf{I})'\mathbf{A}(\mathbf{C}\mathbf{X} - \mathbf{I})$.

Wenden wir uns nun der Ermittlung der supremalen Risiken eines Schätzers $\mathbf{b} \in \bar{\mathcal{D}}$ über den einzelnen α-Schnitten zu. Hierbei ist zu beachten, daß die Mengen $\mathcal{B}^\alpha$ wegen der nichtnegativen Definitheit der Gewichtungsmatrix $\mathbf{T}$ nicht notwendig kompakt sind und die Endlichkeit von $\sup_{\boldsymbol{\beta} \in \mathcal{B}^\alpha} R_{\mathbf{A}}(\mathbf{b}, \boldsymbol{\beta})$ somit nicht generell gewährleistet werden kann. Es seien

$$\mathbf{T} = \mathbf{W}'\mathbf{W}, \; \mathbf{W} \in \mathbb{R}^{r \times k}, \tag{5.3.8}$$

mit r =Rang($\mathbf{T}$) wieder eine Vollrangzerlegung von $\mathbf{T}$ und

$$\mathbf{G} = \mathbf{I} - \mathbf{W}^{+}\mathbf{W} \tag{5.3.9}$$

die idempotente Projektionsmatrix auf den Nullraum von $\mathbf{W}$. Durch den Rückgriff auf die Ergebnisse der klassischen Minimax-Schätzung bei degeneriertem a priori Ellipsoid erhalten wir dann das folgende Resultat:

Satz 5.2 *Gegeben seien die ellipsoidalen α-Schnitte $\mathcal{B}^{\alpha}$ aus (5.3.1) mit $\mathbf{T}$ in der Darstellung (5.3.8), die Risikofunktion $R_{\mathbf{A}}$ mit $\mathbf{A} \neq \mathbf{0}$ n.n.d. sowie die Projektionsmatrix $\mathbf{G}$ aus (5.3.9). Man betrachte eine Schätzfunktion $\mathbf{b} = \boldsymbol{\beta}_0 + \mathbf{C}(\mathbf{y} - \mathbf{X}\boldsymbol{\beta}_0)$ mit $\mathbf{C} \in \mathbb{R}^{k \times n}$ beliebig. Dann gilt für alle $\alpha \in (0, 1]$:*

(i) Es ist

$$r_{\mathbf{A}}(\mathbf{b}, \alpha) < \infty \tag{5.3.10}$$

genau dann, wenn

$$\mathbf{A}(\mathbf{C}\mathbf{X} - \mathbf{I})\mathbf{G} = \mathbf{0}. \tag{5.3.11}$$

(ii) Unter der Voraussetzung $r_{\mathbf{A}}(\mathbf{b}, \alpha) < \infty$ besitzt das supremale Risiko von $\mathbf{b}$ über $\mathcal{B}^{\alpha}$ die Darstellung

$$r_{\mathbf{A}}(\mathbf{b}, \alpha) = \sigma^2 \operatorname{tr}\{\boldsymbol{\Omega}\mathbf{C}'\mathbf{A}\mathbf{C}\} + s(\alpha)\lambda_{\max}\left[(\mathbf{W}^{-})'\mathbf{Q}(\mathbf{C})\mathbf{W}^{-}\right], \tag{5.3.12}$$

wobei $\mathbf{W}^{-}$ eine beliebige verallgemeinerte Inverse von $\mathbf{W}$ bezeichnet.

Beweis: Sei $\alpha \in (0, 1]$ beliebig. Ist $s(\alpha) > 0$, so können wir den α-Schnitt $\mathcal{B}^{\alpha}$ unter Verwendung der Matrix $\bar{\mathbf{T}} = \frac{1}{s(\alpha)}\mathbf{T}$ auch in der äquivalenten Form

$$\mathcal{B}^{\alpha} = \left\{ \boldsymbol{\beta} \in \mathbb{R}^k \middle| \, (\boldsymbol{\beta} - \boldsymbol{\beta}_0)'\bar{\mathbf{T}}(\boldsymbol{\beta} - \boldsymbol{\beta}_0) \leq 1 \right\} \tag{5.3.13}$$

darstellen. Die Behauptungen ergeben sich dann unmittelbar aus den Sätzen 4.2 und 4.3 aus Abschnitt 4.2.

Im Fall $s(\alpha) = 0$ gilt

$$\mathcal{B}^{\alpha} = \left\{ \boldsymbol{\beta} \in \mathbb{R}^k \middle| \, \mathbf{W}(\boldsymbol{\beta} - \boldsymbol{\beta}_0) = \mathbf{0} \right\}. \tag{5.3.14}$$

Gemäß Satz A.18 besitzt das lineare Gleichungssystem $\mathbf{W}(\boldsymbol{\beta} - \boldsymbol{\beta}_0) = \mathbf{0}$ aber die allgemeine Lösung

$$\boldsymbol{\beta} = \boldsymbol{\beta}_0 + \mathbf{G}\mathbf{z} \tag{5.3.15}$$

mit $\mathbf{z} \in \mathbb{R}^k$ beliebig. Hieraus folgt

$$\sup_{\boldsymbol{\beta} \in \mathcal{B}^{\alpha}} (\boldsymbol{\beta} - \boldsymbol{\beta}_0)'\mathbf{Q}(\mathbf{C})(\boldsymbol{\beta} - \boldsymbol{\beta}_0) = \sup_{\mathbf{z} \in \mathbb{R}^k} \mathbf{z}'\mathbf{G}\mathbf{Q}(\mathbf{C})\mathbf{G}\mathbf{z}. \tag{5.3.16}$$

Das supremale Risiko des Schätzers $\mathbf{b} = \boldsymbol{\beta}_0 + \mathbf{C}(\mathbf{y} - \mathbf{X}\boldsymbol{\beta}_0)$ auf $\mathcal{B}^\alpha$ ist damit genau dann endlich, wenn $\mathbf{GQ}(\mathbf{C})\mathbf{G} = \mathbf{0}$ gilt, was wiederum gleichbedeutend mit (5.3.11) ist. In diesem Fall erhalten wir dann mit (5.3.7) und (5.3.16) die Darstellung

$$\sup_{\boldsymbol{\beta}\in\mathcal{B}^\alpha} R_{\mathbf{A}}(\mathbf{b},\boldsymbol{\beta}) = \sigma^2 \operatorname{tr}\{\boldsymbol{\Omega}\mathbf{C}'\mathbf{A}\mathbf{C}\}. \tag{5.3.17}$$

■

Bemerkung 5.5 Man beachte, daß die Bedingung (5.3.11) für die Endlichkeit des supremalen Risikos eines Schätzer $\mathbf{b} \in \bar{\mathcal{D}}$ unabhängig vom Niveau des betrachteten α-Schnittes und identisch mit der entsprechenden Beziehung für den in Abschnitt 4.2 behandelten Fall des scharfen degenerierten a priori Ellipsoides ist. Wie wir wissen, besitzt das betreffende lineare Gleichungssystem genau dann eine Lösung $\mathbf{C} \in \mathbb{R}^{k\times n}$, wenn

$$\mathbf{AG}(\mathbf{XG})^{-}\mathbf{XG} = \mathbf{AG} \tag{5.3.18}$$

für eine beliebige verallgemeinerte Inverse $(\mathbf{XG})^-$ von $\mathbf{XG}$ gilt. Genügen die Regressionsmatrix $\mathbf{X}$ und die Gewichtungsmatrix $\mathbf{A}$ dieser Forderung, so ist die Existenz eines Schätzer $\mathbf{b} \in \bar{\mathcal{D}}$ mit endlichen supremalen α-Risiken $r(\mathbf{b},\alpha)$, $\alpha \in (0,1]$, also sichergestellt. Im Falle kompakter α-Schnitte, d.h. für $\mathbf{T}$ p.d., ist $\mathbf{W} = \mathbf{T}^{-1/2}$ p.d. und damit $\mathbf{G} = \mathbf{0}$. Gleichung (5.3.11) ist dann für alle $\mathbf{C} \in \mathbb{R}^{k\times n}$ erfüllt und die Endlichkeit der supremalen α-Risiken somit grundsätzlich, d.h. für alle $\mathbf{b} \in \bar{\mathcal{D}}$ gewährleistet. Man rufe sich an dieser Stelle auch die Diskussion der Konsistenzbedingung (5.3.18) aus Abschnitt 4.2 in Erinnerung. □

Die Gültigkeit von Bedingung (5.3.11) garantiert zunächst einmal nur die Existenz der einzelnen maximalen α-Risiken des betreffenden Schätzers $\mathbf{b} = \boldsymbol{\beta}_0 + \mathbf{C}(\mathbf{y} - \mathbf{X}\boldsymbol{\beta}_0)$. Um nun auch die Endlichkeit der aus der jeweiligen Aggregation resultierenden verallgemeinerten Minimax-Risiken $F_1(\mathbf{b})$ und $F_2(\mathbf{b})$ sicherzustellen, müssen zusätzlich (recht schwache) Annahmen für die Gewichtungsfunktionen w_i, $i = 1, 2$, und die „Abstufungsfunktion“ s getroffen werden. So gilt zum einen $F_1(\mathbf{b}) < \infty$ für alle Schätzer $\mathbf{b}$ mit endlichen supremalen α-Risiken $r(\mathbf{b},\alpha)$, $\alpha \in (0,1]$, genau dann, wenn die Bedingung

$$\gamma := \sup_{\alpha\in(0,1]} w_1(\alpha)\cdot s(\alpha) < \infty \tag{5.3.19}$$

erfüllt ist. Wir erhalten dann

$$\begin{aligned} F_1(\mathbf{b}) &= \sup_{\alpha\in(0,1]} \{w_1(\alpha) r(\mathbf{b},\alpha)\} \\ &= \sup_{\alpha\in(0,1]} \left\{\sigma^2 w_1(\alpha) \operatorname{tr}\{\boldsymbol{\Omega}\mathbf{C}'\mathbf{A}\mathbf{C}\} + w_1(\alpha)s(\alpha)\lambda_{\max}\left[(\mathbf{W}^-)'\mathbf{Q}(\mathbf{C})\mathbf{W}^-\right]\right\} \\ &\leq \sigma^2 \operatorname{tr}\{\boldsymbol{\Omega}\mathbf{C}'\mathbf{A}\mathbf{C}\} + \gamma\lambda_{\max}\left[(\mathbf{W}^-)'\mathbf{Q}(\mathbf{C})\mathbf{W}^-\right]. \end{aligned} \tag{5.3.20}$$

Notwendig und hinreichend für die Existenz des gewichteten Minimax-Risikos $F_2(\mathbf{b})$ aller Schätzer $\mathbf{b}$ mit $r(\mathbf{b}, \alpha) < \infty$, $\alpha \in (0, 1]$, ist dagegen

$$\rho := \int_0^1 w_2(\alpha) s(\alpha) d\alpha < \infty. \tag{5.3.21}$$

In diesem Fall gilt

$$\begin{aligned} F_2(\mathbf{b}) &= \int_0^1 w_2(\alpha) r(\mathbf{b}, \alpha) d\alpha \\ &= \sigma^2 \operatorname{tr}\{\mathbf{\Omega C' A C}\} + \rho \lambda_{\max}\left[(\mathbf{W}^-)' \mathbf{Q}(\mathbf{C}) \mathbf{W}^-\right]. \end{aligned} \tag{5.3.22}$$

Weil die Gewichtungsfunktionen aufgrund ihrer Stetigkeit auf $[0, 1]$ jeweils ihr Maximum annehmen, resultieren aus (5.3.19) bzw. (5.3.21) die hinreichenden Bedingungen

$$\sup_{\alpha \in (0,1]} s(\alpha) < \infty \tag{5.3.23}$$

und

$$\int_0^1 s(\alpha) d\alpha < \infty. \tag{5.3.24}$$

Solange also $s(\alpha)$ für $\alpha \to 0$ nicht „zu stark" anwächst, ist die Endlichkeit der verallgemeinerten Minimax-Risiken für alle der Bedingung (5.3.11) genügenden Schätzer $\mathbf{b} \in \bar{\mathcal{D}}$ grundsätzlich gewährleistet.

Wir fassen die vorangegangenen Überlegungen in dem folgenden Satz zusammen:

Satz 5.3 *Gegeben seien die unscharfe Vorinformationsmenge $\mathcal{B}$ mit den in (5.3.1) definierten α-Schnitten $\mathcal{B}^\alpha$, die Zerlegung (5.3.8) für die Gewichtungsmatrix $\mathbf{T}$ sowie die Projektionsmatrix $\mathbf{G}$ aus (5.3.9). Ferner sei die Konsistenzbedingung (5.3.18) erfüllt und gelte $\gamma, \rho < \infty$. Schließlich bezeichne $\mathbf{W}^-$ eine beliebige verallgemeinerte Inverse von $\mathbf{W}$. Dann gilt:*

(i) Die Schätzfunktion $\mathbf{b}_* = \boldsymbol{\beta}_0 + \mathbf{C}_*(\mathbf{y} - \mathbf{X}\boldsymbol{\beta}_0)$ genügt dem verallgemeinerten Minimax-Prinzip erster Art in der Klasse $\bar{\mathcal{D}}$ genau dann, wenn die Matrix $\mathbf{C}_*$ Lösung des Optimierungsproblems

$$f_1(\mathbf{C}) := \sup_{\alpha \in (0,1]} \left\{\sigma^2 w_1(\alpha) \operatorname{tr}\{\mathbf{\Omega C' A C}\} + w_1(\alpha) s(\alpha) \lambda_{\max}\left[(\mathbf{W}^-)' \mathbf{Q}(\mathbf{C}) \mathbf{W}^-\right]\right\}$$

$$\to \min_{\mathbf{C} \in \mathbb{R}^{k \times n}} ! \tag{5.3.25}$$

unter der Nebenbedingung

$$\mathbf{ACXG} = \mathbf{AG} \tag{5.3.26}$$

ist.

(ii) *Die Schätzfunktion* $\mathbf{b}_* = \boldsymbol{\beta}_0 + \mathbf{C}_*(\mathbf{y} - \mathbf{X}\boldsymbol{\beta}_0)$ *genügt dem verallgemeinerten Minimax-Prinzip zweiter Art in der Klasse* $\bar{\mathcal{D}}$ *genau dann, wenn die Matrix* $\mathbf{C}_*$ *Lösung des Optimierungsproblems*

$$f_2(\mathbf{C}) := \sigma^2 \operatorname{tr}\{\boldsymbol{\Omega}\mathbf{C}'\mathbf{A}\mathbf{C}\} + \rho\lambda_{\max}\left[(\mathbf{W}^-)'\mathbf{Q}(\mathbf{C})\mathbf{W}^-\right] \to \min_{\mathbf{C}\in\mathbb{R}^{k\times n}}! \tag{5.3.27}$$

unter der Nebenbedingung

$$\mathbf{ACXG} = \mathbf{AG} \tag{5.3.28}$$

ist.

Wir befassen uns in dem folgenden Abschnitt zunächst mit der Behandlung des verallgemeinerten Minimax-Problems erster Art.

5.3.2 Die verallgemeinerte Minimax-Schätzung erster Art

Es soll als erstes die Frage nach der Existenz einer verallgemeinerten Minimax-Lösung erster Art beantwortet werden.[8]

Satz 5.4 *Die Konsistenzbedingung (5.3.18) sei erfüllt. Ferner gelte*

$$\gamma := \sup_{\alpha\in(0,1]} w_1(\alpha)\cdot s(\alpha) < \infty. \tag{5.3.29}$$

Dann besitzt das verallgemeinerte Minimax-Problem erster Art (5.3.25)+(5.3.26) eine Lösung.

Beweis: Unter Verwendung der durch

$$g(\mathbf{C},\alpha) = \sigma^2 \operatorname{tr}\{\boldsymbol{\Omega}\mathbf{C}'\mathbf{A}\mathbf{C}\} + s(\alpha)\lambda_{\max}\left[(\mathbf{W}^-)'\mathbf{Q}(\mathbf{C})\mathbf{W}^-\right] \tag{5.3.30}$$

definierten Abbildung $g : \mathbb{R}^{k\times n} \times (0,1] \to \mathbb{R}$ schreiben wir die Zielfunktion des verallgemeinerten Minimax-Problems erster Art zunächst in der kompakteren Form

$$f_1(\mathbf{C}) = \sup_{\alpha\in(0,1]} w_1(\alpha) g(\mathbf{C},\alpha). \tag{5.3.31}$$

Für das Folgende sei ferner $\mathbf{A} = \mathbf{B}'\mathbf{B}$ mit $\mathbf{B} \in \mathbb{R}^{m\times k}$ und $m = \text{Rang}(\mathbf{A})$ eine Vollrangzerlegung von $\mathbf{A}$. Es erweist sich dann als sinnvoll, analog zu dem Vorgehen in Abschnitt 4.4 anstelle von g und f_1 die durch

$$\tilde{g}(\mathbf{D},\alpha) := \sigma^2 \operatorname{tr}\{\boldsymbol{\Omega}\mathbf{D}'\mathbf{D}\} + s(\alpha)\lambda_{\max}\left[\tilde{\mathbf{Q}}(\mathbf{D})\right] \tag{5.3.32}$$

mit

$$\tilde{\mathbf{Q}}(\mathbf{D}) := (\mathbf{W}^-)'(\mathbf{DX} - \mathbf{B})'(\mathbf{DX} - \mathbf{B})\mathbf{W}^- \tag{5.3.33}$$

[8] Vgl. hierzu auch Arnold, Stahlecker (1997b, 1998b), jeweils Abschnitt 3.

und

$$\tilde{f}_1(\mathbf{D}) := \sup_{\alpha\in(0,1]} w_1(\alpha)\tilde{g}(\mathbf{D},\alpha) \tag{5.3.34}$$

erklärten Abbildungen $\tilde{g} : \mathbb{R}^{m\times n} \times (0,1] \to \mathbb{R}$ und $\tilde{f}_1 : \mathbb{R}^{m\times n} \to \mathbb{R}$ zu betrachten. Für alle $\mathbf{C} \in \mathbb{R}^{k\times n}$ und $\mathbf{D} \in \mathbb{R}^{m\times n}$ mit $\mathbf{BC} = \mathbf{D}$ gilt offensichtlich

$$g(\mathbf{C},\alpha) = \tilde{g}(\mathbf{D},\alpha) \quad \text{für alle } \alpha \in (0,1] \tag{5.3.35}$$

und somit auch

$$f_1(\mathbf{C}) = \tilde{f}_1(\mathbf{D}). \tag{5.3.36}$$

Löst $\mathbf{D}_* \in \mathbb{R}^{m\times n}$ also die Minimierungsaufgabe

$$\tilde{f}_1(\mathbf{D}) \to \min_{\mathbf{D}\in\mathbb{R}^{m\times n}} ! \tag{5.3.37}$$

unter der Nebenbedingung

$$\mathbf{DXG} = \mathbf{BG}, \tag{5.3.38}$$

so ist jede dem konsistenten Gleichungssystem $\mathbf{BC}_* = \mathbf{D}_*$ genügende Matrix $\mathbf{C}_* \in \mathbb{R}^{k\times n}$ Lösung des verallgemeinerten Minimax-Problems (5.3.25)+(5.3.26). Zum Nachweis der Behauptung reicht es also aus, die Lösbarkeit der transformierten Minimax-Aufgabe (5.3.37)+(5.3.38) zu zeigen.

Hierfür bemerken wir zunächst, daß die Abbildung $\tilde{f}_1$ als Supremum der stetigen Funktionen $w_1(\alpha)\tilde{g}(\cdot,\alpha)$ halbstetig von unten ist (vgl. etwa AUBIN (1977), S. 107). Gelingt es uns daher, für eine beliebige Matrix $\bar{\mathbf{D}} \in \mathfrak{D} := \{\mathbf{D} \in \mathbb{R}^{m\times n} \mid \mathbf{DXG} = \mathbf{BG}\}$ die Kompaktheit der Niveaumenge

$$\mathcal{L}_{\mathfrak{D}}(\bar{\mathbf{D}}) = \{\mathbf{D} \in \mathfrak{D} \mid \tilde{f}_1(\mathbf{D}) \leq \tilde{f}_1(\bar{\mathbf{D}})\} \tag{5.3.39}$$

zu zeigen, so folgt die Existenz einer Lösung von (5.3.37)+(5.3.38) sofort aus dem Satz von Weierstraß (vgl. AUBIN (1977), S. 117). Man beachte diesbezüglich, daß die Abbildungen $\tilde{g}(\cdot,\alpha)$ für alle $\alpha \in (0,1]$ als nichtnegative Linearkombination der gleichmäßig konvexen Abbildung

$$\tilde{g}_1 : \begin{cases} \mathbb{R}^{m\times n} & \to \mathbb{R} \\ \mathbf{D} & \mapsto \operatorname{tr}\{\mathbf{\Omega D'D}\} \end{cases} \tag{5.3.40}$$

und der konvexen Abbildung

$$\tilde{g}_2 : \begin{cases} \mathbb{R}^{m\times n} & \to \mathbb{R} \\ \mathbf{D} & \mapsto \lambda_{\max}[\tilde{\mathbf{Q}}(\mathbf{D})] \end{cases} \tag{5.3.41}$$

gleichmäßig konvex ist.[9] Dabei gilt nach Beispiel C.4 mit $m := \sigma^2\lambda_{\min}(\mathbf{\Omega}) > 0$ für alle $\mathbf{D}_1, \mathbf{D}_2 \in \mathbb{R}^{m\times n}$, $\mu \in [0,1]$ und $\alpha \in (0,1]$ die Ungleichung

$$\mu\tilde{g}(\mathbf{D}_1,\alpha)+(1-\mu)\tilde{g}(\mathbf{D}_2,\alpha)-\tilde{g}(\mu\mathbf{D}_1+(1-\mu)\mathbf{D}_2,\alpha) \geq m\mu(1-\mu)\|\mathbf{D}_1-\mathbf{D}_2\|^2. \tag{5.3.42}$$

[9] Vgl. hierzu Beispiel C.4 sowie Satz C.2 und Beispiel C.1.

Weil für alle $\mathbf{D} \in \mathbb{R}^{m \times n}$ und $\alpha \in (0,1]$ aber $\tilde{g}(\mathbf{D},\alpha) \geq 0$ ist, ergibt sich speziell für $\mu = 1/2$ die Beziehung

$$\tilde{g}(\mathbf{D}_1,\alpha) + \tilde{g}(\mathbf{D}_2,\alpha) \geq \frac{m}{2}\|\mathbf{D}_1 - \mathbf{D}_2\|^2. \tag{5.3.43}$$

Hieraus folgt

$$w_1(\alpha)\tilde{g}(\mathbf{D}_1,\alpha) + w_1(\alpha)\tilde{g}(\mathbf{D}_2,\alpha) \geq \frac{m}{2}w_1(\alpha)\|\mathbf{D}_1 - \mathbf{D}_2\|^2, \tag{5.3.44}$$

womit wir unter Beachtung von $\sup\limits_{\alpha\in(0,1]} w_1(\alpha) = 1$ auch

$$\tilde{f}_1(\mathbf{D}_1) + \tilde{f}_1(\mathbf{D}_2) \geq \frac{m}{2}\|\mathbf{D}_1 - \mathbf{D}_2\|^2 \tag{5.3.45}$$

erhalten. Für beliebiges $\bar{\mathbf{D}} \in \mathfrak{D}$ und alle $\mathbf{D} \in \mathcal{L}_{\mathfrak{D}}(\bar{\mathbf{D}})$ resultiert hieraus schließlich

$$\|\mathbf{D} - \bar{\mathbf{D}}\|^2 \leq \frac{4}{m}\tilde{f}_1(\bar{\mathbf{D}}) < \infty. \tag{5.3.46}$$

Dies bedeutet, daß $\mathcal{L}_{\mathfrak{D}}(\bar{\mathbf{D}})$ beschränkt ist. Weil $\tilde{f}_1$ halbstetig von unten ist, ist $\mathcal{L}_{\mathfrak{D}}(\bar{\mathbf{D}})$ gemäß AUBIN (1977), S. 106, aber auch abgeschlossen. Damit haben wir die Kompaktheit der Niveaumenge $\mathcal{L}_{\mathfrak{D}}(\bar{\mathbf{D}})$ und mithin die Existenz einer Lösung des transformierten Minimax-Problems (5.3.37)+(5.3.38) bewiesen. ■

Das verallgemeinerte Minimax-Problem erster Art beinhaltet im Vergleich zur klassischen Aufgabe die zusätzliche Schwierigkeit, daß zunächst das optimale α-Niveau und mithin die Gewichtung zwischen dem Varianz-Term $\sigma^2 \operatorname{tr}\{\mathbf{\Omega C'AC}\}$ und dem Bias-Term $\lambda_{\max}[(\mathbf{W}^-)'\mathbf{Q}(\mathbf{C})\mathbf{W}^-]$ endogen zu bestimmen ist. Hieraus resultiert in der Regel eine recht komplizierte Optimierungsaufgabe. In manchen Situationen behalten die Lösungen des klassischen Minimax-Problems für den scharfen Kern

$$\mathcal{B}^1 = \{\boldsymbol{\beta} \in \mathbb{R}^k \,|\, (\boldsymbol{\beta} - \boldsymbol{\beta}_0)'\mathbf{T}(\boldsymbol{\beta} - \boldsymbol{\beta}_0) \leq s(1)\} \tag{5.3.47}$$

der betrachteten Fuzzy-Menge $\mathcal{B}$ allerdings ihre Gültigkeit bei. Der klassische Minimax-Schätzer ist in diesen Fällen also robust gegenüber der Erweiterung von $\mathcal{B}^1$ um einen unscharfen Übergangsbereich. Wir wollen dieses Phänomen für die uns interessierenden Spezialfälle nun näher untersuchen. Während wir für die Gewichtungsfunktion die Spezifizierung $w_1(\alpha) = \alpha$, $\alpha \in (0,1]$, wählen, konzentrieren wir uns hierbei hinsichtlich der α-Schnitte zum einen auf die (für $\mathbf{T}$ p.d.) bereits von ARNOLD, STAHLECKER (1997a) behandelten Festlegungen

$$s(\alpha) := t + 1 - \alpha \tag{5.3.48}$$

sowie

$$s(\alpha) := \frac{t+1}{\alpha} - 1 \tag{5.3.49}$$

und betrachten darüber hinaus den Fall

$$s(\alpha) := (t + 1 - \alpha)^2. \tag{5.3.50}$$

Dabei sei jeweils $t \geq 0$ beliebig. Wir erinnern daran, daß mit diesen Festlegungen insbesondere die von uns in den Beispielen 5.4 und 5.5 betrachteten Versionen unscharfer Ellipsoid- und unscharfer linearer Gleichungsrestriktionen erschlossen werden. Man beachte ferner, daß in allen drei Fällen

$$\gamma = \sup_{\alpha \in (0,1]} w_1(\alpha) \cdot s(\alpha) < \infty \tag{5.3.51}$$

gilt, womit die Endlichkeit des verallgemeinerten Minimax-Risikos erster Art für jeden Schätzer $\mathbf{b} \in \bar{\mathcal{D}}$ mit $\mathbf{ACXG} = \mathbf{AG}$ gewährleistet und die Existenz eines Minimax-Schätzers unter der Voraussetzung $\mathbf{AG}(\mathbf{XG})^{-}\mathbf{XG} = \mathbf{AG}$ gemäß Satz 5.4 grundsätzlich sichergestellt ist.

Für die folgenden Überlegungen werden zur besseren Übersicht wieder die Funktionen

$$g_1 : \begin{cases} \mathbb{R}^{k\times n} & \longrightarrow \mathbb{R} \\ \mathbf{C} & \longmapsto \sigma^2 \operatorname{tr}\{\boldsymbol{\Omega}\mathbf{C}'\mathbf{AC}\} \end{cases} \tag{5.3.52}$$

und

$$g_2 : \begin{cases} \mathbb{R}^{k\times n} & \longrightarrow \mathbb{R} \\ \mathbf{C} & \longmapsto \lambda_{\max}\left[(\mathbf{W}^{-})'\mathbf{Q}(\mathbf{C})\mathbf{W}^{-}\right] \end{cases} \tag{5.3.53}$$

mit beliebiger verallgemeinerter Inverse $\mathbf{W}^{-}$ von $\mathbf{W}$ herangezogen. Hiermit können wir das erste verallgemeinerte Minimax-Risiko eines Schätzers $\mathbf{b} = \boldsymbol{\beta}_0 + \mathbf{C}(\mathbf{y} - \mathbf{X}\boldsymbol{\beta}_0)$ mit $\mathbf{ACXG} = \mathbf{AG}$ in der kompakten Form

$$F_1(\mathbf{b}) = \sup_{\alpha \in (0,1]} \{\alpha r(\mathbf{b}, \alpha)\} = \sup_{\alpha \in (0,1]} \{\alpha g_1(\mathbf{C}) + \alpha s(\alpha) g_2(\mathbf{C})\} \tag{5.3.54}$$

darstellen.

Wenden wir uns zunächst der Bestimmung des optimalen α-Niveaus zu. Von besonderem Interesse ist hierbei die Frage, unter welchen Bedingungen das Supremum von $\alpha r(\mathbf{b}, \alpha)$ im Punkt $\alpha = 1$ angenommen wird. Für die durch (5.3.48) spezifizierte unscharfe Vorinformationsmenge gilt diesbezüglich etwa der folgende Satz (vgl. ARNOLD, STAHLECKER (1997a), S. 386).

Satz 5.5 *Die unscharfe Vorinformationsmenge $\mathcal{B}$ sei durch die α-Schnitte*

$$\mathcal{B}^{\alpha} = \left\{\boldsymbol{\beta} \in \mathbb{R}^k \middle| (\boldsymbol{\beta} - \boldsymbol{\beta}_0)'\mathbf{T}(\boldsymbol{\beta} - \boldsymbol{\beta}_0) \leq s(\alpha)\right\}, \quad \alpha \in (0, 1], \tag{5.3.55}$$

mit $s(\alpha) = t + 1 - \alpha$, $t \geq 0$, gegeben. Man betrachte einen beliebigen Schätzer $\mathbf{b} = \boldsymbol{\beta}_0 + \mathbf{C}(\mathbf{y} - \mathbf{X}\boldsymbol{\beta}_0)$ mit $\mathbf{ACXG} = \mathbf{AG}$. Dann gilt

$$F_1(\mathbf{b}) = \begin{cases} g_1(\mathbf{C}) + t g_2(\mathbf{C}), & \textit{falls } g_1(\mathbf{C}) \geq (1 - t) g_2(\mathbf{C}), \\ \frac{1}{4 g_2(\mathbf{C})}\{g_1(\mathbf{C}) + (t+1) g_2(\mathbf{C})\}^2, & \textit{sonst.} \end{cases} \tag{5.3.56}$$

Beweis: Im Fall $g_2(\mathbf{C}) = 0$ ist

$$F_1(\mathbf{b}) = \sup_{\alpha \in (0,1]} \{\alpha g_1(\mathbf{C})\} = g_1(\mathbf{C}) \qquad (5.3.57)$$

und (5.3.56) somit offensichtlich erfüllt. Sei also $g_2(\mathbf{C}) > 0$. Man betrachte hierfür die durch

$$h(\alpha) = \alpha g_1(\mathbf{C}) + \alpha(t + 1 - \alpha)g_2(\mathbf{C}) \qquad (5.3.58)$$

definierte, stetig differenzierbare Abbildung $h : [0,1] \to \mathbb{R}_+$. Wie man leicht sieht, ist

$$F_1(\mathbf{b}) = \sup_{\alpha \in (0,1]} h(\alpha). \qquad (5.3.59)$$

Im Fall $g_1(\mathbf{C}) \geq (1-t)g_2(\mathbf{C})$ gilt für die Ableitung von h in allen Punkten $\alpha \in [0, 1)$ die Beziehung

$$\begin{aligned} h'(\alpha) &= g_1(\mathbf{C}) + (t + 1 - 2\alpha)g_2(\mathbf{C}) \\ &> g_1(\mathbf{C}) + (t-1)g_2(\mathbf{C}) \\ &\geq 0. \end{aligned} \qquad (5.3.60)$$

Die Abbildung h ist auf $[0, 1]$ also monoton steigend und nimmt ihr Maximum folglich im Punkt $\alpha_* = 1$ an. Hierfür ist $h(\alpha_*) = g_1(\mathbf{C}) + tg_2(\mathbf{C})$.

Gilt dagegen $g_1(\mathbf{C}) < (1-t)g_2(\mathbf{C})$, so liegt die Maximalstelle α_* der quadratischen Funktion h im Inneren des Intervalls $[0, 1]$. Es gilt dann

$$\alpha_* - \frac{1}{2g_2(\mathbf{C})}\{g_1(\mathbf{C}) + (t+1)g_2(\mathbf{C})\} \qquad (5.3.61)$$

und

$$h(\alpha_*) = \frac{1}{4g_2(\mathbf{C})}\{g_1(\mathbf{C}) + (t+1)g_2(\mathbf{C})\}^2. \qquad (5.3.62)$$

■

Werden die α-Schnitte der unscharfen Vorinformationsmenge durch die Vorschrift (5.3.49) festgelegt, erhalten wir das folgende Resultat (vgl. ARNOLD, STAHLECKER (1997a), S. 387):

Satz 5.6 *Die unscharfe Vorinformationsmenge $\mathcal{B}$ sei durch die α-Schnitte*

$$\mathcal{B}^\alpha = \left\{\boldsymbol{\beta} \in \mathbb{R}^k \middle| (\boldsymbol{\beta} - \boldsymbol{\beta}_0)'\mathbf{T}(\boldsymbol{\beta} - \boldsymbol{\beta}_0) \leq s(\alpha)\right\}, \quad \alpha \in (0, 1], \qquad (5.3.63)$$

mit $s(\alpha) = \frac{t+1}{\alpha} - 1$, $t \geq 0$, gegeben. Man betrachte einen beliebigen Schätzer $\mathbf{b} = \boldsymbol{\beta}_0 + \mathbf{C}(\mathbf{y} - \mathbf{X}\boldsymbol{\beta}_0)$ mit $\mathbf{ACXG} = \mathbf{AG}$. Dann gilt

$$F_1(\mathbf{b}) = \begin{cases} g_1(\mathbf{C}) + tg_2(\mathbf{C}), & \textit{falls } g_1(\mathbf{C}) \geq g_2(\mathbf{C}), \\ (t+1)g_2(\mathbf{C}), & \textit{sonst.} \end{cases} \qquad (5.3.64)$$

Beweis: Für die vorliegende Spezifikation der Abbildung s gilt

$$F_1(\mathbf{b}) = \sup_{\alpha \in (0,1]} \{\alpha[g_1(\mathbf{C}) - g_2(\mathbf{C})] + (t+1)g_2(\mathbf{C})\}. \qquad (5.3.65)$$

Im Fall $g_1(\mathbf{C}) \geq g_2(\mathbf{C})$ ist der zu maximierende Ausdruck in geschweiften Klammern offensichtlich monoton steigend in α und folglich $F_1(\mathbf{b}) = r(\mathbf{b}, 1) = g_1(\mathbf{C}) + tg_2(\mathbf{C})$. Dagegen nimmt der Klammerausdruck für $g_1(\mathbf{C}) < g_2(\mathbf{C})$ mit α streng monoton ab und wir erhalten $F_1(\mathbf{b}) = (t+1)g_2(\mathbf{C})$. ■

Auch für die mit der Festlegung (5.3.50) verbundene Fuzzy-Vorinformationsmenge können Bedingungen dafür formuliert werden, daß das Supremum der gewichteten maximalen α-Risiken im Punkt $\alpha = 1$ angenommen wird. Zur Behandlung dieser Spezifikation ist allerdings ein erheblich größerer Aufwand erforderlich als in den beiden Fällen zuvor. Es gilt diesbezüglich

Satz 5.7 *Die unscharfe Vorinformationsmenge $\mathcal{B}$ sei durch die α-Schnitte*

$$\mathcal{B}^\alpha = \left\{\boldsymbol{\beta} \in \mathbb{R}^k \middle| (\boldsymbol{\beta} - \boldsymbol{\beta}_0)'\mathbf{T}(\boldsymbol{\beta} - \boldsymbol{\beta}_0) \leq s(\alpha)\right\}, \quad \alpha \in (0,1],$$

mit $s(\alpha) = (t+1-\alpha)^2$, $t \geq 0$, gegeben. Man betrachte einen beliebigen Schätzer $\mathbf{b} = \boldsymbol{\beta}_0 + \mathbf{C}(\mathbf{y} - \mathbf{X}\boldsymbol{\beta}_0)$ mit $\mathbf{ACXG} = \mathbf{AG}$. Sei hierfür

$$a(\mathbf{C}) := \frac{2}{3}(t+1) - \frac{1}{3}\sqrt{(t+1)^2 - 3\frac{g_1(\mathbf{C})}{g_2(\mathbf{C})}}.$$

Dann gilt im Fall $t < \frac{1}{2}$

$$F_1(\mathbf{b}) = \begin{cases} g_1(\mathbf{C}) + t^2 g_2(\mathbf{C}), & \textit{falls } g_1(\mathbf{C}) \geq (t + \frac{1}{4})g_2(\mathbf{C}), \\ a(\mathbf{C})\{g_1(\mathbf{C}) + (t+1-a(\mathbf{C}))^2 g_2(\mathbf{C})\}, & \textit{sonst,} \end{cases}$$

während für $t \geq \frac{1}{2}$

$$F_1(\mathbf{b}) = \begin{cases} g_1(\mathbf{C}) + t^2 g_2(\mathbf{C}), & \textit{falls } g_1(\mathbf{C}) \geq (2t - t^2)g_2(\mathbf{C}), \\ a(\mathbf{C})\{g_1(\mathbf{C}) + (t+1-a(\mathbf{C}))^2 g_2(\mathbf{C})\}, & \textit{sonst,} \end{cases}$$

ist.

Beweis: Wir können uns erneut auf den Fall $g_2(\mathbf{C}) > 0$ konzentrieren, da ansonsten wieder $F_1(\mathbf{b}) = g_1(\mathbf{C})$ gilt und die Behauptungen trivial sind. Mit der durch

$$\begin{aligned} h(\alpha) &= \alpha g_1(\mathbf{C}) + \alpha(t+1-\alpha)^2 g_2(\mathbf{C}) \\ &= g_2(\mathbf{C})\alpha^3 - 2(t+1)g_2(\mathbf{C})\alpha^2 + [g_1(\mathbf{C}) + (t+1)^2 g_2(\mathbf{C})]\alpha \qquad (5.3.66) \end{aligned}$$

definierten Abbildung $h : \mathbb{R} \to \mathbb{R}$ können wir das erste verallgemeinerte Minimax-Risiko des betrachteten Schätzers hierfür in der Form

$$F_1(\mathbf{b}) = \sup_{\alpha \in (0,1]} h(\alpha) \tag{5.3.67}$$

darstellen. Es handelt sich bei h um ein Polynom dritten Grades mit

$$\lim_{\alpha \to -\infty} h(\alpha) = -\infty \quad \text{und} \quad \lim_{\alpha \to \infty} h(\alpha) = \infty. \tag{5.3.68}$$

Ferner gilt $h(0) = 0$ und

$$h(1) = g_1(\mathbf{C}) + t^2 g_2(\mathbf{C}) \geq 0. \tag{5.3.69}$$

Schließlich ist h stetig differenzierbar mit

$$\begin{aligned} h'(\alpha) &= g_1(\mathbf{C}) + [(t+1-\alpha)^2 - 2\alpha(t+1-\alpha)]g_2(\mathbf{C}) \\ &= 3g_2(\mathbf{C})\alpha^2 - 4(t+1)g_2(\mathbf{C})\alpha + g_1(\mathbf{C}) + (t+1)^2 g_2(\mathbf{C}), \end{aligned} \tag{5.3.70}$$

so daß speziell im Punkt $\alpha = 0$ die Beziehung

$$h'(0) := g_1(\mathbf{C}) + (t+1)^2 g_2(\mathbf{C}) > 0 \tag{5.3.71}$$

gilt. Die angegebenen Eigenschaften von h lassen auf die in Abbildung 5.10 dargestellten, grundsätzlichen Funktionsverläufe schließen. Insbesondere zeigt sich, daß h auf $[0, 1]$ monoton wächst oder aber ein *lokales* Maximum $\alpha_* \in (0, 1)$ existiert. Während die Abbildung h im ersten Fall ihr Maximum über $[0, 1]$ im Punkt $\alpha = 1$ annimmt, ist im zweiten Fall zu überprüfen, ob $h(\alpha_*) > h(1)$ gilt.

Wir untersuchen zunächst, ob es ein lokales Maximum im offenen Intervall $(0, 1)$ gibt. Die notwendige Optimalitätsbedingung lautet

$$h'(\alpha) = 3g_2(\mathbf{C})\alpha^2 - 4(t+1)g_2(\mathbf{C})\alpha + g_1(\mathbf{C}) + (t+1)^2 g_2(\mathbf{C}) \stackrel{!}{=} 0. \tag{5.3.72}$$

Die Lösbarkeit dieses quadratischen Gleichungssystems ist genau dann sichergestellt, wenn die Bedingung

$$\frac{g_1(\mathbf{C})}{g_2(\mathbf{C})} \leq \frac{1}{3}(t+1)^2 \tag{5.3.73}$$

erfüllt ist. Die Lösungen von (5.3.72) sind dann durch

$$\alpha_1 = \frac{2}{3}(t+1) - \frac{1}{3}\sqrt{(t+1)^2 - 3\frac{g_1(\mathbf{C})}{g_2(\mathbf{C})}} \tag{5.3.74}$$

und

$$\alpha_2 = \frac{2}{3}(t+1) + \frac{1}{3}\sqrt{(t+1)^2 - 3\frac{g_1(\mathbf{C})}{g_2(\mathbf{C})}} \tag{5.3.75}$$

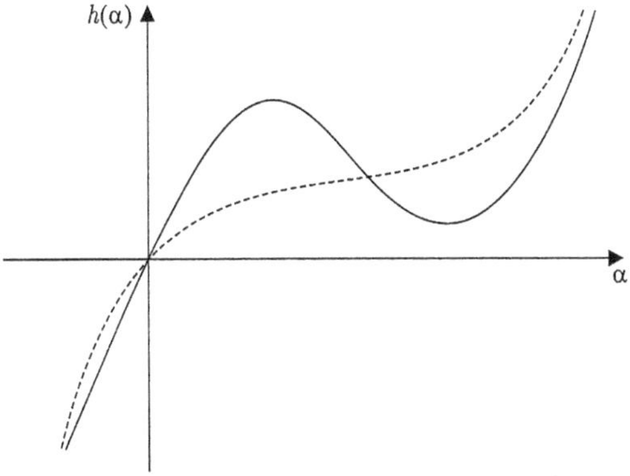

Abbildung 5.10: Mögliche Verläufe des Graphen von h

gegeben, wobei als lokale Maximalstelle von h offensichtlich nur α_1 in Frage kommt. Wie leicht zu überprüfen, gilt hierfür aber

$$0 < \frac{1}{3}(t+1) \leq \alpha_1 \leq \frac{2}{3}(t+1), \tag{5.3.76}$$

so daß im Fall $t < \frac{1}{2}$ grundsätzlich $\alpha_1 \in (0,1)$ ist. Gilt dagegen $t \geq \frac{1}{2}$, so ist $\alpha_1 < 1$ gemäß (5.3.74) gleichbedeutend mit

$$(2t-1)^2 < (t+1)^2 - 3\frac{g_1(\mathbf{C})}{g_2(\mathbf{C})}, \tag{5.3.77}$$

was wiederum äquivalent zu

$$\frac{g_1(\mathbf{C})}{g_2(\mathbf{C})} < 2t - t^2 \tag{5.3.78}$$

ist. Hierbei ist zu beachten, daß Bedingung (5.3.77) bereits die Gültigkeit von (5.3.73) impliziert. Während die Abbildung h im Fall $t < \frac{1}{2}$ also genau dann ein lokales Maximum im offenen Intervall $(0,1)$ besitzt, wenn die Bedingung (5.3.73) strikt[10] erfüllt ist, ist die notwendige und hinreichende Bedingung hierfür im Fall $t \geq \frac{1}{2}$ durch (5.3.78) gegeben.

Nehmen wir also an, $\alpha_* := \alpha_1 \in (0,1)$ ist lokale Maximalstelle von h. Wir prüfen nun, unter welchen Bedingungen α_* einen größeren Funktionswert als $\alpha = 1$ liefert, wann also

$$h(\alpha_*) = \alpha_* g_1(\mathbf{C}) + \alpha_*(t+1-\alpha_*)^2 g_2(\mathbf{C}) > g_1(\mathbf{C}) + t^2 g_2(\mathbf{C}) = h(1) \tag{5.3.79}$$

[10] Bei Gleichheit fallen α_1 und α_2 zusammen und liefern somit lediglich einen Wendepunkt.

gilt. Division durch $g_2(\mathbf{C})$, Ausmultiplizieren und geeignete Zusammenfassung der einzelnen Terme führt zu der äquivalenten Ungleichung

$$\frac{g_1(\mathbf{C})}{g_2(\mathbf{C})}(\alpha_* - 1) + t^2(\alpha_* - 1) + \alpha_*(\alpha_* - 1)^2 - 2t\alpha_*(\alpha_* - 1) > 0. \tag{5.3.80}$$

Wegen $\alpha_* - 1 < 0$ ist dies wiederum gleichbedeutend mit

$$\frac{g_1(\mathbf{C})}{g_2(\mathbf{C})} + t^2 + \alpha_*(\alpha_* - 1) - 2t\alpha_* < 0, \tag{5.3.81}$$

was wir auch in der Form

$$\frac{g_1(\mathbf{C})}{g_2(\mathbf{C})} + (t - \alpha_*)^2 - \alpha_* < 0 \tag{5.3.82}$$

schreiben können. Ausgehend von der ersten Darstellung der Ableitung von h in (5.3.70), erhalten wir nun aus der Optimalitätsbedingung $h'(\alpha_*) = 0$ die Beziehung

$$\begin{aligned}\frac{g_1(\mathbf{C})}{g_2(\mathbf{C})} &= 2\alpha_*(t + 1 - \alpha_*) - (t + 1 - \alpha_*)^2 \\ &= 2\alpha_*(t - \alpha_*) + 2\alpha_* - (t - \alpha_*)^2 - 1 - 2(t - \alpha_*). \end{aligned} \tag{5.3.83}$$

Einsetzen in (5.3.82) liefert

$$2\alpha_*(t - \alpha_*) + \alpha_* - 1 - 2(t - \alpha_*) < 0 \tag{5.3.84}$$

bzw.

$$\alpha_* - 1 < 2(\alpha_* - 1)(\alpha_* - t). \tag{5.3.85}$$

Teilen wir nun erneut durch $(\alpha_* - 1) < 1$, so ergibt sich

$$\alpha_* - t < \frac{1}{2}. \tag{5.3.86}$$

Wir substituieren $\alpha_* = \alpha_1$ gemäß (5.3.74) und erhalten nach einfachen Umformungen

$$\frac{1}{2} - t < \sqrt{(t + 1)^2 - 3\frac{g_1(\mathbf{C})}{g_2(\mathbf{C})}}. \tag{5.3.87}$$

Während diese Ungleichung im Fall $t \geq \frac{1}{2}$ grundsätzlich erfüllt ist, ergibt sich für $t < \frac{1}{2}$ nach wenigen Schritten die äquivalente Beziehung

$$\frac{g_1(\mathbf{C})}{g_2(\mathbf{C})} < t + \frac{1}{4}. \tag{5.3.88}$$

Wie man anhand von (5.3.87) leicht sieht, folgt dabei aus (5.3.88) unter der Annahme $t < \frac{1}{2}$ sofort auch die strikte Ungleichheit in (5.3.73).

Fassen wir unsere Erkenntnisse zusammen: Es gilt

$$\sup_{\alpha \in (0,1]} h(\alpha) = h(\alpha_*) \tag{5.3.89}$$

mit

$$\alpha_* = \frac{2}{3}(t+1) - \frac{1}{3}\sqrt{(t+1)^2 - 3\frac{g_1(\mathbf{C})}{g_2(\mathbf{C})}}, \tag{5.3.90}$$

sofern für $t < \frac{1}{2}$ die Bedingung

$$g_1(\mathbf{C}) < (t + \frac{1}{4})g_2(\mathbf{C}) \tag{5.3.91}$$

bzw. für $t \geq \frac{1}{2}$ die Bedingung

$$g_1(\mathbf{C}) < (2t - t^2)g_2(\mathbf{C}) \tag{5.3.92}$$

erfüllt ist. Andernfalls gilt jeweils

$$\sup_{\alpha \in (0,1]} h(\alpha) = h(1). \tag{5.3.93}$$

■

Mit Hilfe der vorangegangenen Resultate können wir nun Bedingungen für die Robustheit des klassischen Minimax-Schätzers gegenüber der „Fuzzifizierung“ des scharfen a priori Ellipsoiden $\mathcal{B}^1$ formulieren. Als unmittelbare Konsequenz von Satz 5.5 ergibt sich etwa das folgende Ergebnis (vgl. auch ARNOLD, STAHLECKER (1997a), S. 386):

Satz 5.8 *Die unscharfe Vorinformationsmenge $\mathcal{B}$ sei durch die α-Schnitte*

$$\mathcal{B}^\alpha = \left\{\boldsymbol{\beta} \in \mathbb{R}^k \middle| (\boldsymbol{\beta} - \boldsymbol{\beta}_0)'\mathbf{T}(\boldsymbol{\beta} - \boldsymbol{\beta}_0) \leq s(\alpha)\right\}, \quad \alpha \in (0,1], \tag{5.3.94}$$

mit $s(\alpha) = t + 1 - \alpha$, $t \geq 0$, und $\mathbf{T}$ gemäß (5.3.8) festgelegt. Gegeben seien ferner eine beliebige verallgemeinerte Inverse $\mathbf{W}^-$ von $\mathbf{W}$ und die Projektionsmatrix $\mathbf{G} = \mathbf{I} - \mathbf{W}^+\mathbf{W}$. Sei weiter die Konsistenzbedingung (5.3.18) erfüllt. Die Matrix $\mathbf{C}_t$ löse nun das restringierte Optimierungsproblem

$$\sigma^2 \operatorname{tr}\{\boldsymbol{\Omega}\mathbf{C}'\mathbf{A}\mathbf{C}\} + t\lambda_{\max}\left[(\mathbf{W}^-)'\mathbf{Q}(\mathbf{C})\mathbf{W}^-\right] \to \min_{\mathbf{C}\in\mathbb{R}^{k\times n}}! \tag{5.3.95}$$

unter der Nebenbedingung

$$\mathbf{ACXG} = \mathbf{AG}. \tag{5.3.96}$$

Dann gilt:

Genügt $\mathbf{C}_t$ der Bedingung

$$\sigma^2 \operatorname{tr}\{\boldsymbol{\Omega}\mathbf{C}_t'\mathbf{A}\mathbf{C}_t\} \geq (1-t)\lambda_{\max}\left[(\mathbf{W}^-)'\mathbf{Q}(\mathbf{C}_t)\mathbf{W}^-\right], \tag{5.3.97}$$

so ist $\mathbf{b}_t = \boldsymbol{\beta}_0 + \mathbf{C}_t(\mathbf{y} - \mathbf{X}\boldsymbol{\beta}_0)$ verallgemeinerter affin-linearer Minimax-Schätzer erster Art.

Beweis: Mit Hilfe von Satz 5.5 erhalten wir für alle Schätzfunktionen $\mathbf{b} = \boldsymbol{\beta}_0 + \mathbf{C}(\mathbf{y} - \mathbf{X}\boldsymbol{\beta}_0)$ mit $\mathbf{ACXG} = \mathbf{AG}$ sofort

$$\begin{aligned} F_1(\mathbf{b}_t) &= \sigma^2 \operatorname{tr}\{\boldsymbol{\Omega}\mathbf{C}_t'\mathbf{A}\mathbf{C}_t\} + t\lambda_{\max}\left[(\mathbf{W}^-)'\mathbf{Q}(\mathbf{C}_t)\mathbf{W}^-\right] \\ &\leq \sigma^2 \operatorname{tr}\{\boldsymbol{\Omega}\mathbf{C}'\mathbf{A}\mathbf{C}\} + t\lambda_{\max}\left[(\mathbf{W}^-)'\mathbf{Q}(\mathbf{C})\mathbf{W}^-\right] \\ &= r(\mathbf{b}, 1) \\ &\leq F_1(\mathbf{b}). \end{aligned} \tag{5.3.98}$$

Nach Definition 5.2 bzw. Satz 5.3 (i) ist $\mathbf{b}_t$ damit wie behauptet verallgemeinerter Minimax-Schätzer erster Art. ■

Vollkommen analog erhalten wir unter Verwendung von Satz 5.6 das folgende Resultat (vgl. ARNOLD, STAHLECKER (1997a), S. 386):

Satz 5.9 *Die unscharfe Vorinformationsmenge $\mathcal{B}$ sei durch die α-Schnitte*

$$\mathcal{B}^\alpha = \left\{\boldsymbol{\beta} \in \mathbb{R}^k \middle| (\boldsymbol{\beta} - \boldsymbol{\beta}_0)'\mathbf{T}(\boldsymbol{\beta} - \boldsymbol{\beta}_0) \leq s(\alpha)\right\}, \quad \alpha \in (0,1], \tag{5.3.99}$$

mit $s(\alpha) = \frac{t+1}{\alpha} - 1$, $t \geq 0$, und $\mathbf{T}$ gemäß (5.3.8) festgelegt. Gegeben seien ferner eine beliebige verallgemeinerte Inverse $\mathbf{W}^-$ von $\mathbf{W}$ und die Projektionsmatrix $\mathbf{G} = \mathbf{I} - \mathbf{W}^+\mathbf{W}$. Sei weiter die Konsistenzbedingung (5.3.18) erfüllt. Die Matrix $\mathbf{C}_t$ löse nun das restringierte Optimierungsproblem

$$\sigma^2 \operatorname{tr}\{\boldsymbol{\Omega}\mathbf{C}'\mathbf{A}\mathbf{C}\} + t\lambda_{\max}\left[(\mathbf{W}^-)'\mathbf{Q}(\mathbf{C})\mathbf{W}^-\right] \to \min_{\mathbf{C}\in\mathbb{R}^{k\times n}}! \tag{5.3.100}$$

unter der Nebenbedingung

$$\mathbf{ACXG} = \mathbf{AG}. \tag{5.3.101}$$

Dann gilt:

Genügt $\mathbf{C}_t$ der Bedingung

$$\sigma^2 \operatorname{tr}\{\boldsymbol{\Omega}\mathbf{C}_t'\mathbf{A}\mathbf{C}_t\} \geq \lambda_{\max}\left[(\mathbf{W}^-)'\mathbf{Q}(\mathbf{C}_t)\mathbf{W}^-\right], \tag{5.3.102}$$

so ist $\mathbf{b}_t = \boldsymbol{\beta}_0 + \mathbf{C}_t(\mathbf{y} - \mathbf{X}\boldsymbol{\beta}_0)$ verallgemeinerter affin-linearer Minimax-Schätzer erster Art.

Im Falle einer Spezifizierung der unscharfen Vorinformationsmenge gemäß (5.3.50) resultiert aus Satz 5.7 schließlich

Satz 5.10 *Die unscharfe Vorinformationsmenge $\mathcal{B}$ sei durch die α-Schnitte*

$$\mathcal{B}^\alpha = \left\{\boldsymbol{\beta} \in \mathbb{R}^k \middle| (\boldsymbol{\beta} - \boldsymbol{\beta}_0)'\mathbf{T}(\boldsymbol{\beta} - \boldsymbol{\beta}_0) \leq s(\alpha)\right\}, \quad \alpha \in (0,1], \tag{5.3.103}$$

mit $s(\alpha) = (t + 1 - \alpha)^2$, $t \geq 0$, und $\mathbf{T}$ gemäß (5.3.8) festgelegt. Gegeben seien ferner eine beliebige verallgemeinerte Inverse $\mathbf{W}^-$ von $\mathbf{W}$ und die Projektionsmatrix

$\mathbf{G} = \mathbf{I} - \mathbf{W}^+\mathbf{W}$. *Sei weiter die Konsistenzbedingung (5.3.18) erfüllt. Die Matrix* $\mathbf{C}_t$ *löse nun das restringierte Optimierungsproblem*

$$\sigma^2 \operatorname{tr}\{\mathbf{\Omega C'AC}\} + t^2\lambda_{\max}\left[(\mathbf{W}^-)'\mathbf{Q}(\mathbf{C})\mathbf{W}^-\right] \to \min_{\mathbf{C}\in\mathbb{R}^{k\times n}}! \tag{5.3.104}$$

unter der Nebenbedingung

$$\mathbf{ACXG} = \mathbf{AG}. \tag{5.3.105}$$

Dann gilt:

Genügt $\mathbf{C}_t$ *im Fall* $t < \frac{1}{2}$ *der Bedingung*

$$\sigma^2 \operatorname{tr}\{\mathbf{\Omega C}_t'\mathbf{AC}_t\} \geq (t + \frac{1}{4})\lambda_{\max}\left[(\mathbf{W}^-)'\mathbf{Q}(\mathbf{C}_t)\mathbf{W}^-\right] \tag{5.3.106}$$

bzw. im Fall $t \geq \frac{1}{2}$ *der Bedingung*

$$\sigma^2 \operatorname{tr}\{\mathbf{\Omega C}_t'\mathbf{AC}_t\} \geq (2t - t^2)\lambda_{\max}\left[(\mathbf{W}^-)'\mathbf{Q}(\mathbf{C}_t)\mathbf{W}^-\right], \tag{5.3.107}$$

so ist $\mathbf{b}_t = \boldsymbol{\beta}_0 + \mathbf{C}_t(\mathbf{y} - \mathbf{X}\boldsymbol{\beta}_0)$ *verallgemeinerter affin-linearer Minimax-Schätzer erster Art.*

Für das Verständnis der vorangegangenen Resultate bemerken wir, daß es sich bei den restringierten Optimierungsaufgaben jeweils um das klassische Minimax-Problem für das scharfe a priori Ellipsoid

$$\mathcal{B}^1 = \left\{\boldsymbol{\beta} \in \mathbb{R}^k \middle| (\boldsymbol{\beta} - \boldsymbol{\beta}_0)'\mathbf{T}(\boldsymbol{\beta} - \boldsymbol{\beta}_0) \leq s(1)\right\} \tag{5.3.108}$$

handelt, wobei in den ersten beiden Fällen $s(1) = t$ und im letzten Fall $s(1) = t^2$ ist. Bei Gültigkeit der entsprechenden Zusatzbedingungen genügen die klassischen Minimax-Schätzer für den Kern $\mathcal{B}^1$ also bereits dem verallgemeinerten Minimax-Prinzip erster Art für die Fuzzy-Menge $\mathcal{B}$. Die Erweiterung der zugrundeliegenden scharfen Vorinformationsmenge um eine unscharfe Übergangszone hat in diesen Fällen demnach keine Auswirkungen auf die optimale Wahl der Schätzfunktionen. Wir wollen die Robustheitsbedingungen mit Blick auf die uns interessierenden Fälle unscharfer Zusatzkenntnisse abschließend ein wenig genauer untersuchen.

Beispiel 5.6 Wir behandeln zunächst das unscharfe a priori Ellipsoid. Gehen wir wie in Beispiel 5.4 vom scharfen Kern

$$\mathcal{B}^1 = \left\{\boldsymbol{\beta} \in \mathbb{R}^k \middle| (\boldsymbol{\beta} - \boldsymbol{\beta}_0)'\mathbf{T}(\boldsymbol{\beta} - \boldsymbol{\beta}_0) \leq 1,\ \mathbf{T} \text{ n.n.d.}\right\}$$

aus, so haben wir bei der Festlegung der Abbildung s in (5.3.48)-(5.3.50) jeweils $t = 1$ zu setzen. Hierfür ist die Robustheitsbedingung (5.3.97) aber grundsätzlich erfüllt, so daß das verallgemeinerte Minimax-Prinzip erster Art im Falle der Spezifikation $s_1(\alpha) = 2 - \alpha$ generell zu den gleichen Schätzern wie der klassische Ansatz führt.

Stellen wir dagegen auf die Festlegungen $s(\alpha) = \frac{2}{\alpha} - 1$ und $s(\alpha) = (2-\alpha)^2$ ab, so ist für die klassische Minimax-Lösung $\mathbf{C}_1 = \mathbf{C}_*$ gemäß (5.3.102) und (5.3.107) jeweils

$$\sigma^2 \operatorname{tr}\{\boldsymbol{\Omega}\mathbf{C}_*'\mathbf{A}\mathbf{C}_*\} \geq \lambda_{\max}\left[(\mathbf{W}^-)'\mathbf{Q}(\mathbf{C}_*)\mathbf{W}^-\right] \tag{5.3.109}$$

zu überprüfen, wobei $\mathbf{W}^-$ wie üblich eine beliebige verallgemeinerte Inverse der Matrix $\mathbf{W}$ aus der Vollrangzerlegung von $\mathbf{T}$ darstellt.

Wir konzentrieren uns diesbezüglich auf den Spezialfall, daß $\operatorname{Rang}(\mathbf{A}) = 1$ und $\operatorname{Rang}(\mathbf{X}) = k$ ist. Dann gilt

$$\lambda_{\max}\left[(\mathbf{W}^-)'\mathbf{Q}(\mathbf{C}_*)\mathbf{W}^-\right] = \operatorname{tr}\left\{(\mathbf{W}^-)'\mathbf{Q}(\mathbf{C}_*)\mathbf{W}^-\right\}, \tag{5.3.110}$$

und wir erhalten mit der klassischen Minimax-Methode gemäß Satz 4.9 die Kuks-Olman-Lösung

$$\mathbf{C}_* = (\sigma^2\mathbf{T} + \mathbf{X}'\boldsymbol{\Omega}^{-1}\mathbf{X})^{-1}\mathbf{X}'\boldsymbol{\Omega}^{-1}. \tag{5.3.111}$$

Hieraus resultiert zum einen

$$\sigma^2 \operatorname{tr}\{\boldsymbol{\Omega}\mathbf{C}_*'\mathbf{A}\mathbf{C}_*\} = \sigma^2 \operatorname{tr}\{\mathbf{A}(\sigma^2\mathbf{T} + \mathbf{X}'\boldsymbol{\Omega}^{-1}\mathbf{X})^{-1}\mathbf{X}'\boldsymbol{\Omega}^{-1}\mathbf{X}(\sigma^2\mathbf{T} + \mathbf{X}'\boldsymbol{\Omega}^{-1}\mathbf{X})^{-1}\} \tag{5.3.112}$$

und wegen

$$\mathbf{Q}(\mathbf{C}_*) = \sigma^4\mathbf{T}(\sigma^2\mathbf{T} + \mathbf{X}'\boldsymbol{\Omega}^{-1}\mathbf{X})^{-1}\mathbf{A}(\sigma^2\mathbf{T} + \mathbf{X}'\boldsymbol{\Omega}^{-1}\mathbf{X})^{-1}\mathbf{T}$$

außerdem[11]

$$\begin{aligned} \operatorname{tr}\left\{(\mathbf{W}^-)'\mathbf{Q}(\mathbf{C}_*)\mathbf{W}^-\right\} &= \operatorname{tr}\left\{(\mathbf{W}^+)'\mathbf{Q}(\mathbf{C}_*)\mathbf{W}^+\right\} \\ &= \sigma^4 \operatorname{tr}\left\{\mathbf{A}(\sigma^2\mathbf{T} + \mathbf{X}'\boldsymbol{\Omega}^{-1}\mathbf{X})^{-1}\mathbf{T}(\sigma^2\mathbf{T} + \mathbf{X}'\boldsymbol{\Omega}^{-1}\mathbf{X})^{-1}\right\}. \end{aligned} \tag{5.3.113}$$

Die Robustheitsbedingung (5.3.109) ist unter den oben formulierten Voraussetzungen also genau dann erfüllt, wenn

$$\operatorname{tr}\{\mathbf{A}(\sigma^2\mathbf{T} + \mathbf{X}'\boldsymbol{\Omega}^{-1}\mathbf{X})^{-1}(\mathbf{X}'\boldsymbol{\Omega}^{-1}\mathbf{X} - \sigma^2\mathbf{T})(\sigma^2\mathbf{T} + \mathbf{X}'\boldsymbol{\Omega}^{-1}\mathbf{X})^{-1}\} \geq 0 \tag{5.3.114}$$

ist. Hinreichend hierfür ist

$$\sigma^2\mathbf{T} \leq_{\mathcal{L}} \mathbf{X}'\boldsymbol{\Omega}^{-1}\mathbf{X}. \tag{5.3.115}$$

Sofern das scharfe Ausgangsellipsoid $\mathcal{B}^1$ durch entsprechende Wahl der Gewichtungsmatrix $\mathbf{T}$ also genügend „groß“ gewählt wird, genügt der Kuks-Olman-Schätzer (5.3.111) unter den Annahmen $\operatorname{Rang}(\mathbf{A}) = 1$ und $\operatorname{Rang}(\mathbf{X}) = k$ auch dem verallgemeinerten Minimax-Prinzip erster Art für das unscharfe a priori Ellipsoid $\mathcal{B}$.[12] □

[11] Für die erste Gleichung rufe man sich in Erinnerung, daß der Ausdruck $\operatorname{tr}\{(\mathbf{W}^-)'\mathbf{Q}(\mathbf{C})\mathbf{W}^-\}$ für alle $\mathbf{C}$ mit $\mathbf{ACXG} = \mathbf{AG}$ invariant gegenüber der konkreten Wahl der verallgemeinerten Inversen von $\mathbf{W}$ ist. Vgl. hierzu Bemerkung 4.2.

[12] Zu dem vorangegangenen Beispiel vgl. auch ARNOLD, STAHLECKER (1997a), S. 387 f., die den Spezialfall $\mathbf{T}$ p.d. behandeln.

Beispiel 5.7 Wenden wir uns nun der unscharfen linearen Parameterrestriktion „$\mathbf{R}\boldsymbol{\beta}$ ist ungefähr gleich $\mathbf{r}$" mit $\mathbf{R} \in \mathbb{R}^{q\times k}$ und $\mathbf{r} \in \mathbb{R}^q$ zu, welche wir in Beispiel 5.5 durch die Fuzzy-Menge $\mathcal{R}$ mit den α-Schnitten

$$\mathcal{R}^\alpha = \left\{ \boldsymbol{\beta} \in \mathbb{R}^k \middle| (\mathbf{R}\boldsymbol{\beta} - \mathbf{r})'\mathbf{H}(\mathbf{R}\boldsymbol{\beta} - \mathbf{r}) \leq s(\alpha),\, \mathbf{H} \in \mathbb{R}^{q\times q} \text{ p.d.} \right\}, \quad \alpha \in (0,1], \tag{5.3.116}$$

modelliert hatten. Mit $\boldsymbol{\beta}_0 := \mathbf{R}^+\mathbf{r}$ und $\mathbf{T} := \mathbf{R}'\mathbf{H}\mathbf{R}$ ergab sich hierbei unter der Annahme der Konsistenz von $\mathbf{R}\boldsymbol{\beta} = \mathbf{r}$ die alternative Darstellung

$$\mathcal{R}^\alpha = \left\{ \boldsymbol{\beta} \in \mathbb{R}^k \middle| (\boldsymbol{\beta} - \boldsymbol{\beta}_0)'\mathbf{T}(\boldsymbol{\beta} - \boldsymbol{\beta}_0) \leq s(\alpha) \right\}, \quad \alpha \in (0,1]. \tag{5.3.117}$$

Sollen dem Kern nur diejenigen $\boldsymbol{\beta} \in \mathbb{R}^k$ angehören, welche der Gleichungsrestriktion exakt genügen, wird also

$$\mathcal{R}^1 = \left\{ \boldsymbol{\beta} \in \mathbb{R}^k \middle| \mathbf{R}\boldsymbol{\beta} = \mathbf{r} \right\} \tag{5.3.118}$$

gewählt, so ist $s(1) = 0$ zu fordern und damit bei der Festlegung der einzelnen Abstufungsfunktionen in (5.3.48)-(5.3.50) jeweils $t = 0$ zu setzen. Für die Gewichtungsmatrix $\mathbf{T}$ sei im übrigen wieder eine zunächst nicht näher bestimmte Zerlegung $\mathbf{T} = \mathbf{W}'\mathbf{W}$ mit $\mathbf{W} \in \mathbb{R}^{r\times k}$ und r =Rang($\mathbf{T}$) gegeben.

Wir befassen uns zunächst mit dem klassischen Minimax-Problem für die scharfe Vorinformationsmenge $\mathcal{R}^1$, welches sich, wie etwa aus Satz 5.2 ersichtlich, für alle drei Spezifikationen von s auf die restringierte Optimierungsaufgabe

$$\sigma^2 \operatorname{tr}\{\boldsymbol{\Omega}\mathbf{C}'\mathbf{A}\mathbf{C}\} \rightarrow \min_{\mathbf{C}\in\mathbb{R}^{k\times n}} ! \tag{5.3.119}$$

unter der Nebenbedingung

$$\mathbf{ACXG} = \mathbf{AG} \tag{5.3.120}$$

mit $\mathbf{G} = \mathbf{I} - \mathbf{W}^+\mathbf{W}$ reduziert. Hierbei ist zu beachten, daß für die Projektionsmatrix $\mathbf{G}$ wegen $\mathcal{N}(\mathbf{W}) = \mathcal{N}(\mathbf{T}) = \mathcal{N}(\mathbf{R})$ (vgl. Satz A.2 (v)) die Identität

$$\mathbf{G} = \mathbf{I} - \mathbf{R}^+\mathbf{R} \tag{5.3.121}$$

gilt. Wie man Satz 4.5 entnehmen kann, sind die Lösungen $\mathbf{C}_0$ von (5.3.119)+(5.3.120) durch die Gleichung

$$\mathbf{AC}_0 = \mathbf{AG}(\mathbf{GSG})^+\mathbf{GX}'\boldsymbol{\Omega}^{-1} \tag{5.3.122}$$

mit $\mathbf{S} = \mathbf{X}'\boldsymbol{\Omega}^{-1}\mathbf{X}$ charakterisiert. Der von $\mathbf{A}$ unabhängige klassische Minimax-Schätzer unter der exakten linearen Gleichungsrestriktion $\mathcal{R}^1$ lautet demnach

$$\mathbf{b}_0 = \mathbf{R}^+\mathbf{r} + \mathbf{G}(\mathbf{GSG})^+\mathbf{GX}'\boldsymbol{\Omega}^{-1}(\mathbf{y} - \mathbf{XR}^+\mathbf{r}). \tag{5.3.123}$$

Wie uns aus Bemerkung 4.6 bekannt ist, ist dies aber gerade der durch die Gleichung $\mathbf{R}\boldsymbol{\beta} = \mathbf{r}$ restringierte verallgemeinerte Kleinste-Quadrate-Schätzer in seiner allgemeinsten Form. Unter den Annahmen Rang$(\mathbf{X}) = k$ und Rang$(\mathbf{R}) = q$ erhalten wir mit (5.3.123) wieder die aus Abschnitt 2.1 bekannte Darstellung

$$\mathbf{b}_{RGLS} = \mathbf{b}_{GLS} + \mathbf{S}^{-1}\mathbf{R}'(\mathbf{R}\mathbf{S}^{-1}\mathbf{R}')^{-1}(\mathbf{r} - \mathbf{R}\mathbf{b}_{GLS}) \tag{5.3.124}$$

mit dem verallgemeinerten KQ-Schätzer $\mathbf{b}_{GLS}$. Hierfür beachte man, daß analog zu Beziehung (4.3.89) aus dem Beweis von Satz 4.9 die Gleichung

$$\mathbf{G}(\mathbf{GSG})^{+}\mathbf{G} = (\mathbf{I} - \mathbf{R}_{\mathbf{S}}^{-}\mathbf{R})\mathbf{S}^{-1} \tag{5.3.125}$$

gilt, wobei $\mathbf{R}_{\mathbf{S}}^{-} = \mathbf{S}^{-1}\mathbf{R}'(\mathbf{R}\mathbf{S}^{-1}\mathbf{R}')^{-1}$ die Minimum-**S**-Norm verallgemeinerten Inversen von $\mathbf{R}$ darstellt. Einsetzen in (5.3.123) liefert unter Beachtung von $\mathbf{R}\mathbf{R}^{+} = \mathbf{I}$ nach wenigen Schritten (5.3.124).

Mit Hilfe der in den Sätzen 5.8 bis 5.10 bereitgestellten Bedingungen können wir nun untersuchen, wann der gleichungsrestringierte KQ-Schätzer $\mathbf{b}_{RGLS}$ als Minimax-Schätzer unter der exakten a priori Beschränkung $\mathbf{R}\boldsymbol{\beta} = \mathbf{r}$ robust gegenüber der Berücksichtigung der vorhandenen Unschärfe ist. Während für die Festlegungen $s(\alpha) = 1 - \alpha$ und $s(\alpha) = \frac{1}{\alpha} - 1$ demnach jeweils

$$\sigma^2 \operatorname{tr}\{\boldsymbol{\Omega}\mathbf{C}_0'\mathbf{A}\mathbf{C}_0\} \geq \lambda_{\max}\left[(\mathbf{W}^{-})'\mathbf{Q}(\mathbf{C}_0)\mathbf{W}^{-}\right] \tag{5.3.126}$$

zu überprüfen ist, ergibt sich im Falle der ein lineares Abklingen der Zugehörigkeitsfunktion repräsentierenden Spezifizierung $s(\alpha) = (1-\alpha)^2$ die schwächere Beziehung

$$\sigma^2 \operatorname{tr}\{\boldsymbol{\Omega}\mathbf{C}_0'\mathbf{A}\mathbf{C}_0\} \geq \frac{1}{4}\lambda_{\max}\left[(\mathbf{W}^{-})'\mathbf{Q}(\mathbf{C}_0)\mathbf{W}^{-}\right]. \tag{5.3.127}$$

Für die linke Seite dieser Ungleichungen erhalten wir unter Beachtung von (5.3.122) und (5.3.125) sofort

$$\begin{aligned} \sigma^2 \operatorname{tr}\{\boldsymbol{\Omega}\mathbf{C}_0'\mathbf{A}\mathbf{C}_0\} &= \sigma^2 \operatorname{tr}\{\mathbf{A}\mathbf{G}(\mathbf{GSG})^{+}\mathbf{G}\} \\ &= \sigma^2 \operatorname{tr}\{\mathbf{A}(\mathbf{I} - \mathbf{R}_{\mathbf{S}}^{-}\mathbf{R})\mathbf{S}^{-1}\} \\ &= \sigma^2 \operatorname{tr}\{\mathbf{A}[\mathbf{S}^{-1} - \mathbf{R}_{\mathbf{S}}^{-}\mathbf{R}\mathbf{S}^{-1}\mathbf{R}'(\mathbf{R}_{\mathbf{S}}^{-})']\}. \end{aligned} \tag{5.3.128}$$

Die jeweilige rechte Seite betreffend setzen wir nun $\mathbf{W} := \mathbf{H}^{\frac{1}{2}}\mathbf{R}$ und wählen für $\mathbf{W}^{-}$ o.B.d.A. die Minimum-**S**-Norm verallgemeinerte Inverse

$$\begin{aligned} \mathbf{W}_{\mathbf{S}}^{-} &= \mathbf{S}^{-1}\mathbf{W}'(\mathbf{W}\mathbf{S}^{-1}\mathbf{W}')^{-1} \\ &= \mathbf{R}_{\mathbf{S}}^{-}\mathbf{H}^{-\frac{1}{2}}. \end{aligned} \tag{5.3.129}$$

Dann folgt wegen

$$\begin{aligned} \mathbf{Q}(\mathbf{C}_0) &= (\mathbf{C}_0\mathbf{X} - \mathbf{I})'\mathbf{A}(\mathbf{C}_0\mathbf{X} - \mathbf{I}) \\ &= (\mathbf{G}(\mathbf{GSG})^{+}\mathbf{GS} - \mathbf{I})'\mathbf{A}(\mathbf{G}(\mathbf{GSG})^{+}\mathbf{GS} - \mathbf{I}) \\ &= (\mathbf{R}_{\mathbf{S}}^{-}\mathbf{R})'\mathbf{A}\mathbf{R}_{\mathbf{S}}^{-}\mathbf{R} \end{aligned} \tag{5.3.130}$$

die Beziehung

$$\begin{aligned} \lambda_{\max}\left[(\mathbf{W}_{\mathbf{S}}^{-})'\mathbf{Q}(\mathbf{C}_0)\mathbf{W}_{\mathbf{S}}^{-}\right] &= \lambda_{\max}\left[(\mathbf{R}_{\mathbf{S}}^{-})'\mathbf{Q}(\mathbf{C}_0)\mathbf{R}_{\mathbf{S}}^{-}\mathbf{H}^{-1}\right] \\ &= \lambda_{\max}\left[(\mathbf{R}_{\mathbf{S}}^{-})'\mathbf{A}\mathbf{R}_{\mathbf{S}}^{-}\mathbf{H}^{-1}\right]. \end{aligned} \tag{5.3.131}$$

Setzen wir daher neben Rang($\mathbf{X}$) $= k$ und Rang($\mathbf{R}$) $= q$ noch Rang($\mathbf{A}$) $= 1$ voraus, so sind die Robustheitsbedingungen (5.3.126) und (5.3.127) genau dann erfüllt, wenn

$$\mathrm{tr}\{\mathbf{A}[\sigma^2\mathbf{S}^{-1} - \mathbf{R}_{\mathbf{S}}^{-}(\sigma^2\mathbf{R}\mathbf{S}^{-1}\mathbf{R}' + \mathbf{H}^{-1})(\mathbf{R}_{\mathbf{S}}^{-})']\} \geq 0 \tag{5.3.132}$$

bzw.

$$\mathrm{tr}\{\mathbf{A}[\sigma^2\mathbf{S}^{-1} - \mathbf{R}_{\mathbf{S}}^{-}(\sigma^2\mathbf{R}\mathbf{S}^{-1}\mathbf{R}' + \frac{1}{4}\mathbf{H}^{-1})(\mathbf{R}_{\mathbf{S}}^{-})']\} \geq 0 \tag{5.3.133}$$

gilt. Der gleichungsrestringierte Kleinste-Quadrate-Schätzer $\mathbf{b}_{RGLS}$ genügt unter obigen Annahmen also auch dem verallgemeinerten Minimax-Prinzip erster Ordnung für die unscharfe Vorinformation „$\mathbf{R}\boldsymbol{\beta} \approx \mathbf{r}$“, sofern für die Festlegungen $s(\alpha) = 1-\alpha$ und $s(\alpha) = \frac{1}{\alpha} - 1$ die Matrix

$$\mathbf{S} - \mathbf{R}'(\mathbf{R}\mathbf{S}^{-1}\mathbf{R}')^{-1}[\mathbf{R}\mathbf{S}^{-1}\mathbf{R}' + \sigma^{-2}\mathbf{H}^{-1}](\mathbf{R}\mathbf{S}^{-1}\mathbf{R}')^{-1}\mathbf{R} \tag{5.3.134}$$

bzw. für die Spezifizierung $s(\alpha) = (1-\alpha)^2$ die Matrix

$$\mathbf{S} - \mathbf{R}'(\mathbf{R}\mathbf{S}^{-1}\mathbf{R}')^{-1}[\mathbf{R}\mathbf{S}^{-1}\mathbf{R}' + \frac{1}{4}\sigma^{-2}\mathbf{H}^{-1}](\mathbf{R}\mathbf{S}^{-1}\mathbf{R}')^{-1}\mathbf{R} \tag{5.3.135}$$

nichtnegativ definit ist. □

5.3.3 Die verallgemeinerte Minimax-Schätzung zweiter Art

Wir gehen weiterhin von einer unscharfen Vorinformationsmenge $\mathcal{B}$ mit ellipsoidalen α-Schnitten $\mathcal{B}^\alpha$, $\alpha \in (0,1]$, der Gestalt (5.3.1) aus. Um hierfür verallgemeinerte Minimax-Schätzer zweiter Art zu gewinnen, haben wir nach Satz 5.3 (ii) die Endlichkeit von $\rho = \int_0^1 w_2(\alpha)s(\alpha)d\alpha$ vorausgesetzt für eine beliebige verallgemeinerte Inverse $\mathbf{W}^-$ von $\mathbf{W}$ das Optimierungsproblem

$$f_2(\mathbf{C}) := \sigma^2\,\mathrm{tr}\{\boldsymbol{\Omega}\mathbf{C}'\mathbf{A}\mathbf{C}\} + \rho\lambda_{\max}\left[(\mathbf{W}^-)'\mathbf{Q}(\mathbf{C})\mathbf{W}^-\right] \to \min_{\mathbf{C}\in\mathbb{R}^{k\times n}}! \tag{5.3.136}$$

unter der Nebenbedingung

$$\mathbf{ACXG} = \mathbf{AG} \tag{5.3.137}$$

zu lösen. Wie man etwa mit Hilfe der Sätze 4.3 und 5.2 leicht überprüfen kann, stimmt diese Aufgabe mit dem klassischen Minimax-Problem für das scharfe a priori Ellipsoid

$$\mathcal{E}_* = \left\{\boldsymbol{\beta} \in \mathbb{R}^k \middle|\, (\boldsymbol{\beta} - \boldsymbol{\beta}_0)'\mathbf{T}(\boldsymbol{\beta} - \boldsymbol{\beta}_0) \leq \rho\right\} \tag{5.3.138}$$

überein.[13] Weil die Abbildung $s : (0,1] \to \mathbb{R}_+$ monoton fallend und $\int_0^1 w_2(\alpha)d\alpha = 1$ ist, gilt hierbei

$$\rho = \int_0^1 w_2(\alpha)s(\alpha)d\alpha \geq \int_0^1 w_2(\alpha)s(1)d\alpha = s(1). \tag{5.3.139}$$

Für den Kern

$$\mathcal{B}^1 = \left\{\boldsymbol{\beta} \in \mathbb{R}^k \middle| (\boldsymbol{\beta} - \boldsymbol{\beta}_0)'\mathbf{T}(\boldsymbol{\beta} - \boldsymbol{\beta}_0) \leq s(1)\right\} \tag{5.3.140}$$

der betrachteten Fuzzy-Menge $\mathcal{B}$ folgt daraus

$$\mathcal{B}^1 \subset \mathcal{E}_*. \tag{5.3.141}$$

Die Verarbeitung der unscharfen Vorinformationsmenge $\mathcal{B}$ mit der verallgemeinerten Minimax-Methode zweiter Art führt also zu den gleichen Schätzern wie die Anwendung des klassischen Minimax-Prinzips auf das im Vergleich zum Kern $\mathcal{B}^1$ im Sinne von (5.3.141) vergrößerte, scharfe a priori Ellipsoid $\mathcal{E}_*$. Stellen wir dem verallgemeinerten Minimax-Problem (5.3.136)+(5.3.137) mit

$$\sigma^2 \operatorname{tr}\{\boldsymbol{\Omega}\mathbf{C}'\mathbf{A}\mathbf{C}\} + s(1)\lambda_{\max}\left[(\mathbf{W}^-)'\mathbf{Q}(\mathbf{C})\mathbf{W}^-\right] \to \min_{\mathbf{C}\in\mathbb{R}^{k\times n}}! \tag{5.3.142}$$

unter der Nebenbedingung

$$\mathbf{ACXG} = \mathbf{AG} \tag{5.3.143}$$

das klassische Minimax-Problem für das a priori Ellipsoid $\mathcal{B}^1$ gegenüber, so schlägt sich dieser Sachverhalt in einer stärkeren Einflußnahme des Bias-Terms $\lambda_{\max}\left[(\mathbf{W}^-)'\mathbf{Q}(\mathbf{C})\mathbf{W}^-\right]$ gegenüber dem Varianz-Term $\sigma^2 \operatorname{tr}\{\boldsymbol{\Omega}\mathbf{C}'\mathbf{A}\mathbf{C}\}$ nieder.[14] In den beiden folgenden Beispielen wird dieses Phänomen mit Blick auf die uns interessierenden Varianten unscharfer Vorinformationsmengen nochmals verdeutlicht.

Beispiel 5.8 Wir behandeln zunächst die verschiedenen Ausprägungen des unscharfen a priori Ellipsoiden $\mathcal{B}$ mit dem Kern

$$\mathcal{B}^1 = \left\{\boldsymbol{\beta} \in \mathbb{R}^k \middle| (\boldsymbol{\beta} - \boldsymbol{\beta}_0)'\mathbf{T}(\boldsymbol{\beta} - \boldsymbol{\beta}_0) \leq 1\right\} \tag{5.3.144}$$

und den α-Schnitten

$$\mathcal{B}^\alpha = \left\{\boldsymbol{\beta} \in \mathbb{R}^k \middle| (\boldsymbol{\beta} - \boldsymbol{\beta}_0)'\mathbf{T}(\boldsymbol{\beta} - \boldsymbol{\beta}_0) \leq s(\alpha)\right\}, \alpha \in (0,1]. \tag{5.3.145}$$

Zur Festlegung des verallgemeinerten Minimax-Risikos zweiter Art wählen wir $w_2(\alpha) = 2\alpha$, $\alpha \in (0,1]$, womit eine Gewichtung der einzelnen maximalen α-Risiken

[13] Dies trifft insbesondere auch auf den nicht ausgeschlossenen Fall $\rho = 0$ zu. Vgl. diesbezüglich den zweiten Teil des Beweises von Satz 5.2.

[14] Vgl. ARNOLD, STAHLECKER (1997a), S. 383 f., und KNAUTZ (2000), S. 120.

proportional zu dem zugrundeliegenden Zugehörigkeitsniveau verbunden ist.[15] Die Größe ρ betreffend erhalten wir dann für die Spezifizierung der α-Schnitte $\mathcal{B}^\alpha$ durch $s(\alpha) = 2 - \alpha$ das Resultat

$$\rho = 2\int_0^1 \alpha(2-\alpha)d\alpha = 2\int_0^1 (2\alpha - \alpha^2)d\alpha = \frac{4}{3}. \qquad (5.3.146)$$

Im Falle der Festlegung $s(\alpha) = \frac{2}{\alpha} - 1$ gilt

$$\rho = 2\int_0^1 (2-\alpha)d\alpha = 3. \qquad (5.3.147)$$

Und für die Wahl $s(\alpha) = (2-\alpha)^2$ ergibt sich schließlich

$$\rho = 2\int_0^1 \alpha(2-\alpha)^2 d\alpha = 2\int_0^1 (4\alpha + \alpha^3 - 4\alpha^2)d\alpha = \frac{11}{6}. \qquad (5.3.148)$$

Während Varianz- und Bias-Term beim klassischen Ansatz für das Ellipsoid $\mathcal{B}^1$ wegen $s(1) = 1$ gemäß (5.3.142) mit gleichem Gewicht in die Zielfunktion des Minimax-Problems eingehen, beträgt ihr Verhältnis bei Verarbeitung der Fuzzy-Menge $\mathcal{B}$ mit Hilfe des verallgemeinerten Minimax-Prinzips zweiter Art einmal 3:4, das andere Mal 1:3 und im letzten Fall 6:11. □

Beispiel 5.9 Wir widmen uns nun dem Fall der unscharfen Vorinformation „$\mathbf{R}\boldsymbol{\beta}$ ist ungefähr gleich $\mathbf{r}$" mit $\mathbf{R} \in \mathbb{R}^{q\times k}$ und $\mathbf{r} \in \mathbb{R}^q$, betrachten also die durch die α-Schnitte

$$\mathcal{R}^\alpha = \left\{\boldsymbol{\beta} \in \mathbb{R}^k \middle| (\boldsymbol{\beta} - \boldsymbol{\beta}_0)'\mathbf{T}(\boldsymbol{\beta} - \boldsymbol{\beta}_0) \le s(\alpha)\right\}, \quad \alpha \in (0,1], \qquad (5.3.149)$$

mit $\boldsymbol{\beta}_0 := \mathbf{R}^+\mathbf{r}$ und $\mathbf{T} := \mathbf{R}'\mathbf{H}\mathbf{R}$, $\mathbf{H} \in \mathbb{R}^{q\times q}$ p.d., definierte Fuzzy-Menge $\mathcal{R}$. Gehen wir wie üblich vom scharfen Kern $\mathcal{R}^1 = \left\{\boldsymbol{\beta} \in \mathbb{R}^k \middle| \mathbf{R}\boldsymbol{\beta} = \mathbf{r}\right\}$ aus, so ist jetzt $s(1) = 0$ zu setzen. Das klassische Minimax-Problem für $\mathcal{R}^1$ ist durch

$$\sigma^2 \operatorname{tr}\{\boldsymbol{\Omega}\mathbf{C}'\mathbf{A}\mathbf{C}\} \to \min_{\mathbf{C}\in\mathbb{R}^{k\times n}} ! \qquad (5.3.150)$$

unter der Nebenbedingung

$$\mathbf{ACXG} = \mathbf{AG} \qquad (5.3.151)$$

mit $\mathbf{G} = \mathbf{I} - \mathbf{R}^+\mathbf{R}$ gegeben und führt wie aus Beispiel 5.7 bekannt ist auf den gleichungsrestringierten Kleinste-Quadrate-Schätzer. Für den generalisierten Minimax-Ansatz zweiter Art wählen wir als Gewichtungsfunktion wieder $w_2(\alpha) = 2\alpha$, $\alpha \in (0,1]$. Im Fall der Spezifikation $s(\alpha) = 1 - \alpha$ gilt nun

$$\rho = 2\int_0^1 \alpha(1-\alpha)d\alpha = 2\int_0^1 (\alpha - \alpha^2)d\alpha = \frac{1}{3}, \qquad (5.3.152)$$

[15] Die durch $\tilde{w}_2(\alpha) = \alpha$ definierte Abbildung $\tilde{w}_2$ verletzt die Normiertheitsbedingung (5.2.9) und ist damit keine zulässige Gewichtungsfunktion.

für die Festlegung $s(\alpha) = \frac{1}{\alpha} - 1$ erhalten wir

$$\rho = 2 \int_0^1 (1-\alpha) d\alpha = 1 \tag{5.3.153}$$

und im Falle der ein lineares Abklingen der Zugehörigkeitsfunktion repräsentierenden Abbildung $s(\alpha) = (1-\alpha)^2$ folgt

$$\rho = 2 \int_0^1 \alpha(1-\alpha)^2 d\alpha = 2 \int_0^1 (\alpha + \alpha^3 - 2\alpha^2) d\alpha = \frac{1}{6}. \tag{5.3.154}$$

Im Unterschied zu der klassischen Minimax-Aufgabe für die exakte Restriktion $\mathbf{R}\boldsymbol{\beta} = \mathbf{r}$ ist im Rahmen der verallgemeinerten Minimax-Methode demnach nicht nur die Varianz-Kovarianzmatrix eines zulässigen Schätzers bewertungsrelevant. Darüber hinaus geht nun auch der Term $\lambda_{\max}\left[(\mathbf{W}^-)'\mathbf{Q}(\mathbf{C})\mathbf{W}^-\right]$ und mithin die Verzerrung in die Zielfunktion des korrespondierenden Minimax-Problems ein. □

Da wir für den „entarteten" Fall $\rho = 0$ mit dem durch die Gleichung $\mathbf{W}\boldsymbol{\beta} = \mathbf{W}\boldsymbol{\beta}_0$ restringierten GLS-Schätzer eine verallgemeinerte Minimax-Schätzfunktion zweiter Art sofort angeben können, wollen wir für die weiteren Überlegungen dieses Abschnitts grundsätzlich $\rho > 0$ voraussetzen. Hierfür kann das Ellipsoid $\mathcal{E}_*$ aus (5.3.138) offensichtlich auch in der Form

$$\mathcal{E}_* = \left\{ \boldsymbol{\beta} \in \mathbb{R}^k \middle| \, (\boldsymbol{\beta} - \boldsymbol{\beta}_0)'\tilde{\mathbf{T}}(\boldsymbol{\beta} - \boldsymbol{\beta}_0) \leq 1 \right\} \tag{5.3.155}$$

mit $\tilde{\mathbf{T}} = \frac{1}{\rho}\mathbf{T}$ dargestellt werden. Zur Behandlung des verallgemeinerten Minimax-Problems zweiter Art können wir dann gemäß obiger Ausführungen auf die in Kapitel 4 erarbeiteten Ergebnisse zur klassischen Minimax-Schätzung unter degenerierten Ellipsoidrestriktionen zurückgreifen. Diesbezüglich beachte man zunächst einmal, daß die Optimierungsaufgabe (5.3.136)+(5.3.137) unter die in Abschnitt 4.4 behandelte allgemeine Problemklasse (4.4.1)+(4.4.2) fällt. Damit ist Satz 4.13 zufolge ihre Lösbarkeit garantiert, die Existenz einer verallgemeinerten Minimax-Schätzfunktion zweiter Art für die unscharfe Menge $\mathcal{B}$ also grundsätzlich sichergestellt. Zwar ist die explizite Darstellung i. allg. nicht möglich, den in Abschnitt 4.4 aufgezeigten Weg über die p-Approximationen beschreitend können prinzipiell aber beliebig genaue Annäherungen der optimalen Schätzer numerisch berechnet werden. Weil der hiermit verbundene Aufwand jedoch relativ groß und durch den zu erzielenden Gewinn an Schätzgenauigkeit möglicherweise nicht gerechtfertigt ist, erscheint es angebracht, sich in Analogie zum klassischen Ellipsoidfall auf die Bestimmung entsprechender Quasi-Minimax-Schätzer zu beschränken. Hierfür schätzen wir das verallgemeinerte Minimax-Risiko zweiter Art mit Hilfe der Abbildungen

$$\psi_\theta := \begin{cases} \mathbb{R}^{k \times n} & \rightarrow \mathbb{R} \\ \mathbf{C} & \mapsto \sigma^2 \operatorname{tr}\{\boldsymbol{\Omega}\mathbf{C}'\mathbf{A}\mathbf{C}\} + \theta\rho \operatorname{tr}\{(\mathbf{W}^-)'\mathbf{Q}(\mathbf{C})\mathbf{W}^-\} \end{cases} \tag{5.3.156}$$

für $\theta = \frac{1}{k}$ bzw. $\theta = 1$ gemäß

$$\psi_{1/k}(\mathbf{C}) \leq f_2(\mathbf{C}) \leq \psi_1(\mathbf{C}) \tag{5.3.157}$$

nach unten und oben ab und betrachten anstelle von (5.3.136)+(5.3.137) die Optimierungsaufgaben

$$\psi_\theta(\mathbf{C}) \to \min_{\mathbf{C}\in\mathbb{R}^{k\times n}} ! \tag{5.3.158}$$

unter der Nebenbedingung

$$\mathbf{ACXG} = \mathbf{AG}. \tag{5.3.159}$$

Die Lösungen $\mathbf{C}_\theta$ dieser verallgemeinerten Quasi-Minimax-Probleme wurden in den Sätzen 4.5 und 4.7 in Abschnitt 4.3 bereitgestellt. Während Satz 4.5 die Charakterisierung

$$\mathbf{AC}_\theta = \mathbf{AG}(\mathbf{GX}'\mathbf{F}_\theta^{-1}\mathbf{XG})^+\mathbf{GX}'\mathbf{F}_\theta^{-1} + \theta\rho\mathbf{AW}^-(\mathbf{W}^-)'\mathbf{X}'\mathbf{F}_\theta^{-\frac{1}{2}}\mathbf{P}_\theta\mathbf{F}_\theta^{-\frac{1}{2}} \tag{5.3.160}$$

mit

$$\mathbf{F}_\theta :=\sigma^2\boldsymbol{\Omega}+\theta\rho\mathbf{XW}^-(\mathbf{W}^-)'\mathbf{X}' \tag{5.3.161}$$

und

$$\mathbf{P}_\theta := \mathbf{I} - \mathbf{F}_\theta^{-1/2}\mathbf{XG}(\mathbf{F}_\theta^{-1/2}\mathbf{XG})^+ \tag{5.3.162}$$

liefert, ergibt sich auf Basis einer Minimum-S-Seminorm verallgemeinerten Inversen $\mathbf{W}_\mathbf{S}^-$ mit Hilfe von Satz 4.7 die kompaktere Darstellung

$$\mathbf{AC}_\theta = \mathbf{AG}(\mathbf{GSG})^+\mathbf{GX}'\boldsymbol{\Omega}^{-1} + \mathbf{AW}_\mathbf{S}^-[\frac{\sigma^2}{\theta\rho}\mathbf{I} + (\mathbf{W}_\mathbf{S}^-)'\mathbf{SW}_\mathbf{S}^-]^{-1}(\mathbf{W}_\mathbf{S}^-)'\mathbf{X}'\boldsymbol{\Omega}^{-1}. \tag{5.3.163}$$

Im Rahmen eines Vollrangmodells sind die generalisierten Quasi-Minimax-Lösungen gemäß Satz 4.9 wieder vom Kuks-Olman-Typ:

$$\mathbf{AC}_\theta = \mathbf{A}(\frac{1}{\theta\rho}\sigma^2\mathbf{T} + \mathbf{X}'\boldsymbol{\Omega}^{-1}\mathbf{X})^{-1}\mathbf{X}'\boldsymbol{\Omega}^{-1}.$$

Die obere Schranke in (5.3.157) wird auch im vorliegenden Kontext angenommen, sofern die Risikogewichtungsmatrix in der Form $\mathbf{A} = \mathbf{aa}'$ mit $\mathbf{a} \in \mathbb{R}^k$ und/oder die Ellipsoidgewichtungsmatrix in der Gestalt $\mathbf{T} = \mathbf{tt}'$ mit $\mathbf{t} \in \mathbb{R}^k$ dargestellt werden können. Unter diesen Voraussetzungen liefern die oberen Quasi-Minimax-Lösungen dann bereits die gesuchten exakten verallgemeinerten Minimax-Schätzer. Letzteres trifft natürlich auch wieder auf den Fall $\mathbf{AW}_\mathbf{S}^- = \mathbf{0}$ zu, für den Satz 4.8 zufolge $\mathbf{AC}_* = \mathbf{AG}(\mathbf{GSG})^+\mathbf{GX}'\boldsymbol{\Omega}^{-1}$ ist und damit erneut der durch $\mathbf{W}\boldsymbol{\beta} = \mathbf{W}\boldsymbol{\beta}_0$ restringierte GLS-Schätzer dem verallgemeinerten Minimax-Prinzip genügt.

Im Hinblick auf die Verarbeitung unscharfer linearer Parameterrestriktionen erweist es sich als sinnvoll, zwei Aspekte der Quasi-Minimax-Schätzung ein wenig genauer zu erörtern. Man betrachte zunächst den Fall der einfachen Fuzzy-Beziehung

„$\mathbf{m}'\boldsymbol{\beta}$ ist ungefähr gleich r“ mit $\mathbf{m} \in \mathbb{R}^k$ und $r \in \mathbb{R}$. Hier führt die Modellierung der korrespondierenden unscharfen Menge $\mathcal{R}$ durch die α-Schnitte

$$\mathcal{R}^\alpha = \left\{\boldsymbol{\beta} \in \mathbb{R}^k \middle| (\mathbf{m}'\boldsymbol{\beta} - r)^2 \leq s(\alpha)\right\}, \quad \alpha \in (0,1], \tag{5.3.164}$$

mit monoton fallender Funktion $s : (0,1] \to \mathbb{R}$ wie die hierzu äquivalente Darstellung

$$\mathcal{R}^\alpha = \left\{\boldsymbol{\beta} \in \mathbb{R}^k \middle| (\boldsymbol{\beta} - \frac{r}{\mathbf{m}'\mathbf{m}}\mathbf{m})'\mathbf{m}\mathbf{m}'(\boldsymbol{\beta} - \frac{r}{\mathbf{m}'\mathbf{m}}\mathbf{m}) \leq s(\alpha)\right\} \tag{5.3.165}$$

offenbart direkt auf eine Gewichtungsmatrix mit Rang Eins. Der superpessimistischen Version des Quasi-Minimax-Prinzip folgend erhalten wir damit bereits die exakten verallgemeinerten Minimax-Schätzer zweiter Art. Im Detail resultiert aus Satz 4.6, daß sich das zweite verallgemeinerte Minimax-Risiko eines Schätzers $\mathbf{b} \in \bar{\mathcal{D}}$ mit $\mathbf{ACXG} = \mathbf{AG}$ (wobei nun $\mathbf{G} = \mathbf{I} - \frac{1}{\mathbf{m}'\mathbf{m}}\mathbf{m}\mathbf{m}'$ ist) zu

$$F_2(\mathbf{b}) = \sigma^2 \operatorname{tr}\{\boldsymbol{\Omega}\mathbf{C}'\mathbf{A}\mathbf{C}\} + \rho\frac{1}{(\mathbf{m}'\mathbf{m})^2}\mathbf{m}'\mathbf{Q}(\mathbf{C})\mathbf{m} \tag{5.3.166}$$

vereinfacht und die exakten verallgemeinerten Minimax-Lösungen durch die Gleichung

$$\mathbf{AC}_* = \mathbf{AG}(\mathbf{GX}'\mathbf{F}^{-1}\mathbf{XG})^+\mathbf{GX}'\mathbf{F}^{-1} + \rho\frac{1}{(\mathbf{m}'\mathbf{m})^2}\mathbf{Am}(\mathbf{Xm})'\mathbf{F}^{-\frac{1}{2}}\mathbf{P}\mathbf{F}^{-\frac{1}{2}} \tag{5.3.167}$$

mit

$$\mathbf{F} := \sigma^2\boldsymbol{\Omega} + \rho\frac{1}{(\mathbf{m}'\mathbf{m})^2}\mathbf{Xm}(\mathbf{Xm})' \tag{5.3.168}$$

und

$$\mathbf{P} := \mathbf{I} - \mathbf{F}^{-1/2}\mathbf{XG}(\mathbf{F}^{-1/2}\mathbf{XG})^+ \tag{5.3.169}$$

erklärt sind.

Wenden wir uns schließlich dem Fall der allgemeinen unscharfen Parameterrestriktion „$\mathbf{R}\boldsymbol{\beta}$ ist ungefähr gleich $\mathbf{r}$“ mit $\mathbf{R} \in \mathbb{R}^{q\times k}$ und $\mathbf{r} \in \mathbb{R}^k$ zu. Hier ist die Betrachtung des Vollrangmodells aufschlußreich, für das der Quasi-Minimax-Ansatz bekanntlich zu den Kuks-Olman-Schätzern

$$\begin{aligned}\mathbf{b}_\theta &= \boldsymbol{\beta}_0 + (\frac{\sigma^2}{\theta\rho}\mathbf{T} + \mathbf{X}'\boldsymbol{\Omega}^{-1}\mathbf{X})^{-1}\mathbf{X}'\boldsymbol{\Omega}^{-1}(\mathbf{y} - \mathbf{X}\boldsymbol{\beta}_0)\\ &= (\frac{1}{\theta\rho}\mathbf{T} + \frac{1}{\sigma^2}\mathbf{X}'\boldsymbol{\Omega}^{-1}\mathbf{X})^{-1}(\frac{1}{\sigma^2}\mathbf{X}'\boldsymbol{\Omega}^{-1}\mathbf{y} + \frac{1}{\theta\rho}\mathbf{T}\boldsymbol{\beta}_0), \quad \theta \in \{\frac{1}{k}, 1\},\end{aligned} \tag{5.3.170}$$

führt. Einsetzen der zugrundeliegenden Spezifizierungen $\boldsymbol{\beta}_0 = \mathbf{R}^+\mathbf{r}$ und $\mathbf{T} = \mathbf{R}'\mathbf{HR}$, $\mathbf{H} \in \mathbb{R}^{q\times q}$ p.d., liefert unter Berücksichtigung der Konsistenzbeziehung $\mathbf{RR}^+\mathbf{r} = \mathbf{r}$ die Schätzfunktionen

$$\mathbf{b}_{LQM} := \mathbf{b}_{1/k} = (\frac{k}{\rho}\mathbf{R}'\mathbf{HR} + \frac{1}{\sigma^2}\mathbf{X}'\boldsymbol{\Omega}^{-1}\mathbf{X})^{-1}(\frac{1}{\sigma^2}\mathbf{X}'\boldsymbol{\Omega}^{-1}\mathbf{y} + \frac{k}{\rho}\mathbf{R}'\mathbf{Hr}) \tag{5.3.171}$$

und

$$\mathbf{b}_{UQM} := \mathbf{b}_1 = (\frac{1}{\rho}\mathbf{R}'\mathbf{H}\mathbf{R} + \frac{1}{\sigma^2}\mathbf{X}'\boldsymbol{\Omega}^{-1}\mathbf{X})^{-1}(\frac{1}{\sigma^2}\mathbf{X}'\boldsymbol{\Omega}^{-1}\mathbf{y} + \frac{1}{\rho}\mathbf{R}'\mathbf{H}\mathbf{r}). \qquad (5.3.172)$$

In Erweiterung zu den Ergebnissen aus Beispiel 4.5 erhalten wir also das überraschende Resultat, daß die verallgemeinerten Quasi-Minimax-Schätzer zweiter Art für die durch die Fuzzy-Menge $\mathcal{R}$ mit den α-Schnitten aus (5.3.149) modellierte unscharfe Parameterrestriktion „$\mathbf{R}\boldsymbol{\beta} \approx \mathbf{r}$" formal identisch mit dem Mixed-Schätzer für die stochastische Restriktion

$$\mathbf{R}\boldsymbol{\beta} + \mathbf{v} = \mathbf{r} \qquad (5.3.173)$$

mit $\mathbf{E}(\mathbf{v}) = \mathbf{0}$ und $\mathbf{Cov}(\mathbf{v}) = k\rho\mathbf{H}^{-1}$ bzw. $\mathbf{Cov}(\mathbf{v}) = \rho\mathbf{H}^{-1}$ sind (vgl. hierzu Satz 2.6). Man vergegenwärtige sich an dieser Stelle jedoch noch einmal die konzeptionellen Unterschiede der beiden Ansätze. Es sei diesbezüglich insbesondere an die formalen Schwächen der stochastischen Methode bei der Erfassung von Unschärfe und Vagheit in Vorinformationen und die hierdurch begründeten Vorzüge der unscharfen Modellierung erinnert. Darüber hinaus ist davon auszugehen, daß die in der Regel nur numerisch zu bestimmenden *exakten* verallgemeinerten Minimax-Schätzungen i. allg. von den Quasi-Minimax-Schätzungen und damit auch von den korrespondierenden mixed-Schätzungen abweichen werden.

Auf der Basis seiner Darstellung als gewöhnlicher Minimax-Schätzer für das scharfe Ellipsoid $\mathcal{E}_*$ aus (5.3.138) bzw. (5.3.155) können wir nun abschließend auch die Güteeigenschaften des zweiten verallgemeinerten Minimax-Schätzers sowie seiner Approximationen direkt aus den entsprechenden Resultaten für den klassischen Fall in Abschnitt 4.6 ableiten. Da die Vorgehensweise unmittelbar einleuchten sollte, verzichten wir auf eine detaillierte Übertragung der einzelnen Sätze und beschränken uns statt dessen auf eine stichpunktartige Zusammenfassung der wesentlichen Ergebnisse, wobei wiederum $0 < \rho < \infty$ vorausgesetzt sei:

- Der exakte verallgemeinerte Minimax-Schätzer zweiter Art ist Satz 4.26 zufolge im Vollrangmodell schwach $\mathcal{E}_*$-besser als der verallgemeinerte Kleinste-Quadrate-Schätzer $\mathbf{b}_{GLS}$. Dabei wird die jeweils kleinste Risikodifferenz zwischen GLS-Schätzer und $\mathbf{b} \in \bar{\mathcal{D}}$ maximiert. Sieht man vom Fall $\mathbf{AS}^{-1}\mathbf{T} = \mathbf{0}$ ab, für den der GLS-Schätzer selbst dem verallgemeinerten Minimax-Prinzip genügt, liegt sogar strikte Dominanz vor.

- Unter den Annahmen Rang$(\mathbf{X}) = k$ und $\mathbf{AS}^{-1}\mathbf{T} \neq \mathbf{0}$ dominieren auch die p-Approximationen des verallgemeinerten Minimax-Schätzers den GLS-Schätzer auf der Menge $\mathcal{E}_*$ strikt, sofern nur $\theta > (\frac{1}{2})^p$ gilt (vgl. Satz 4.27). Insbesondere der obere verallgemeinerte Quasi-Minimax-Schätzer

$$\begin{aligned} \mathbf{b}_{UQM} &= \boldsymbol{\beta}_0 + \mathbf{C}_1(\mathbf{y} - \mathbf{X}\boldsymbol{\beta}_0) \\ &= \boldsymbol{\beta}_0 + (\frac{\sigma^2}{\rho}\mathbf{T} + \mathbf{X}'\boldsymbol{\Omega}^{-1}\mathbf{X})^{-1}\mathbf{X}'\boldsymbol{\Omega}^{-1}(\mathbf{y} - \mathbf{X}\boldsymbol{\beta}_0) \qquad (5.3.174) \end{aligned}$$

und die hiermit korrespondierenden superpessimistischen Versionen der p-approximativen Schätzer sind dem GLS–Schätzer grundsätzlich überlegen. Für das Ausmaß der Risikoreduktion gilt dabei für alle $\boldsymbol{\beta} \in \mathcal{E}_*$ die Abschätzung

$$\begin{aligned} &\Delta R_{\mathbf{A}}(\mathbf{b}_{GLS}, \mathbf{b}_{UQM}, \boldsymbol{\beta}) \\ &\geq [2\rho - (\boldsymbol{\beta} - \boldsymbol{\beta}_0)'\mathbf{T}(\boldsymbol{\beta} - \boldsymbol{\beta}_0)]\lambda_{\max}[(\mathbf{W}_{\mathbf{S}}^-)'\mathbf{Q}(\mathbf{C}_1)\mathbf{W}_{\mathbf{S}}^-]. \qquad (5.3.175) \end{aligned}$$

- Der effektive Dominanzbereich des oberen Quasi-Minimax-Schätzers kann sogar auf die Menge

  $$\mathcal{E}_{**} = \{\boldsymbol{\beta} \in \mathbb{R}^k \,|\, (\boldsymbol{\beta} - \boldsymbol{\beta}_0)'\mathbf{T}(\boldsymbol{\beta} - \boldsymbol{\beta}_0) \leq 2\rho\}$$

  erweitert werden.

- Bei Vorliegen perfekter Multikollinearität sind der verallgemeinerte Minimax-Schätzer zweiter Art, der obere verallgemeinerte Quasi-Minimax-Schätzer und die superpessimistischen Varianten der p-Approximationen bzgl. des schwachen MSE-Dominanzkriteriums zweiter Art, d.h. für die Risikofunktion $R_{\mathbf{A}}$ mit $\mathbf{A} := \mathbf{X}'\mathbf{X}$, zumindest (schwach) $\mathcal{E}_*$-besser als der GLS-Schätzer.

Als eine wesentliche Konsequenz der obigen Resultate bleibt festzuhalten, daß die Fuzzifizierung des Ellipsoids $\mathcal{B}^1$ bei Anwendung der verallgemeinerten Minimax-Methode zweiter Art gegenüber der klassischen Minimax-Schätzung für $\mathcal{B}^1$ zu einer Vergrößerung des Parameterbereiches führt auf dem der verallgemeinerte KQ-Schätzer dominiert wird.

5.4 Verallgemeinerte Minimax-Schätzer in einem Panelmodell

Wir wollen abschließend noch einmal die Praxisrelevanz der im vorangegangenen Abschnitt entwickelten verallgemeinerten Minimax-Schätzer dokumentieren und interessante Anwendungsmöglichkeiten bei der Formulierung und Analyse von Panelmodellen aufzeigen. Die Durchführung und Methodik von Panelstudien hat in den letzten zwei Jahrzehnten in der empirischen Sozial- und Wirtschaftsforschung wie auch auf vielen anderen Forschungsgebieten zunehmend an Bedeutung gewonnen. Man spricht von Paneldaten, wenn für eine bestimmte Stichprobe von Untersuchungseinheiten, wie z.B. Individuen, Unternehmen oder Regionen, zu mehreren aufeinanderfolgenden Zeitpunkten Beobachtungen für ein und dieselben Merkmale erhoben worden sind.[16] Als Beispiele seien hier nur die im Marketing üblichen Konsumenten- und Haushaltspanels, wie das GfK-Panel, die regelmäßigen Unternehmensbefragungen des Ifo-Instituts im Rahmen seiner Konjunkturtests oder die Erhebungen für das Sozio-Ökonomische Panel (SOEP) des DIW genannt.[17] Die besondere Bedeutung von Paneldaten ergibt sich dabei aus der Tatsache, daß sie eine Differenzierung zwischen individuellen und zeitabhängigen Einflüssen ermöglichen.

Nach diesen einführenden Bemerkungen wollen wir die von uns in diesem Abschnitt zu behandelnde Problemstellung nun weiter präzisieren. Es liege hierfür ein Paneldatensatz mit N Querschnittseinheiten vor, die über einen Zeitraum von T Perioden beobachtet worden sind, wobei jeweils Daten für eine endogene sowie K exogene Variablen gesammelt wurden. Die betreffenden Werte der abhängigen Variable bezeichnen wir mit y_{it}, die der unabhängigen Größen mit x_{kit}. Dabei zeigt i die Untersuchungseinheit, t den Erhebungszeitpunkt und k die Einflußgröße an. Wir bilden für alle $i = 1, ..., N$ und $t = 1, ..., T$ die Vektoren

$$\mathbf{x}_{it} := (x_{1it}, x_{2it}, ..., x_{Kit})' \tag{5.4.1}$$

und fassen die Beobachtungen der einzelnen Gruppen in den $(T \times 1)$-Vektoren

$$\mathbf{y}_i := (y_{i1}, y_{i2}, ..., y_{iT})' \tag{5.4.2}$$

sowie den $(T \times K)$-Matrizen

$$\mathbf{X}_i := \begin{pmatrix} \mathbf{x}'_{i1} \\ \mathbf{x}'_{i2} \\ \vdots \\ \mathbf{x}'_{iT} \end{pmatrix} \tag{5.4.3}$$

zusammen. Hierbei sei vorausgesetzt, daß alle Datenmatrizen $\mathbf{X}_i$ nichtstochastisch sind und vollen Spaltenrang K besitzen.

Es stellt sich nun die Frage, in welcher Weise der Zusammenhang zwischen der endogenen Variablen und den einzelnen Einflußgrößen angemessen modelliert werden

[16] Anstelle der Zeit sind natürlich auch andere Dimensionen denkbar, etwa der Raum. Man stelle sich bspw. vor, daß Unternehmen mit Produktionsstätten in unterschiedlichen Regionen untersucht werden sollen.

[17] Vgl. auch RONNING (1991), S. 189. Zahlreiche Beispiele für empirische Analysen von Unternehmens- und Betriebspaneln in Deutschland finden sich in HOCHMUTH, WAGNER (1994).

kann.[18] Die allgemeinste lineare Spezifikationsform ist offenbar durch

$$y_{it} = \sum_{k=1}^{K} \beta_{kit} x_{kit} + u_{it}, \quad \begin{array}{rcl} t &=& 1,...,T, \\ i &=& 1,...,N, \end{array} \tag{5.4.4}$$

mit den Parametern β_{kit} und den Störtermen u_{it} gegeben. Es wird hiermit gestattet, daß die Reaktionskoeffizienten sowohl im Zeitablauf als auch zwischen den einzelnen Gruppen variieren. Das Regressionsmodell (5.4.4) ist allerdings nicht ernsthaft erwägenswert, da eine sinnvolle Schätzung der insgesamt NKT Parameter mit lediglich NT zur Verfügung stehenden Beobachtungen unmöglich ist. Man hat daher nach einem alternativen Ansatz zu suchen, der die Anzahl der zu schätzenden Koeffizienten reduziert, eine gewisse Heterogenität aber immer noch zuläßt. Geht man in klassischer mikroökonometrischer Tradition von einem Paneldatensatz mit vielen Querschnittseinheiten und einer vergleichsweise geringen Anzahl von Erhebungszeitpunkten aus, so liegt es diesbezüglich nahe, zeitliche Instabilitäten zu vernachlässigen und sich auf die Berücksichtigung intersektoraler Unterschiede zu konzentrieren. Diese Überlegung führt auf das Modell

$$y_{it} = \mathbf{x}'_{it} \boldsymbol{\beta}_i + u_{it}, \quad \begin{array}{rcl} t &=& 1,...,T, \\ i &=& 1,...,N, \end{array} \tag{5.4.5}$$

mit den $(K \times 1)$-Parametervektoren $\boldsymbol{\beta}_i = (\beta_{1i}, \beta_{2i}, ..., \beta_{Ki})'$, welches wir unter Verwendung der Fehlervektoren

$$\mathbf{u}_i := (u_{i1}, u_{i2}, ..., u_{iT})', \tag{5.4.6}$$

alternativ in der Vektor-Matrix-Form

$$\begin{pmatrix} \mathbf{y}_1 \\ \mathbf{y}_2 \\ \vdots \\ \mathbf{y}_N \end{pmatrix} = \begin{pmatrix} \mathbf{X}_1 & 0 & \cdots & 0 \\ 0 & \mathbf{X}_2 & \ddots & \vdots \\ \vdots & \ddots & \ddots & 0 \\ 0 & \cdots & 0 & \mathbf{X}_N \end{pmatrix} \begin{pmatrix} \boldsymbol{\beta}_1 \\ \boldsymbol{\beta}_2 \\ \vdots \\ \boldsymbol{\beta}_N \end{pmatrix} + \begin{pmatrix} \mathbf{u}_1 \\ \mathbf{u}_2 \\ \vdots \\ \mathbf{u}_N \end{pmatrix} \tag{5.4.7}$$

darstellen können.

Geht man nun noch einen Schritt weiter und läßt auch jegliche Parameterunterschiede zwischen den einzelnen Gruppen außer acht, so resultiert das aggregierte Modell

$$\begin{pmatrix} \mathbf{y}_1 \\ \mathbf{y}_2 \\ \vdots \\ \mathbf{y}_N \end{pmatrix} = \begin{pmatrix} \mathbf{X}_1 \\ \mathbf{X}_2 \\ \vdots \\ \mathbf{X}_N \end{pmatrix} \boldsymbol{\beta} + \begin{pmatrix} \mathbf{u}_1 \\ \mathbf{u}_2 \\ \vdots \\ \mathbf{u}_N \end{pmatrix} \tag{5.4.8}$$

[18] Zu der folgenden Darstellung verschiedener Modellvarianten vgl. man FOMBY ET AL. (1984), Chapter 15, oder JOHNSTON (1991), Chapter 10-3.

mit $\boldsymbol{\beta} \in \mathbb{R}^K$ als intertemporal und intersektoral konstantem Koeffizientenvektor. In der ökonometrischen Praxis ist es häufig jedoch nicht zweckmäßig, die gruppenspezifischen Informationen in obiger Weise zusammenzufassen und damit die Panelstruktur des Datensatzes vollkommen ungenutzt zu lassen. Andererseits ist auch die allgemeinere Modellierung (5.4.7) oft nicht befriedigend, wird hiermit doch letztlich für jede Untersuchungseinheit eine separate Regressionsgleichung formuliert und somit jede noch so plausible Existenz von intersektoralen Zusammenhängen zwischen den Koeffizienten zunächst einmal vernachlässigt. Vielmehr erscheint es in vielen Fällen angebracht zu sein, einen geeigneten „Kompromiß“ zwischen den beiden zur Debatte stehenden Modellen einzugehen, individuelle Unterschiede also prinzipiell zuzulassen, Ähnlichkeiten oder Beziehungen zwischen den Parametervektoren verschiedener Gruppen aber trotzdem zu berücksichtigen.

In praktischen Anwendungen gibt man sich häufig damit zufrieden, das allgemeine Modell (5.4.7) durch ad-hoc formulierte, exakte Gleichungen zu restringieren. Während dabei einzelne Parameter als intersektoral identisch vorausgesetzt werden, dürfen andere Koeffizienten zwischen den Individuen frei variieren. Zumeist beschränkt man sich sogar darauf, individuelle Effekte alleine durch unterschiedliche gruppenspezifische Konstanten abzubilden und betrachtet die Gleichungen[19]

$$y_{it} = \beta_{1i} + \sum_{k=2}^{K} \beta_k x_{kit} + u_{it}, \quad \begin{aligned} t &= 1, ..., T, \\ i &= 1, ..., N. \end{aligned} \tag{5.4.9}$$

Werden die Absolutglieder β_{1i}, $i = 1, ..., N$, dabei als fixe Parameter angesehen, so spricht man von einem Modell mit festen Effekten. Alternativ erhält man das Modell mit zufälligen Effekten, indem man die Konstanten in einen gemeinsamen deterministischen Teil β_1 und eine individuelle stochastische Komponente δ_i zerlegt:

$$\beta_{1i} = \beta_1 + \delta_i, \quad i = 1, ..., N.$$

Die Regressionsgleichung (5.4.9) kann in diesem Fall zu

$$y_{it} = \beta_1 + \sum_{k=2}^{K} \beta_k x_{kit} + v_{it}, \quad \begin{aligned} t &= 1, ..., T, \\ i &= 1, ..., N, \end{aligned} \tag{5.4.10}$$

[19]Wir gehen davon aus, daß die Regressionsgleichungen (5.4.5) bereits mit konstantem Term spezifiziert worden sind, die erste Spalte der Regressionsmatrizen $\mathbf{X}_i$, $i = 1, ..., N$, also jeweils dem Einservektor entspricht. Andernfalls ist zur Erfassung der individuellen Effekte für jede Untersuchungseinheit je eine Dummy-Variable einzuführen.

mit den zusammengesetzten Störtermen $v_{it} = u_{it} + \delta_i$ transformiert werden, besitzt also grundsätzlich eine zu (5.4.8) analoge Gestalt.[20] Ausführliche Darstellungen der beiden Ansätze und der in Frage kommenden Schätzverfahren findet man in allen aktuellen Ökonometrie-Lehrbüchern. Darüber hinaus verweisen wir auf die Monographie zur Panelökonometrie von HSIAO (1986).

In der ökonometrischen Praxis haben sich die Modelle fester und zufälliger Effekte zur Analyse von Paneldaten weitestgehend durchgesetzt. Eine eher untergeordnete Rolle spielt dagegen der auf SWAMY (1970) zurückgehende Ansatz stochastischer Koeffizienten, mit dem wir uns nun ein wenig ausführlicher beschäftigen wollen.[21] Ausgangspunkt ist wieder das allgemeine Regressionsmodell (5.4.7). In Erweiterung zu dem Konzept zufälliger Effekte erlaubt der Ansatz von Swamy, daß nicht nur das Absolutglied, sondern alle Koeffizienten zufällig um einen intersektoral konstanten Mittelwert schwanken. Er postuliert für die individuellen Parametervektoren also

$$\boldsymbol{\beta}_i = \boldsymbol{\beta} + \boldsymbol{\delta}_i, \quad i = 1, ..., N, \tag{5.4.11}$$

wobei $\boldsymbol{\beta} = (\beta_1, \beta_2, ..., \beta_K)'$ den gemeinsamen Erwartungswertvektor bezeichnet und $\boldsymbol{\delta}_i = (\delta_{1i}, \delta_{2i}, ..., \delta_{Ki})'$ die stochastischen Abweichungen der i-ten Gruppe von diesen Makrokoeffizienten zusammenfaßt. Für $i, j = 1, 2, ..., N$ wird dabei die Zufallsvektoren $\mathbf{u}_i$ und $\boldsymbol{\delta}_j$ betreffend

$$\mathbf{E}(\mathbf{u}_i) = \mathbf{0}, \ \mathbf{E}(\boldsymbol{\delta}_j) = \mathbf{0}, \tag{5.4.12}$$

$$\mathbf{E}(\mathbf{u}_i\mathbf{u}_j') = \begin{cases} \sigma_i^2\mathbf{I}_T, & \text{falls } i = j, \\ \mathbf{0}, & \text{sonst,} \end{cases} \tag{5.4.13}$$

sowie

$$\mathbf{E}(\boldsymbol{\delta}_i\boldsymbol{\delta}_j') = \begin{cases} \boldsymbol{\Delta}, & \text{falls } i = j, \\ \mathbf{0}, & \text{sonst,} \end{cases} \tag{5.4.14}$$

mit p.d. $(K \times K)$-Matrix $\boldsymbol{\Delta}$ vorausgesetzt. Zudem werden $\mathbf{u}_i$ und $\boldsymbol{\delta}_j$ als stochastisch unabhängig angenommen. Einsetzen von (5.4.11) in (5.4.7) liefert nun

$$\begin{pmatrix} \mathbf{y}_1 \\ \mathbf{y}_2 \\ \vdots \\ \mathbf{y}_N \end{pmatrix} = \begin{pmatrix} \mathbf{X}_1 \\ \mathbf{X}_2 \\ \vdots \\ \mathbf{X}_N \end{pmatrix} \boldsymbol{\beta} + \begin{pmatrix} \mathbf{X}_1 & \mathbf{0} & \cdots & \mathbf{0} \\ \mathbf{0} & \mathbf{X}_2 & & \vdots \\ \vdots & & \ddots & \mathbf{0} \\ \mathbf{0} & \cdots & \mathbf{0} & \mathbf{X}_N \end{pmatrix} \begin{pmatrix} \boldsymbol{\delta}_1 \\ \boldsymbol{\delta}_2 \\ \vdots \\ \boldsymbol{\delta}_N \end{pmatrix} + \begin{pmatrix} \mathbf{u}_1 \\ \mathbf{u}_2 \\ \vdots \\ \mathbf{u}_N \end{pmatrix}, \tag{5.4.15}$$

[20] Die Unterschiede zwischen den beiden zugrundeliegenden Ansätzen schlagen sich in den Eigenschaften der jeweiligen Störgrößen nieder.

[21] Zu den folgenden Ausführungen vgl. man auch HSIAO (1986), Chapter 6.

was mit

$$\mathbf{X} = \begin{pmatrix} \mathbf{X}_1 \\ \mathbf{X}_2 \\ \vdots \\ \mathbf{X}_N \end{pmatrix} \quad \text{und} \quad \tilde{\mathbf{X}} = \begin{pmatrix} \mathbf{X}_1 & \mathbf{0} & \cdots & \mathbf{0} \\ \mathbf{0} & \mathbf{X}_2 & & \vdots \\ \vdots & & \ddots & \mathbf{0} \\ \mathbf{0} & \cdots & \mathbf{0} & \mathbf{X}_N \end{pmatrix} \tag{5.4.16}$$

sowie $\mathbf{y} = (\mathbf{y}_1', \mathbf{y}_2', ..., \mathbf{y}_N')'$, $\boldsymbol{\delta} = (\boldsymbol{\delta}_1', \boldsymbol{\delta}_2', ..., \boldsymbol{\delta}_N')'$ und $\mathbf{u} = (\mathbf{u}_1', \mathbf{u}_2', ..., \mathbf{u}_N')'$ in der kompakten Form

$$\mathbf{y} = \mathbf{X}\boldsymbol{\beta} + \tilde{\mathbf{X}}\boldsymbol{\delta} + \mathbf{u} \tag{5.4.17}$$

geschrieben werden kann. Für den zusammengesetzten Störvektor $\mathbf{v} := \tilde{\mathbf{X}}\boldsymbol{\delta} + \mathbf{u}$ folgt dabei aus den Annahmen über $\mathbf{u}_i$ und $\boldsymbol{\delta}_j$ zum einen $\mathbf{E}(\mathbf{v}) = \mathbf{0}$ und zum anderen

$$\mathbf{V} := \mathbf{E}(\mathbf{v}\mathbf{v}') = \begin{pmatrix} \boldsymbol{\Phi}_1 & \mathbf{0} & \cdots & \mathbf{0} \\ \mathbf{0} & \boldsymbol{\Phi}_2 & & \vdots \\ \vdots & & \ddots & \mathbf{0} \\ \mathbf{0} & \cdots & \mathbf{0} & \boldsymbol{\Phi}_N \end{pmatrix} \tag{5.4.18}$$

mit

$$\boldsymbol{\Phi}_i = \mathbf{X}_i \boldsymbol{\Delta} \mathbf{X}_i' + \sigma_i^2 \mathbf{I}_T, \quad i = 1, ..., N. \tag{5.4.19}$$

Wir erhalten also letzten Endes wieder ein Modell vom Typ (5.4.8), allerdings mit nichtskalarer Varianz-Kovarianzmatrix des Störterms. Der beste lineare unverzerrte Schätzer für den Mittelwertvektor $\boldsymbol{\beta}$ ist daher durch die verallgemeinerte Kleinste-Quadrate-Schätzfunktion

$$\mathbf{b}_{GLS} = (\sum_{i=1}^{N} \mathbf{X}_i' \boldsymbol{\Phi}_i^{-1} \mathbf{X}_i)^{-1} (\sum_{i=1}^{N} \mathbf{X}_i' \boldsymbol{\Phi}_i^{-1} \mathbf{y}_i) \tag{5.4.20}$$

gegeben. Die zugehörige Kovarianzmatrix lautet

$$\mathbf{Cov}(\mathbf{b}_{GLS}) = (\sum_{i=1}^{N} \mathbf{X}_i' \boldsymbol{\Phi}_i^{-1} \mathbf{X}_i)^{-1}. \tag{5.4.21}$$

Durch wiederholte Anwendung der Inversionsformel aus Satz A.5 ergibt sich dabei für die Inversen der Matrizen $\boldsymbol{\Phi}_i$ die Beziehung

$$\begin{aligned} \boldsymbol{\Phi}_i^{-1} &= (\mathbf{X}_i \boldsymbol{\Delta} \mathbf{X}_i' + \sigma_i^2 \mathbf{I}_T)^{-1} \\ &= \sigma_i^{-2} \mathbf{I}_T - \sigma_i^{-4} \mathbf{X}_i (\sigma_i^{-2} \mathbf{X}_i' \mathbf{X}_i + \boldsymbol{\Delta}^{-1})^{-1} \mathbf{X}_i' \\ &= \sigma_i^{-2} \mathbf{I}_T - \mathbf{X}_i \left\{ \sigma_i^{-2} (\mathbf{X}_i' \mathbf{X}_i)^{-1} - (\mathbf{X}_i' \mathbf{X}_i)^{-1} [\sigma_i^2 (\mathbf{X}_i' \mathbf{X}_i)^{-1} + \boldsymbol{\Delta}]^{-1} (\mathbf{X}_i' \mathbf{X}_i)^{-1} \right\} \mathbf{X}_i'. \end{aligned} \tag{5.4.22}$$

Hieraus resultiert

$$\mathbf{X}_i'\mathbf{\Phi}_i^{-1}\mathbf{X}_i = [\sigma_i^2(\mathbf{X}_i'\mathbf{X}_i)^{-1} + \mathbf{\Delta}]^{-1} \tag{5.4.23}$$

sowie

$$\mathbf{X}_i'\mathbf{\Phi}_i^{-1}\mathbf{y}_i = [\sigma_i^2(\mathbf{X}_i'\mathbf{X}_i)^{-1} + \mathbf{\Delta}]^{-1}(\mathbf{X}_i'\mathbf{X}_i)^{-1}\mathbf{X}_i'\mathbf{y}_i. \tag{5.4.24}$$

Folglich gilt

$$\mathbf{b}_{GLS} = \sum_{i=1}^{N} \mathbf{\Psi}_i \mathbf{b}_i^{LS} \tag{5.4.25}$$

mit

$$\mathbf{\Psi}_i = \left\{ \sum_{i=1}^{N} [\sigma_i^2(\mathbf{X}_i'\mathbf{X}_i)^{-1} + \mathbf{\Delta}]^{-1} \right\}^{-1} [\sigma_i^2(\mathbf{X}_i'\mathbf{X}_i)^{-1} + \mathbf{\Delta}]^{-1} \tag{5.4.26}$$

und $\mathbf{b}_i^{LS} = (\mathbf{X}_i'\mathbf{X}_i)^{-1}\mathbf{X}_i'\mathbf{y}_i$. Der GLS-Schätzer für den Erwartungswertvektor $\boldsymbol{\beta}$ im random-coefficient-Modell von Swamy kann demnach als matriziell gewichtete Summe der einzelnen KQ-Schätzer bei getrennter Regression für die einzelnen Untersuchungseinheiten interpretiert werden.

Die Schätzung des Vektors der Makrokoeffizienten steht beim random-coefficient-Ansatz von Swamy eindeutig im Mittelpunkt des Interesses. Dem Problem der Prognose der zufälligen individuellen Parameter $\boldsymbol{\beta}_i = \boldsymbol{\beta} + \boldsymbol{\delta}_i$, $i = 1, ..., N$, wird dagegen nur geringe Aufmerksamkeit geschenkt. So schlägt SWAMY (1970,1971) schlicht die Verwendung der isolierten Gruppenschätzer $\mathbf{b}_i^{LS}$ vor, welche *gegeben* $\boldsymbol{\beta}_i$ immerhin die jeweils beste linear unverzerrte Prognosefunktion darstellen. LEE, GRIFFITHS (1979) empfehlen indessen, $\boldsymbol{\beta}_i$ durch

$$\mathbf{b}_i^* = \mathbf{b}_{GLS} + \mathbf{\Delta}\mathbf{X}_i'(\mathbf{X}_i\mathbf{\Delta}\mathbf{X}_i' + \sigma_i^2\mathbf{I}_T)^{-1}(\mathbf{y}_i - \mathbf{X}_i\mathbf{b}_{GLS}) \tag{5.4.27}$$

vorherzusagen.[22] Die Autoren zeigen, daß $\mathbf{b}_i^*$ in der Klasse der linearen und im Sinne von $\mathbf{E}(\mathbf{b}_i - \boldsymbol{\beta}_i) = \mathbf{0}$ unverzerrten Prognosefunktionen $\mathbf{b}_i$ varianzminimal ist. Letzteres bedeutet konkret, daß für jede beliebige Vorhersagefunktion $\mathbf{b}_i$ mit obigen Eigenschaften die Differenz der Kovarianzmatrizen der Prognosefehler $(\mathbf{b}_i - \boldsymbol{\beta}_i)$ und $(\mathbf{b}_i^* - \boldsymbol{\beta}_i)$ nichtnegativ definit ist.

Sowohl der GLS-Schätzer $\mathbf{b}_{GLS}$ als auch die Prognosefunktionen $\mathbf{b}_i^*$, $i = 1, ..., N$, hängen von den i. allg. unbekannten Größen σ_i^2 und $\mathbf{\Delta}$ ab. Um zu operationalen Schätzfunktionen zu gelangen, können hierfür jeweils die aus den KQ-Residuen $\hat{\mathbf{u}}_i := \mathbf{y}_i - \mathbf{X}_i\mathbf{b}_i^{LS}$ gewonnenen unverzerrten Schätzungen

$$s_i^2 := \frac{1}{T-K}\hat{\mathbf{u}}_i'\hat{\mathbf{u}}_i = \frac{1}{T-K}\mathbf{y}_i'[\mathbf{I} - \mathbf{X}_i(\mathbf{X}_i'\mathbf{X}_i)^{-1}\mathbf{X}_i']\mathbf{y}_i \tag{5.4.28}$$

[22] Zitiert nach HSIAO (1986), S. 134.

und

$$\hat{\mathbf{\Delta}} := \frac{1}{N-1}\mathbf{S_b} - \frac{1}{N}\sum_{i=1}^{N} s_i^2(\mathbf{X}_i'\mathbf{X}_i)^{-1} \tag{5.4.29}$$

mit

$$\mathbf{S_b} := \sum_{i=1}^{N} \mathbf{b}_i^{LS}(\mathbf{b}_i^{LS})' - \frac{1}{N}\sum_{i=1}^{N} \mathbf{b}_i^{LS}\sum_{i=1}^{N}(\mathbf{b}_i^{LS})' \tag{5.4.30}$$

substituiert werden. Wie von SWAMY (1970) verifiziert wird, ist die resultierende Schätzfunktion für $\boldsymbol{\beta}$ unter gewissen Bedingungen konsistent und asymptotisch effizient. Es tritt hierbei allerdings das von SWAMY (1971) ausführlich diskutierte Problem auf, daß die Schätzung $\hat{\mathbf{\Delta}}$ nicht zwingend nichtnegativ definit ist. Für diesen Fall schlägt der Autor u.a. vor, anstelle von $\hat{\mathbf{\Delta}}$ die grundsätzlich nichtnegativ definite Matrix $\tilde{\mathbf{\Delta}} = \frac{1}{N-1}\mathbf{S_b}$ heranzuziehen.

Vor allem im Hinblick auf die Untersuchung gruppenspezifischer Besonderheiten ist die Modellierung der Koeffizientenvektoren als Zufallsvariablen unbefriedigend. Der wahrscheinlichkeitstheoretische Ansatz widerspricht der natürlichen Auffassung der Parameter als unbekannte aber *fixe* Größen. Man rufe sich in diesem Zusammenhang auch die Kritik der stochastischen linearen Restriktionen aus Abschnitt 2.2 in Erinnerung. Diese Problematik führt uns auf der Suche nach einem geeignetem Mittelweg zwischen den Modellen grundsätzlich heterogener und vollkommen gleichartiger Untersuchungseinheiten geradewegs auf das Konzept unscharfer Mengen. Wie wir im folgenden darlegen werden, können wir mit dem Fuzzy-Ansatz Ähnlichkeiten oder allgemeiner unpräzise Zusammenhänge zwischen den Parametern unter Beibehaltung ihrer klassischen Interpretation als feste Größen berücksichtigen und im Schätzprozeß verarbeiten. Wir setzen hierfür im Modell (5.4.7) erneut

$$\boldsymbol{\beta}_i = \boldsymbol{\beta} + \boldsymbol{\delta}_i, \quad i = 1, ..., N. \tag{5.4.31}$$

Während $\boldsymbol{\beta} = (\beta_1, \beta_2, ..., \beta_K)'$ wieder als Vektor der Makrokoeffizienten interpretiert werden kann, erfassen die Parametervektoren $\boldsymbol{\delta}_i = (\delta_{1i}, \delta_{2i}, ..., \delta_{Ki})'$ jetzt die fixen, d.h. nichtstochastischen gruppenspezifischen Effekte. Wir substituieren $\boldsymbol{\beta}_i$ in (5.4.7) durch (5.4.31) und erhalten

$$\begin{pmatrix} \mathbf{y}_1 \\ \mathbf{y}_2 \\ \vdots \\ \mathbf{y}_N \end{pmatrix} = \begin{pmatrix} \mathbf{X}_1 & \mathbf{X}_1 & \mathbf{0} & \cdots & \mathbf{0} \\ \mathbf{X}_2 & \mathbf{0} & \mathbf{X}_2 & \ddots & \vdots \\ \vdots & \vdots & \ddots & \ddots & \mathbf{0} \\ \mathbf{X}_N & \mathbf{0} & \cdots & \mathbf{0} & \mathbf{X}_N \end{pmatrix} \begin{pmatrix} \boldsymbol{\beta} \\ \boldsymbol{\delta}_1 \\ \vdots \\ \boldsymbol{\delta}_N \end{pmatrix} + \begin{pmatrix} \mathbf{u}_1 \\ \mathbf{u}_2 \\ \vdots \\ \mathbf{u}_N \end{pmatrix}, \tag{5.4.32}$$

was wir unter Verwendung der erweiterten $(NT \times (N+1)K)$-Regressionsmatrix $\mathbf{Z} := (\ \mathbf{X}\ \ \tilde{\mathbf{X}}\ )$ mit den Matrizen $\mathbf{X}$ und $\tilde{\mathbf{X}}$ aus (5.4.16) sowie des zusammengesetzten $((N+1)K \times 1)$-Parametervektors $\boldsymbol{\gamma} = (\boldsymbol{\beta}', \boldsymbol{\delta}_1', ..., \boldsymbol{\delta}_N')'$ in der kompakten

Form

$$\mathbf{y} = \mathbf{Z}\boldsymbol{\gamma} + \mathbf{u} \tag{5.4.33}$$

schreiben wollen. Für den Störterm $\mathbf{u}$ mögen dabei nach wie vor die Annahmen aus (5.4.12) und (5.4.13) gelten, d.h., es sei $\mathbf{E}(\mathbf{u}) = \mathbf{0}$ und

$$\boldsymbol{\Omega} := \mathbf{E}(\mathbf{u}\mathbf{u}') = \begin{pmatrix} \sigma_1^2\mathbf{I}_T & \mathbf{0} & \cdots & \mathbf{0} \\ \mathbf{0} & \sigma_2^2\mathbf{I}_T & \ddots & \vdots \\ \vdots & \ddots & \ddots & \mathbf{0} \\ \mathbf{0} & \cdots & \mathbf{0} & \sigma_N^2\mathbf{I}_T \end{pmatrix}. \tag{5.4.34}$$

Die Forderung ähnlicher individueller Komponenten $\boldsymbol{\beta}_i$ kann nun durch die unscharfe Beziehung

$$\boldsymbol{\delta}_i \approx \mathbf{0}, \quad i = 1, 2, ..., N, \tag{5.4.35}$$

zum Ausdruck gebracht und formal durch die Spezifizierung einer Fuzzy-Menge $\mathcal{R}$ mit α-Schnitten der Gestalt

$$\mathcal{R}^\alpha = \left\{\boldsymbol{\beta} \in \mathbb{R}^k \middle| (\mathbf{R}\boldsymbol{\gamma})'\mathbf{H}\mathbf{R}\boldsymbol{\gamma} \le s(\alpha)\right\}, \ \alpha \in (0,1], \tag{5.4.36}$$

umgesetzt werden. Hierfür seien die Matrizen $\mathbf{R} \in \mathbb{R}^{NK\times(N+1)K}$ und $\mathbf{H} \in \mathbb{R}^{NK\times NK}$ durch

$$\mathbf{R} = \begin{pmatrix} \mathbf{0} & \mathbf{I}_K & \mathbf{0} & \cdots & \mathbf{0} \\ \mathbf{0} & \mathbf{0} & \mathbf{I}_K & \ddots & \vdots \\ \vdots & \vdots & \ddots & \ddots & \mathbf{0} \\ \mathbf{0} & \mathbf{0} & \cdots & \mathbf{0} & \mathbf{I}_K \end{pmatrix} = \begin{pmatrix} \mathbf{0}_{NK\times K} & \mathbf{I}_{NK} \end{pmatrix} \tag{5.4.37}$$

und

$$\mathbf{H} = \begin{pmatrix} \bar{\mathbf{H}} & \mathbf{0} & \cdots & \mathbf{0} \\ \mathbf{0} & \bar{\mathbf{H}} & \ddots & \vdots \\ \vdots & \ddots & \ddots & \mathbf{0} \\ \mathbf{0} & \cdots & \mathbf{0} & \bar{\mathbf{H}} \end{pmatrix} = \mathbf{I}_N \otimes \bar{\mathbf{H}} \tag{5.4.38}$$

mit $\bar{\mathbf{H}} \in \mathbb{R}^{K\times K}$ p.d. definiert. Die Festlegung der Gewichtungsmatrix $\bar{\mathbf{H}}$ und der stetigen, monoton fallenden Abbildung $s : (0,1] \to \mathbb{R}_+$ hat dabei wie üblich durch den mit dem praktischen Sachverhalt vertrauten Experten zu erfolgen. Unter Verwendung von $\mathbf{T} := \mathbf{R}'\mathbf{H}\mathbf{R}$ ergibt sich für die α-Schnitte die für die folgenden Überlegungen relevante Gestalt

$$\mathcal{R}^\alpha = \left\{\boldsymbol{\beta} \in \mathbb{R}^k \middle| \boldsymbol{\gamma}'\mathbf{T}\boldsymbol{\gamma} \le s(\alpha)\right\}, \ \alpha \in (0,1]. \tag{5.4.39}$$

Der Parametervektor $\boldsymbol{\gamma}$ kann nun unter Berücksichtigung der unscharfen Relation $\mathcal{R}$ mit Hilfe des verallgemeinerten Minimax-Ansatzes geschätzt werden. Wir wollen uns hier ausschließlich mit der in Abschnitt 5.3.3 behandelten zweiten Variante dieses Schätzprinzips befassen. Zu diesem Zweck wird eine stetige Gewichtungsfunktion $w_2 : [0,1] \to \mathbb{R}_+$ mit den Eigenschaften

$$w_2(0) = 0, \tag{5.4.40}$$

$$\int_0^1 w_2(\alpha)d\alpha = 1 \tag{5.4.41}$$

sowie

$$\rho = \int_0^1 w_2(\alpha)s(\alpha)d\alpha < \infty \tag{5.4.42}$$

eingeführt. Weil es sich bei den α-Schnitten (5.4.39) um Ellipsoide mit dem Mittelpunkt $\boldsymbol{\gamma}_0 = \mathbf{0}$ handelt, kann man sich bei der Schätzung von $\boldsymbol{\gamma}$ im übrigen auf die Betrachtung der Klasse linearer Schätzfunktionen $\{\hat{\boldsymbol{\gamma}} | \hat{\boldsymbol{\gamma}} = \mathbf{Cy} \text{ mit } \mathbf{C} \in \mathbb{R}^{(N+1)K\times NT}\}$ beschränken.

Es sollen zunächst einige der im folgenden benötigten Matrizen bereitgestellt werden. Für die Vollrangzerlegung $\mathbf{T} = \mathbf{W}'\mathbf{W}$ der Gewichtungsmatrix $\mathbf{T} = \mathbf{R}'\mathbf{HR}$ können wir wie leicht nachzuvollziehen

$$\mathbf{W} = \mathbf{H}^{\frac{1}{2}}\mathbf{R} = \begin{pmatrix} \mathbf{0}_{NK\times K} & \mathbf{I}_N \otimes \bar{\mathbf{H}}^{\frac{1}{2}} \end{pmatrix} \tag{5.4.43}$$

wählen. Wegen $\mathbf{RR}' = \mathbf{I}_{NK}$ gilt für die Moore-Penrose-Inverse von $\mathbf{W}$ gemäß Satz A.13 (viii) dabei

$$\mathbf{W}^+ = \mathbf{R}'\mathbf{H}^{\frac{1}{2}}(\mathbf{H}^{\frac{1}{2}}\mathbf{RR}'\mathbf{H}^{\frac{1}{2}})^+ = \mathbf{R}'\mathbf{H}^{-\frac{1}{2}} = \begin{pmatrix} \mathbf{0}_{K\times NK} \\ \mathbf{I}_N \otimes \bar{\mathbf{H}}^{-\frac{1}{2}} \end{pmatrix}, \tag{5.4.44}$$

womit sich

$$\mathbf{W}^+\mathbf{W} = \mathbf{R}'\mathbf{R} = \begin{pmatrix} 0 & 0 & \cdots & 0 \\ 0 & \mathbf{I}_K & \ddots & \vdots \\ \vdots & \ddots & \ddots & 0 \\ 0 & \cdots & 0 & \mathbf{I}_K \end{pmatrix} = \begin{pmatrix} \mathbf{0}_{K\times K} & \mathbf{0}_{K\times NK} \\ \mathbf{0}_{NK\times K} & \mathbf{I}_{NK} \end{pmatrix} \tag{5.4.45}$$

ergibt. Die Projektionsmatrix auf den Nullraum von $\mathbf{W}$ ist folglich durch

$$\mathbf{G} = \mathbf{I} - \mathbf{W}^+\mathbf{W} = \begin{pmatrix} \mathbf{I}_K & 0 & \cdots & 0 \\ 0 & 0 & \ddots & 0 \\ \vdots & \ddots & \ddots & \vdots \\ 0 & 0 & \cdots & 0 \end{pmatrix} = \begin{pmatrix} \mathbf{I}_K & \mathbf{0}_{K\times NK} \\ \mathbf{0}_{NK\times K} & \mathbf{0}_{NK\times NK} \end{pmatrix} \tag{5.4.46}$$

gegeben.

Wir wollen zunächst feststellen, ob eine optimale Schätzfunktion nach dem zweiten verallgemeinerten Minimax-Prinzip überhaupt existiert. Hierfür ist wegen (5.4.42) nur noch die Bedingung

$$\mathbf{AG(ZG)^{+}ZG} = \mathbf{AG} \tag{5.4.47}$$

zu überprüfen (vgl. Bemerkung 5.5). Für die Moore-Penrose-Inverse des Matrixproduktes

$$\mathbf{ZG} = \begin{pmatrix} \mathbf{X}_1 & \mathbf{0} & \cdots & \mathbf{0} \\ \vdots & \vdots & \ddots & \vdots \\ \mathbf{X}_N & \mathbf{0} & \cdots & \mathbf{0} \end{pmatrix} = \begin{pmatrix} \mathbf{X} & \mathbf{0}_{NT\times NK} \end{pmatrix} \tag{5.4.48}$$

gilt nach Satz A.13 (viii) und Satz A.14

$$\begin{aligned} (\mathbf{ZG})^{+} &= (\mathbf{GZ'ZG})^{+}\mathbf{GZ'} \\ &= \begin{pmatrix} \mathbf{X'X} & \mathbf{0}_{K\times NK} \\ \mathbf{0}_{NK\times K} & \mathbf{0}_{NK\times NK} \end{pmatrix}^{+} \begin{pmatrix} \mathbf{X'} \\ \mathbf{0}_{NK\times NT} \end{pmatrix} \\ &= \begin{pmatrix} (\mathbf{X'X})^{-1}\mathbf{X'} \\ \mathbf{0}_{NK\times NT} \end{pmatrix}. \end{aligned} \tag{5.4.49}$$

Hieraus folgt

$$(\mathbf{ZG})^{+}\mathbf{ZG} = \begin{pmatrix} \mathbf{I}_K & \mathbf{0}_{K\times NK} \\ \mathbf{0}_{NK\times K} & \mathbf{0}_{NK\times NK} \end{pmatrix} = \mathbf{G}, \tag{5.4.50}$$

was wegen der Idempotenz von $\mathbf{G}$ bereits die Gültigkeit von (5.4.47) impliziert. Die Existenz eines verallgemeinerten Minimax-Schätzers zweiter Art für den zusammengesetzten Parametervektor $\boldsymbol{\gamma}$ ist also grundsätzlich sichergestellt.

Wie wir wissen, läßt sich die optimale Schätzfunktion $\boldsymbol{\gamma}_* := \mathbf{C}_*\mathbf{y}$ mit $\mathbf{C}_*$ als Lösung der Optimierungsaufgabe

$$\mathrm{tr}\{\boldsymbol{\Omega}\mathbf{C'AC}\} + \rho\lambda_{\max}\left[(\mathbf{W}^{+})'(\mathbf{CZ}-\mathbf{I})'\mathbf{A}(\mathbf{CZ}-\mathbf{I})\mathbf{W}^{+}\right] \to \min_{\mathbf{C}\in\mathbb{R}^{(N+1)K\times NT}}! \tag{5.4.51}$$

unter der Nebenbedingung

$$\mathbf{ACZG} = \mathbf{AG} \tag{5.4.52}$$

leider nicht analytisch bestimmen. Wir wenden uns daher sogleich der Ermittlung der verallgemeinerten Quasi-Minimax-Schätzer $\tilde{\boldsymbol{\gamma}}_\theta = \mathbf{C}_\theta\mathbf{y}$, $\theta \in \{\frac{1}{(N+1)K}, 1\}$, zu, welche Beziehung (5.3.163) zufolge durch die der Gleichung

$$\mathbf{AC}_\theta = \mathbf{AG(GSG)^{+}GZ'}\boldsymbol{\Omega}^{-1} + \mathbf{AW}_{\mathbf{S}}^{-}[\frac{1}{\theta\rho}\mathbf{I} + (\mathbf{W}_{\mathbf{S}}^{-})'\mathbf{SW}_{\mathbf{S}}^{-}]^{-1}(\mathbf{W}_{\mathbf{S}}^{-})'\mathbf{Z}'\boldsymbol{\Omega}^{-1} \tag{5.4.53}$$

genügenden Matrizen $\mathbf{C}_\theta$ definiert sind, wobei

$$\mathbf{S} := \mathbf{Z}'\boldsymbol{\Omega}^{-1}\mathbf{Z} = \begin{pmatrix} \mathbf{X}'\boldsymbol{\Omega}^{-1}\mathbf{X} & \mathbf{X}'\boldsymbol{\Omega}^{-1}\tilde{\mathbf{X}} \\ \tilde{\mathbf{X}}'\boldsymbol{\Omega}^{-1}\mathbf{X} & \tilde{\mathbf{X}}'\boldsymbol{\Omega}^{-1}\tilde{\mathbf{X}} \end{pmatrix} \tag{5.4.54}$$

ist und $\mathbf{W}_\mathbf{S}^-$ eine beliebige Minimum-S-Seminorm verallgemeinerte Inverse von $\mathbf{W}$ bezeichnet. Wir konzentrieren uns diesbezüglich auf die von der Risikogewichtungsmatrix $\mathbf{A}$ unabhängigen Lösungen von (5.4.53), betrachten also für $\theta = \frac{1}{(N+1)K}$ und $\theta = 1$ die Schätzfunktion

$$\tilde{\gamma}_\theta := \mathbf{G}(\mathbf{GSG})^+\mathbf{GZ}'\mathbf{\Omega}^{-1}\mathbf{y} + \mathbf{W}_\mathbf{S}^-[\frac{1}{\theta\rho}\mathbf{I} + (\mathbf{W}_\mathbf{S}^-)'\mathbf{S}\mathbf{W}_\mathbf{S}^-]^{-1}(\mathbf{W}_\mathbf{S}^-)'\mathbf{Z}'\mathbf{\Omega}^{-1}\mathbf{y}. \quad (5.4.55)$$

Um die folgenden Ausführungen möglichst übersichtlich zu gestalten, führen wir noch die Matrizen

$$\mathbf{S}_\mathbf{XX} := \mathbf{X}'\mathbf{\Omega}^{-1}\mathbf{X} = \sum_{i=1}^{N} \frac{1}{\sigma_i^2}\mathbf{X}_i'\mathbf{X}_i, \quad (5.4.56)$$

$$\mathbf{S}_{\mathbf{X}\tilde{\mathbf{X}}} := \mathbf{X}'\mathbf{\Omega}^{-1}\tilde{\mathbf{X}} = \begin{pmatrix} \frac{1}{\sigma_1^2}\mathbf{X}_1'\mathbf{X}_1 & \frac{1}{\sigma_2^2}\mathbf{X}_2'\mathbf{X}_2 & \cdots & \frac{1}{\sigma_N^2}\mathbf{X}_N'\mathbf{X}_N \end{pmatrix} \quad (5.4.57)$$

und

$$\mathbf{S}_{\tilde{\mathbf{X}}\tilde{\mathbf{X}}} := \tilde{\mathbf{X}}'\mathbf{\Omega}^{-1}\tilde{\mathbf{X}} = \begin{pmatrix} \frac{1}{\sigma_1^2}\mathbf{X}_1'\mathbf{X}_1 & 0 & \cdots & 0 \\ 0 & \frac{1}{\sigma_2^2}\mathbf{X}_2'\mathbf{X}_2 & \ddots & \vdots \\ \vdots & \ddots & \ddots & 0 \\ 0 & \cdots & 0 & \frac{1}{\sigma_N^2}\mathbf{X}_N'\mathbf{X}_N \end{pmatrix} \quad (5.4.58)$$

ein. Hiermit können wir die Matrix $\mathbf{S}$ aus (5.4.54) in der Form

$$\mathbf{S} = \begin{pmatrix} \mathbf{S}_\mathbf{XX} & \mathbf{S}_{\mathbf{X}\tilde{\mathbf{X}}} \\ \mathbf{S}_{\mathbf{X}\tilde{\mathbf{X}}}' & \mathbf{S}_{\tilde{\mathbf{X}}\tilde{\mathbf{X}}} \end{pmatrix} \quad (5.4.59)$$

darstellen. Für den ersten Summanden in (5.4.55) erhalten wir unter Beachtung von (5.4.46) und (5.4.48) nun sofort

$$\begin{aligned} (\mathbf{GSG})^+\mathbf{GZ}'\mathbf{\Omega}^{-1} &= \begin{pmatrix} \mathbf{S}_\mathbf{XX} & \mathbf{0}_{K\times NK} \\ \mathbf{0}_{NK\times K} & \mathbf{0}_{NK\times NK} \end{pmatrix}^+ \begin{pmatrix} \mathbf{X}' \\ \mathbf{0}_{NK\times NT} \end{pmatrix} \mathbf{\Omega}^{-1} \\ &= \begin{pmatrix} \mathbf{S}_\mathbf{XX}^{-1}\mathbf{X}'\mathbf{\Omega}^{-1} \\ \mathbf{0}_{NK\times NT} \end{pmatrix} \end{aligned} \quad (5.4.60)$$

und damit

$$\mathbf{G}(\mathbf{GSG})^+\mathbf{GZ}'\mathbf{\Omega}^{-1}\mathbf{y} = \begin{pmatrix} \mathbf{S}_\mathbf{XX}^{-1}\mathbf{X}'\mathbf{\Omega}^{-1}\mathbf{y} \\ \mathbf{0}_{NK\times 1} \end{pmatrix}. \quad (5.4.61)$$

Die Bestimmung des zweiten Teils erweist sich dagegen als wesentlich aufwendiger. Wir benötigen hierfür zunächst eine Minimum-S-Seminorm verallgemeinerte Inverse von $\mathbf{W}$. Gemäß Satz A.15 (vgl. auch Beziehung (4.3.69)) können wir diesbezüglich etwa

$$\mathbf{W}_\mathbf{S}^- = \mathbf{W}^+ - \mathbf{G}(\mathbf{GSG})^+\mathbf{GSW}^+ \quad (5.4.62)$$

wählen. Hierfür ergibt sich aus (5.4.60) zunächst

$$\mathbf{G}(\mathbf{GSG})^{+}\mathbf{GS} = \begin{pmatrix} \mathbf{I}_K & \mathbf{S}_{\mathbf{XX}}^{-1}\mathbf{S}_{\mathbf{X}\tilde{\mathbf{X}}} \\ \mathbf{0}_{NK\times K} & \mathbf{0}_{NK\times NK} \end{pmatrix}, \tag{5.4.63}$$

so daß

$$\mathbf{I} - \mathbf{G}(\mathbf{GSG})^{+}\mathbf{GS} = \begin{pmatrix} \mathbf{0}_{K\times K} & -\mathbf{S}_{\mathbf{XX}}^{-1}\mathbf{S}_{\mathbf{X}\tilde{\mathbf{X}}} \\ \mathbf{0}_{NK\times K} & \mathbf{I}_{NK} \end{pmatrix} \tag{5.4.64}$$

ist. Rechtsmultiplikation mit $\mathbf{W}^{+}$ gemäß (5.4.44) liefert schließlich

$$\mathbf{W}_{\mathbf{S}}^{-} = \begin{pmatrix} -\mathbf{S}_{\mathbf{XX}}^{-1}\mathbf{S}_{\mathbf{X}\tilde{\mathbf{X}}}\mathbf{H}^{-\frac{1}{2}} \\ \mathbf{H}^{-\frac{1}{2}} \end{pmatrix}. \tag{5.4.65}$$

Hiermit können wir zunächst den zu invertierenden Klammerausdruck des zweiten Summanden in (5.4.55) ermitteln. Wie man leicht nachrechnet, gilt

$$(\mathbf{W}_{\mathbf{S}}^{-})'\mathbf{S}\mathbf{W}_{\mathbf{S}}^{-} = \mathbf{H}^{-\frac{1}{2}}(\mathbf{S}_{\tilde{\mathbf{X}}\tilde{\mathbf{X}}} - \mathbf{S}_{\mathbf{X}\tilde{\mathbf{X}}}'\mathbf{S}_{\mathbf{XX}}^{-1}\mathbf{S}_{\mathbf{X}\tilde{\mathbf{X}}})\mathbf{H}^{-\frac{1}{2}}. \tag{5.4.66}$$

Es ist also

$$\begin{aligned} \frac{1}{\theta\rho}\mathbf{I} + (\mathbf{W}_{\mathbf{S}}^{-})'\mathbf{S}\mathbf{W}_{\mathbf{S}}^{-} &= \mathbf{H}^{-\frac{1}{2}}(\frac{1}{\theta\rho}\mathbf{H} + \mathbf{S}_{\tilde{\mathbf{X}}\tilde{\mathbf{X}}} - \mathbf{S}_{\mathbf{X}\tilde{\mathbf{X}}}'\mathbf{S}_{\mathbf{XX}}^{-1}\mathbf{S}_{\mathbf{X}\tilde{\mathbf{X}}})\mathbf{H}^{-\frac{1}{2}} \\ &= \mathbf{H}^{-\frac{1}{2}}(\mathbf{M} - \mathbf{S}_{\mathbf{X}\tilde{\mathbf{X}}}'\mathbf{S}_{\mathbf{XX}}^{-1}\mathbf{S}_{\mathbf{X}\tilde{\mathbf{X}}})\mathbf{H}^{-\frac{1}{2}}, \end{aligned} \tag{5.4.67}$$

wobei abkürzend

$$\mathbf{M} := \frac{1}{\theta\rho}\mathbf{H} + \mathbf{S}_{\tilde{\mathbf{X}}\tilde{\mathbf{X}}} = \begin{pmatrix} \frac{1}{\theta\rho}\bar{\mathbf{H}} + \frac{1}{\sigma_1^2}\mathbf{X}_1'\mathbf{X}_1 & \mathbf{0} & \cdots & \mathbf{0} \\ \mathbf{0} & \frac{1}{\theta\rho}\bar{\mathbf{H}} + \frac{1}{\sigma_2^2}\mathbf{X}_2'\mathbf{X}_2 & \ddots & \vdots \\ \vdots & \ddots & \ddots & \mathbf{0} \\ \mathbf{0} & \cdots & \mathbf{0} & \frac{1}{\theta\rho}\bar{\mathbf{H}} + \frac{1}{\sigma_N^2}\mathbf{X}_N'\mathbf{X}_N \end{pmatrix}. \tag{5.4.68}$$

gesetzt wurde. Im Hinblick auf die Bestimmung der Matrix

$$\mathbf{W}_{\mathbf{S}}^{-}[\frac{1}{\theta\rho}\mathbf{I} + (\mathbf{W}_{\mathbf{S}}^{-})'\mathbf{S}\mathbf{W}_{\mathbf{S}}^{-}]^{-1}(\mathbf{W}_{\mathbf{S}}^{-})' \tag{5.4.69}$$

sind nun die folgenden Beziehungen hilfreich, welche unter Verwendung der Inversionsformel (A.10) jeweils aus der Darstellung (5.4.67) abgeleitet werden können. Zum einen gilt

$$\begin{aligned} &\mathbf{S}_{\mathbf{XX}}^{-1}\mathbf{S}_{\mathbf{X}\tilde{\mathbf{X}}}\mathbf{H}^{-\frac{1}{2}}[\frac{1}{\theta\rho}\mathbf{I} + (\mathbf{W}_{\mathbf{S}}^{-})'\mathbf{S}\mathbf{W}_{\mathbf{S}}^{-}]^{-1}\mathbf{H}^{-\frac{1}{2}}\mathbf{S}_{\mathbf{X}\tilde{\mathbf{X}}}'\mathbf{S}_{\mathbf{XX}}^{-1} \\ &\quad= \mathbf{S}_{\mathbf{XX}}^{-1}\mathbf{S}_{\mathbf{X}\tilde{\mathbf{X}}}(\mathbf{M} - \mathbf{S}_{\mathbf{X}\tilde{\mathbf{X}}}'\mathbf{S}_{\mathbf{XX}}^{-1}\mathbf{S}_{\mathbf{X}\tilde{\mathbf{X}}})^{-1}\mathbf{S}_{\mathbf{X}\tilde{\mathbf{X}}}'\mathbf{S}_{\mathbf{XX}}^{-1} \\ &\quad= -\mathbf{S}_{\mathbf{XX}}^{-1} - (\mathbf{S}_{\mathbf{X}\tilde{\mathbf{X}}}\mathbf{M}^{-1}\mathbf{S}_{\mathbf{X}\tilde{\mathbf{X}}}' - \mathbf{S}_{\mathbf{XX}})^{-1}. \end{aligned} \tag{5.4.70}$$

Außerdem ist

$$[\frac{1}{\theta\rho}\mathbf{I}+(\mathbf{W}_{\mathbf{S}}^{-})'\mathbf{S}\mathbf{W}_{\mathbf{S}}^{-}]^{-1}=\mathbf{H}^{\frac{1}{2}}[\mathbf{M}^{-1}-\mathbf{M}^{-1}\mathbf{S}_{\mathbf{X}\tilde{\mathbf{X}}}'(\mathbf{S}_{\mathbf{X}\tilde{\mathbf{X}}}\mathbf{M}^{-1}\mathbf{S}_{\mathbf{X}\tilde{\mathbf{X}}}'-\mathbf{S}_{\mathbf{X}\mathbf{X}})^{-1}\mathbf{S}_{\mathbf{X}\tilde{\mathbf{X}}}\mathbf{M}^{-1}]\mathbf{H}^{\frac{1}{2}}, \tag{5.4.71}$$

woraus wiederum

$$\begin{aligned}
&\mathbf{S}_{\mathbf{X}\mathbf{X}}^{-1}\mathbf{S}_{\mathbf{X}\tilde{\mathbf{X}}}\mathbf{H}^{-\frac{1}{2}}[\frac{1}{\theta\rho}\mathbf{I}+(\mathbf{W}_{\mathbf{S}}^{-})'\mathbf{S}\mathbf{W}_{\mathbf{S}}^{-}]^{-1}\\
&= \mathbf{S}_{\mathbf{X}\mathbf{X}}^{-1}[\mathbf{I}-\mathbf{S}_{\mathbf{X}\tilde{\mathbf{X}}}\mathbf{M}^{-1}\mathbf{S}_{\mathbf{X}\tilde{\mathbf{X}}}'(\mathbf{S}_{\mathbf{X}\tilde{\mathbf{X}}}\mathbf{M}^{-1}\mathbf{S}_{\mathbf{X}\tilde{\mathbf{X}}}'-\mathbf{S}_{\mathbf{X}\mathbf{X}})^{-1}]\mathbf{S}_{\mathbf{X}\tilde{\mathbf{X}}}\mathbf{M}^{-1}\mathbf{H}^{\frac{1}{2}}\\
&= \mathbf{S}_{\mathbf{X}\mathbf{X}}^{-1}[-\mathbf{S}_{\mathbf{X}\mathbf{X}}(\mathbf{S}_{\mathbf{X}\tilde{\mathbf{X}}}\mathbf{M}^{-1}\mathbf{S}_{\mathbf{X}\tilde{\mathbf{X}}}'-\mathbf{S}_{\mathbf{X}\mathbf{X}})^{-1}]\mathbf{S}_{\mathbf{X}\tilde{\mathbf{X}}}\mathbf{M}^{-1}\mathbf{H}^{\frac{1}{2}}\\
&= -(\mathbf{S}_{\mathbf{X}\tilde{\mathbf{X}}}\mathbf{M}^{-1}\mathbf{S}_{\mathbf{X}\tilde{\mathbf{X}}}'-\mathbf{S}_{\mathbf{X}\mathbf{X}})^{-1}\mathbf{S}_{\mathbf{X}\tilde{\mathbf{X}}}\mathbf{M}^{-1}\mathbf{H}^{\frac{1}{2}}
\end{aligned} \tag{5.4.72}$$

folgt. Führen wir zur besseren Übersicht noch die Matrix

$$\mathbf{L}:=(\mathbf{S}_{\mathbf{X}\tilde{\mathbf{X}}}\mathbf{M}^{-1}\mathbf{S}_{\mathbf{X}\tilde{\mathbf{X}}}'-\mathbf{S}_{\mathbf{X}\mathbf{X}})^{-1} \tag{5.4.73}$$

ein, so ergibt sich aus den Beziehungen (5.4.70)-(5.4.72) sofort

$$\mathbf{W}_{\mathbf{S}}^{-}[\frac{1}{\theta\rho}\mathbf{I}+(\mathbf{W}_{\mathbf{S}}^{-})'\mathbf{S}\mathbf{W}_{\mathbf{S}}^{-}]^{-1}(\mathbf{W}_{\mathbf{S}}^{-})'=\begin{pmatrix}\mathbf{E}_{11} & \mathbf{E}_{12}\\ \mathbf{E}_{21} & \mathbf{E}_{22}\end{pmatrix} \tag{5.4.74}$$

mit

$$\begin{aligned}
\mathbf{E}_{11} &= -\mathbf{S}_{\mathbf{X}\mathbf{X}}^{-1}-\mathbf{L}, && (5.4.75)\\
\mathbf{E}_{12} &= \mathbf{E}_{21}'=\mathbf{L}\mathbf{S}_{\mathbf{X}\tilde{\mathbf{X}}}\mathbf{M}^{-1}, && (5.4.76)\\
\mathbf{E}_{22} &= \mathbf{M}^{-1}-\mathbf{M}^{-1}\mathbf{S}_{\mathbf{X}\tilde{\mathbf{X}}}'\mathbf{L}\mathbf{S}_{\mathbf{X}\tilde{\mathbf{X}}}\mathbf{M}^{-1}. && (5.4.77)
\end{aligned}$$

Der zweite Summand in (5.4.55) besitzt damit die Gestalt

$$\mathbf{W}_{\mathbf{S}}^{-}[\frac{1}{\theta\rho}\mathbf{I}+(\mathbf{W}_{\mathbf{S}}^{-})'\mathbf{S}\mathbf{W}_{\mathbf{S}}^{-}]^{-1}(\mathbf{W}_{\mathbf{S}}^{-})'\mathbf{Z}'\boldsymbol{\Omega}^{-1}\mathbf{y}=\begin{pmatrix}\mathbf{E}_{11}\mathbf{X}'\boldsymbol{\Omega}^{-1}\mathbf{y}+\mathbf{E}_{12}\tilde{\mathbf{X}}'\boldsymbol{\Omega}^{-1}\mathbf{y}\\ \mathbf{E}_{21}\mathbf{X}'\boldsymbol{\Omega}^{-1}\mathbf{y}+\mathbf{E}_{22}\tilde{\mathbf{X}}'\boldsymbol{\Omega}^{-1}\mathbf{y}\end{pmatrix}. \tag{5.4.78}$$

Durch Addition von (5.4.61) und (5.4.78) erhalten wir schließlich die verallgemeinerten Quasi-Minimax-Schätzer zweiter Art für den Parametervektor $\boldsymbol{\gamma}$. Hierbei ist zu beachten, daß die beiden oberen Teilvektoren für die Schätzung der mittleren Komponenten $\boldsymbol{\beta}$ maßgeblich sind, während die unteren Teilvektoren die gruppenspezifischen Einflüsse $\boldsymbol{\delta}_i$ betreffen. Für die Schätzfunktion der Makrokoeffizienten ergibt sich vor diesem Hintergrund zunächst

$$\begin{aligned}
\tilde{\boldsymbol{\beta}}_\theta &= \mathbf{S}_{\mathbf{X}\mathbf{X}}^{-1}\mathbf{X}'\boldsymbol{\Omega}^{-1}\mathbf{y}-\mathbf{S}_{\mathbf{X}\mathbf{X}}^{-1}\mathbf{X}'\boldsymbol{\Omega}^{-1}\mathbf{y}-\mathbf{L}\mathbf{X}'\boldsymbol{\Omega}^{-1}\mathbf{y}+\mathbf{L}\mathbf{S}_{\mathbf{X}\tilde{\mathbf{X}}}\mathbf{M}^{-1}\tilde{\mathbf{X}}'\boldsymbol{\Omega}^{-1}\mathbf{y}\\
&= \mathbf{L}[\mathbf{S}_{\mathbf{X}\tilde{\mathbf{X}}}\mathbf{M}^{-1}\tilde{\mathbf{X}}'\boldsymbol{\Omega}^{-1}\mathbf{y}-\mathbf{X}'\boldsymbol{\Omega}^{-1}\mathbf{y}].
\end{aligned} \tag{5.4.79}$$

Einsetzen von $\mathbf{S}_{\mathbf{X}\tilde{\mathbf{X}}}$ und $\mathbf{M}$ gemäß (5.4.57) bzw. (5.4.68) liefert

$$\begin{aligned}\tilde{\boldsymbol{\beta}}_\theta &= \mathbf{L}\sum_{i=1}^N[\frac{1}{\sigma_i^4}\mathbf{X}_i'\mathbf{X}_i(\frac{1}{\theta\rho}\bar{\mathbf{H}}+\frac{1}{\sigma_i^2}\mathbf{X}_i'\mathbf{X}_i)^{-1}\mathbf{X}_i'\mathbf{y}_i-\frac{1}{\sigma_i^2}\mathbf{X}_i'\mathbf{y}_i] \\ &= \mathbf{L}\sum_{i=1}^N[\frac{1}{\sigma_i^4}\mathbf{X}_i'\mathbf{X}_i(\frac{1}{\theta\rho}\bar{\mathbf{H}}+\frac{1}{\sigma_i^2}\mathbf{X}_i'\mathbf{X}_i)^{-1}\mathbf{X}_i'\mathbf{X}_i-\frac{1}{\sigma_i^2}\mathbf{X}_i'\mathbf{X}_i]\mathbf{b}_i^{LS} \\ &= -\mathbf{L}\sum_{i=1}^N[\sigma_i^2(\mathbf{X}_i'\mathbf{X}_i)^{-1}+\theta\rho\bar{\mathbf{H}}^{-1}]^{-1}\mathbf{b}_i^{LS}, \qquad (5.4.80)\end{aligned}$$

mit $\mathbf{b}_i^{LS}=(\mathbf{X}_i'\mathbf{X}_i)^{-1}\mathbf{X}_i'\mathbf{y}_i$, $i=1,2,...,N$, als Kleinste-Quadrate-Schätzer bei getrennter Regression für die einzelnen Gruppen. Für die Matrix $\mathbf{L}$ gilt dabei

$$\begin{aligned}\mathbf{L} &= (\mathbf{S}_{\mathbf{X}\tilde{\mathbf{X}}}\mathbf{M}^{-1}\mathbf{S}_{\mathbf{X}\tilde{\mathbf{X}}}'-\mathbf{S}_{\mathbf{X}\mathbf{X}})^{-1} \\ &= \left\{\sum_{i=1}^N\frac{1}{\sigma_i^4}\mathbf{X}_i'\mathbf{X}_i(\frac{1}{\theta\rho}\bar{\mathbf{H}}+\frac{1}{\sigma_i^2}\mathbf{X}_i'\mathbf{X}_i)^{-1}\mathbf{X}_i'\mathbf{X}_i-\sum_{i=1}^N\frac{1}{\sigma_i^2}\mathbf{X}_i'\mathbf{X}_i\right\}^{-1} \\ &= -\left\{\sum_{i=1}^N[\sigma_i^2(\mathbf{X}_i'\mathbf{X}_i)^{-1}+\theta\rho\bar{\mathbf{H}}^{-1}]^{-1}\right\}^{-1}. \qquad (5.4.81)\end{aligned}$$

Der verallgemeinerte Quasi-Minimax-Schätzer der individuellen Effekte lautet

$$\begin{aligned}\tilde{\boldsymbol{\delta}}_\theta &= \mathbf{M}^{-1}\mathbf{S}_{\mathbf{X}\tilde{\mathbf{X}}}'\mathbf{L}\mathbf{X}'\boldsymbol{\Omega}^{-1}\mathbf{y}+\mathbf{M}^{-1}\tilde{\mathbf{X}}'\boldsymbol{\Omega}^{-1}\mathbf{y}-\mathbf{M}^{-1}\mathbf{S}_{\mathbf{X}\tilde{\mathbf{X}}}'\mathbf{L}\mathbf{S}_{\mathbf{X}\tilde{\mathbf{X}}}\mathbf{M}^{-1}\tilde{\mathbf{X}}'\boldsymbol{\Omega}^{-1}\mathbf{y} \\ &= \mathbf{M}^{-1}\tilde{\mathbf{X}}'\boldsymbol{\Omega}^{-1}\mathbf{y}-\mathbf{M}^{-1}\mathbf{S}_{\mathbf{X}\tilde{\mathbf{X}}}'\mathbf{L}[\mathbf{S}_{\mathbf{X}\tilde{\mathbf{X}}}\mathbf{M}^{-1}\tilde{\mathbf{X}}'\boldsymbol{\Omega}^{-1}\mathbf{y}-\mathbf{X}'\boldsymbol{\Omega}^{-1}\mathbf{y}] \\ &= \mathbf{M}^{-1}\tilde{\mathbf{X}}'\boldsymbol{\Omega}^{-1}\mathbf{y}-\mathbf{M}^{-1}\mathbf{S}_{\mathbf{X}\tilde{\mathbf{X}}}'\tilde{\boldsymbol{\beta}}_\theta. \qquad (5.4.82)\end{aligned}$$

Für die i-te Untersuchungseinheit resultiert hieraus die Schätzfunktion

$$\begin{aligned}\tilde{\boldsymbol{\delta}}_{i,\theta} &= (\frac{1}{\theta\rho}\bar{\mathbf{H}}+\frac{1}{\sigma_i^2}\mathbf{X}_i'\mathbf{X}_i)^{-1}\frac{1}{\sigma_i^2}\mathbf{X}_i'\mathbf{y}_i-(\frac{1}{\theta\rho}\bar{\mathbf{H}}+\frac{1}{\sigma_i^2}\mathbf{X}_i'\mathbf{X}_i)^{-1}\frac{1}{\sigma_i^2}\mathbf{X}_i'\mathbf{X}_i\tilde{\boldsymbol{\beta}}_\theta \\ &= (\frac{1}{\theta\rho}\bar{\mathbf{H}}+\frac{1}{\sigma_i^2}\mathbf{X}_i'\mathbf{X}_i)^{-1}\frac{1}{\sigma_i^2}\mathbf{X}_i'(\mathbf{y}_i-\mathbf{X}_i\tilde{\boldsymbol{\beta}}_\theta). \qquad (5.4.83)\end{aligned}$$

Wegen

$$\begin{aligned}&(\frac{1}{\theta\rho}\bar{\mathbf{H}}+\frac{1}{\sigma_i^2}\mathbf{X}_i'\mathbf{X}_i)^{-1}\frac{1}{\sigma_i^2}\mathbf{X}_i' \\ &= \frac{1}{\sigma_i^2}\theta\rho\bar{\mathbf{H}}^{-1}\mathbf{X}_i'-\frac{1}{\sigma_i^2}(\theta\rho)^2\bar{\mathbf{H}}^{-1}\mathbf{X}_i'(\theta\rho\mathbf{X}_i\bar{\mathbf{H}}^{-1}\mathbf{X}_i'+\sigma_i^2\mathbf{I})^{-1}\mathbf{X}_i\bar{\mathbf{H}}^{-1}\mathbf{X}_i' \\ &= \theta\rho\bar{\mathbf{H}}^{-1}\mathbf{X}_i'(\theta\rho\mathbf{X}_i\bar{\mathbf{H}}^{-1}\mathbf{X}_i'+\sigma_i^2\mathbf{I})^{-1} \qquad (5.4.84)\end{aligned}$$

kann $\tilde{\boldsymbol{\delta}}_{i,\theta}$ alternativ auch in der Form

$$\tilde{\boldsymbol{\delta}}_{i,\theta}=\theta\rho\bar{\mathbf{H}}^{-1}\mathbf{X}_i'(\theta\rho\mathbf{X}_i\bar{\mathbf{H}}^{-1}\mathbf{X}_i'+\sigma_i^2\mathbf{I})^{-1}(\mathbf{y}_i-\mathbf{X}_i\tilde{\boldsymbol{\beta}}_\theta) \qquad (5.4.85)$$

geschrieben werden.

Wie der Vergleich von (5.4.80)+(5.4.81) mit (5.4.25) offenbart, weisen die verallgemeinerten Quasi-Minimax-Schätzer für die Makrokoeffizienten im „unscharfen" Panelmodell die gleiche Struktur auf wie der GLS-Schätzer für den Erwartungswert der zufälligen Parameter im random-coefficient-Modell von Swamy. Hierbei nimmt die Matrix $\theta\rho\bar{\mathbf{H}}^{-1}$ die Rolle der Varianz-Kovarianzmatrix $\mathbf{\Delta}$ im stochastischen Kontext ein. Darüber hinaus ist die Summe aus den Schätzfunktionen der gemeinsamen Komponente und der individuellen Abweichungen, also $\tilde{\boldsymbol{\beta}}_\theta + \tilde{\boldsymbol{\delta}}_{i,\theta}$, für $i = 1, ..., N$ formal identisch mit der von Lee, Griffiths (1979) vorgeschlagenen Prognosefunktion $\mathbf{b}_i^*$ der stochastischen Koeffizienten aus (5.4.27). Dies erkennt man sofort anhand der Darstellung (5.4.85) der verallgemeinerten Quasi-Minimax-Schätzer der Gruppeneffekte. Im Hinblick auf die formale Übereinstimmung der jeweiligen Schätzfunktionen sei man sich nun aber der fundamentalen konzeptionellen Unterschiede beider Ansätze bewußt. Diese drücken sich u.a. auch in der abweichenden Behandlung der Kovarianzmatrix $\mathbf{\Delta}$ auf der einen und der Gewichtungsmatrix $\bar{\mathbf{H}}$ sowie der Größe ρ auf der anderen Seite aus. Während $\mathbf{\Delta}$ zur Operationalisierung der Schätz- und Vorhersagefunktionen selbst zu schätzen ist (vgl. Beziehung (5.4.29)), können und sollen $\bar{\mathbf{H}}$ und ρ bei der Spezifizierung der unscharfen Menge $\mathcal{R}$ und durch die Wahl der Gewichtungsfunktion w_2 kontextabhängig vom Anwender selbst festgelegt werden. Darüber hinaus ist zu berücksichtigen, daß mit der sub- und superpessimistischen Variante des verallgemeinerten Quasi-Minimax-Schätzers zwei unterschiedliche Schätzfunktionen zur Auswahl stehen, wobei wir uns hier zudem noch auf die Betrachtung der von der Risikogewichtungsmatrix unabhängigen Versionen beschränkt haben. Schließlich vergegenwärtige man sich erneut, daß es sich bei $\tilde{\boldsymbol{\beta}}_\theta$ und $\tilde{\boldsymbol{\delta}}_\theta$ lediglich um Annäherungen an die exakten verallgemeinerten Minimax-Schätzer handelt. Es ist zu erwarten, daß die letztlich nur auf numerischem Wege zu bestimmenden exakten Schätzungen im konkreten Anwendungsfall von den aus obigen Approximationen resultierenden Schätzergebnissen abweichen werden.

Neben der von uns soeben behandelten Beziehung $\boldsymbol{\beta}_1 \approx \boldsymbol{\beta}_2 \approx ... \approx \boldsymbol{\beta}_N$ kann im allgemeinen Basismodell (5.4.7) grundsätzlich jeder beliebige vage bzw. ungenaue Zusammenhang der Form $\mathbf{R}\boldsymbol{\beta} \approx \mathbf{r}$ mit Hilfe unscharfer Mengen abgebildet und durch das verallgemeinerte Minimax-Prinzip verarbeitet werden, ohne dabei die natürliche Vorstellung fixer Reaktionskoeffizienten aufgeben zu müssen. Der Fuzzy-Ansatz ermöglicht also eine überaus flexible, theoretisch fundierte und gleichzeitig realitätsnahe Gestaltung von Modellen zur Analyse von Paneldaten. Die Vorzüge des unscharfen Konzeptes bleiben dabei offensichtlich nicht nur auf die kombinierte Betrachtung von Querschnitts- und Zeitreihendaten beschränkt. Die vorangegangenen Ausführungen betreffen etwa auch Probleme der zeitlichen Aggregation wie sie im Rahmen der Schätzung von Regressionsbeziehungen bei Verdacht auf Strukturbrüchen auftreten (vgl. hierzu Beispiel 2.3 aus Abschnitt 2.2). Um dies nachzuvollziehen, interpretiere man $i = 1, 2, ..., N$ im Modell (5.4.7) als „übergeordneten" Zeitindex. Dann würden $\mathbf{y}_i$ und $\mathbf{X}_i$ jeweils Beobachtungen der endogenen und exogenen Variablen für den Zeitraum $t_{(i-1)T+1}, ..., t_{iT}$ enthalten. Wird die Stabilität der Reaktionsparameter im Zeitablauf angezweifelt, könnten über die unscharfe Relation $\mathbf{R}\boldsymbol{\beta} \approx \mathbf{r}$ gewisse Verlaufsmuster wie z.B.

$$\boldsymbol{\beta}_{i+1} \approx \boldsymbol{\beta}_i + (\boldsymbol{\beta}_i - \boldsymbol{\beta}_{i-1}) \tag{5.4.86}$$

oder

$$\boldsymbol{\beta}_{i+1} \approx \mathbf{F}\boldsymbol{\beta}_i \tag{5.4.87}$$

mit $\mathbf{F} \in \mathbb{R}^{K \times K}$ modelliert werden. Die verallgemeinerte Minimax-Schätzung ist in diesem Zusammenhang folglich als Konkurrent der klassischen Schätzung eines linearen Regressionsmodells mit Parameterinstabilitäten durch den Kalman-Filter anzusehen. Auf eine vertiefende Erörterung dieses interessanten Aspektes wollen wir an dieser Stelle allerdings verzichten. Als Fazit halten wir aber fest, daß der Fuzzy-Ansatz nicht nur ein theoretisch elegantes methodisches Konzept verkörpert, sondern eine ernstzunehmende Alternative bei der Formulierung praxisrelevanter Regressionsmodelle darstellen kann.

Kapitel 6

Zusammenfassung und Ausblick

In der vorliegenden Arbeit wurden die wichtigsten nichtbayesianischen Schätzverfahren im parameterrestringierten linearen Regressionsmodell motiviert, dargestellt und hinsichtlich ihrer Güte- und Robustheitseigenschaften sowie ihrer praktischen Relevanz und Eignung analysiert. Ein Schwerpunkt lag dabei auf der Erörterung und Weiterentwicklung von Ansätzen zur Erfassung und Inkorporation unvollständiger, unsicherer sowie unscharf formulierter Zusatzkenntnisse. An dieser Stelle sollen die wesentlichen Erkenntnisse und neuen Ergebnisse unserer Untersuchungen kurz zusammengefaßt und die sich ergebenden weiterführenden Fragestellungen aufgezeigt werden.

Bei klassischer Interpretation der Parameter als fixe Größen können grundsätzlich zwei Klassen von Methoden zur Gewinnung von Schätzfunktionen unter Zusatzinformationen unterschieden werden. Den von uns zunächst behandelten Schätzverfahren, der restringierten KQ-Methode und der mixed-estimation-technique, liegt das traditionelle Kleinste-Quadrate-Prinzip zugrunde. So wird die zur Verfügung stehende Vorinformation im Rahmen des restringierten KQ-Ansatzes in Form von Nebenbedingungen in den Schätzvorgang eingebunden. Die Nutzung der Zusatzkenntnisse erfolgt hier unter der Forderung, daß die resultierenden Schätzungen den a priori Restriktionen exakt genügen sollen. Das restringierte KQ-Verfahren erlaubt eine Verarbeitung exakter linearer Gleichungen der Form $\mathbf{R}\boldsymbol{\beta} = \mathbf{r}$ und Ungleichungen der Gestalt $\mathbf{R}\boldsymbol{\beta} \geq \mathbf{r}$, wobei wir uns im wesentlichen auf die Untersuchung des ersten Restriktionstyps konzentriert haben. Bei dem mixed-estimation-Ansatz von THEIL, GOLDBERGER (1961) wird die betrachtete Regressionsgleichung $\mathbf{y} = \mathbf{X}\boldsymbol{\beta} + \mathbf{u}$ um die zu verwertenden stochastischen linearen Gleichungsrestriktionen $\mathbf{r} = \mathbf{R}\boldsymbol{\beta} + \mathbf{v}$ erweitert. Im resultierenden verallgemeinerten Regressionsmodell kann dann eine GLS-Schätzung durchgeführt werden.

Ist die zugrundeliegende a priori Information korrekt spezifiziert, so sind der gleichungsrestringierte KQ-Schätzer und (eine bekannte Varianz σ^2 vorausgesetzt) auch der mixed-estimator jeweils varianzminimal in der Klasse der in $\mathbf{y}$ und $\mathbf{r}$ linearen und unverzerrten Schätzfunktionen. Darüber hinaus dominieren die Schätzer den vorinformationsfreien KQ-Schätzer bzgl. des mittleren quadratischen Fehlers auch bei inkorrekter Vorinformation, solange der Spezifikationsfehler $\boldsymbol{\delta} = \mathbf{R}\boldsymbol{\beta} - \mathbf{r}$ bzw. $\boldsymbol{\delta} = \mathbf{R}\boldsymbol{\beta} - \mathbf{E}(\mathbf{r})$ nicht „zu groß“ ausfällt.

Im Hinblick auf die praktischen Einsatzmöglichkeiten des mixed-estimators bleibt festzuhalten, daß der Ansatz zur Einbeziehung von Parameterschätzungen aus vorhergehenden empirischen Untersuchungen zwar prädestiniert, für die Verarbeitung unscharf formulierter Parameterbeziehungen dagegen vollkommen ungeeignet ist. Diese oft ignorierte konzeptionelle Schwäche der mixed-estimation-technique wurde durch zahlreiche Beispiele aus der ökonometrischen Praxis verdeutlicht. Gleichzeitig konnte hierdurch auf die praktische Relevanz vager linearer Parameterrestriktionen aufmerksam gemacht und damit die Notwendigkeit zur Entwicklung von Verfahren zur Inkorporation derartiger Vorinformationsformen dokumentiert werden.

Im Gegensatz zu den auf dem KQ-Prinzip beruhenden Verfahren ist die zweite von uns diskutierte Schätzmethode unter Vorinformation, der auf KUKS, OLMAN (1971, 1972) zurückgehende Minimax-Ansatz, entscheidungstheoretisch begründet. Hier wird die Schätzfunktion so konstruiert, daß das maximale Risiko einer Fehlschätzung möglichst gering ausfällt. Der Minimax-Ansatz zielt demnach darauf ab, unter Ausnutzung der Zusatzkenntnisse *genauere* Schätzungen zu gewinnen. Dabei hat der Anwender durch die Wahl der Risikofunktion im Einzelfall festzulegen, was unter Genauigkeit einer Schätzung konkret zu verstehen ist. Im Rahmen der vorliegenden Arbeit wurde diesbezüglich ausschließlich der gewichtete skalare mittlere quadratische Fehler herangezogen, der für einen beliebigen Schätzer $\mathbf{b}$ durch

$$MSE(\mathbf{b}, \boldsymbol{\beta}) := E[(\mathbf{b} - \boldsymbol{\beta})'\mathbf{A}(\mathbf{b} - \boldsymbol{\beta})]$$

mit n.n.d. Gewichtungsmatrix $\mathbf{A} \in \mathbb{R}^k$ definiert ist.

Minimax-Schätzer verfügen über eine Vielzahl theoretischer Vorzüge. So kann ein gegebener Minimax-Schätzer nur von einer anderen Minimax-Schätzfunktion aus der betrachteten Schätzerklasse $\mathcal{D}$ auf der zugrundeliegenden Vorinformationsmenge $\mathcal{B} \subset \mathbb{R}^k$ dominiert werden. Im Falle ihrer Eindeutigkeit sind Minimax-Schätzer also $\mathcal{B}$-zulässig. Ferner ist die große Allgemeinheit des Minimax-Ansatzes hervorzuheben. Demnach können etwa die KQ-Schätzer, und zwar sowohl die vorinformationsfreien als auch die restringierten Versionen, bei geeigneter Problemformulierung als Spezialfall aus dem Minimax-Prinzip abgeleitet werden. Schließlich ist zu beachten, daß das Minimax-Prinzip grundsätzlich zur Verarbeitung beliebiger Vorinformationsmengen $\mathcal{B} \subset \mathbb{R}^k$ angewendet werden kann. Allerdings, und hier liegt der wesentliche Nachteil dieser Methode, sind die optimalen Schätzer nur in wenigen

Fällen explizit darstellbar und die resultierenden Schätzungen äußerst schwierig zu berechnen.

So führt die Suche nach einem affin-linearen Minimax-Schätzer bei kompakter ellipsoidaler Vorinformationsmenge

$$\mathcal{E} = \{\boldsymbol{\beta} | \, (\boldsymbol{\beta} - \boldsymbol{\beta}_0)'\mathbf{T}(\boldsymbol{\beta} - \boldsymbol{\beta}_0) \leq 1\}$$

in der Regel auf ein nichtlineares und nichtdifferenzierbares Minimierungsproblem. Eine Möglichkeit zur expliziten bzw. konstruktiven Lösung des Minimax-Problems ist bis heute nicht gefunden. Folgt man aber dem von TRENKLER, STAHLECKER (1987) und STAHLECKER (1987) vorgeschlagenen Quasi-Minimax-Ansatz und minimiert statt des nichtdifferenzierbaren maximalen Risikos ersatzweise eine differenzierbare obere bzw. untere Schranke, so erhält man auf einfache Weise zumindest approximative Minimax-Schätzer in expliziter Form. Simulationsstudien auf der einen und theoretische Gütevergleiche insbesondere mit dem vorinformationsfreien KQ-Schätzer auf der anderen Seite zeigen, daß die Quasi-Minimax-Schätzer durchaus eine konkurrenzfähige Alternative zum exakten Minimax-Schätzer darstellen können. Mit Hilfe eines auf der Grundlage flexibler unterer und oberer Schranken entwickelten Verfahrens von LAUTERBACH und STAHLECKER können die exakten Minimax-Schätzer im kompakten Ellipsoidfall grundsätzlich aber auch numerisch berechnet, d.h. mit beliebiger Genauigkeit angenähert werden.[1] Eine Erweiterung der genannten Ergebnisse auf den Fall der kombinierten Betrachtung von Ellipsoid- und linearen Gleichungsrestriktionen ist dabei vollkommen unproblematisch.

Im Vergleich zum kompakten Fall tritt bei der Verarbeitung degenerierter Ellipsoidrestriktionen die zusätzliche Schwierigkeit auf, daß die Existenz des maximalen Risikos nicht grundsätzlich sichergestellt ist. Die affin-linearen Schätzer mit endlichem supremalen Risiko lassen sich aber durch eine einfache lineare Beziehung charakterisieren. In der Folge ergibt sich bei Anwendung des Minimax-Schätzprinzips nun ein restringiertes Minimierungsproblem. Aufgrund der Nichtdifferenzierbarkeit des maximalen Risikos bleibt eine explizite Lösung des Minimax-Problems allerdings auch hier auf wenige Ausnahmefälle beschränkt. Mit Hilfe des Quasi-Minimax-Ansatzes können jedoch wieder approximative Minimax-Schätzfunktionen gewonnen werden, bei denen unter Beachtung der Endlichkeitsbedingung eine feste obere bzw. untere Schranke für das maximale Risiko minimiert wird. Das Vorgehen von LAUTERBACH und STAHLECKER aufgreifend ist es uns darüber hinaus gelungen, auch für den degenerierten Ellipsoidfall die Existenz und beliebig genaue Berechenbarkeit des Minimax-Schätzers aufzuzeigen und somit den Weg zu seiner numerischen Ermittlung zu ebnen. Die in diesem Zusammenhang behandelte Optimierungsaufgabe

[1] Vgl. z.B. LAUTERBACH, STAHLECKER (1992).

ist dabei so allgemein formuliert, daß auch das bei simultaner Verarbeitung von degeneriertem a priori Ellipsoid und linearen Gleichungsrestriktionen resultierende Minimax-Problem mit erschlossen wird. Die Mischung dieser beiden Vorinformationstypen, mit der im günstigsten Fall eine Kompaktifizierung der Restriktionsmenge einhergeht, bereitet also auch im degenerierten Kontext keine grundlegenden Schwierigkeiten.

Im Zuge unserer Überlegungen zur approximativen Berechnung exakter Minimax-Schätzer unter degenerierten Ellipsoidrestriktionen konnten im übrigen zwei weitere Fälle identifiziert werden, in denen sogar eine explizite Darstellung möglich ist. So stimmt die superpessimistische Variante der Quasi-Minimax-Schätzfunktion bereits mit dem exakten Minimax-Schätzer überein, falls die Ellipsoid-Gewichtungsmatrix $\mathbf{T}$ den Rang Eins aufweist. Diese Bedingung ist u.a. dann erfüllt, wenn für eine Linearkombination des Parametervektors eine Beschränkung der Gestalt

$$(\mathbf{m}'\boldsymbol{\beta} - r)^2 \leq \gamma$$

mit $\mathbf{m} \in \mathbb{R}^k$, $r \in \mathbb{R}$ und $\gamma \in \mathbb{R}_+$ formuliert werden kann. In dem zweiten eher theoretisch bedeutsamen Spezialfall kann der durch die Gleichung $\mathbf{T}(\boldsymbol{\beta} - \boldsymbol{\beta}_0) = \mathbf{0}$ restringierte KQ-Schätzer als exakter Minimax-Schätzer aufgefaßt werden.

Von wesentlicher Bedeutung bei der Beurteilung der konstruierten Schätzverfahren für das degenerierte a priori Ellipsoid ist natürlich die Frage, ob die Einbringung der Vorinformation die Schätzgenauigkeit tatsächlich verbessert. Diesbezüglich haben die von uns durchgeführten theoretischen Risikovergleiche die Ergebnisse für den kompakten Ellipsoidfall bestätigt, denen zufolge der exakte Minimax-Schätzer und unter gewissen Bedingungen auch seine Approximationen den vorinformationsfreien KQ-Schätzer auf der zugrundeliegenden Vorinformationsmenge (im Vollrangmodell) strikt dominieren und diesem daher vorzuziehen sind. Die Robustheitsuntersuchungen zeigen ferner, daß die Überlegenheit der (approximativen) Minimax-Schätzfunktionen auch bei fehlerhafter Vorinformation erhalten bleibt, solange das Ausmaß der Fehlspezifikation nicht zu groß ist.

Im Hinblick auf die Verarbeitung ungenauer bzw. unscharf formulierter Vorinformation bietet sich der von ARNOLD, STAHLECKER (1997a,b, 1998a,b) entwickelte verallgemeinerte Minimax-Ansatz an. Wie durch verschiedene Beispiele von uns belegt wurde, stellt die zugrundeliegende Theorie unscharfer Mengen das geeignete methodische Instrumentarium zur Erfassung und Operationalisierung der das Zusatzwissen in vielen praktischen Anwendungen kennzeichnenden Unbestimmtheit bzw. Vagheit nichtstochastischer Art bereit. Durch die Zuweisung von Möglichkeits- bzw. Zugehörigkeitswerten zwischen Null und Eins wird hierbei zum Ausdruck gebracht, daß gewisse Parameterkonstellationen nur bedingt vorstellbar sind. An die

Stelle einer scharfen Abgrenzung möglicher Parametervektoren tritt damit also die Modellierung eines gleitenden Übergangs von der vollen Zugehörigkeit zur vollen Nicht-Zugehörigkeit zur Vorinformationsmenge. In Erweiterung zu den Arbeiten von ARNOLD und STAHLECKER wurden in dieser Arbeit unscharfe Vorinformationsmengen mit allgemeinen, d.h. nicht notwendig kompakten, ellipsoidalen Niveaumengen (den sog. α-Schnitten) betrachtet. Dies eröffnete uns insbesondere die Möglichkeit, ungenaue lineare Parameterrestriktionen der Form $\mathbf{R}\boldsymbol{\beta} \approx \mathbf{r}$ zu behandeln.

Zur Bewertung einer Schätzfunktion sind im Rahmen des generalisierten Minimax-Prinzips zunächst die maximalen Risiken auf den einzelnen α-Schnitten zu bestimmen und anschließend in geeigneter Weise zusammenzufassen. Man erhält auf diese Weise das zu minimierende verallgemeinerte Minimax-Risiko. Die konkrete Aggregationsform betreffend haben wir uns auf die Bildung des Supremums sowie des gewogenen Durchschnitts der verschiedenen maximalen α-Risiken konzentriert. Als Schätzerklasse wurde wie üblich die Menge affin-linearer Schätzfunktionen in Erwägung gezogen. Während nun im Falle des ersten verallgemeinerten Minimax-Prinzips unter bestimmten Bedingungen eine gewisse Robustheit gegenüber der Fuzzifizierung der zugrundeliegenden scharfen Restriktionsmenge zu beobachten ist, in der Regel jedoch ein sehr kompliziertes Optimierungsproblem resultiert, führt die Anwendung der zweiten Variante auf eine restringierte Minimierungsaufgabe, welche formal mit dem klassischen Minimax-Problem bei gewöhnlichen degenerierten Ellipsoidrestriktionen übereinstimmt. Die hierfür erarbeiteten Ergebnisse erlauben daher zum einen die explizite Angabe verallgemeinerter Quasi-Minimax-Schätzer, stellen darüber hinaus aber auch sicher, daß die exakten, in der Regel jedoch nicht bekannten generalisierten Minimax-Schätzer wieder beliebig genau angenähert werden können. Die Übertragung der Resultate aus den Risiko- und Robustheitsuntersuchungen des klassischen Falls zeigt schließlich, daß der verallgemeinerte Minimax-Schätzer und seine Approximationen dem vorinformationsfreien KQ-Schätzer auf einem im Vergleich zur scharfen Ausgangsmenge vergrößerten Dominanzbereich überlegen sind.

Der verallgemeinerte Minimax-Ansatz und das zugrundeliegende Fuzzy-Konzept bieten die Möglichkeit, ungenaue oder unscharf formulierte Vorinformation zu formalisieren und zu verarbeiten ohne die natürliche Interpretation der Parameter als Konstanten aufgeben zu müssen. Das große methodische Potential des Fuzzy-Ansatzes kam im Rahmen dieser Arbeit insbesondere bei der Formulierung und Schätzung eines Modells zur Analyse von Paneldaten zur Geltung. Auf der Grundlage ungenauer linearer Parameterbeziehungen der Gestalt $\mathbf{R}\boldsymbol{\beta} \approx \mathbf{r}$ konnten hierbei diskussionswürdige Alternativen zu den traditionellen Konzepten, wie den fixed- und random-effects-Modellen oder dem random-coefficient-Ansatz, aufgezeigt werden.

Es ist zu hoffen, daß sich die in dieser Arbeit erzielten Resultate in einer zunehmenden Anwendung von Vorinformationsschätzern in der ökonometrischen Praxis niederschlagen werden. Es verbleiben jedoch eine Reihe offener Fragestellungen und angrenzender Problemfelder, die im vorgegebenen Rahmen nicht oder nur unvollständig behandelt werden konnten, aber insbesondere mit Blick auf den praktischen Einsatz der Schätzverfahren den Ausgangspunkt für weitere Forschungsaktivitäten darstellen sollten. Auf einige dieser Aspekte soll abschließend stichwortartig eingegangen werden:

- In Abschnitt 4.4 wurden zwei grundsätzliche Möglichkeiten zur numerischen Berechnung exakter Minimax-Schätzer unter degenerierten Ellipsoidrestriktionen aufgezeigt. Die nur kurz skizzierten Vorgehensweisen sind unter Verwendung geeigneter Lösungsalgorithmen für restringierte Optimierungsaufgaben in konkrete numerische Prozeduren umzusetzen und hinsichtlich ihrer Praktikabilität und Eigenschaften zu analysieren.

- Im Rahmen entsprechender Simulationsstudien ist dann auch zu klären, ob mit dem numerischen Mehraufwand zur Bestimmung exakter Minimax-Schätzer überhaupt ein angemessener Gewinn an Schätzgenauigkeit gegenüber den einfach zu ermittelnden Quasi-Minimax-Schätzern einhergeht.

- Bei der Herleitung und Untersuchung von approximativen und exakten Minimax-Schätzern wurde grundsätzlich die in praktischen Anwendungen nur selten erfüllte Annahme einer bekannten Varianz σ^2 des Störterms getroffen. Analog zum kompakten Ellipsoidfall ist daher auch für den degenerierten Kontext die Frage zu beantworten, welche Veränderungen im stochastischen Verhalten der Schätzfunktionen aus der Substitution durch die erwartungstreue Schätzung s^2 resultieren.

- Wie in Abschnitt 5.3.3 herausgearbeitet wurde, ist der verallgemeinerte Quasi-Minimax-Schätzer für unscharfe lineare Parameterbeziehungen im Vollrangmodell formal identisch mit dem mixed-estimator für die entsprechend spezifizierte stochastische Gleichungsrestriktion. Vor diesem Hintergrund ist von Interesse, welche Schätzergebnisse der *exakte* Minimax-Schätzer für diesen Restriktionstyp in relevanten praktischen Problemstellungen liefert. Dieser Gesichtspunkt betrifft auch die Anwendung der generalisierten Minimax-Schätzer im Rahmen der Panelanalyse. Diesbezüglich wurde ja bekanntlich eine formale Übereinstimmung der approximativen verallgemeinerten Minimax-Schätzer mit den Schätzfunktionen im random-coefficient-Modell festgestellt.

- Bezüglich der Formulierung und Schätzung von linearen Regressionsmodellen mit intertemporalen Parameterinstabilitäten ist der Einsatz des verallgemeinerten Minimax-Prinzips als Alternative zu den traditionellen Konzepten wie z.B. dem Kalman-Filter zu analysieren.

- Im Rahmen der Erörterung des verallgemeinerten Minimax-Prinzips haben wir uns auf die Betrachtung von Fuzzy-Mengen mit ellipsoidalen α-Schnitten konzentriert. Dies ermöglichte uns insbesondere die formale Abbildung unscharfer linearer Gleichungsrestriktionen. KNAUTZ (2000) nimmt sich dagegen der Problematik vage formulierter Ungleichungsbeschränkungen an, die er durch unscharfe polyedrische Vorinformationsmengen modelliert.

- Als Alternative zu der oben angesprochenen Ersetzungsstrategie der unbekannten Varianz σ^2 durch die Schätzung s^2 verweisen wir auf den Ansatz von ARNOLD, STAHLECKER (1997b), auch unscharfe Vorinformation über die Kovarianzmatrix $\sigma^2\Omega$ durch Fuzzy-Mengen abzubilden und zusammen mit den Zusatzkenntnissen über den Parametervektor mit Hilfe des generalisierten Minimax-Ansatzes zu verarbeiten.

- Bei der Betrachtung unscharfer Parameterbeschränkungen ergibt sich auf geradezu natürliche Weise auch die Frage nach der statistischen Überprüfung dieser Restriktionen. Das verallgemeinerte Testen unscharf formulierter Hypothesen im linearen Regressionsmodell ist Gegenstand der Arbeit von GERKE (2001).

- Im Hinblick auf Verallgemeinerungen der Theorie affin-linearer Minimax-Schätzfunktionen ist schließlich auf einen neueren Ansatz von ARNOLD und STAHLECKER hinzuweisen, bei dem auf stochastische Annahmen grundsätzlich verzichtet und als Gütekriterium der relative quadratische Fehler zugrunde gelegt wird (vgl. ARNOLD, STAHLECKER (2002, 2003)).

Anhang A

Matrixalgebra

In diesem Anhang werden in loser Reihenfolge einige wichtige Definitionen und Sätze zur Matrixalgebra aufgeführt. Auf einen Beweis der Resultate wird dabei in der Regel verzichtet. Wir verweisen diesbezüglich auf RAO, MITRA (1971) und SCHOTT (1997). Einen für unsere Zwecke ausreichenden Überblick über die wichtigsten Ergebnisse der Matrizentheorie findet man auch in RAO, TOUTENBURG (1999), Appendix A.

Wir geben zunächst zwei wichtige Resultate zur Zerlegung von nichtnegativ definiten Matrizen an.

Satz A.1 *Gegeben sei eine nichtnegativ definite* $(m \times m)$*-Matrix* $\mathbf{A}$ *mit Rang*$(\mathbf{A}) = r$. *Dann gilt:*

(i) Es gibt eine symmetrische $(m \times m)$*-Matrix* $\mathbf{M}$, *so daß* $\mathbf{A} = \mathbf{MM}$ *gilt. Die Matrix* $\mathbf{M}$ *heißt (symmetrische) Wurzel von* $\mathbf{A}$ *und wird mit* $\mathbf{A}^{\frac{1}{2}}$ *bezeichnet.*

(ii) Es gibt eine $(r \times m)$*-Matrix* $\mathbf{B}$ *mit Rang*$(\mathbf{B}) = r$, *so daß* $\mathbf{A} = \mathbf{B}'\mathbf{B}$ *gilt.*

Beweis: Siehe SCHOTT (1997), S. 138 f. und S. 142. ■

Bemerkung A.1 Im Gegensatz zur Wurzel $\mathbf{A}^{\frac{1}{2}}$ ist die Matrix $\mathbf{B}$ aus Teil (ii) von Satz A.1 nicht eindeutig bestimmt. Vgl. hierzu SCHOTT (1997), S. 142 f. □

In der folgenden Definition führen wir den Bild- und den Nullraum einer Matrix ein.

Definition A.1 *Gegeben sei eine Matrix* $\mathbf{A} \in \mathbb{R}^{m \times n}$. *Dann heißt der von den Spaltenvektoren von* $\mathbf{A}$ *aufgespannte Vektorraum*

$$\mathcal{R}(\mathbf{A}) := \{\mathbf{z} \in \mathbb{R}^m | \, \mathbf{z} = \mathbf{Ay} \text{ für ein } \mathbf{y} \in \mathbb{R}^n\} \tag{A.1}$$

Spalten- oder Bildraum von $\mathbf{A}$. *Der Vektorraum*

$$\mathcal{N}(\mathbf{A}) := \{\mathbf{x} \in \mathbb{R}^n |\, \mathbf{A}\mathbf{x} = \mathbf{0}\} \tag{A.2}$$

wird als Nullraum der Matrix $\mathbf{A}$ *bezeichnet.*

Der nächste Satz faßt einige wesentliche Resultate im Zusammenhang mit dem Bild- und Nullraum einer Matrix zusammen.

Satz A.2

(i) Sei $\mathbf{A} \in \mathbb{R}^{m\times n}$ *beliebig. Dann ist* $\mathcal{N}(\mathbf{A}) = \{\mathcal{R}(\mathbf{A}')\}^\perp$, *wobei* $\mathcal{V}^\perp$ *das orthogonale Komplement eines Vektorraumes* $\mathcal{V}$ *bezeichnet.*

(ii) Für beliebige Matrizen $\mathbf{A} \in \mathbb{R}^{m\times n}$ *und* $\mathbf{B} \in \mathbb{R}^{n\times p}$ *gilt* $\mathcal{R}(\mathbf{AB}) \subset \mathcal{R}(\mathbf{A})$.

(iii) Für beliebige Matrizen $\mathbf{A} \in \mathbb{R}^{m\times n}$ *und* $\mathbf{B} \in \mathbb{R}^{p\times m}$ *gilt* $\mathcal{N}(\mathbf{A}) \subset \mathcal{N}(\mathbf{BA})$.

(iv) Seien $\mathbf{A}, \mathbf{B} \in \mathbb{R}^{m\times n}$ *beliebig. Dann ist* $\mathcal{R}(\mathbf{A}) \subset \mathcal{R}(\mathbf{B})$ *genau dann, wenn eine Matrix* $\mathbf{X}$ *mit* $\mathbf{AX} = \mathbf{B}$ *existiert.*

(v) Seien $\mathbf{A} \in \mathbb{R}^{m\times m}$ *nichtnegativ definit und* $\mathbf{B} \in \mathbb{R}^{m\times m}$ *beliebig. Dann ist* $\mathcal{N}(\mathbf{B}'\mathbf{AB}) = \mathcal{N}(\mathbf{AB})$.

Beweis: (i) Es ist $\mathcal{R}(\mathbf{A}') = \{\mathbf{z}|\, \mathbf{z} = \mathbf{A}'\mathbf{y} \text{ für ein } \mathbf{y} \in \mathbb{R}^m\}$ und damit

$$\begin{aligned}
\{\mathcal{R}(\mathbf{A}')\}^\perp &= \{\mathbf{x}|\, \mathbf{z}'\mathbf{x} = \mathbf{0}\ \forall \mathbf{z} \text{ mit } \mathbf{z} = \mathbf{A}'\mathbf{y},\ \mathbf{y} \in \mathbb{R}^m\} \\
&= \{\mathbf{x}|\, \mathbf{y}'\mathbf{A}\mathbf{x} = \mathbf{0}\ \forall \mathbf{y} \in \mathbb{R}^m\} \\
&= \{\mathbf{x}|\, \mathbf{A}\mathbf{x} = \mathbf{0}\} \\
&= \mathcal{N}(\mathbf{A}).
\end{aligned} \tag{A.3}$$

(ii), (iii) und (iv) sind offensichtlich.

(v) Die Inklusion $\mathcal{N}(\mathbf{AB}) \subset \mathcal{N}(\mathbf{B}'\mathbf{AB})$ folgt unmittelbar aus (iii). Sei nun $\mathbf{B}'\mathbf{ABx} = \mathbf{0}$. Dann gilt

$$\mathbf{0} = \mathbf{x}'\mathbf{B}'\mathbf{ABx} = \mathbf{x}'\mathbf{B}'\mathbf{A}^{\frac{1}{2}}\mathbf{A}^{\frac{1}{2}}\mathbf{Bx}. \tag{A.4}$$

Folglich ist $\mathbf{A}^{\frac{1}{2}}\mathbf{Bx} = \mathbf{0}$ und somit auch $\mathbf{ABx} = \mathbf{0}$. Das bedeutet $\mathcal{N}(\mathbf{B}'\mathbf{AB}) \subset \mathcal{N}(\mathbf{AB})$. ■

Bei der Analyse quadratischer Matrizen spielen die Eigenwerte eine wichtige Rolle. Von besonderem Interesse ist diesbezüglich die im folgenden Satz aufgeführte Extremwert-Eigenschaft.

Satz A.3 *Sei* $\mathbf{A} \in \mathbb{R}^{m \times m}$ *symmetrisch mit den Eigenwerten* $\lambda_1 \geq \lambda_2 \geq ... \geq \lambda_m$. *Dann gilt:*

$$\lambda_1 = \max_{\mathbf{x} \in \mathbb{R}^m, \mathbf{x} \neq \mathbf{0}} \frac{\mathbf{x}'\mathbf{A}\mathbf{x}}{\mathbf{x}'\mathbf{x}} \quad \textit{und} \quad \lambda_m = \min_{\mathbf{x} \in \mathbb{R}^m, \mathbf{x} \neq \mathbf{0}} \frac{\mathbf{x}'\mathbf{A}\mathbf{x}}{\mathbf{x}'\mathbf{x}}. \tag{A.5}$$

Beweis: Siehe SCHOTT (1997), S. 105. ■

Mit Hilfe von Satz A.3 ergibt sich ein weiteres interessantes Resultat.

Satz A.4 *Sei* $\mathbf{A} \in \mathbb{R}^{m \times m}$ *nichtnegativ definit mit den Eigenwerten* $\lambda_1 \geq \lambda_2 \geq ... \geq \lambda_m \geq 0$. *Sei ferner* $\mathbf{B} \in \mathbb{R}^{n \times m}$ *beliebig. Dann gilt*

$$\lambda_1 \operatorname{tr}\{\mathbf{B}'\mathbf{B}\} \geq \operatorname{tr}\{\mathbf{B}'\mathbf{A}\mathbf{B}\} \geq \lambda_m \operatorname{tr}\{\mathbf{B}'\mathbf{B}\}.$$

Beweis: Seien $\mathbf{b}_i$, $i = 1, 2, ..., m$, die Spalten von $\mathbf{B}$. Dann können wir

$$\operatorname{tr}\{\mathbf{B}'\mathbf{A}\mathbf{B}\} = \sum_{i=1}^{m} \mathbf{b}_i'\mathbf{A}\mathbf{b}_i \tag{A.6}$$

schreiben. Unter Beachtung von Satz A.3 erhalten wir hiermit zum einen

$$\operatorname{tr}\{\mathbf{B}'\mathbf{A}\mathbf{B}\} \leq \sum_{i=1}^{m} \lambda_1 \mathbf{b}_i'\mathbf{b}_i = \lambda_1 \operatorname{tr}\{\mathbf{B}'\mathbf{B}\} \tag{A.7}$$

und zum anderen

$$\operatorname{tr}\{\mathbf{B}'\mathbf{A}\mathbf{B}\} \geq \sum_{i=1}^{m} \lambda_m \mathbf{b}_i'\mathbf{b}_i = \lambda_m \operatorname{tr}\{\mathbf{B}'\mathbf{B}\}. \tag{A.8}$$

■

Weil die Spur einer Matrix der Summe ihrer Eigenwerte entspricht, resultiert aus Satz A.4 sofort

Korollar A.1 *Seien* $\mathbf{A} \in \mathbb{R}^{m \times m}$ *nichtnegativ definit und* $\mathbf{B} \in \mathbb{R}^{n \times m}$ *beliebig. Dann gilt*

$$\operatorname{tr}\{\mathbf{B}'\mathbf{A}\mathbf{B}\} \geq \lambda_{\min}[\mathbf{A}]\lambda_{\max}[\mathbf{B}'\mathbf{B}], \tag{A.9}$$

wobei $\lambda_{\min}[\mathbf{A}]$ *den minimalen Eigenwert von* $\mathbf{A}$ *und* $\lambda_{\max}[\mathbf{B}'\mathbf{B}]$ *den maximalen Eigenwert von* $\mathbf{B}'\mathbf{B}$ *bezeichne.*

Soll eine Summe von Matrizen invertiert werden, ist die folgende Formel hilfreich.

Satz A.5 *Gegeben seien reguläre Matrizen* $\mathbf{A} \in \mathbb{R}^{m \times m}$ *und* $\mathbf{B} \in \mathbb{R}^{n \times n}$ *sowie beliebige Matrizen* $\mathbf{C} \in \mathbb{R}^{m \times n}$ *und* $\mathbf{D} \in \mathbb{R}^{n \times m}$. *Die Matrix* $\mathbf{A} + \mathbf{CBD}$ *sei regulär. Dann gilt*

$$(\mathbf{A} + \mathbf{CBD})^{-1} = \mathbf{A}^{-1} - \mathbf{A}^{-1}\mathbf{C}(\mathbf{B}^{-1} + \mathbf{D}\mathbf{A}^{-1}\mathbf{C})^{-1}\mathbf{D}\mathbf{A}^{-1}. \tag{A.10}$$

Beweis: Siehe SCHOTT (1997), S. 9. ■

Für die Inverse von partitionierten Matrizen gilt

Satz A.6 *Gegeben sei die* $(m \times m)$*-Matrix*

$$\mathbf{A} = \begin{pmatrix} \mathbf{A}_{11} & \mathbf{A}_{12} \\ \mathbf{A}_{21} & \mathbf{A}_{22} \end{pmatrix} \tag{A.11}$$

mit $\mathbf{A}_{11} \in \mathbb{R}^{m_1 \times m_1}$, $\mathbf{A}_{12} \in \mathbb{R}^{m_1 \times m_2}$, $\mathbf{A}_{21} \in \mathbb{R}^{m_2 \times m_1}$, $\mathbf{A}_{22} \in \mathbb{R}^{m_2 \times m_2}$ *und* $m_1 + m_2 = m$. *Die Matrizen* $\mathbf{A}$, $\mathbf{A}_{11}$ *und* $\mathbf{A}_{22}$ *seien regulär. Dann gilt*

$$\mathbf{A}^{-1} = \begin{pmatrix} \mathbf{B}_{11} & \mathbf{B}_{12} \\ \mathbf{B}_{21} & \mathbf{B}_{22} \end{pmatrix} \tag{A.12}$$

mit den Teilmatrizen

$$\begin{aligned} \mathbf{B}_{11} &= (\mathbf{A}_{11} - \mathbf{A}_{12}\mathbf{A}_{22}^{-1}\mathbf{A}_{21})^{-1} = \mathbf{A}_{11}^{-1} + \mathbf{A}_{11}^{-1}\mathbf{A}_{12}\mathbf{B}_{22}\mathbf{A}_{21}\mathbf{A}_{11}^{-1}, \\ \mathbf{B}_{22} &= (\mathbf{A}_{22} - \mathbf{A}_{21}\mathbf{A}_{11}^{-1}\mathbf{A}_{12})^{-1} = \mathbf{A}_{22}^{-1} + \mathbf{A}_{22}^{-1}\mathbf{A}_{21}\mathbf{B}_{11}\mathbf{A}_{12}\mathbf{A}_{22}^{-1}, \\ \mathbf{B}_{12} &= -\mathbf{A}_{11}^{-1}\mathbf{A}_{12}\mathbf{B}_{22} = -\mathbf{B}_{11}\mathbf{A}_{12}\mathbf{A}_{22}^{-1}, \\ \mathbf{B}_{21} &= -\mathbf{A}_{22}^{-1}\mathbf{A}_{21}\mathbf{B}_{11} = \mathbf{B}_{22}\mathbf{A}_{21}\mathbf{A}_{11}^{-1}. \end{aligned}$$

Beweis: Siehe SCHOTT (1997), S. 248. ■

Der MSE-Vergleich zweier Schätzer führt typischerweise auf Differenzen der Gestalt $\mathbf{A} - \mathbf{a}\mathbf{a}'$, $\mathbf{a} \in \mathbb{R}^n$. Zur Beurteilung der Definitheitseigenschaften dieser Matrix ist das folgende Resultat aufschlußreich.

Satz A.7 *Gegeben seien eine positiv definite Matrix* $\mathbf{A} \in \mathbb{R}^{n \times n}$ *und ein Vektor* $\mathbf{a} \in \mathbb{R}^n$. *Dann gilt:*
Die Matrix

$$\mathbf{A} - \mathbf{a}\mathbf{a}' \tag{A.13}$$

ist genau dann nichtnegativ definit, wenn

$$\mathbf{a}'\mathbf{A}^{-1}\mathbf{a} \leq 1 \tag{A.14}$$

gilt. Die positive Definitheit von (A.13) ist gleichbedeutend mit $\mathbf{a}'\mathbf{A}^{-1}\mathbf{a} < 1$.

Beweis: Das Ergebnis geht auf FAREBROTHER (1976) zurück. Für den Fall $\mathbf{A} = \mathbf{I}$ siehe RAO, TOUTENBURG (1999), S. 370. ■

Wir wollen nun den Begriff der verallgemeinerten Inversen einführen.

Definition A.2 *Sei* $\mathbf{A}$ *eine* $(m \times n)$*-Matrix mit beliebigem Rang. Eine* $(n \times m)$*-Matrix* $\mathbf{G}$ *mit der Eigenschaft*

$$\mathbf{AGA} = \mathbf{A} \tag{A.15}$$

heißt verallgemeinerte Inverse von $\mathbf{A}$ *und wird mit* $\mathbf{A}^-$ *bezeichnet.*

Satz A.8 *Jede Matrix* $\mathbf{A}$ *besitzt (mindestens) eine verallgemeinerte Inverse* $\mathbf{A}^-$.

Beweis: Siehe RAO, MITRA (1971), S. 21. ■

Die verallgemeinerte Inverse einer Matrix ist in der Regel nicht eindeutig bestimmt. Hat man aber eine spezielle verallgemeinerte Inverse gefunden, so ergeben sich mit ihrer Hilfe auch alle anderen Matrizen mit der Eigenschaft (A.15). Hierzu betrachte man

Satz A.9 *Sei* $\mathbf{A}^-$ *eine beliebige verallgemeinerte Inverse der* $(m \times n)$*-Matrix* $\mathbf{A}$. *Dann ist*

$$\mathbf{A}^- + \mathbf{C} - \mathbf{A}^-\mathbf{ACAA}^- \tag{A.16}$$

für alle $\mathbf{C} \in \mathbb{R}^{n \times m}$ *ebenfalls eine verallgemeinerte Inverse von* $\mathbf{A}$. *Umgekehrt läßt sich jede verallgemeinerte Inverse von* $\mathbf{A}$ *für eine gewisse Matrix* $\mathbf{C} \in \mathbb{R}^{n \times m}$ *in der Form (A.16) darstellen.*

Beweis: Siehe SCHOTT (1997), S. 194 f. ■

In den beiden folgenden Sätzen werden einige wichtige Eigenschaften verallgemeinerter Inversen zusammengefaßt.

Satz A.10 *Seien* $\mathbf{A}$ *eine* $(m \times n)$*-Matrix und* $\mathbf{A}^-$ *eine verallgemeinerte Inverse von* $\mathbf{A}$. *Dann gilt:*

(i) Die Matrix $(\mathbf{A}^-)'$ *ist eine verallgemeinerte Inverse von* $\mathbf{A}'$.

(ii) Ist $\alpha \neq 0$ *ein Skalar, so ist* $\frac{1}{\alpha}\mathbf{A}^-$ *eine verallgemeinerte Inverse von* $\alpha\mathbf{A}$.

(iii) Ist $\mathbf{A}$ *quadratisch und regulär, so ist* $\mathbf{A}^- = \mathbf{A}^{-1}$. *Insbesondere ist* $\mathbf{A}^-$ *in diesem Fall eindeutig.*

(iv) Es ist Rang($\mathbf{A}$*)* $= m$ *genau dann, wenn* $\mathbf{AA}^- = \mathbf{I}_m$.

(v) Es ist Rang($\mathbf{A}$*)* $= n$ *genau dann, wenn* $\mathbf{A}^-\mathbf{A} = \mathbf{I}_n$.

Beweis: Die ersten drei Eigenschaften zeigt man leicht durch Überprüfung der Definitionsbeziehung (A.15) einer verallgemeinerten Inversen. Für die Behauptungen (iv) und (v) siehe etwa SCHOTT (1997), S. 193 f. ■

Satz A.11 *Gegeben seien eine* $(m \times n)$*-Matrix* $\mathbf{A}$ *und eine positiv definite* $(n \times m)$*-Matrix* $\mathbf{V}$. *Dann gilt:*

(i) Der Ausdruck $\mathbf{A}(\mathbf{A}'\mathbf{V}\mathbf{A})^{-}\mathbf{A}'$ *ist invariant gegenüber der Wahl der verallgemeinerten Inversen* $(\mathbf{A}'\mathbf{V}\mathbf{A})^{-}$.

(ii) Für jede beliebige Wahl einer verallgemeinerten Inversen $(\mathbf{A}'\mathbf{V}\mathbf{A})^{-}$ *gilt*

$$\mathbf{A}(\mathbf{A}'\mathbf{V}\mathbf{A})^{-}\mathbf{A}'\mathbf{V}\mathbf{A} = \mathbf{A} \text{ und } \mathbf{A}'\mathbf{V}\mathbf{A}(\mathbf{A}'\mathbf{V}\mathbf{A})^{-}\mathbf{A}' = \mathbf{A}. \tag{A.17}$$

Beweis: Siehe Rao, Mitra (1971), S. 22. ■

Eine herausragende Stellung unter den verallgemeinerten Inversen nehmen die in der folgenden Definition eingeführten Moore-Penrose-Inversen ein.

Definition A.3 *Sei* $\mathbf{A}$ *eine* $(m \times n)$*-Matrix mit beliebigem Rang. Eine* $(n \times m)$*-Matrix* $\mathbf{G}$ *mit den Eigenschaften*

$$\text{(i)}\ \mathbf{AGA} = \mathbf{A} \qquad \text{(ii)}\ \mathbf{GAG} = \mathbf{G}$$

$$\text{(iii)}\ (\mathbf{AG})' = \mathbf{AG} \qquad \text{(iv)}\ (\mathbf{GA})' = \mathbf{GA}$$

heißt Moore-Penrose-Inverse von $\mathbf{A}$ *und wird mit* $\mathbf{A}^{+}$ *bezeichnet.*

Satz A.12 *Jede Matrix* $\mathbf{A}$ *besitzt genau eine Moore-Penrose-Inverse* $\mathbf{A}^{+}$.

Beweis: Siehe Schott (1997), S. 171 f. ■

Bemerkung A.2 Die Definition A.3 geht auf Penrose (1955) zurück. Ursprünglich wurde die Moore-Penrose-Inverse von Moore (1935) über das Konzept der Projektionsmatrizen eingeführt. Hierfür wird

$$\text{(i)}\ \mathbf{AA}^{+} = \mathbf{P}_{\mathcal{R}(\mathbf{A})} \quad \text{und} \quad \text{(ii)}\ \mathbf{A}^{+}\mathbf{A} = \mathbf{P}_{\mathcal{R}(\mathbf{A}^{+})}$$

gefordert, wobei $\mathbf{P}_{\mathcal{R}(\mathbf{A})}$ und $\mathbf{P}_{\mathcal{R}(\mathbf{A}^{+})}$ die orthogonalen Projektionsmatrizen auf die Bildräume von $\mathbf{A}$ bzw. $\mathbf{A}^{+}$ bezeichnen. Die beiden Definitionen sind äquivalent (siehe Schott (1997), S. 173). □

Im folgenden Satz werden wesentliche Eigenschaften der Moore-Penrose-Inverse aufgeführt.

Satz A.13 *Sei* $\mathbf{A}$ *eine* $(m \times n)$*-Matrix. Dann gilt:*

(i) $(\mathbf{A}')^{+} = (\mathbf{A}^{+})'$.

(ii) *Ist* $\alpha \neq 0$ *ein Skalar, so ist* $(\alpha\mathbf{A})^+ = \frac{1}{\alpha}\mathbf{A}^+$.

(iii) $(\mathbf{A}^+)^+ = \mathbf{A}$.

(iv) *Ist* $\mathbf{A}$ *quadratisch und regulär, so ist* $\mathbf{A}^+ = \mathbf{A}^{-1}$.

(v) *Ist* $\mathbf{A}$ *symmetrisch und idempotent, so ist* $\mathbf{A}^+ = \mathbf{A}$.

(vi) $(\mathbf{A}'\mathbf{A})^+ = \mathbf{A}^+(\mathbf{A}^+)'$ *und* $(\mathbf{A}\mathbf{A}')^+ = (\mathbf{A}^+)'\mathbf{A}^+$.

(vii) $(\mathbf{A}\mathbf{A}^+)^+ = \mathbf{A}\mathbf{A}^+$ *und* $(\mathbf{A}^+\mathbf{A})^+ = \mathbf{A}^+\mathbf{A}$.

(viii) $\mathbf{A}^+ = (\mathbf{A}'\mathbf{A})^+\mathbf{A}' = \mathbf{A}'(\mathbf{A}\mathbf{A}')^+$.

(ix) *Ist Rang*$(\mathbf{A}) = m$, *dann ist* $\mathbf{A}^+ = \mathbf{A}'(\mathbf{A}\mathbf{A}')^{-1}$ *und* $\mathbf{A}\mathbf{A}^+ = \mathbf{I}_m$.

(x) *Ist Rang*$(\mathbf{A}) = n$, *dann ist* $\mathbf{A}^+ = (\mathbf{A}'\mathbf{A})^{-1}\mathbf{A}'$ *und* $\mathbf{A}^+\mathbf{A} = \mathbf{I}_n$.

(xi) *Für idempotente Matrizen* $\mathbf{B} \in \mathbb{R}^{m\times m}, \mathbf{C} \in \mathbb{R}^{n\times n}$ *gilt* $\mathbf{B}(\mathbf{BAC})^+\mathbf{C} = (\mathbf{BAC})^+$.

Beweis: Die Eigenschaften lassen sich leicht durch Überprüfung der die Moore-Penrose-Inverse definierenden Beziehungen (i)-(iv) aus Definition A.3 zeigen. Vgl. hierzu auch SCHOTT (1997), S. 174. ■

Bemerkung A.3 Mit Hilfe von Beziehung (i) aus Bemerkung A.2 und Satz A.2 (i) können wir

$$\mathbf{P}_{\mathcal{N}(\mathbf{A}')} := \mathbf{I} - \mathbf{A}\mathbf{A}^+ \tag{A.18}$$

als orthogonale Projektionsmatrix auf den Nullraum von $\mathbf{A}'$ identifizieren. Wegen Eigenschaft (iv) aus Definition A.3 und Satz A.13 (i) gilt darüber hinaus

$$\mathbf{A}^+\mathbf{A} = (\mathbf{A}^+\mathbf{A})' = \mathbf{A}'(\mathbf{A}')^+ = \mathbf{P}_{\mathcal{R}(\mathbf{A}')}, \tag{A.19}$$

wobei $\mathbf{P}_{\mathcal{R}(\mathbf{A}')}$ die Projektionsmatrix auf den Bildraum von $\mathbf{A}'$ bezeichnet. Damit stellt

$$\mathbf{P}_{\mathcal{N}(\mathbf{A})} := \mathbf{I} - \mathbf{A}^+\mathbf{A} \tag{A.20}$$

die Projektionsmatrix auf den Nullraum von $\mathbf{A}$ dar. Man beachte, daß $\mathbf{P}_{\mathcal{N}(\mathbf{A}')}$ und $\mathbf{P}_{\mathcal{N}(\mathbf{A})}$ symmetrisch und idempotent sind. □

Auch das nun präsentierte Resultat zur Moore-Penrose-Inverse einer blockdiagonalen Matrix zeigt man leicht durch den Nachweis der Eigenschaften aus Definition A.3.

Satz A.14 *Gegeben sei die $(m \times n)$-Matrix*

$$\mathbf{A} = \begin{pmatrix} \mathbf{A}_{11} & 0 & \cdots & 0 \\ 0 & \mathbf{A}_{22} & \ddots & \vdots \\ \vdots & \ddots & & 0 \\ 0 & \cdots & 0 & \mathbf{A}_{rr} \end{pmatrix}$$

mit $\mathbf{A}_{ii} \in \mathbb{R}^{m_i \times n_i}$, $i = 1, 2, ..., r$, wobei $\sum_{i=1}^{r} m_i = m$ und $\sum_{i=1}^{r} n_i = n$ ist. Dann gilt:

$$\mathbf{A}^+ = \begin{pmatrix} \mathbf{A}_{11}^+ & 0 & \cdots & 0 \\ 0 & \mathbf{A}_{22}^+ & \ddots & \vdots \\ \vdots & \ddots & & 0 \\ 0 & \cdots & 0 & \mathbf{A}_{rr}^+ \end{pmatrix}.$$

Neben der Moore-Penrose-Inverse sind im Rahmen dieser Arbeit vor allem die sog. Minimum-**N**-Seminorm verallgemeinerten Inversen einer Matrix von Bedeutung. Diese sind wie folgt definiert:

Definition A.4 *Gegeben seien eine $(m \times n)$-Matrix $\mathbf{A}$ mit beliebigem Rang und eine nichtnegativ definite $(n \times n)$-Matrix $\mathbf{N}$. Eine $(n \times m)$-Matrix $\mathbf{G}$ mit den Eigenschaften*

$$(i) \quad \mathbf{AGA} = \mathbf{A} \qquad und \qquad (ii) \quad (\mathbf{GA})'\mathbf{N} = \mathbf{NGA}$$

*heißt Minimum-**N**-Seminorm verallgemeinerte Inverse von $\mathbf{A}$ und wird mit $\mathbf{A}_{\mathbf{N}}^-$ bezeichnet. Ist $\mathbf{N}$ sogar positiv definit, so spricht man von einer Minimum-**N**-Norm verallgemeinerten Inversen.*

Wie der folgende Satz belegt, ist auch die Existenz der verallgemeinerten Inversen dieses Typs grundsätzlich sichergestellt.

Satz A.15 *Sei $\mathbf{N}$ eine nichtnegativ definite $(n \times n)$-Matrix. Dann gilt:*
*Jede $(m \times n)$-Matrix $\mathbf{A}$ besitzt (mindestens) eine Minimum-**N**-Seminorm verallgemeinerte Inverse $\mathbf{A}_{\mathbf{N}}^-$. Eine mögliche Wahl ist*

$$\mathbf{A}_{\mathbf{N}}^- = \mathbf{A}^+ - \mathbf{P}(\mathbf{PNP})^+\mathbf{PNA}^+, \tag{A.21}$$

wobei $\mathbf{P} := \mathbf{I} - \mathbf{A}^+\mathbf{A}$ die Projektionsmatrix auf den Nullraum von $\mathbf{A}$ bezeichnet.[1]

Beweis: Wir zeigen, daß $\mathbf{A}_{\mathbf{N}}^-$ gemäß (A.21) die Eigenschaften (i) und (ii) aus Definition A.4 erfüllt und damit tatsächlich eine Minimum-**N**-Seminorm verallgemeinerte Inverse von $\mathbf{A}$ darstellt. Wegen

$$\mathbf{AP} = \mathbf{A} - \mathbf{AA}^+\mathbf{A} = \mathbf{0} \tag{A.22}$$

[1] Zur besseren Übersicht lassen wir den Subskript $\mathcal{N}(\mathbf{A})$ bei der Projektionsmatrix weg.

gilt

$$\mathbf{A}\mathbf{A}_{\mathbf{N}}^{-}\mathbf{A} = \mathbf{A}\mathbf{A}^{+}\mathbf{A} = \mathbf{A}, \tag{A.23}$$

so daß Eigenschaft (i) bereits belegt ist. Zum Nachweis der zweiten Eigenschaft beachte man, daß

$$\begin{aligned} \mathbf{NP}(\mathbf{PNP})^{+}\mathbf{PNP} &= \mathbf{NP}(\mathbf{PN}^{\frac{1}{2}}\mathbf{N}^{\frac{1}{2}}\mathbf{P})^{+}\mathbf{PN}^{\frac{1}{2}}\mathbf{N}^{\frac{1}{2}}\mathbf{P} \\ &= \mathbf{NP}(\mathbf{N}^{\frac{1}{2}}\mathbf{P})^{+}\mathbf{N}^{\frac{1}{2}}\mathbf{P} \\ &= \mathbf{NP} \end{aligned} \tag{A.24}$$

ist, wobei die zweite Gleichung aus Satz A.13 (viii) folgt. Damit gilt

$$\begin{aligned} \mathbf{N}\mathbf{A}_{\mathbf{N}}^{-}\mathbf{A} &= \mathbf{N}[\mathbf{I} - \mathbf{P}(\mathbf{PNP})^{+}\mathbf{PN}]\mathbf{A}^{+}\mathbf{A} \\ &= \mathbf{N}[\mathbf{I} - \mathbf{P}(\mathbf{PNP})^{+}\mathbf{PN}][\mathbf{I} - \mathbf{P}] \\ &= \mathbf{N} - \mathbf{NP} - \mathbf{NP}(\mathbf{PNP})^{+}\mathbf{PN} + \mathbf{NP}(\mathbf{PNP})^{+}\mathbf{PNP} \\ &= \mathbf{N} - \mathbf{NP}(\mathbf{PNP})^{+}\mathbf{PN}. \end{aligned} \tag{A.25}$$

Die Matrix $\mathbf{N}\mathbf{A}_{\mathbf{N}}^{-}\mathbf{A}$ ist also symmetrisch und folglich auch die Forderung (ii) aus Definition A.4 erfüllt. ■

Im Falle einer positiv definiten Matrix **N** gilt sogar

Satz A.16 *Seien* **A** *eine* $(m \times n)$*-Matrix und* **N** *eine positiv definite* $(n \times n)$*-Matrix. Dann ist*

$$\mathbf{N}^{-1}\mathbf{A}'(\mathbf{A}\mathbf{N}^{-1}\mathbf{A}')^{-} + \mathbf{Z}[\mathbf{I} - \mathbf{A}\mathbf{N}^{-1}\mathbf{A}'(\mathbf{A}\mathbf{N}^{-1}\mathbf{A}')^{-}] \tag{A.26}$$

für jede Matrix $\mathbf{Z} \in \mathbb{R}^{n \times m}$ *eine Minimum-***N***-Norm verallgemeinerte Inverse von* **A**. *Umgekehrt ist jede Minimum-***N***-Norm verallgemeinerte Inverse von* **A** *für geeignetes* $\mathbf{Z} \in \mathbb{R}^{n \times m}$ *in der Form (A.26) darstellbar.*

Beweis: Siehe Rao, Mitra (1971), S. 45. ■

Bemerkung A.4 Besitzt die Matrix **A** aus Satz A.16 vollen Zeilenrang m, so ist $\mathbf{A}\mathbf{N}^{-1}\mathbf{A}'$ invertierbar. Mit

$$\mathbf{A}_{\mathbf{N}}^{-} = \mathbf{N}^{-1}\mathbf{A}'(\mathbf{A}\mathbf{N}^{-1}\mathbf{A}')^{-1} \tag{A.27}$$

existiert in diesem Fall also *genau eine* Minimum-**N**-Norm verallgemeinerte Inverse von **A**. □

Abschließend wollen wir ein wichtiges Resultat für die Lösung linearer Gleichungssysteme angeben. Auch hierfür sind die verallgemeinerten Inversen einer Matrix von Bedeutung.

Satz A.17 *Gegeben seien Matrizen* $\mathbf{A} \in \mathbb{R}^{m\times n}$, $\mathbf{B} \in \mathbb{R}^{p\times q}$ *und* $\mathbf{C} \in \mathbb{R}^{m\times q}$. *Dann gilt:*

Das lineare Gleichungssystem

$$\mathbf{AXB} = \mathbf{C} \tag{A.28}$$

ist genau dann konsistent, wenn für beliebige verallgemeinerte Inversen $\mathbf{A}^-$ *und* $\mathbf{B}^-$ *von* $\mathbf{A}$ *und* $\mathbf{B}$ *die Beziehung*

$$\mathbf{AA}^-\mathbf{CB}^-\mathbf{B} = \mathbf{C} \tag{A.29}$$

erfüllt ist. In diesem Fall ist

$$\mathbf{X}_z = \mathbf{A}^-\mathbf{CB}^- + \mathbf{Z} - \mathbf{A}^-\mathbf{AZBB}^- \tag{A.30}$$

für alle $\mathbf{Z} \in \mathbb{R}^{n\times p}$ *eine Lösung von (A.28). Umgekehrt existiert für jede Lösung* $\mathbf{X}_*$ *von (A.28) eine Matrix* $\mathbf{Z} \in \mathbb{R}^{n\times p}$ *derart, daß* $\mathbf{X}_* = \mathbf{X}_z$ *gilt.*

Beweis: Siehe RAO, MITRA (1971), S. 24 f. ■

Als Spezialfall ergibt sich

Satz A.18 *Gegeben seien eine Matrix* $\mathbf{A} \in \mathbb{R}^{m\times n}$ *und ein Vektor* $\mathbf{c} \in \mathbb{R}^m$. *Dann gilt:*

Das lineare Gleichungssystem

$$\mathbf{Ax} = \mathbf{c} \tag{A.31}$$

ist genau dann konsistent, wenn für eine beliebige verallgemeinerte Inverse $\mathbf{A}^-$ *von* $\mathbf{A}$ *die Beziehung*

$$\mathbf{AA}^-\mathbf{c} = \mathbf{c} \tag{A.32}$$

gilt. In diesem Fall besitzt die allgemeine Lösung von (A.31) die Gestalt

$$\mathbf{x}_z = \mathbf{A}^-\mathbf{c} + (\mathbf{I} - \mathbf{A}^-\mathbf{A})\mathbf{z} \tag{A.33}$$

mit $\mathbf{z} \in \mathbb{R}^n$ *beliebig.*

Anhang B

Fréchet-Differentiation von Abbildungen

Im Rahmen dieser Arbeit tritt an verschiedenen Stellen das Problem auf, die Minimalstellen einer konvexen Abbildung $f : \mathbb{R}^{k \times n} \to \mathbb{R}$ unter Beachtung linearer Nebenbedingungen zu bestimmen. Um den umfangreichen analytischen Apparat zur Lösung derartiger konvexer Optimierungsaufgaben nutzbar zu machen, wurde das Differentialkalkül im Sinne von Fréchet verwendet. In diesem Anhang werden nun die Grundlagen dieses Konzeptes bereitgestellt. Neben den wichtigsten Sätzen und Definitionen werden hierbei auch einige für den Haupttext relevante Beispiele behandelt.[1]

Wir führen zunächst den Begriff der Fréchet-Ableitung ein (vgl. etwa GÖPFERT (1973), S. 77, BÖGEL, TASCHE (1974), S. 258 oder KOSMOL (1991), S. 50).

Definition B.1 *Seien $\mathcal{X}$ und $\mathcal{Y}$ Banach-Räume mit den Normen $\|\cdot\|_{\mathcal{X}}$ und $\|\cdot\|_{\mathcal{Y}}$, $\mathcal{D} \subset \mathcal{X}$ eine nichtleere offene Teilmenge und $\mathbf{f} : \mathcal{D} \to \mathcal{Y}$ eine Abbildung. Dann heißt $\mathbf{f}$ Fréchet-differenzierbar (kurz F-differenzierbar) im Punkt $\mathbf{x} \in \mathcal{D}$, falls eine stetige lineare Abbildung $A : \mathcal{X} \to \mathcal{Y}$ existiert, so daß für alle $\mathbf{h} \in \mathcal{X}$ mit $\mathbf{x} + \mathbf{h} \in \mathcal{D}$*

$$\lim_{\|\mathbf{h}\|_{\mathcal{X}} \to 0} \frac{\| \mathbf{f}(\mathbf{x} + \mathbf{h}) - \mathbf{f}(\mathbf{x}) - A(\mathbf{h}) \|_{\mathcal{Y}}}{\| \mathbf{h} \|_{\mathcal{X}}} = 0 \qquad \text{(B.1)}$$

[1] In der Literatur hat sich eine Vielzahl von verschiedenen Ableitungsbegriffen und -regeln entwickelt (vgl. hierzu etwa MAGNUS, NEUDECKER (1988)). Mit dem hier benutzten Differentialkalkül von Fréchet lassen sich jedoch alle benötigten Sachverhalte mit verhältnismäßig geringem formalen Aufwand zeigen. Vergleichbare Darstellungen der Grundlagen des Differentialkalküls von Fréchet findet man in den Arbeiten von STAHLECKER (1987) und LAUTERBACH (1989). Insbesondere wird von den Autoren eine ähnliche Auswahl von Beispielen betrachtet. Für ein weiterführendes Studium des Differentialkonzeptes von Fréchet verweisen wir auf die einschlägige funktionalanalytische Literatur wie z.B. BÖGEL, TASCHE (1974), WOUK (1979) oder ZEIDLER (1995).

gilt. Die Abbildung $A \in \mathcal{L}(\mathcal{X},\mathcal{Y})$ *wird Fréchet-Ableitung (kurz F-Ableitung) von* $\mathbf{f}$ *an der Stelle* $\mathbf{x}$ *genannt und mit* $\nabla\mathbf{f}[\mathbf{x}]$ *bezeichnet. Ist* $\mathbf{f}$ *in jedem Punkt* $\mathbf{x} \in \mathcal{D}$ *F-differenzierbar, so heißt* $\mathbf{f}$ *F-differenzierbar auf* $\mathcal{D}$.

Bemerkung B.1 Zur Definition der F-Differenzierbarkeit können wir anstelle von (B.1) auch fordern, daß für alle $\mathbf{h} \in \mathcal{X}$ mit $\mathbf{x} + \mathbf{h} \in \mathcal{D}$

$$\mathbf{f}(\mathbf{x} + \mathbf{h}) = \mathbf{f}(\mathbf{x}) + A(\mathbf{h}) + \varepsilon(\mathbf{h}) \tag{B.2}$$

mit

$$\lim_{\|\mathbf{h}\|_{\mathcal{X}} \to 0} \frac{\| \varepsilon(\mathbf{h}) \|_{\mathcal{Y}}}{\| \mathbf{h} \|_{\mathcal{X}}} = 0 \tag{B.3}$$

gilt (vgl. Göpfert (1973), S. 77). Für $\mathcal{X} = \mathbb{R}^n$ und $\mathcal{Y} = \mathbb{R}^m$ liefert dies die übliche (totale) Differenzierbarkeit von Abbildungen einer offenen Teilmenge des $\mathbb{R}^n$ in den $\mathbb{R}^m$ (vgl. Forster (1984), S. 45). □

Bemerkung B.2 Wie man der Darstellung (B.2) entnehmen kann, folgt aus der F-Differenzierbarkeit einer Abbildung ihre Stetigkeit. □

Bemerkung B.3 Die F-Ableitung ist eindeutig bestimmt. Vgl. Bögel, Tasche (1974), S. 259. □

Ist eine Abbildung $\mathbf{f} : \mathcal{D} \to \mathcal{Y}$ F-differenzierbar auf $\mathcal{D}$, können wir die Abbildung

$$\nabla\mathbf{f} : \begin{cases} \mathcal{D} & \to & \mathcal{L}(\mathcal{X},\mathcal{Y}) \\ \mathbf{x} & \mapsto & \nabla\mathbf{f}[\mathbf{x}] \end{cases} \tag{B.4}$$

betrachten. Während $\nabla\mathbf{f}[\mathbf{x}] \in \mathcal{L}(\mathcal{X},\mathcal{Y})$ definitionsgemäß stetig ist, muß dies für $\nabla\mathbf{f}$ nicht der Fall sein. Diese Überlegung führt uns zu folgender Definition (vgl. etwa Bögel, Tasche (1974), S. 259 oder Kosmol (1991), S.50):

Definition B.2 *Seien* $\mathcal{X}$ *und* $\mathcal{Y}$ *Banach-Räume,* $\mathcal{D} \subset \mathcal{X}$ *eine nichtleere offene Teilmenge und* $\mathbf{f} : \mathcal{D} \to \mathcal{Y}$ *eine F-differenzierbare Abbildung. Ist die durch Beziehung (B.4) erklärte Abbildung* $\nabla\mathbf{f} : \mathcal{D} \to \mathcal{L}(\mathcal{X},\mathcal{Y})$ *stetig (im Punkt* $\mathbf{x} \in \mathcal{D}$*), so wird* $\mathbf{f}$ *stetig F-differenzierbar (im Punkt* $\mathbf{x} \in \mathcal{D}$*) genannt.*

Bemerkung B.4 Für lineare, stetige Abbildungen $\mathbf{f} : \mathcal{X} \to \mathcal{Y}$ ist durch die Vorschrift

$$\| \mathbf{f} \| = \sup \{ \| \mathbf{f}(\mathbf{x}) \|_{\mathcal{Y}} | \, \mathbf{x} \in \mathcal{X} \text{ mit } \| \mathbf{x} \|_{\mathcal{X}} \leq 1 \} \tag{B.5}$$

eine Norm, die sog. Operatornorm, definiert. Der lineare Raum $\mathcal{L}(\mathcal{X},\mathcal{Y})$ ist also normiert. Vgl. Bögel, Tasche (1974), S. 138 f. oder Kosmol (1991), S. 30. □

Betrachten wir speziell ein Funktional $f : \mathcal{D} \to \mathbb{R}$, so ist $\nabla f[\mathbf{x}] \in \mathcal{L}(\mathcal{X},\mathbb{R}) = \mathcal{X}^*$, wobei $\mathcal{X}^*$ den Dualraum von $\mathcal{X}$ bezeichnet.[2] Die Abbildung

$$\nabla f : \begin{cases} \mathcal{D} & \to & \mathcal{X}^* \\ \mathbf{x} & \mapsto & \nabla f[\mathbf{x}] \end{cases} \tag{B.6}$$

wird dann auch Gradient von f genannt (vgl. GÖPFERT (1973), S. 78). Handelt es sich darüber hinaus bei $\mathcal{X}$ um einen Hilbertraum mit Skalarprodukt $\langle \cdot, \cdot \rangle$, so kann das stetige lineare Funktional $\nabla f[\mathbf{x}]$ dem *Satz von Riesz* zufolge (vgl. z.B. GÖPFERT (1973), S. 29) auf *eindeutige* Weise in der Form

$$\nabla f[\mathbf{x}](\mathbf{h}) = \langle \mathbf{F}(\mathbf{x}), \mathbf{h} \rangle \tag{B.7}$$

mit $\mathbf{F}(\mathbf{x}) \in \mathcal{X}$ dargestellt werden. Dann wird die Abbildung $\mathbf{F} : \mathcal{D} \to \mathcal{X}$ (anstelle von ∇f) als Gradient von f bezeichnet (vgl. TAPIA (1971), S. 77).

Bemerkung B.5 In dieser Arbeit werden ausschließlich Abbildungen auf dem Grundraum $\mathcal{X} = \mathbb{R}^{m \times n}$ betrachtet. Wir werden diesen Raum grundsätzlich mit dem die Frobenius-Norm induzierenden Skalarprodukt $\langle \mathbf{X}, \mathbf{Y} \rangle := \text{tr}\{\mathbf{X}'\mathbf{Y}\}$ versehen. □

Die bisher eingeführten Begriffe sollen nun anhand zweier einfacher Beispiele veranschaulicht werden.

Beispiel B.1 Die Abbildung

$$f : \begin{cases} \mathbb{R}^{m \times m} & \to & \mathbb{R} \\ \mathbf{X} & \mapsto & \text{tr}\{\mathbf{X}\} \end{cases} \tag{B.8}$$

ist (stetig) F-differenzierbar. Ihre F-Ableitung $\nabla f[\mathbf{X}] : \mathbb{R}^{m \times m} \to \mathbb{R}$ an der Stelle $\mathbf{X} \in \mathbb{R}^{m \times m}$ ist durch

$$\nabla f[\mathbf{X}](\mathbf{H}) = \text{tr}\{\mathbf{H}\} \tag{B.9}$$

erklärt und der Gradient $\mathbf{F} : \mathbb{R}^{m \times m} \to \mathbb{R}^{m \times m}$ durch $\mathbf{F}(\mathbf{X}) = \mathbf{I}$ gegeben. Dies bestätigt man unter Beachtung von

$$\begin{aligned} f(\mathbf{X} + \mathbf{H}) - f(\mathbf{X}) &= \text{tr}\{\mathbf{X} + \mathbf{H}\} - \text{tr}\{\mathbf{X}\} \\ &= \text{tr}\{\mathbf{H}\} \end{aligned} \tag{B.10}$$

sofort durch Überprüfung der Definition B.1. □

[2]Der Dualraum eines Banachraumes $\mathcal{X}$ ist definiert als die Menge alle beschränkten linearen Funktionale auf $\mathcal{X}$. Vgl. z.B. LUENBERGER (1969), S. 106.

Beispiel B.2 Wir betrachten die matrixwertige Abbildung

$$\mathbf{G} : \begin{cases} \mathbb{R}^{k\times n} & \rightarrow & \mathbb{R}^{k\times q} \\ \mathbf{C} & \mapsto & \mathbf{A}(\mathbf{CU} - \mathbf{W}) \end{cases} \tag{B.11}$$

mit $\mathbf{A} \in \mathbb{R}^{k\times k}, \mathbf{U} \in \mathbb{R}^{n\times q}$ und $\mathbf{W} \in \mathbb{R}^{k\times q}$. Wie leicht zu sehen, genügt die lineare Abbildung $\mathbf{H} \mapsto \mathbf{AHU}$ der Definition B.1, d.h., auch $\mathbf{G}$ ist F-differenzierbar und die F-Ableitung $\nabla\mathbf{G}[\mathbf{C}] : \mathbb{R}^{k\times n} \rightarrow \mathbb{R}^{k\times q}$ an der Stelle $\mathbf{C} \in \mathbb{R}^{k\times n}$ gegeben durch

$$\nabla\mathbf{G}[\mathbf{C}](\mathbf{H}) = \mathbf{AHU}. \tag{B.12}$$

□

Für die in den vorangegangenen Beispielen behandelten Abbildungen konnten wir die F-Ableitungen unmittelbar durch Überprüfung der Definitionsgleichung (B.1) gewinnen. Im allgemeinen Fall ist die Beschreitung dieses direkten Weges jedoch nicht zweckmäßig. Statt dessen kann man sich die Berechnung der F-Ableitung meistens durch die Anwendung der nachfolgend präsentierten Differentiationsregeln erleichtern.

Satz B.1 (Summenregel) *Gegeben seien reelle Banachräume $\mathcal{X}$ und $\mathcal{Y}$ sowie eine offene Teilmenge $\mathcal{D} \subset \mathcal{X}$. Die Abbildungen $\mathbf{f} : \mathcal{D} \rightarrow \mathcal{Y}$ und $\mathbf{g} : \mathcal{D} \rightarrow \mathcal{Y}$ seien im Punkt $\mathbf{a} \in \mathcal{D}$ F-differenzierbar. Dann ist auch die Abbildung $\mathbf{h} := \alpha\mathbf{f} + \beta\mathbf{g}$ mit $\alpha, \beta \in \mathbb{R}$ F-differenzierbar in $\mathbf{a}$, und für ihre F-Ableitung gilt*

$$\nabla\mathbf{h}[\mathbf{a}](\mathbf{x}) = \alpha\nabla\mathbf{f}[\mathbf{a}](\mathbf{x}) + \beta\nabla\mathbf{g}[\mathbf{a}](\mathbf{x}). \tag{B.13}$$

Beweis: Siehe BÖGEL, TASCHE (1974), S. 264. ■

Satz B.2 (Kettenregel) *Gegeben seien reelle Banachräume $\mathcal{X}$, $\mathcal{Y}$ und $\mathcal{Z}$ sowie offene Teilmengen $\mathcal{D} \subset \mathcal{X}$ und $\mathcal{E} \subset \mathcal{Y}$. Ferner seien $\mathbf{f} : \mathcal{D} \rightarrow \mathcal{Y}$ und $\mathbf{g} : \mathcal{E} \rightarrow \mathcal{Z}$ Abbildungen mit $\mathbf{f}(\mathcal{D}) \subset \mathcal{E}$. Ist $\mathbf{f}$ im Punkt $\mathbf{a} \in \mathcal{D}$ und $\mathbf{g}$ im Punkt $\mathbf{b} = \mathbf{f}(\mathbf{a})$ F-differenzierbar, dann ist auch die Komposition $\mathbf{h} := \mathbf{g}\circ\mathbf{f} : \mathcal{D} \rightarrow \mathcal{Z}$ F-differenzierbar in $\mathbf{a}$, und für ihre F-Ableitung gilt*

$$\nabla\mathbf{h}[\mathbf{a}](\mathbf{x}) = \nabla\mathbf{g}[\mathbf{f}(\mathbf{a})](\nabla\mathbf{f}[\mathbf{a}](\mathbf{x})). \tag{B.14}$$

Beweis: Siehe BÖGEL, TASCHE (1974), S. 266. ■

Satz B.3 (Produktregel) *Gegeben seien reelle Banachräume $\mathcal{X}$, $\mathcal{Y}_1$, $\mathcal{Y}_2$ und $\mathcal{Z}$ sowie eine offene Teilmenge $\mathcal{D} \subset \mathcal{X}$. Die Abbildungen $\mathbf{f} : \mathcal{D} \rightarrow \mathcal{Y}_1$ und $\mathbf{g} : \mathcal{D} \rightarrow \mathcal{Y}_2$ seien im Punkt $\mathbf{a} \in \mathcal{D}$ F-differenzierbar. Ferner sei die Abbildung $\mathbf{v} : \mathcal{Y}_1 \times \mathcal{Y}_2 \rightarrow \mathcal{Z}$ bilinear und stetig. Dann ist auch die durch $\mathbf{w}(\mathbf{x}) := \mathbf{v}(\mathbf{f}(\mathbf{x}), \mathbf{g}(\mathbf{x}))$ erklärte Abbildung $\mathbf{w} : \mathcal{D} \rightarrow \mathcal{Z}$ F-differenzierbar in $\mathbf{a}$, und für ihre F-Ableitung gilt*

$$\nabla\mathbf{w}[\mathbf{a}](\mathbf{x}) = \mathbf{v}(\nabla\mathbf{f}[\mathbf{a}](\mathbf{x}), \mathbf{g}(\mathbf{a})) + \mathbf{v}(\mathbf{f}(\mathbf{a}), \nabla\mathbf{g}[\mathbf{a}](\mathbf{x})). \tag{B.15}$$

Beweis: Siehe BÖGEL, TASCHE (1974), S. 268. ■

Wir wollen abschließend eine Reihe von Beispielen betrachten, in denen mit Hilfe obiger Differentiationsregeln die F-Ableitungen einiger in dieser Arbeit auftretender Abbildungen bestimmt werden.

Beispiel B.3 Sei zunächst die matrixwertige Abbildung

$$\mathbf{Q} : \begin{cases} \mathbb{R}^{k \times n} & \to \quad \mathbb{R}^{q \times q} \\ \mathbf{C} & \mapsto \quad (\mathbf{CU} - \mathbf{W})'\mathbf{A}(\mathbf{CU} - \mathbf{W}) \end{cases} \tag{B.16}$$

mit $\mathbf{A} \in \mathbb{R}^{k \times k}_{\geq}, \mathbf{U} \in \mathbb{R}^{n \times q}$ und $\mathbf{W} \in \mathbb{R}^{k \times q}$ gegeben. Wie leicht zu sehen ist, ergibt sich $\mathbf{Q}$ als Produkt der durch

$$\mathbf{Z}(\mathbf{C}) = (\mathbf{CU} - \mathbf{W})' \tag{B.17}$$

und

$$\mathbf{G}(\mathbf{C}) = \mathbf{A}(\mathbf{CU} - \mathbf{W}) \tag{B.18}$$

definierten Abbildungen $\mathbf{Z} : \mathbb{R}^{k \times n} \to \mathbb{R}^{q \times k}$ und $\mathbf{G} : \mathbb{R}^{k \times n} \to \mathbb{R}^{k \times q}$. Aus Beispiel B.2 ist bekannt, daß $\mathbf{Z}$ und $\mathbf{G}$ F-differenzierbar sind und für alle $\mathbf{C} \in \mathbb{R}^{k \times n}$

$$\nabla \mathbf{Z}[\mathbf{C}](\mathbf{H}) = (\mathbf{HU})' \tag{B.19}$$

sowie

$$\nabla \mathbf{G}[\mathbf{C}](\mathbf{H}) = \mathbf{AHU} \tag{B.20}$$

gilt. Die Anwendung der Produktregel liefert unmittelbar die F-Differenzierbarkeit von $\mathbf{Q}$ mit

$$\nabla \mathbf{Q}[\mathbf{C}](\mathbf{H}) = (\mathbf{HU})'\mathbf{A}(\mathbf{CU} - \mathbf{W}) + (\mathbf{CU} - \mathbf{W})'\mathbf{AHU} \tag{B.21}$$

für alle $\mathbf{C} \in \mathbb{R}^{k \times n}$. □

Beispiel B.4 Die Abbildung

$$h : \begin{cases} \mathbb{R}^{k \times n} & \to \quad \mathbb{R} \\ \mathbf{C} & \mapsto \quad \mathrm{tr}\{(\mathbf{CU} - \mathbf{W})'\mathbf{A}(\mathbf{CU} - \mathbf{W})\} \end{cases} \tag{B.22}$$

mit $\mathbf{A} \in \mathbb{R}^{k \times k}_{\geq}, \mathbf{U} \in \mathbb{R}^{n \times q}$ und $\mathbf{W} \in \mathbb{R}^{k \times q}$ läßt sich als Verknüpfung der F-differenzierbaren Abbildungen f und $\mathbf{Q}$ aus den Beispielen B.1 und B.3 auffassen. Nach Satz B.2 ist also auch h F-differenzierbar, und mit der Kettenregel (B.14) erhalten wir für die F-Ableitung $\nabla h[\mathbf{C}] \in \mathcal{L}(\mathbb{R}^{k \times n}, \mathbb{R})$ sofort

$$\nabla h[\mathbf{C}](\mathbf{Z}) = 2\mathrm{tr}\{(\mathbf{CU} - \mathbf{W})'\mathbf{AZU}\} \text{ für alle } \mathbf{Z} \in \mathbb{R}^{k \times n}. \tag{B.23}$$

Der Gradient $\mathbf{H} : \mathbb{R}^{k\times n} \to \mathbb{R}$ von h ist demnach durch

$$\mathbf{H}(\mathbf{C}) = 2\mathbf{A}(\mathbf{CU} - \mathbf{W})\mathbf{U}' \tag{B.24}$$

gegeben.

Es sei nun $\boldsymbol{\Omega} \in \mathbb{R}^{n\times n}$ eine beliebige positiv definite Matrix. Dann ergibt sich für $\mathbf{U} = \boldsymbol{\Omega}^{\frac{1}{2}}$ und $\mathbf{W} = \mathbf{0}$ aus (B.22) die Abbildung

$$\tilde{h} : \begin{cases} \mathbb{R}^{k\times n} & \to & \mathbb{R} \\ \mathbf{C} & \mapsto & \mathrm{tr}\{\boldsymbol{\Omega}\mathbf{C}'\mathbf{A}\mathbf{C}\} \end{cases} . \tag{B.25}$$

Gemäß (B.23) und (B.24) gilt hierfür

$$\nabla\tilde{h}[\mathbf{C}](\mathbf{Z}) = 2\,\mathrm{tr}\{\boldsymbol{\Omega}\mathbf{C}'\mathbf{A}\mathbf{Z}\} \tag{B.26}$$

und

$$\tilde{\mathbf{H}}(\mathbf{C}) = 2\mathbf{A}\mathbf{C}\boldsymbol{\Omega}. \tag{B.27}$$

□

Beispiel B.5 Wir wollen nun per Induktion zeigen, daß die Abbildung

$$\mathbf{V}_p : \begin{cases} \mathbb{R}^{q\times q} & \to & \mathbb{R}^{q\times q} \\ \mathbf{Q} & \mapsto & \mathbf{Q}^p \end{cases} \tag{B.28}$$

für jedes $p \in \mathbb{N}$ F-differenzierbar und die Ableitung $\nabla\mathbf{V}_p[\mathbf{Q}] \in \mathcal{L}(\mathbb{R}^{q\times q}, \mathbb{R}^{q\times q})$ durch

$$\nabla\mathbf{V}_p[\mathbf{Q}](\mathbf{H}) = \sum_{i=1}^{p} \mathbf{Q}^{i-1}\mathbf{H}\mathbf{Q}^{p-i} \tag{B.29}$$

erklärt ist.

Für $p = 1$ ist $\mathbf{V}_1(\mathbf{Q}) = \mathbf{Q}$ und $\nabla\mathbf{V}_1[\mathbf{Q}](\mathbf{H}) = \mathbf{H}$. Die Beziehung (B.29) ist damit trivialerweise erfüllt.

Es sei nun $\mathbf{V}_p$ für $p = k$ F-differenzierbar mit $\nabla\mathbf{V}_p[\mathbf{Q}]$ gemäß (B.29). Wegen $\mathbf{V}_{k+1}(\mathbf{Q}) = \mathbf{V}_k(\mathbf{Q}) \cdot \mathbf{Q}$ ist nach Satz B.3 dann auch $\mathbf{V}_{k+1}$ F-differenzierbar, und die Anwendung der Produktregel (B.15) liefert

$$\begin{aligned} \nabla\mathbf{V}_{k+1}[\mathbf{Q}](\mathbf{H}) &= \nabla\mathbf{V}_k[\mathbf{Q}](\mathbf{H}) \cdot \mathbf{Q} + \mathbf{V}_k(\mathbf{Q}) \cdot \mathbf{H} \\ &= \sum_{i=1}^{k} \mathbf{Q}^{i-1}\mathbf{H}\mathbf{Q}^{k-i} \cdot \mathbf{Q} + \mathbf{Q}^k\mathbf{H} \\ &= \sum_{i=1}^{k} \mathbf{Q}^{i-1}\mathbf{H}\mathbf{Q}^{k+1-i} + \mathbf{Q}^k\mathbf{H} \\ &= \sum_{i=1}^{k+1} \mathbf{Q}^{i-1}\mathbf{H}\mathbf{Q}^{k+1-i}. \end{aligned} \tag{B.30}$$

Damit ist die Behauptung bereits bewiesen. □

Beispiel B.6 Wir betrachten für $p \in \mathbb{N}$ die durch $w_p(\mathbf{Q}) = \mathrm{tr}\{\mathbf{Q}^p\}$ definierte Abbildung $w_p : \mathbb{R}^{q \times q} \to \mathbb{R}$. Als Komposition der F-differenzierbaren Abbildungen f und $\mathbf{V}_p$ aus den Beispielen B.1 und B.5 ist w_p ebenfalls F-differenzierbar. Für die F-Ableitung $\nabla w_p[\mathbf{Q}] \in \mathcal{L}(\mathbb{R}^{q\times q}, \mathbb{R})$ ergibt sich aus der Kettenregel für alle $\mathbf{H} \in \mathbb{R}^{q\times q}$

$$\begin{aligned}
\nabla w_p[\mathbf{Q}](\mathbf{H}) &= \mathrm{tr}\{\nabla \mathbf{V}_p[\mathbf{Q}](\mathbf{H})\} \\
&= \mathrm{tr}\{\sum_{i=1}^{p} \mathbf{Q}^{i-1}\mathbf{H}\mathbf{Q}^{p-i}\} \\
&= \sum_{i=1}^{p} \mathrm{tr}\{\mathbf{Q}^{i-1}\mathbf{H}\mathbf{Q}^{p-i}\} \\
&= \sum_{i=1}^{p} \mathrm{tr}\{\mathbf{Q}^{p-1}\mathbf{H}\} \\
&= p\mathrm{tr}\{\mathbf{Q}^{p-1}\mathbf{H}\}. \qquad \text{(B.31)}
\end{aligned}$$

Wir verknüpfen nun w_p mit der durch (B.16) definierten Abbildung $\mathbf{Q} : \mathbb{R}^{k\times n} \to \mathbb{R}^{q\times q}$, betrachten also die Funktion

$$u_p : \left\{ \begin{array}{lll} \mathbb{R}^{k\times n} & \to & \mathbb{R} \\ \mathbf{C} & \mapsto & \mathrm{tr}\{\mathbf{Q}(\mathbf{C})^p\} \end{array} \right. \qquad \text{(B.32)}$$

mit $\mathbf{Q}(\mathbf{C}) = (\mathbf{CU} - \mathbf{W})'\mathbf{A}(\mathbf{CU} - \mathbf{W})$. Auch u_p ist F-differenzierbar mit $\nabla u_p[\mathbf{C}] \in \mathcal{L}(\mathbb{R}^{k\times n}, \mathbb{R})$, und die erneute Anwendung der Kettenregel liefert unter Beachtung der Ergebnisse aus Beispiel B.3 für alle $\mathbf{C} \in \mathbb{R}^{k\times n}$ sofort

$$\begin{aligned}
\nabla u_p[\mathbf{C}](\mathbf{H}) &= p\mathrm{tr}\{\mathbf{Q}(\mathbf{C})^{p-1}\nabla \mathbf{Q}[\mathbf{C}](\mathbf{H})\} \\
&= p\mathrm{tr}\{\mathbf{Q}(\mathbf{C})^{p-1}[(\mathbf{HU})'\mathbf{A}(\mathbf{CU} - \mathbf{W}) + (\mathbf{CU} - \mathbf{W})'\mathbf{AHU}]\} \\
&= 2p\mathrm{tr}\{\mathbf{UQ}(\mathbf{C})^{p-1}(\mathbf{CU} - \mathbf{W})'\mathbf{AH}\}. \qquad \text{(B.33)}
\end{aligned}$$

□

Beispiel B.7 Wir wollen schließlich die Abbildung

$$h_p : \left\{ \begin{array}{lll} \mathbb{R}^{k\times n} & \to & \mathbb{R} \\ \mathbf{C} & \mapsto & [\mathrm{tr}\{\mathbf{Q}(\mathbf{C})^p\}]^{\frac{1}{p}} \end{array} \right. \qquad \text{(B.34)}$$

für $p \in \mathbb{N}$ auf ihre F-Differenzierbarkeit untersuchen, wobei $\mathbf{Q}$ wiederum die aus Beispiel B.3 bekannte Abbildung bezeichne. Zunächst definieren wir die differenzierbare Funktion

$$z_p : \left\{ \begin{array}{lll} \mathbb{R}_{++} & \to & \mathbb{R} \\ x & \mapsto & x^{\frac{1}{p}} \end{array} \right. \qquad \text{(B.35)}$$

deren F-Ableitung $\nabla z_p[x] \in \mathcal{L}(\mathbb{R}_{++}, \mathbb{R})$ durch

$$\nabla z_p[x](h) = \frac{1}{p} x^{\frac{1}{p}-1} h \tag{B.36}$$

erklärt ist. Weil $\mathbf{Q}(\mathbf{C})$ grundsätzlich n.n.d. und daher $\mathrm{tr}\{\mathbf{Q}(\mathbf{C})^p\} > 0$ für alle $\mathbf{C} \in \mathbb{R}^{k\times n}$ mit $\mathbf{Q}(\mathbf{C}) \neq \mathbf{0}$ ist, können wir h_p auf dem entsprechenden Teilraum als zusammengesetzte Abbildung $h_p = z_p \circ u_p$ mit u_p aus Beispiel B.6 auffassen. Somit ist h_p für alle $\mathbf{C} \in \mathbb{R}^{k\times n}$ mit $\mathbf{Q}(\mathbf{C}) \neq \mathbf{0}$ F-differenzierbar und mit der Kettenregel erhalten wir unter Beachtung von (B.33)

$$\begin{aligned} \nabla h_p[\mathbf{C}](\mathbf{H}) &= \nabla z_p[u_p(\mathbf{C})](\nabla u_p[\mathbf{C}](\mathbf{H})) \\ &= \frac{1}{p}[\mathrm{tr}\{\mathbf{Q}(\mathbf{C})^p\}]^{\frac{1}{p}-1} 2p\mathrm{tr}\{\mathbf{U}\mathbf{Q}(\mathbf{C})^{p-1}(\mathbf{C}\mathbf{U}-\mathbf{W})'\mathbf{A}\mathbf{H}\} \\ &= 2s_p(\mathbf{C})\,\mathrm{tr}\{\mathbf{U}\mathbf{Q}(\mathbf{C})^{p-1}(\mathbf{C}\mathbf{U}-\mathbf{W})'\mathbf{A}\mathbf{H}\} \end{aligned} \tag{B.37}$$

mit

$$s_p(\mathbf{C}) = [\mathrm{tr}\{\mathbf{Q}(\mathbf{C})^p\}]^{\frac{1}{p}-1}. \tag{B.38}$$

Sei nun $\mathbf{C} \in \mathbb{R}^{k\times n}$ mit $\mathbf{Q}(\mathbf{C}) = \mathbf{0}$. Es ist dann auch $\mathbf{A}^{1/2}(\mathbf{C}\mathbf{U}-\mathbf{W}) = \mathbf{0}$ und daher

$$\begin{aligned} \mathbf{Q}(\mathbf{C}+\mathbf{H}) &= ((\mathbf{C}+\mathbf{H})\mathbf{U}-\mathbf{W})'\mathbf{A}((\mathbf{C}+\mathbf{H})\mathbf{U}-\mathbf{W}) \\ &= (\mathbf{H}\mathbf{U})'\mathbf{A}\mathbf{H}\mathbf{U} =: \mathbf{R}(\mathbf{H}). \end{aligned} \tag{B.39}$$

Mit Satz 4.12 folgt

$$\begin{aligned} h_p(\mathbf{C}+\mathbf{H}) &= [\mathrm{tr}\{\mathbf{R}(\mathbf{H})^p\}]^{\frac{1}{p}} \\ &\leq \mathrm{tr}\{\mathbf{R}(\mathbf{H})\} \\ &= \mathrm{tr}\{(\mathbf{H}\mathbf{U})'\mathbf{A}\mathbf{H}\mathbf{U}\} \\ &= \| \mathbf{A}^{1/2}\mathbf{H}\mathbf{U} \|^2 \\ &\leq \| \mathbf{A}^{1/2} \|^2 \| \mathbf{H} \|^2 \| \mathbf{U} \|^2 . \end{aligned} \tag{B.40}$$

Hieraus ergibt sich

$$\lim_{\|\mathbf{H}\|\to 0} \frac{\| h_p(\mathbf{C}+\mathbf{H}) - h_p(\mathbf{C}) \|}{\| \mathbf{H} \|} \leq \lim_{\|\mathbf{H}\|\to 0} \| \mathbf{A}^{1/2} \|^2 \| \mathbf{U} \|^2 \| \mathbf{H} \| = 0, \tag{B.41}$$

d.h., h_p ist auch für alle $\mathbf{C} \in \mathbb{R}^{k\times n}$ mit $\mathbf{Q}(\mathbf{C}) = \mathbf{0}$ F-differenzierbar, wobei dann $\nabla h_p[\mathbf{C}](\mathbf{H}) = 0$ gilt. Zusammenfassend erhalten wir also

$$\nabla h_p[\mathbf{C}](\mathbf{H}) = \begin{cases} 2s_p(\mathbf{C})\,\mathrm{tr}\{\mathbf{U}\mathbf{Q}(\mathbf{C})^{p-1}(\mathbf{C}\mathbf{U}-\mathbf{W})'\mathbf{A}\mathbf{H}\}, & \text{falls } \mathbf{Q}(\mathbf{C}) \neq \mathbf{0}, \\ 0, & \text{sonst.} \end{cases} \tag{B.42}$$

Der Vollständigkeit halber geben wir schließlich auch noch den Gradienten $\mathbf{H}_p : \mathbb{R}^{k\times n} \to \mathbb{R}^{k\times n}$ von h_p an. Er lautet

$$\mathbf{H}_p(\mathbf{C}) = \begin{cases} 2s_p(\mathbf{C})\mathbf{A}(\mathbf{CU} - \mathbf{W})\mathbf{Q}(\mathbf{C})^{p-1}\mathbf{U}', & \text{falls } \mathbf{Q}(\mathbf{C}) \neq \mathbf{0}, \\ \mathbf{0}, & \text{sonst.} \end{cases} \tag{B.43}$$

□

Anhang C

Konvexe Analysis

In diesem Anhang werden die für das Verständnis der Arbeit benötigten Grundlagen der konvexen Analysis präsentiert. Vor diesem Hintergrund werden wir insbesondere die im Rahmen der Minimax-Schätzung immer wieder auftretenden Abbildungen $\mathbf{Q} \mapsto \lambda_{\max}[\mathbf{Q}]$ und $\mathbf{Q} \mapsto [\mathrm{tr}\{\mathbf{Q}^p\}]^{1/p}$ auf ihre Eigenschaften untersuchen.[1]

In einer ersten Definition werden der für reellwertige Abbildungen bekannte Begriff der Konvexität in einer für unsere Zwecke erforderlichen Allgemeinheit erklärt und die Monotonieeigenschaft der Isotonie eingeführt.[2]

Definition C.1 *Es seien $\mathcal{X}$ und $\mathcal{Y}$ normierte Vektorräume und $\leq_{\mathcal{Y}}$ eine Halbordnung in $\mathcal{Y}$. Ferner sei $\mathcal{B} \subset \mathcal{X}$ eine konvexe Teilmenge. Dann heißt die Abbildung* $\mathbf{f} : \mathcal{X} \to \mathcal{Y}$ konvex *auf $\mathcal{B}$, wenn für alle $\mathbf{x}_1, \mathbf{x}_2 \in \mathcal{B}$ und $\mu \in [0,1]$*

$$\mathbf{f}(\mu\mathbf{x}_1 + (1-\mu)\mathbf{x}_2) \leq_{\mathcal{Y}} \mu\mathbf{f}(\mathbf{x}_1) + (1-\mu)\mathbf{f}(\mathbf{x}_2) \tag{C.1}$$

gilt. Ist zusätzlich auch in $\mathcal{X}$ eine Halbordnung $\leq_{\mathcal{X}}$ erklärt und gilt für alle $\mathbf{x}_1, \mathbf{x}_2 \in \mathcal{X}$ mit $\mathbf{x}_1 \leq_{\mathcal{X}} \mathbf{x}_2$

$$\mathbf{f}(\mathbf{x}_1) \leq_{\mathcal{Y}} \mathbf{f}(\mathbf{x}_2), \tag{C.2}$$

so wird f isoton *genannt.*

---

[1] Ähnliche Zusammenstellungen der grundlegenden Definitionen und Sätze aus der konvexen Analysis liefern wiederum die Arbeiten von STAHLECKER (1987) und LAUTERBACH (1989). Als wesentliche Erweiterung der von den beiden Autoren betrachteten Ergebnisse wird zum Abschluß dieses Anhangs jedoch ein wichtiger Existenz- und Eindeutigkeitssatz für die restringierte Minimierung eines gleichmäßig konvexen Funktionals formuliert.

[2] Die Definition der Konvexität stammt aus WOUK (1979), S. 404, wobei dort lediglich Kegelhalbordnungen betrachtet werden. Der für vektor- und matrixwertige Abbildungen geläufige Begriff der Isostonie (vgl. hierzu ORTEGA, RHEINBOLDT (1970), S. 52 oder GAFFKE, KRAFFT (1982), S. 599) wurde von STAHLECKER (1987) auf Abbildungen zwischen halbgeordneten, normierten Vektorräumen übertragen.

Bemerkung C.1 Unter einer Halbordnung versteht man eine reflexive, asymmetrische und transitive Relation (siehe Bögel, Tasche (1974), S. 27). Als Beispiel betrachte man etwa die auf der Menge aller reellen symmetrischen $(m \times m)$-Matrizen $\mathbb{R}_{\mathcal{S}}^{m\times m}$ vermöge der Vorschrift

$$\mathbf{A} \leq_{\mathcal{L}} \mathbf{B} \;:\Leftrightarrow \mathbf{B} - \mathbf{A} \text{ n.n.d.} \tag{C.3}$$

erklärte *Löwner-Ordnung*. Ist ein normierter Vektorraum mit einer Halbordnung ausgestattet, wird er auch als halbgeordneter normierter Vektorraum bezeichnet. □

Zur Illustration der Begriffsbildungen betrachte man die folgenden Beispiele:

Beispiel C.1 Wir wollen zunächst zeigen, daß die aus Beispiel B.3 bekannte Abbildung

$$\mathbf{Q} : \begin{cases} \mathbb{R}^{k\times n} & \rightarrow \quad \mathbb{R}_{\geq}^{q\times q} \\ \mathbf{C} & \mapsto \quad (\mathbf{CU} - \mathbf{W})'\mathbf{A}(\mathbf{CU} - \mathbf{W}) \end{cases} \tag{C.4}$$

mit $\mathbf{A} \in \mathbb{R}_{\geq}^{k\times k}, \mathbf{U} \in \mathbb{R}^{n\times q}$ und $\mathbf{W} \in \mathbb{R}^{k\times q}$ konvex bzgl. der Löwner-Ordnung ist, also für beliebige $\mathbf{C}_1, \mathbf{C}_2 \in \mathbb{R}^{k\times n}$ und $\mu \in [0,1]$ die Ungleichung

$$\mathbf{Q}(\mu\mathbf{C}_1 + (1-\mu)\mathbf{C}_2) \leq_{\mathcal{L}} \mu\mathbf{Q}(\mathbf{C}_1) + (1-\mu)\mathbf{Q}(\mathbf{C}_2) \tag{C.5}$$

gilt. Hierfür setze man zunächst $\mathbf{Z}_1 := \mathbf{A}^{1/2}(\mathbf{C}_1\mathbf{U} - \mathbf{W})$ und $\mathbf{Z}_2 := \mathbf{A}^{1/2}(\mathbf{C}_2\mathbf{U} - \mathbf{W})$. Dann gilt

$$\begin{aligned} \mathbf{Q}(\mu\mathbf{C}_1 + (1-\mu)\mathbf{C}_2) &= (\mu\mathbf{Z}_1 + (1-\mu)\mathbf{Z}_2)'(\mu\mathbf{Z}_1 + (1-\mu)\mathbf{Z}_2) \\ &= \mu^2\mathbf{Z}_1'\mathbf{Z}_1 + (1-\mu)\mu\mathbf{Z}_2'\mathbf{Z}_1 + (1-\mu)\mu\mathbf{Z}_1'\mathbf{Z}_2 + (1-\mu)^2\mathbf{Z}_2'\mathbf{Z}_2 \end{aligned} \tag{C.6}$$

und somit

$$\begin{aligned} \Delta &:= \mu\mathbf{Q}(\mathbf{C}_1) + (1-\mu)\mathbf{Q}(\mathbf{C}_2) - \mathbf{Q}(\mu\mathbf{C}_1 + (1-\mu)\mathbf{C}_2) \\ &= (1-\mu)\mu\,[\mathbf{Z}_1'\mathbf{Z}_1 - \mathbf{Z}_2'\mathbf{Z}_1 - \mathbf{Z}_1'\mathbf{Z}_2 + \mathbf{Z}_2'\mathbf{Z}_2] \\ &= (1-\mu)\mu(\mathbf{Z}_1 - \mathbf{Z}_2)'(\mathbf{Z}_1 - \mathbf{Z}_2). \end{aligned} \tag{C.7}$$

Die Matrix $\Delta \in \mathbb{R}^{q\times q}$ ist wegen $\mu \in [0,1]$ also nichtnegativ definit. Nach der Definition der Löwner-Ordnung in Bemerkung C.1 ist die Ungleichung (C.5) daher erfüllt und die Abbildung $\mathbf{Q}$ somit tatsächlich konvex. □

Beispiel C.2 Wir betrachten für $p \in \mathbb{N}$ die Abbildung

$$g_p : \begin{cases} \mathbb{R}_{\geq}^{q\times q} & \rightarrow \quad \mathbb{R} \\ \mathbf{Q} & \mapsto \quad [\mathrm{tr}\{\mathbf{Q}^p\}]^{\frac{1}{p}}. \end{cases} \tag{C.8}$$

Nach MAGNUS, NEUDECKER (1988), S. 224, ist g_p subadditiv, d.h., für beliebige nichtnegativ definite reelle $(q \times q)$-Matrizen $\mathbf{Q}_1$ und $\mathbf{Q}_2$ gilt

$$[\text{tr}\{(\mathbf{Q}_1 + \mathbf{Q}_2)^p\}]^{\frac{1}{p}} \leq [\text{tr}\{\mathbf{Q}_1^p\}]^{\frac{1}{p}} + [\text{tr}\{\mathbf{Q}_2^p\}]^{\frac{1}{p}}.$$

Hieraus folgt unter Beachtung der linearen Homogenität sofort auch die Konvexität von g_p auf $\mathbb{R}_{\geq}^{k\times n}$.

Die Abbildung g_p ist darüber hinaus auch isoton. Um dies einzusehen, betrachte man beliebige Matrizen $\mathbf{Q}_1$, $\mathbf{Q}_2 \in \mathbb{R}_{\geq}^{q\times q}$ mit $\mathbf{Q}_1 \leq_{\mathcal{L}} \mathbf{Q}_2$. Für die zugehörigen Eigenwerte

$$\lambda_1(\mathbf{Q}_1) \geq \lambda_2(\mathbf{Q}_1) \geq \ldots \geq \lambda_q(\mathbf{Q}_1) \geq 0$$

bzw.

$$\lambda_1(\mathbf{Q}_2) \geq \lambda_2(\mathbf{Q}_2) \geq \ldots \geq \lambda_q(\mathbf{Q}_2) \geq 0$$

gelten nun gemäß SCHOTT (1997), S. 110, die Ungleichungen

$$\lambda_i(\mathbf{Q}_1) \leq \lambda_i(\mathbf{Q}_2),\ i = 1, 2, ..., q. \tag{C.9}$$

Wegen $\lambda_i(\mathbf{Q}^p) = \lambda_i(\mathbf{Q})^p$ für $\mathbf{Q} \in \mathbb{R}_{\geq}^{q\times q}$ erhalten wir hiermit

$$\text{tr}\{\mathbf{Q}_1^p\} = \sum_{i=1}^{q} \lambda_i(\mathbf{Q}_1)^p \leq \sum_{i=1}^{q} \lambda_i(\mathbf{Q}_2)^p = \text{tr}\{\mathbf{Q}_2^p\}. \tag{C.10}$$

Weil die durch $z_p(x) = x^{\frac{1}{p}}$ definierte Abbildung $z : \mathbb{R}_+ \to \mathbb{R}$ aber monoton wachsend ist, ergibt sich hieraus wie behauptet die Isotonie von g_p. □

Beispiel C.3 Gegeben sei die Abbildung

$$\lambda_{\max} : \begin{cases} \mathbb{R}_{\geq}^{q\times q} & \to \quad \mathbb{R}, \\ \mathbf{Q} & \mapsto \quad \lambda_{\max}(\mathbf{Q}). \end{cases} \tag{C.11}$$

Bekanntermaßen besitzt der maximale Eigenwert einer symmetrischen Matrix $\mathbf{Q} \in \mathbb{R}^{q\times q}$ die Darstellung (vgl. Satz A.3)

$$\lambda_{\max}(\mathbf{Q}) = \max_{\mathbf{x}\neq\mathbf{0}} \frac{\mathbf{x}'\mathbf{Q}\mathbf{x}}{\mathbf{x}'\mathbf{x}}.$$

Folglich gilt

$$\begin{aligned} \lambda_{\max}(\mu\mathbf{C}_1 + (1-\mu)\mathbf{C}_2) &= \max_{\mathbf{x}\neq\mathbf{0}} \frac{\mathbf{x}'(\mu\mathbf{C}_1 + (1-\mu)\mathbf{C}_2)\mathbf{x}}{\mathbf{x}'\mathbf{x}} \\ &\leq \mu \max_{\mathbf{x}\neq\mathbf{0}} \frac{\mathbf{x}'\mathbf{C}_1\mathbf{x}}{\mathbf{x}'\mathbf{x}} + (1-\mu) \max_{\mathbf{x}\neq\mathbf{0}} \frac{\mathbf{x}'\mathbf{C}_2\mathbf{x}}{\mathbf{x}'\mathbf{x}} \\ &= \mu\lambda_{\max}(\mathbf{C}_1) + (1-\mu)\lambda_{\max}(\mathbf{C}_1), \end{aligned} \tag{C.12}$$

d.h., $\lambda_{\max}$ ist konvex (vgl. auch MAGNUS, NEUDECKER (1988), S. 205). Wie aus Beispiel C.2 ersichtlich (vgl. Beziehung (C.9)), ist $\lambda_{\max}$ darüber hinaus auch isoton.□

Der folgende Satz gibt eine Antwort auf die Frage, unter welchen Bedingungen die Verknüpfung zweier Abbildungen konvex ist (vgl. STAHLECKER (1987), S. 186).

Satz C.1 *Gegeben seien normierte Vektorräume $\mathcal{X}$, $\mathcal{Y}$ und $\mathcal{Z}$ sowie Halbordnungen $\leq_{\mathcal{Y}}$ in $\mathcal{Y}$ und $\leq_{\mathcal{Z}}$ in $\mathcal{Z}$. Die Abbildung $\mathbf{f} : \mathcal{X} \to \mathcal{Y}$ sei konvex und die Abbildung $\mathbf{g} : \mathcal{Y} \to \mathcal{Z}$ konvex und isoton. Dann ist auch die Komposition $\mathbf{h} = \mathbf{g} \circ \mathbf{f}$ konvex.*

Beweis: Für $\mathbf{x}_1, \mathbf{x}_2 \in \mathcal{X}$ und $\mu \in [0,1]$ gilt

$$\begin{aligned} \mathbf{h}(\mu\mathbf{x}_1 + (1-\mu)\mathbf{x}_2) &= \mathbf{g}(\mathbf{f}(\mu\mathbf{x}_1 + (1-\mu)\mathbf{x}_2)) \\ &\leq \mathbf{g}(\mu\mathbf{f}(\mathbf{x}_1) + (1-\mu)\mathbf{f}(\mathbf{x}_2)) \\ &\leq \mu\mathbf{g}(\mathbf{f}(\mathbf{x}_1)) + (1-\mu)\mathbf{g}(\mathbf{f}(\mathbf{x}_2)) \\ &= \mu\mathbf{h}(\mathbf{x}_1) + (1-\mu)\mathbf{h}(\mathbf{x}_2). \end{aligned} \tag{C.13}$$

Dabei ergibt sich die erste Ungleichung aus der Konvexität von $\mathbf{f}$ und der Isotonie von $\mathbf{g}$, während die zweite Ungleichung aus der Konvexität von $\mathbf{g}$ folgt. ■

Satz C.1 liefert unter Beachtung der Konvexität und Isotonie der Funktionen g_p und $\lambda_{\max}(\cdot)$ aus den Beispielen C.2 und C.3 unmittelbar das folgende Ergebnis:

Satz C.2 *Die Abbildung $\mathbf{Q} : \mathbb{R}^{k\times n} \to \mathbb{R}^{q\times q}_{\geq}$ sei konvex. Dann sind die Abbildungen*

$$h_p : \begin{cases} \mathbb{R}^{k\times n} & \to \mathbb{R}, \\ \mathbf{C} & \mapsto [\mathrm{tr}\{\mathbf{Q}(\mathbf{C})^p\}]^{\frac{1}{p}}, \end{cases} \tag{C.14}$$

$p \in \mathbb{N}$ beliebig, und

$$f : \begin{cases} \mathbb{R}^{k\times n} & \to \mathbb{R}, \\ \mathbf{C} & \mapsto \lambda_{\max}[\mathbf{Q}(\mathbf{C})], \end{cases} \tag{C.15}$$

konvex.

Für den Rest dieses Abschnitts treffen wir die im Rahmen dieser Arbeit grundsätzlich erfüllte Annahme, daß es sich bei dem Grundraum $\mathcal{X}$ um einen endlichdimensionalen Hilbertraum mit Skalarprodukt $\langle\cdot,\cdot\rangle$ handelt. Für Funktionale $f : \mathcal{D} \to \mathbb{R}$, $\mathcal{D} \subset \mathcal{X}$, können wir dann zunächst den Begriff der gleichmäßigen Konvexität einführen.

Definition C.2 *Gegeben seien eine Menge $\mathcal{D} \subset \mathcal{X}$ und eine Abbildung $f : \mathcal{D} \to \mathbb{R}$. Ferner sei $\mathcal{B} \subset \mathcal{D}$ eine konvexe Menge. Dann heißt die Abbildung f* gleichmäßig konvex *auf $\mathcal{B}$, wenn ein $m > 0$ existiert, so daß für alle $\mathbf{x}_1, \mathbf{x}_2 \in \mathcal{B}$ und $\mu \in [0,1]$*

$$\mu f(\mathbf{x}_1) + (1-\mu)f(\mathbf{x}_2) - f(\mu\mathbf{x}_1 + (1-\mu)\mathbf{x}_2) \geq m\mu(1-\mu) \parallel \mathbf{x}_1 - \mathbf{x}_2 \parallel^2 \tag{C.16}$$

gilt.[3]

[3] Vgl. ORTEGA, RHEINBOLDT (1970), S. 82 f., oder GÖPFERT (1973), S. 170.

Ein direkter Nachweis der Konvexitätsbedingungen (C.1) und (C.16) in den Definitionen C.1 und C.2 ist in der Regel recht schwierig. Für F-differenzierbare Abbildungen existieren aber alternative Kriterien, anhand derer die beiden Eigenschaften überprüft werden können. Man betrachte diesbezüglich die beiden folgenden Sätze (vgl. hierzu etwa ORTEGA, RHEINBOLDT (1970), S. 84 ff. oder GÖPFERT (1973), S. 171 und 173):

Satz C.3 *Gegeben seien eine offene Menge $\mathcal{D} \subset \mathcal{X}$, eine konvexe Menge $\mathcal{B} \subset \mathcal{D}$ und eine F-differenzierbare Abbildung $f : \mathcal{D} \to \mathbb{R}$ mit Gradient $\mathbf{F} : \mathcal{D} \to \mathcal{X}$. Dann ist die Abbildung f genau dann konvex auf $\mathcal{B}$, wenn für alle $\mathbf{x}_1, \mathbf{x}_2 \in \mathcal{B}$*

$$0 \leq f(\mathbf{x}_1) - f(\mathbf{x}_2) - \langle \mathbf{F}(\mathbf{x}_2), \mathbf{x}_1 - \mathbf{x}_2 \rangle \tag{C.17}$$

ist. Zudem ist f genau dann gleichmäßig konvex auf $\mathcal{B}$, wenn eine Konstante $m > 0$ existiert, so daß für alle $\mathbf{x}_1, \mathbf{x}_2 \in \mathcal{B}$

$$m \parallel \mathbf{x}_1 - \mathbf{x}_2 \parallel^2 \leq f(\mathbf{x}_1) - f(\mathbf{x}_2) - \langle \mathbf{F}(\mathbf{x}_2), \mathbf{x}_1 - \mathbf{x}_2 \rangle \tag{C.18}$$

gilt.

Satz C.4 *Gegeben seien eine offene Menge $\mathcal{D} \subset \mathcal{X}$, eine konvexe Menge $\mathcal{B} \subset \mathcal{D}$ und eine F-differenzierbare Abbildung $f : \mathcal{D} \to \mathbb{R}$ mit Gradient $\mathbf{F} : \mathcal{D} \to \mathcal{X}$. Dann ist die Abbildung f genau dann konvex auf $\mathcal{B}$, wenn für alle $\mathbf{x}_1, \mathbf{x}_2 \in \mathcal{B}$*

$$0 \leq \langle \mathbf{F}(\mathbf{x}_1) - \mathbf{F}(\mathbf{x}_2), \mathbf{x}_1 - \mathbf{x}_2 \rangle \tag{C.19}$$

ist. Zudem ist f genau dann gleichmäßig konvex auf $\mathcal{B}$, wenn eine Konstante $m > 0$ existiert, so daß für alle $\mathbf{x}_1, \mathbf{x}_2 \in \mathcal{B}$

$$2m \parallel \mathbf{x}_1 - \mathbf{x}_2 \parallel^2 \leq \langle \mathbf{F}(\mathbf{x}_1) - \mathbf{F}(\mathbf{x}_2), \mathbf{x}_1 - \mathbf{x}_2 \rangle \tag{C.20}$$

gilt.

Bemerkung C.2 Die eine gleichmäßig konvexe Abbildung charakterisierenden Ungleichungen (C.16), (C.18) und (C.20) sind für dieselbe Konstante m erfüllt. □

Abbildungen **F** mit der Eigenschaft (C.19) werden als monoton bezeichnet. Gilt sogar (C.20) spricht man von gleichmäßiger Monotonie. Satz C.4 besagt demnach, daß ein F-differenzierbares Funktional genau dann (gleichmäßig) konvex ist, wenn sein Gradient (gleichmäßig) monoton ist. Wir werden dieses Resultat in dem folgenden Beispiel zum Nachweis der gleichmäßigen Konvexität einer im Haupttext mehrfach auftretenden Abbildung ausnutzen.

Beispiel C.4 Wir betrachten die Abbildung

$$f : \begin{cases} \mathbb{R}^{k\times n} & \to \mathbb{R} \\ \mathbf{C} & \mapsto \operatorname{tr}\{\boldsymbol{\Omega}\mathbf{C}'\mathbf{C}\} \end{cases} \tag{C.21}$$

mit p.d. Matrix $\boldsymbol{\Omega} \in \mathbb{R}^{n\times n}$. Aus Beispiel B.4 wissen wir, daß f F-differenzierbar mit Gradient

$$\mathbf{F} : \begin{cases} \mathbb{R}^{k\times n} & \to \mathbb{R}^{k\times n} \\ \mathbf{C} & \mapsto 2\mathbf{C}\boldsymbol{\Omega} \end{cases} \tag{C.22}$$

ist. Versehen wir den $\mathbb{R}^{k\times n}$ wie üblich mit dem durch $\langle \mathbf{X}, \mathbf{Y}\rangle := \operatorname{tr}\{\mathbf{X}'\mathbf{Y}\}$, $\mathbf{X}, \mathbf{Y} \in \mathbb{R}^{k\times n}$, erklärten Skalarprodukt, so erhalten wir unter Beachtung von Satz A.4 für beliebige Matrizen $\mathbf{C}_1, \mathbf{C}_2 \in \mathbb{R}^{k\times n}$ daher

$$\begin{aligned} \langle \mathbf{F}(\mathbf{C}_1) - \mathbf{F}(\mathbf{C}_2), \mathbf{C}_1 - \mathbf{C}_2\rangle &= 2\operatorname{tr}\{\boldsymbol{\Omega}(\mathbf{C}_1 - \mathbf{C}_2)'(\mathbf{C}_1 - \mathbf{C}_2)\} \\ &= 2\operatorname{tr}\{(\mathbf{C}_1 - \mathbf{C}_2)\boldsymbol{\Omega}(\mathbf{C}_1 - \mathbf{C}_2)'\} \\ &\geq 2\lambda_{\min}(\boldsymbol{\Omega})\operatorname{tr}\{(\mathbf{C}_1 - \mathbf{C}_2)(\mathbf{C}_1 - \mathbf{C}_2)'\} \\ &= 2\lambda_{\min}(\boldsymbol{\Omega}) \parallel \mathbf{C}_1 - \mathbf{C}_2 \parallel^2 . \end{aligned} \tag{C.23}$$

Die Ungleichung (C.20) ist also für $m = \lambda_{\min}(\boldsymbol{\Omega}) > 0$ erfüllt und die Abbildung f folglich gleichmäßig konvex. □

Wir wollen abschließend Bedingungen für die Existenz und Eindeutigkeit des Minimums einer gleichmäßig konvexen Abbildung $f : \mathcal{D} \to \mathbb{R}$ auf einer konvexen Menge $\mathcal{B} \subset \mathcal{D}$ formulieren. Hierfür benötigen wir zunächst das folgende Resultat (vgl. hierzu auch die Ausführungen in Ortega, Rheinboldt (1970), S. 105 f.):

Satz C.5 *Gegeben seien eine Menge $\mathcal{D} \subset \mathcal{X}$ und eine Abbildung $f : \mathcal{D} \to \mathbb{R}$. Sei f stetig und gleichmäßig konvex auf der nichtleeren, abgeschlossenen und konvexen Menge $\mathcal{B} \subset \mathcal{D}$. Dann gilt $\lim\limits_{k\to\infty} f(\mathbf{x}_k) = \infty$ für jede Folge $\{\mathbf{x}_k\}_{k\in\mathbb{N}} \subset \mathcal{B}$ mit der Eigenschaft $\lim\limits_{k\to\infty} \parallel \mathbf{x}_k \parallel = \infty$.*

Beweis: Für beliebiges $\mathbf{y}_0 \in \mathcal{B}$ sei

$$\bar{\mathcal{S}}\,(\mathbf{y}_0, 1) := \{\mathbf{x} \in \mathcal{D} \,|\, \parallel \mathbf{x} - \mathbf{y}_0 \parallel \leq 1\} \tag{C.24}$$

die (abgeschlossene und damit kompakte) Einheitskugel um $\mathbf{y}_0$. Sei ferner

$$\mathcal{S}_0 := \bar{\mathcal{S}}\,(\mathbf{y}_0, 1) \cap \mathcal{B}. \tag{C.25}$$

Weil $\mathcal{B}$ abgeschlossen und somit $\mathcal{S}_0$ kompakt ist, nimmt die stetige Funktion f dem Satz von Weierstraß zufolge auf $\mathcal{S}_0$ ihr Minimum an. Es existiert also insbesondere ein $\alpha \in \mathbb{R}$, so daß $f(\mathbf{x}) \geq \alpha$ für alle $\mathbf{x} \in \mathcal{S}_0$. Sei nun $\{\mathbf{x}_k\}_{k\in\mathbb{N}} \subset \mathcal{B}$ eine Folge mit

$\lim_{k\to\infty} \| \mathbf{x}_k \| = \infty$. Man wähle hierzu ein $k_0 \in \mathbb{N}$ mit $\| \mathbf{x}_k - \mathbf{y}_0 \| > 1$ für $k > k_0$. Ferner betrachte man für $k \in \mathbb{N}$ die Konvexkombinationen

$$\mathbf{z}_k(\mu) := \mu \mathbf{x}_k + (1-\mu)\mathbf{y}_0, \mu \in [0,1]. \tag{C.26}$$

Wegen der Konvexität von $\mathcal{B}$ ist zunächst einmal $\mathbf{z}_k(\mu) \in \mathcal{B}$. Aus Stetigkeitsgründen existiert für alle $k > k_0$ außerdem ein $\mu_k \in (0,1)$, so daß $\| \mathbf{z}_k(\mu_k) - \mathbf{y}_0 \| = 1$ und somit $\mathbf{z}_k(\mu_k) \in \bar{\mathcal{S}}\ (\mathbf{y}_0, 1)$ ist. Demnach gilt $\mathbf{z}_k(\mu_k) \in \mathcal{S}_0$ und daher $f(\mathbf{z}_k(\mu_k)) \geq \alpha$. Unter Beachtung von

$$\| \mathbf{z}_k(\mu_k) - \mathbf{y}_0 \| = \mu_k \| \mathbf{x}_k - \mathbf{y}_0 \| \tag{C.27}$$

und wegen der gleichmäßigen Konvexität von f folgt die Existenz eines Skalars $m > 0$, so daß für alle $k > k_0$ die Ungleichungskette

$$\begin{aligned} \max\{f(\mathbf{x}_k), f(\mathbf{y}_0)\} &\geq \mu_k f(\mathbf{x}_k) + (1-\mu_k) f(\mathbf{y}_0) \\ &\geq f(\mathbf{z}_k(\mu_k)) + m\mu_k(1-\mu_k) \| \mathbf{x}_k - \mathbf{y}_0 \|^2 \\ &\geq \alpha + m(1-\mu_k) \| \mathbf{x}_k - \mathbf{y}_0 \| \\ &\geq \alpha + m \| \mathbf{x}_k - \mathbf{y}_0 \| - m \end{aligned} \tag{C.28}$$

gilt. Mit $\lim_{k\to\infty} \| \mathbf{x}_k - \mathbf{y}_0 \| = \infty$ resultiert hieraus wie behauptet $\lim_{k\to\infty} f(\mathbf{x}_k) = \infty$. ■

Mit Satz C.5 erhalten wir schließlich das folgende Resultat:

Satz C.6 *Gegeben seien eine Teilmenge $\mathcal{D} \subset \mathcal{X}$ und eine Abbildung $f : \mathcal{D} \to \mathbb{R}$. Sei f stetig und gleichmäßig konvex auf der nichtleeren, abgeschlossenen und konvexen Menge $\mathcal{B} \subset \mathcal{D}$. Dann besitzt die Optimierungsaufgabe*

$$f(\mathbf{x}) \to \min_{\mathbf{x}\in\mathcal{B}}! \tag{C.29}$$

eine eindeutige Lösung $\mathbf{x}^*$.

Beweis: (i) **Existenz**: Wir zeigen zunächst, daß die (auf $\mathcal{B}$ bezogenen) Levelmengen $\mathcal{L}_{\mathcal{B}}(\mathbf{y}_0) := \{\mathbf{x} \in \mathcal{B} \,|\, f(\mathbf{x}) \leq f(\mathbf{y}_0)\}$ für alle $\mathbf{y}_0 \in \mathcal{B}$ kompakt sind. Wegen der Stetigkeit von f liefert der Satz von Weierstraß dann unmittelbar die Existenz einer Lösung $\mathbf{x}^*$ von (C.29). Sei also $\mathbf{y}_0 \in \mathcal{B}$. Die Abgeschlossenheit von $\mathcal{L}_{\mathcal{B}}(\mathbf{y}_0)$ folgt sofort aus der Stetigkeit von f. Angenommen, $\mathcal{L}_{\mathcal{B}}(\mathbf{y}_0)$ ist unbeschränkt. Dann existiert eine Folge $\{\mathbf{x}_k\}_{k\in\mathbb{N}} \subset \mathcal{L}_{\mathcal{B}}(\mathbf{y}_0)$ mit $\lim_{k\to\infty} \| \mathbf{x}_k \| = \infty$. Nach Satz C.5 müßte hierfür aber $\lim_{k\to\infty} f(\mathbf{x}_k) = \infty$ gelten, was im Widerspruch zu $f(\mathbf{x}_k) \leq f(\mathbf{y}_0)$ stehen würde. Die Menge $\mathcal{L}_{\mathcal{B}}(\mathbf{y}_0)$ muß also beschränkt und damit auch kompakt sein.

(ii) **Eindeutigkeit**: Es sei $\mathbf{x}^*$ eine Lösung von (C.29), d.h., es gelte $\mathbf{x}^* \in \mathcal{B}$ und $f(\mathbf{x}^*) \leq f(\mathbf{x})$ für alle $\mathbf{x} \in \mathcal{B}$. Angenommen, es gibt ein $\mathbf{y}^* \in \mathcal{B}$ mit $\mathbf{y}^* \neq \mathbf{x}^*$ und

$f(\mathbf{y}^*) = f(\mathbf{x}^*)$. Dann würde wegen der gleichmäßigen Konvexität von f für ein gewisses $m > 0$ und alle $\mu \in (0,1)$

$$\begin{aligned} 0 &< m\mu(1-\mu) \parallel \mathbf{x}^* - \mathbf{y}^* \parallel^2 \\ &\leq \mu f(\mathbf{y}^*) + (1-\mu) f(\mathbf{x}^*) - f(\mu\mathbf{y}^* + (1-\mu)\mathbf{x}^*) \\ &= f(\mathbf{x}^*) - f(\mu\mathbf{y}^* + (1-\mu)\mathbf{x}^*) \\ &\leq 0 \end{aligned}$$

gelten, wobei die letzte Ungleichung wegen $\mu\mathbf{y}^* + (1-\mu)\mathbf{x}^* \in \mathcal{B}$ sofort aus der Optimalität von $\mathbf{x}^*$ folgt. Wir erhalten also einen Widerspruch und haben damit auch die Eindeutigkeit von $\mathbf{x}^*$ als Lösung von (C.29) gezeigt. ■

Anhang D

Optimalitätsbedingungen für konvexe Minimierungsaufgaben

In diesem Anhang werden notwendige und hinreichende Optimalitätsbedingungen für die in dieser Arbeit auftretenden konvexen Minimierungsaufgaben

- ohne Restriktionen und
- mit Nebenbedingungen in Gleichungsform

bereitgestellt. Hierbei bedienen wir uns des in Anhang B eingeführten Differentialkalküls von Fréchet.

Wir betrachten zunächst die freie Minimierung einer konvexen Funktion f (vgl. hierzu auch STAHLECKER (1987), S. 194 f.).

Satz D.1 *Es sei $\mathcal{X}$ ein Banach-Raum und $\mathbf{f} : \mathcal{X} \to \mathbb{R}$ eine F-differenzierbare und konvexe Abbildung. Dann besitzt $\mathbf{f}$ im Punkt $\hat{\mathbf{x}} \in \mathcal{X}$ ein Minimum, d.h.*

$$\mathbf{f}(\hat{\mathbf{x}}) = \min_{\mathbf{x} \in \mathcal{X}} \mathbf{f}(\mathbf{x}), \tag{D.1}$$

genau dann, wenn für alle $\mathbf{h} \in \mathcal{X}$

$$\nabla \mathbf{f}[\hat{\mathbf{x}}](\mathbf{h}) = 0 \tag{D.2}$$

gilt.

Beweis: Sei $\hat{\mathbf{x}} \in \mathcal{X}$ mit $\nabla \mathbf{f}[\hat{\mathbf{x}}](\mathbf{h}) = 0$ für alle $\mathbf{h} \in \mathcal{X}$. Wegen der Konvexität von $\mathbf{f}$ gilt für alle $\mathbf{h} \in \mathcal{X}$ die Ungleichung

$$\mathbf{f}(\hat{\mathbf{x}} + \mathbf{h}) - \mathbf{f}(\hat{\mathbf{x}}) \geq \nabla \mathbf{f}[\hat{\mathbf{x}}](\mathbf{h}) = 0, \tag{D.3}$$

woraus sich unmittelbar

$$\mathbf{f}(\hat{\mathbf{x}} + \mathbf{h}) \geq \mathbf{f}(\hat{\mathbf{x}}) \tag{D.4}$$

ergibt. Damit ist die Suffizienz der Bedingung (D.2) bereits gezeigt.

Sei umgekehrt $\hat{\mathbf{x}} \in \mathcal{X}$ Minimalstelle von $\mathbf{f}$. Wir halten $\mathbf{h} \in \mathcal{X}$ fest und setzen

$$g(t) := \mathbf{f}(\hat{\mathbf{x}} + t\mathbf{h}). \tag{D.5}$$

Da $\mathbf{f}$ in $\hat{\mathbf{x}}$ ein Minimum annimmt, ist der Punkt $t = 0$ lokale Minimalstelle der Funktion g. Folglich ist $g'(0) = 0$, wobei g' die erste Ableitung von g bezeichnet. Mit $\mathbf{x}(t) := \hat{\mathbf{x}} + t\mathbf{h}$ liefert die Anwendung der Kettenregel (vgl. Satz B.2) aber

$$g'(t) = \nabla\mathbf{f}[\mathbf{x}(t)](\mathbf{x}'(t)) = \nabla\mathbf{f}[\mathbf{x}(t)](\mathbf{h}), \tag{D.6}$$

so daß $g'(0) = \nabla\mathbf{f}[\hat{\mathbf{x}}](\mathbf{h}) = 0$ gelten muß. ■

Bemerkung D.1 Handelt es sich bei dem Grundraum $\mathcal{X}$ um einen Hilbertraum mit Skalarprodukt $\langle\cdot,\cdot\rangle$, so ist die F-Ableitung der Zielfunktion f wie in Anhang B festgestellt wurde durch

$$\nabla f[\mathbf{x}](\mathbf{h}) = \langle\mathbf{F}(\mathbf{x}), \mathbf{h}\rangle \tag{D.7}$$

in eindeutiger Weise durch den Gradienten $\mathbf{F} : \mathcal{X} \to \mathcal{X}$ charakterisiert. In diesem auch für uns relevanten Fall ist es zweckmäßig, der Ermittlung der Minimalstellen von f anstelle von (D.2) die äquivalente Beziehung

$$\mathbf{F}(\hat{\mathbf{x}}) = \mathbf{0} \tag{D.8}$$

zugrunde zu legen. □

Im Rahmen der Minimax-Schätzung bei nichtkompakten Vorinformationsmengen stellt sich das Problem, das Minimum einer konvexen Funktion unter Beachtung linearer Gleichungsrestriktionen zu bestimmen. Hierfür können wir die wohlbekannte Lagrangesche Multiplikatorenregel formulieren:

Satz D.2 *Gegeben seien Matrizen* $\mathbf{A} \in \mathbb{R}^{k\times m}, \mathbf{B} \in \mathbb{R}^{n\times p}$ *und* $\mathbf{C} \in \mathbb{R}^{k\times p}$ *sowie eine F-differenzierbare und konvexe Abbildung* $\mathbf{f} : \mathbb{R}^{m\times n} \to \mathbb{R}$ *mit F-Gradient* $\mathbf{F} : \mathbb{R}^{m\times n} \to \mathbb{R}^{m\times n}$. *Man betrachte die Minimierungsaufgabe*

$$\mathbf{f}(\mathbf{X}) \to \min_{\mathbf{X}\in\mathbb{R}^{m\times n}} ! \tag{D.9}$$

unter der Nebenbedingung

$$\mathbf{AXB} = \mathbf{C}. \tag{D.10}$$

Hierbei sei das lineare Gleichungssystem (D.10) konsistent, d.h., die zulässige Menge $\mathcal{B} := \{\mathbf{X} \in \mathbb{R}^{m\times n} \mid \mathbf{AXB} = \mathbf{C}\}$ *sei nichtleer. Dann ist* $\hat{\mathbf{X}} \in \mathcal{B}$ *genau dann eine Lösung von (D.9)+(D.10), wenn eine Matrix* $\mathbf{\Lambda} \in \mathbb{R}^{k\times p}$ *existiert, so daß*

$$\mathbf{F}(\hat{\mathbf{X}}) + \mathbf{A}'\mathbf{\Lambda}\mathbf{B}' = \mathbf{0} \tag{D.11}$$

gilt.

Beweis: Das konsistente Gleichungssystem (D.10) besitzt nach Satz A.17 die allgemeine Lösung

$$\mathbf{X}(\mathbf{Y}) := \mathbf{A}^+\mathbf{C}\mathbf{B}^+ + \mathbf{Y} - \mathbf{A}^+\mathbf{A}\mathbf{Y}\mathbf{B}\mathbf{B}^+ \tag{D.12}$$

mit $\mathbf{Y} \in \mathbb{R}^{m\times n}$ beliebig. Wir betrachten daher die durch $\mathbf{g}(\mathbf{Y}) := \mathbf{f}(\mathbf{X}(\mathbf{Y}))$ erklärte Abbildung $\mathbf{g} : \mathbb{R}^{m\times n} \to \mathbb{R}$ und transformieren das Optimierungsproblem (D.9)+(D.10) in die äquivalente unrestringierte Minimierungsaufgabe

$$\mathbf{g}(\mathbf{Y}) \to \min_{\mathbf{Y}\in\mathbb{R}^{m\times n}} ! \tag{D.13}$$

Ist $\hat{\mathbf{X}}$ eine Lösung des restringierten Optimierungsproblems (D.9)+(D.10), so ist jede Matrix $\hat{\mathbf{Y}}$ mit $\mathbf{X}(\hat{\mathbf{Y}}) = \hat{\mathbf{X}}$ Lösung von (D.13). Ist umgekehrt $\hat{\mathbf{Y}}$ Minimalstelle von $\mathbf{g}$, dann ist $\mathbf{X}(\hat{\mathbf{Y}})$ Lösung des Ausgangsproblems (D.9)+(D.10).

Die transformierte Zielfunktion $\mathbf{g}$ ist als Verknüpfung der F-differenzierbaren, konvexen Abbildung $\mathbf{f}$ und der linearen Abbildung $\mathbf{X}$ selbst F-differenzierbar und konvex. Sie besitzt damit nach Satz D.1 im Punkt $\hat{\mathbf{Y}} \in \mathbb{R}^{m\times n}$ genau dann ein Minimum, wenn für alle $\mathbf{H} \in \mathbb{R}^{m\times n}$

$$\nabla\mathbf{g}[\hat{\mathbf{Y}}](\mathbf{H}) = 0 \tag{D.14}$$

gilt. Mit der Kettenregel (vgl. Satz B.2) erhalten wir

$$\nabla\mathbf{g}[\hat{\mathbf{Y}}](\mathbf{H}) = \nabla\mathbf{f}[\mathbf{X}(\hat{\mathbf{Y}})](\nabla\mathbf{X}[\hat{\mathbf{Y}}](\mathbf{H})), \tag{D.15}$$

wobei

$$\nabla\mathbf{X}[\hat{\mathbf{Y}}](\mathbf{H}) = \mathbf{H} - \mathbf{A}^+\mathbf{A}\mathbf{H}\mathbf{B}\mathbf{B}^+. \tag{D.16}$$

Bedingung (D.14) ist damit äquivalent zu

$$\nabla\mathbf{f}[\mathbf{X}(\hat{\mathbf{Y}})](\mathbf{H} - \mathbf{A}^+\mathbf{A}\mathbf{H}\mathbf{B}\mathbf{B}^+) = 0. \tag{D.17}$$

Unter Verwendung des Gradienten $\mathbf{F} : \mathbb{R}^{m\times n} \to \mathbb{R}^{m\times n}$ von $\mathbf{f}$ können wir die letzte Gleichung auch in der Form

$$\mathrm{tr}\{\mathbf{F}(\mathbf{X}(\hat{\mathbf{Y}}))'(\mathbf{H} - \mathbf{A}^+\mathbf{A}\mathbf{H}\mathbf{B}\mathbf{B}^+)\} = 0 \tag{D.18}$$

schreiben, was wiederum gleichbedeutend mit

$$\begin{aligned} \mathrm{tr}\{\mathbf{F}(\mathbf{X}(\hat{\mathbf{Y}}))'\mathbf{H}\} &= \mathrm{tr}\{\mathbf{F}(\mathbf{X}(\hat{\mathbf{Y}}))'\mathbf{A}^+\mathbf{A}\mathbf{H}\mathbf{B}\mathbf{B}^+\} \\ &= \mathrm{tr}\{\mathbf{B}\mathbf{B}^+\mathbf{F}(\mathbf{X}(\hat{\mathbf{Y}}))'\mathbf{A}^+\mathbf{A}\mathbf{H}\} \end{aligned} \tag{D.19}$$

ist. Beziehung (D.19) ist genau dann für alle $\mathbf{H} \in \mathbb{R}^{m\times n}$ erfüllt, wenn

$$\mathbf{F}(\mathbf{X}(\hat{\mathbf{Y}}))' = \mathbf{B}\mathbf{B}^+\mathbf{F}(\mathbf{X}(\hat{\mathbf{Y}}))'\mathbf{A}^+\mathbf{A} \tag{D.20}$$

gilt. Nach Satz A.17 ist dies aber gerade die notwendige und hinreichende Bedingung für die Existenz einer Lösung $\mathbf{Z}^*$ des linearen Gleichungssystems

$$\mathbf{F}(\mathbf{X}(\hat{\mathbf{Y}}))' = \mathbf{B}\mathbf{Z}\mathbf{A} \tag{D.21}$$

Mit $\hat{\mathbf{X}} := \mathbf{X}(\hat{\mathbf{Y}})$ und $\mathbf{\Lambda} := -(\mathbf{Z}^*)'$ erhalten wir schließlich Bedingung (D.11). ■

Literaturverzeichnis

ARNOLD, B. F., STAHLECKER, P. (1997a): Fuzzy Prior Information and Minimax Estimation in the Linear Regression Model, *Statistical Papers* 38, 377-391.

ARNOLD, B. F., STAHLECKER, P. (1997b): Linear Estimation in Regression Analysis Using Fuzzy Prior Information, *Random Operators and Stochastic Equations* 5, 105-116.

ARNOLD, B. F., STAHLECKER, P. (1998a): Linear Affine Estimation in Misspecified Linear Regression Models Using Fuzzy Prior Information, *Statistics* 32, 1-12.

ARNOLD, B. F., STAHLECKER, P. (1998b): Prediction in Linear Regression Combining Crisp Data and Fuzzy Prior Information, *Statistics & Decisions* 16, 19-33.

ARNOLD, B. F., STAHLECKER, P. (2002): Linear Regression Analysis Using the Relative Squared Error, *Linear Algebra and its Applications* 354, 3-20.

ARNOLD, B. F., STAHLECKER, P. (2003): Relative Squared Error Prediction in the Generalized Linear Regression Model, *Statistical Papers* 44, 107-115.

AUBIN, J.-P. (1977): *Applied Abstract Analysis*, Wiley & Sons, New York et al.

BAMBERG, G. (1972): *Statistische Entscheidungstheorie*, Physica, Würzburg, Wien.

BAMBERG, G., COENENBERG, A. G. (2002): *Betriebswirtschaftliche Entscheidungslehre*, 11. Auflage, Vahlen, München.

BANDEMER, H. (1997): *Ratschläge zum mathematischen Umgang mit Ungewißheit*, Teubner, Leipzig.

BANDEMER, H., GOTTWALD, S. (1993): *Einführung in Fuzzy-Methoden*, 4. Auflage, Akademie, Berlin.

BECKER, L. (1998): *Minimax-Schätzer für Schätz- und Testverfahren im linearen Regressionsmodell bei Vorinformation*, Utz, München.

BÖGEL, K., TASCHE, M. (1974): *Analysis in normierten Räumen*, Akademie, Berlin.

CHRISTOPEIT, N., HELMES, K. (1991): Linear Minimax Estimation with Ellipsoidal Constraints, *Acta Applicandae Mathematicae* 43/1, 3-15.

DEUTSCHE BUNDESBANK (1973): Das Produktionspotential in der Bundesrepublik Deutschland, *Monatsberichte der Deutschen Bundesbank* 10/1973, 28-34.

DEUTSCHE BUNDESBANK (1981): Neuberechnung des Produktionspotentials für die Bundesrepublik Deutschland, *Monatsberichte der Deutschen Bundesbank* 10/1981, 33-38.

DRYGAS, H. (1985): Minimax Prediction in Linear Models, in: KLONECKI, W., CALINSKI, T. (Hrsg.), *Lecture Notes in Statistics* 35, Springer, New York, 48-60.

DRYGAS, H. (1991): Linear Minimax-Estimation in Linear Models with Affine and Ellipsoidal Restrictions, *Computational Statistics & Data Analysis* 12, 101-113.

DRYGAS, H. (1996): Spectral Methods in Linear Minimax Estimation, *Acta Applicandae Mathematicae* 43/1, 17-42.

DRYGAS, H., LÄUTER, H. (1994): On the Representation of the Minimax Linear Estimator in the Convex Linear Model, in: CALINSKI, T., KALA, R. (Hrsg.), *Proceedings of the International Conference on Linear Statistical Inference LINSTAT '93*, Kluwer Academic Publishers, Dordrecht, 13-26.

DRYGAS, H., PILZ, J. (1996): On the Equivalence of Spectral Theory and Bayesian Analysis in Minimax Linear Estimation, *Acta Applicandae Mathematicae* 43/1, 43-57.

ESCOBAR, L., SCARPNESS, B. (1984): A Closed Form Solution for the Least Squares Regression Problem with Linear Inequality Constraints, *Communications in Statistics - Theory and Methods* 13, 1127-1134.

FAREBROTHER, R. W. (1976): Further Results on the Mean Square Error of the Ridge Regression, *Journal of the Royal Statistical Society B* 38, 248-250.

FOMBY, T. B., HILL, R. C., JOHNSON, S. R. (1984): *Advanced Econometric Methods*, Springer, New York et al.

FORSTER, O. (1984): *Analysis 2*, 5. Auflage, Vieweg, Braunschweig, Wiesbaden.

GAFFKE, N., HEILIGERS, B. (1989): Bayes, Admissible and Minimax Linear Estimators in Linear Models with Restricted Parameter Space, *Statistics* 20, 487-508.

GAFFKE, N., HEILIGERS, B. (1996): Second Order Methods for Solving Extremum Problems from Optimal Linear Regression Design, *Optimization* 36, 41-57.

GAFFKE, N., HEILIGERS, B. (2000): Numerical Methods for Linear Minimax-Estimation, *Discussiones Mathematicae, Probability and Statistics* 20, 51-62.

GAFFKE, N., KRAFFT, O. (1982): Matrix Inequalities in the Löwner Ordering, in: KORTE, B. (Hrsg.), *Modern Applied Mathematics, Optimization and Operations Research*, North-Holland, Amsterdam, New York, Oxford, 595-622.

GAFFKE, N., MATHAR, R. (1990): Linear Minimax Estimation and Related Bayes L-Optimal Design, *Methods of Operations Research* 60, 617-628.

GAFFKE, N., MATHAR, R. (1992): On a Class of Algorithms from Experimental Design Theory, *Optimization* 24, 91-126.

GALLANT, A. R., GERIG, T. M. (1980): Computations for Constrained Linear Models, *Journal of Econometrics* 12, 59-84.

GEIGER, C., Kanzow, C. (2002): *Theorie und Numerik restringierter Optimierungsaufgaben*, Springer, Berlin, Heidelberg, New York.

GERKE, O. (2001): *Verallgemeinertes Testen von unscharf formulierten Hypothesen am Beispiel des linearen Regressionsmodells*, Shaker, Aachen.

GIRKO, V. L. (1990): S-Estimators (in Russisch), *Vychisl. Priklad. Mat.* 71, 90-97. Engl. Übersetzung: *Journal of Mathematical Science* 68 (1994), 800-804.

GIRKO, V. L. (1996): Spectral Theory of Minimax Estimation, *Acta Applicandae Mathematicae* 43/1, 59-69.

GÖPFERT, A. (1973): Mathematische Optimierung in allgemeinen Vektorräumen, Teubner, Leipzig.

GROSS, J. (1996): Estimation Using the Linear Regression Model with Incomplete Ellipsoidal Restrictions, *Acta Applicandae Mathematicae* 43/1, 81-86.

GUJARATI, D. N. (1995): *Basic Econometrics*, 3. edition, McGraw-Hill, New York et al.

HEILIGERS, B. (1993): Linear Bayes and Minimax Estimation in Linear Models with Partially Restricted Parameter Space, *Journal of Statistical Planning and Inference* 36, 175-184.

HERING, F., TRENKLER, G., STAHLECKER, P. (1987): Partial Minimax Estimation in Regression Analysis, *Statistica Neerlandica* 41, 111-127.

HOCHMUTH, U., WAGNER, J. (1994): *Firmenpanelstudien in Deutschland: Konzeptionelle Überlegungen und empirische Analysen*, Tübinger Volkswirtschaftliche Schriften Band 6, Francke, Tübingen, Basel.

HOERL, A. E., KENNARD, R. W. (1970): Ridge Regression: Biased Estimation for Nonorthogonal Problems, *Technometrics* 12, 55-67.

HOFFMANN, K. (1979): Characterization of Minimax Estimation in Linear Regression, *Mathematische Operationsforschung und Statistik, Series Statistics* 10, 19-26.

HOFFMANN, K. (1996): A Subclass of Bayes Linear Estimators that are Minimax, *Acta Applicandae Mathematicae* 43/1, 87-95.

HSIAO, C. (1986): *Analysis of Panel Data*, Cambridge University Press, Cambridge et al.

JOHNSTON, J. (1991): *Econometric Methods*, 3. edition, McGraw-Hill, New York.

JUDGE, G. G., BOCK, M. E. (1978): *The Statistical Implications of Pre-Test and Stein-Rule Estimators in Econometrics*, North-Holland, Amsterdam, New York, Oxford.

JUDGE, G. G., GRIFFITHS, W. E., HILL, R. C., LÜTKEPOHL, H., LEE, T.-C. (1985): *The Theory and Practice of Econometrics*, 2. edition, Wiley & Sons, New York et al.

JUDGE, G. G., HILL, R. C., GRIFFITHS, W. E., LÜTKEPOHL, H., LEE, T.-C. (1988): *Introduction to the Theory and Practice of Econometrics*, 2. edition, Wiley & Sons, New York et al.

JUDGE, G. G., YANCEY, T. A., BOCK, M. E. (1973): Properties of Estimators After Preliminary Tests of Significance When Stochastic Restrictions are Used in Regression, *Journal of Econometrics* 1, 29-47.

KLEIN, L. R., GOLDBERGER, A. S. (1955): *An Econometric Model of the United States: 1929-1952*, North-Holland, Amsterdam.

KNAUTZ, H. (2000): *Inferenz im linearen Regressionsmodell mit ungleichungsrestringierten Parametern*, Shaker, Aachen.

KOSMOL, P. (1991): *Optimierung und Approximation*, de Gruyter, Berlin, New York.

KOZAK, J. (1985): Modified Minimax Estimation of Regression Coefficients, *Statistics* 16, 363-371.

KUKS, J., OLMAN, W. (1971): Minimax Linear Estimation of Regression Coefficients I (in Russisch), *Iswestija Akademija Nauk Estonskoj SSR* 20, 480-482.

KUKS, J., OLMAN, W. (1972): Minimax Linear Estimation of Regression Coefficients II (in Russisch), *Iswestija Akademija Nauk Estonskoj SSR* 21, 66-72.

LÄUTER, H. (1975): A Minimax Linear Estimator for Linear Parameters Under Restrictions in Form of Inequalities, *Mathematische Operationsforschung und Statistik, Series Statistics* 6, 689-695.

LAUTERBACH, J. (1989): *Zur Berechnung approximativer Minimax-Schätzer im linearen Regressionsmodell: Numerische Verfahren und Resultate*, Dissertation, Fachbereich Wirtschaftswissenschaften, Universität Hannover.

LAUTERBACH, J., STAHLECKER, P. (1988): Approximate Minimax Estimation in Linear Regression: A Simulation Study, *Communications in Statistics - Simulation and Computation* 17, 209-227.

LAUTERBACH, J., STAHLECKER, P. (1990): Some properties of $[\mathrm{tr}(Q^{2p})]^{1/2p}$ with Application to Linear Minimax-Estimation, *Linear Algebra and its Applications* 127, 301-325.

LAUTERBACH, J., STAHLECKER, P. (1992): A Numerical Method for an Approximate Minimax Estimator in Linear Regression, *Linear Algebra and its Applications* 176, 91-108.

LEE, L. F., GRIFFITHS, W. E. (1979): The Prior Likelihood and Best Linear Unbiased Prediction in Stochastic Coefficient Linear Models, *University of New England Working Papers in Econometrics and Applied Statistics* 1.

LUENBERGER, D. G. (1969): *Optimization by Vector Space Methods*, Wiley & Sons, New York et al.

MAGNUS, J. R., NEUDECKER, H. (1988): *Matrix Differential Calculus with Applications in Statistics and Econometrics*, Wiley & Sons, Chichester et al.

MOORE, E. H. (1935): General Analysis, *Memoirs of the American Philosophical Society* 1, 147-209.

NAGAR, A. L., KAKWANI, N. C. (1964): The Bias and Moment Matrix of a Mixed Regression Estimator, *Econometrica* 32, 174-182.

ORTEGA, J. M., RHEINBOLDT, W.C. (1970): *Iterative Solution of Nonlinear Equations in Several Variables*, Academic, New York, San Francisco, London.

PENROSE, R. (1955): A Generalized Inverse for Matrices, *Proceedings of the Cambridge Philosophical Society* 51, 406-413.

PILZ, J. (1986): Minimax Linear Regression Estimation with Symmetric Parameter Restrictions, *Journal of Statistical Planning and Inference* 13, 297-318.

PILZ, J. (1991): *Bayesian Estimation and Experimental Design in Linear Regression Models*, 2. edition, Wiley & Sons, New York et al.

RAO, C. R., MITRA, S. K. (1971): *Generalized Inverse of Matrices and its Applications*, Wiley & Sons, New York et al.

RAO, C. R., TOUTENBURG, H. (1999): *Linear Models, Least Squares and Alternatives*, 2. edition, Springer, New York, Berlin, Heidelberg.

ROEDER, B. (1978): *Minimax-Schätzung im ökonometrischen Modell*, Diplomarbeit, Sektion Mathematik, Humboldt-Universität Berlin.

RONNING, G. (1991): *Mikroökonometrie*, Springer, Berlin et al.

SCHIPP, B. (1990): *Minimax-Schätzer im simultanen Gleichungsmodell bei vollständiger und partieller Vorinformation*, Mathematical Systems in Economics 121, Hain, Frankfurt/M.

SCHIPP, B., STAHLECKER, P., TRENKLER, G. (1988): Minimax Estimation with Additional Linear Restrictions: A Simulation Study, *Communications in Statistics - Simulation and Computation* 17, 393-406.

SCHMIDT, K. (1992): *Parameterschätzung im linearen Regressionsmodell bei Vorinformation in Ungleichungsform*, Mathematical Systems in Economics 128, Hain, Frankfurt/M.

SCHMIDT, K., STAHLECKER, P. (1989): Zur Ausnutzung von a priori Information bei der Schätzung einer gesamtwirtschaftlichen Cobb-Douglas-Produktionsfunktion, *Jahrbücher für Nationalökonomie und Statistik* 206/6, 599-605.

SCHNEEWEISS, H. (1966): *Entscheidungskriterien bei Risiko*, Springer, Berlin, Heidelberg, New York.

SCHNEEWEISS, H. (1990): *Ökonometrie*, 4. Auflage, Physica, Heidelberg.

SCHÖNFELD, P. (1969): *Methoden der Ökonometrie, Band I*, Vahlen, Berlin, Frankfurt/M.

SCHÖNFELD, P. (1971): *Methoden der Ökonometrie, Band II*, Vahlen, Berlin, Frankfurt/M.

SCHOTT, J. R. (1997): *Matrix Analysis for Statistics*, Wiley & Sons, New York et al.

SCHRÖER, G., STAHLECKER, P. (1995): Zur Schätzung einer makroökonomischen Produktionsfunktion für die Bundesrepublik Deutschland, *Beiträge aus dem Institut für Statistik und Ökonometrie* 1/1995, Universität Hamburg.

SCHRÖER, G., STAHLECKER, P. (1996): Ist die gesamtwirtschaftliche Cobb-Douglas-Produktionsfunktion eine Kointegrationsbeziehung? Empirische Analyse vor und nach der Wiedervereinigung, *Jahrbücher für Nationalökonomie und Statistik* 215/5, 513-525.

STAHLECKER, P. (1987): *A priori Information und Minimax-Schätzung im Linearen Regressionsmodell*, Mathematical Systems in Economics 108, Athenäum, Frankfurt/M.

STAHLECKER, P., HAUENSCHILD, N., KLINTWORTH, M. (2002): *Optimierung und ökonomische Analyse*, Springer, Berlin, Heidelberg, New York.

STAHLECKER, P., JÄNNER, M., SCHMIDT, K. (1990): Eine Projektionsmethode zur Bestimmung von Minimax-Schätzern im linearen Regressionsmodell, *Beiträge zur Wirtschaftsforschung* 29, Universität Mainz.

STAHLECKER, P., LAUTERBACH, J. (1987): Approximate Minimax Estimation in Linear Regression: Theoretical Results, *Communications in Statistics - Theory and Methods* 16, 1101-1116.

STAHLECKER, P., LAUTERBACH, J. (1989): Approximate Linear Minimax Estimation in Regression Analysis with Ellipsoidal Constraints, *Communications in Statistics - Theory and Methods* 18, 2755-2784.

STAHLECKER, P., SCHMIDT, K. (1989): Approximation linearer Ungleichungsrestriktionen im linearen Regressionsmodell, *Allgemeines Statistisches Archiv* 73, 184-194.

STAHLECKER, P., TRENKLER, G. (1988): Full and Partial Minimax Estimation in Regression Analysis with Additional Linear Constraints, *Linear Algebra and its Applications* 111, 279-292.

STAHLECKER, P., TRENKLER, G. (1991): Linear and Ellipsoidal Restrictions in Linear Regression, *Statistics* 22, 163-176.

STEMMANN, D., WILLENBACHER, M. (1997): Schätzung von Cobb-Douglas- und CES-Produktionsfunktionen mittels iterierter Quasi-Minimax-Methode, *Allgemeines Statistisches Archiv* 81, 290-315.

SWAMY, P.A. V. B. (1970): Efficient Inference in a Random Coefficient Regression Model, *Econometrica* 38, 311-323.

SWAMY, P.A. V. B. (1971): *Statistical Inference in Random Coefficient Regression Models*, Springer, Berlin.

SWAMY, P. A. V. B., METHA, J. S. (1983): Ridge Regression Estimation of the Rotterdam Model, *Journal of Econometrics* 22, 365-390.

TAMASCHKE, S. (1997): *Minimax-Schätzer im linearen Regressionsmodell bei nichtkompakten Vorinformationsmengen*, Dissertation, Fachbereich Statistik, Universität Dortmund.

TAPIA, R. A. (1971): The Differentiation and Integration of Nonlinear Operators, in: RALL, L. B. (Hrsg.), *Nonlinear Functional Analysis and Applications*, Academic, New York, London, 45-101.

TERÄSVIRTA, T. (1989): Estimating Linear Models with Incomplete Ellipsoidal Restrictions, *Statistics* 20, 187-194.

TERÄSVIRTA, T., TOUTENBURG, H. (1980): A Note on the Limits of a Modified Theil Estimator, *Biometrical Journal* 22, 561-562.

THEIL, H. (1963): On the Use of Incomplete Prior Information in Regression Analysis, *Journal of the American Statistical Association* 58, 401-414.

THEIL, H. (1971): *Principles of Econometrics*, Wiley & Sons, New York et al.

THEIL, H., GOLDBERGER, A. S. (1961): On Pure and Mixed Statistical Estimation in Economics, *International Economic Review* 2, 65-78.

TOUTENBURG, H. (1975a): The Use of Mixed Prior Information in Regression Analysis, *Biometrische Zeitschrift* 17, 365-372.

TOUTENBURG, H. (1975b): *Vorhersage in linearen Modellen*, Akademie, Berlin.

TOUTENBURG, H. (1982): *Prior Information in linear Models*, Wiley & Sons, New York et al.

TOUTENBURG, H. (1984): Minimax-Linear Estimation Under Incorrect Prior Information, in: TIKU, B., RASCH, D. (Hrsg.), *Robustness of Statistical Methods and Nonparametric Statistics*, Deutscher Verlag der Wissenschaften, Berlin, 156-158.

TOUTENBURG, H., RÖDEL, E. (1978): *Mathematisch-statistische Methoden in der Ökonomie*, Akademie, Berlin.

TRENKLER, G., STAHLECKER, P. (1987): Quasi Minimax Estimation in the Linear Regression Model, *Statistics* 18, 219-226.

TRENKLER, G., STAHLECKER, P., SCHIPP, B., HERING, F. (1987): Iterative Improvements of a Partial Minimax Estimator in Regression Analysis, in: Pukkila, T., Puntanen, S. (Hrsg.), *Proceedings of the Second International Tampere Conference in Statistics*, Universität Tampere, Tampere, 679-690.

WALD, A. (1945): Statistical Decision Functions which Minimize Maximum Risk, *Anals of Mathematics* 46, 265-280.

WALD, A. (1950): *Statistical Decision Functions*, Wiley & Sons, New York et al.

WOUK, A. (1979): *A Course of Applied Functional Analysis*, Wiley & Sons, New York et al.

YANCEY, T. A., JUDGE, G. G., BOCK, M. E., (1974): A Mean Square Error Test When Stochastic Restrictions are Used in Regression, *Communications in Statistics* 3, 755-768.

ZADEH, L. A. (1965): Fuzzy Sets, *Information and Control* 8, 338-353.

ZEIDLER, E. (1995): *Applied Functional Analyis, Part I: Main Principles and their Applications*, Applied Mathematical Sciences 109, Springer, New York et al.

ZELLNER, A. (1971): *An Introduction to Bayesian Inference in Econometrics*, Wiley & Sons, New York et al.

Volkswirtschaftliche Analysen

Herausgegeben von Georg Hasenkamp, Wolfgang Maennig, Christian Scheer
und Peter Stahlecker

Band 1 Matthias Ross: Unsicherheit und Arbeitsnachfrage. Eine theoretische und empirische Analyse des warenproduzierenden Gewerbes in Deutschland. 1998.

Band 2 Olaf Schlotmann: Die deutsche Zeitstruktur der Zinssätze im Lichte der Wicksellschen Kredittheorie. 1998.

Band 3 Gunar Schröer: Schätz- und Testverfahren im strukturellen Kointegrationsmodell. 1998.

Band 4 Joachim Dannenbaum: Der Strukturwandel in Deutschland und seine Bedeutung für die Arbeitslosigkeit. 1998.

Band 5 Birgit Layes: Kompatibilität von Arbeitsqualifikationen. Eine volkswirtschaftliche Analyse. 1998.

Band 6 Nils Hauenschild: Alterssicherungssysteme im Rahmen stochastischer Modelle überlappender Generationen. 1999.

Band 7 Axel Kunde: Langfristige Auswirkungen der wirtschaftlichen Integration der Mitgliedsstaaten der Europäischen Union. 2000.

Band 8 Anna-Maria Herfeld: Reformansätze zur Alterssicherung in Deutschland und intergenerationelle Gerechtigkeit. 2001.

Band 9 Oliver W. Wojahn: Airline Networks. 2001.

Band 10 Thomas Krause: Dynamische Straßenbenutzungsgebühren zur Reduzierung von Staus. 2003.

Band 11 Markus Klintworth: Schätzverfahren im linearen Regressionsmodell bei partiellen und unscharfen Parameterrestriktionen. 2004.

www.peterlang.de

Kolibri 360 GmbH
Ferdinand-Jühlke-Straße 7
99095 Erfurt, Deutschland
produktsicherheit@kolibri360.de

Druck:
CPI Druckdienstleistungen GmbH
im Auftrag der
Kolibri 360 GmbH
Ferdinand-Jühlke-Str. 7
99095 Erfurt